席裕庚 著

预测控制

(第2版)

Predictive Control

(2nd Edition)

图书在版编目(CIP)数据

预测控制/席裕庚著,—2版.—北京:国防工业出版社,2013.12(2019.10重印)

ISBN 978-7-118-08919-6

Ⅰ.①预...　Ⅱ.①席...　Ⅲ.①预测控制　Ⅳ.①TP273

中国版本图书馆CIP数据核字(2014)第022451号

※

国防工業出版社出版发行

(北京市海淀区紫竹院南路23号　邮政编码100048)

天津嘉恒印务有限公司

新华书店经售

*

开本 710×1000　1/16　**印张** 19¼　**字数** 334千字

2019年10月第2版第2次印刷　**印数** 4001—9000册　**定价** 68.00元

(本书如有印装错误,我社负责调换)

国防书店:(010)88540777　发行邮购:(010)88540776

发行传真:(010)88540755　发行业务:(010)88540717

致 读 者

本书由国防科技图书出版基金资助出版。

国防科技图书出版工作是国防科技事业的一个重要方面。优秀的国防科技图书既是国防科技成果的一部分,又是国防科技水平的重要标志。为了促进国防科技和武器装备建设事业的发展,加强社会主义物质文明和精神文明建设,培养优秀科技人才,确保国防科技优秀图书的出版,原国防科工委于1988年初决定每年拨出专款,设立国防科技图书出版基金,成立评审委员会,扶持、审定出版国防科技优秀图书。

国防科技图书出版基金资助的对象是:

1. 在国防科学技术领域中,学术水平高,内容有创见,在学科上居领先地位的基础科学理论图书;在工程技术理论方面有突破的应用科学专著。

2. 学术思想新颖,内容具体、实用,对国防科技和武器装备发展具有较大推动作用的专著;密切结合国防现代化和武器装备现代化需要的高新技术内容的专著。

3. 有重要发展前景和有重大开拓使用价值,密切结合国防现代化和武器装备现代化需要的新工艺、新材料内容的专著。

4. 填补目前我国科技领域空白并具有军事应用前景的薄弱学科和边缘学科的科技图书。

国防科技图书出版基金评审委员会在总装备部的领导下开展工作,负责掌握出版基金的使用方向,评审受理的图书选题,决定资助的图书选题和资助金额,以及决定中断或取消资助等。经评审给予资助的图书,由总装备部国防工业出版社列选出版。

国防科技事业已经取得了举世瞩目的成就。国防科技图书承担着记载和弘扬这些成就,积累和传播科技知识的使命。在改革开放的新形势下,原国防科工委率先设立出版基金,扶持出版科技图书,这是一项具有深远意义的创举。此举势必促使国防科技图书的出版随着国防科技事业的发展更加兴旺。

设立出版基金是一件新生事物，是对出版工作的一项改革。因而，评审工作需要不断地摸索、认真地总结和及时地改进，这样，才能使有限的基金发挥出巨大的效能。评审工作更需要国防科技和武器装备建设战线广大科技工作者、专家、教授，以及社会各界朋友的热情支持。

让我们携起手来，为祖国昌盛、科技腾飞、出版繁荣而共同奋斗！

国防科技图书出版基金

评审委员会

前言

本书是1993年由国防工业出版社出版的《预测控制》一书的第2版。

预测控制产生于20世纪70年代中期，它最初是适应复杂工业过程特点的一种先进控制算法，因能解决在约束情况下的实时优化控制而受到工业界的重视，并在化工、炼油、电力等领域的过程控制中得到成功应用。80年代以后，预测控制的理论和应用得到了迅猛发展，预测控制商用软件已经历了四到五代的版本更新和功能扩展，不仅在全球数以千计的系统中得到应用并取得显著经济效益，而且应用领域也从工业过程向制造、航空航天、交通、环境、能源等领域迅速扩展。自20世纪90年代以来，原来被认为相对滞后的预测控制理论通过采用新的综合思路和新的研究工具，迅速成为控制领域学术研究的热点，特别是在预测控制稳定性和鲁棒性综合方面取得的系统性进展，加深了对预测控制本质机理的理解，构建了内容丰富的预测控制定性综合理论体系。如今，预测控制已成为一个多元化的学科分支，包含了具有不同目的和不同特色的诸多发展轨迹，不仅受到广大工业界的青睐，成为最有代表性的先进控制算法，而且形成了具有滚动优化特色的不确定性系统稳定和鲁棒设计的理论体系。

《预测控制》成稿于1991年，所撰写的预测控制原理、算法、理论及应用，大部分取自20世纪80年代的研究结果和应用报道。作为国内第一本介绍预测控制的专著，该书对普及并推动预测控制在我国的研究和应用起到了一定作用，1995年获国防工业出版社优秀图书一等奖，第七届全国优秀科技图书二等奖。该书出版20年来，预测控制在理论研究、算法发展、原理推广、技术提升和实际应用方面都取得了巨大进展。在我国，研究和应用预测控制的整体水平也有了很大提高。在国家科技攻关计划支持下，已成功开发了预测控制商用软件并结合典型工业过程得到应用，利用预测控制这一新技术改造传统工业、提高产品质量、实现节能降耗的应用成果已屡见报道。预测控制理论和算法也已成为控制界学术研究的热点，在国内学术刊物和会议上发表的预测控制的论文和相关博士、硕士论文已多达数千篇。当前，我国经济和社会正在快速发展，对优化、节能、环保等提出了更高的要求，在各应用领域中解决各类复杂的约束优化控制问题也对预测控制寄予很大的期望。在这种情况下，原书内容已远不能满足预测控制研究应用的需要，很有必要对该书进行修订，补充预测控制的新思想和新进展，为读者研究和应用预测控制提供更新、更宽广的视野。

此次再版在保持原书的基本框架，即反映预测控制的基本原理和算法、系统分析与设计、算法发展和工业应用的基础上，根据近20年来预测控制的发展和我们对预测控制的深入理解，对原书内容进行了较全面的补充和调整，使其更准确地反映预测控制最基本的内容和最新的研究水平。修订的重点是加强预测控制实际应用环境、算法与实例的介绍，增加预测控制理论研究的主要分支与基本思路的介绍，合理归并预测控制算法和策略发展的相关内容。主要包括以下几方面：一是加强了预测控制工业应用的环境、技术特点和应用范例的介绍，展示了预测控制向更广泛应用领域扩展的原理和应用实例（第10章）；二是增补了20世纪90年代以来经典预测控制定量分析理论的新进展（第4章）以及成为当今研究主流的预测控制定性综合理论的新思路和新方法（第9章）；三是对预测控制算法和策略的内容做了适当调整（第6、7、8章部分），从代表性、新颖性、实用性角度出发进行增删，加强了非线性系统预测控制的介绍；四是增补了预测控制原理的信息论、控制论诠释及推广应用（第10章部分）。这些内容，除了适当补充20世纪90年代以来国内外具有典型意义的预测控制研究成果外，主要来源于我们这10多年来在预测控制研究中所取得的新成果。

本书的取材和写作保留了原书的风格，兼顾普及与提高，不但可使读者全面地了解和熟悉预测控制的基本方法原理、算法、理论和应用技术，而且为科研人员和工程技术人员从事深入的预测控制理论研究、开展高水平的工业应用以及把预测控制推广到更多应用领域提供了有益的参考。衷心希望本书的出版，能为进一步推动预测控制在我国的研究和应用做出新的贡献。

在本书出版之时，作者要特别感谢国家自然科学基金委员会长期以来对预测控制研究的资助，同时也要感谢国内学术界和工业界的同行们，正是与他们的有益交流，使作者对预测控制的理解不断深入，并不断获得新的启发。还要感谢20多年来并肩工作在预测控制研究领域的博士生和硕士生，正是他们的努力和贡献，丰富了本书的内容。国防科技图书出版基金为本书初版和第2版提供了资助，作者也在此深表感谢。

作者还要感谢妻子和已经离去的父母，他们始终不渝的支持与鼓励是作者进行研究和完成写作的强大动力。谨以此书纪念在天堂的父母。

席裕庚　于上海交通大学

2012年11月20日

目录

Contents

第1章

预测控制的发展历史及基本原理

1.1 预测控制的产生与发展

20世纪70年代，在工业过程控制领域出现了一类新型的计算机控制算法，称为模型预测控制（Model Predictive Control，MPC），或简称为预测控制。预测控制的产生并非来源于理论发展的需要，而是当时社会需求和技术进步的产物。众所周知，很长一段时期以来，工业过程控制始终停留在基于反馈原理的调节基础上，PID作为一种“万能”的控制器，因其具有适用于线性或非线性过程、无需知道对象模型、参数少且易于调试的特点，十分适合于工业过程的控制环境。但PID控制器主要是在回路控制中发挥优势，当控制从回路向系统发展时，缺乏变量间耦合信息的单回路控制很难保持良好的全局性能，对输出和中间变量的各种实际约束也不能简单地归结为PID控制器可处理的输入约束。特别是当控制要求从调节向优化提高时，缺乏对过程动态了解的简单反馈控制更显得无能为力。随着工业生产从单机、单回路向大生产的发展，对多变量、有约束的复杂工业过程的优化控制自然成为过程工业面临的新挑战。

在这一时期，现代控制理论的发展已相当成熟，在航天、航空等不少领域都取得了辉煌的成就，而同期计算机技术的飞速发展又为实时计算提供了强有力的工具，这对于在工业过程中追求更高控制质量和经济效益的控制工程师来说，无疑是很有吸引力的，他们开始探索日趋成熟的现代控制理论在复杂工业过程优化控制中的应用。围绕着优化和镇定的要求，最优控制、极点配置等理论和算法的完善甚至一度使人们认为可以任意地按照自己的要求控制系统,但通过实践他们不得不发现,在完美的理论与工业过程控制的实践之间还存在着巨大的鸿沟,这主要表现在:

① 现代控制理论的基点是对象精确的数学模型,而在工业过程中所涉及的对象往往是多输入、多输出的高维复杂系统,很难得到准确的数学模型,即使建立了模型,从工程实用的角度来说,也要做进一步简化,并没有严格意义上精确的数学模型。

② 工业对象的结构、参数和环境都具有很大的不确定性。由于这些不确定性的存在,按照理想模型得到的最优控制在实际应用中往往不能保持最优,有时甚至会引起控制品质的严重下降。在工业环境中,人们更关注的是控制系统在不确定性影响下保持良好性能的能力,即鲁棒性,而不能只是追求理想的最优性。

③ 工业控制中必须考虑控制手段的经济性,控制算法必须满足实时性的要求,而现代控制理论的许多算法过于复杂,难以用经济的计算机系统实现。

这些来自实际的原因,使人们很难把现代控制理论直接应用于复杂的工业过程。为了克服理论与应用之间的不协调,除了加强对系统辨识、模型简化、鲁棒控制、自适应控制等的研究外,人们开始打破传统控制方法的约束,试图面对工业过程的特点,寻找对模型要求低、能处理多变量和有约束的情况且在线计算量又能为过程控制所接受的优化控制新算法。预测控制就是在这种背景下发展起来的一类新型计算机控制算法。

最早产生于工业过程的预测控制算法,有 Richalet、Mehra 等提出的建立在对象脉冲响应基础上的模型预测启发控制(Model Predictive Heuristic Control, MPHC)[1],或称模型算法控制(Model Algorithmic Control, MAC)[2],以及 Cutler 等提出的建立在对象阶跃响应基础上的动态矩阵控制(Dynamic Matrix Control, DMC)[3]。这些预测控制算法采用的脉冲响应或阶跃响应都是在工业现场易于获得的非参数模型,并且无需进一步辨识就可直接用来设计控制器。它们汲取了现代控制理论中的优化思想,并用在线不断进行的有限时域优化,即所谓滚动优化,取代了传统最优控制中一次性的全局优化,且在滚动的每一步以实时信息进行反馈校正。这些特点使其避免了辨识最小化参数模型的困难,降低了在线优化的实时计算量,提高了控制系统的鲁棒性,很符合工业过程控制的实际要求,所以一经产生,就在欧美国家炼油、化工、电力等行业的一些过程控制系统中得到成功应用,并很快引起了工业控制界的广泛兴趣。此后,基于对象脉冲响应和阶跃响应的各种预测控制算法相继出现,用于各种装置过程控制的预测控制商品软件包也很快推出,并迅速在各行业的过程控制中得到推广应用。30 多年来,预测控制已成功运行在全球数以千计的过程控制系统中，取得了巨大的经济效益，已被公认为是最有成效和应用潜力的过程先进控制方法[4]。

除了直接来自工业控制的以对象非参数模型为基础的预测控制算法外，自适应控制领域为提高系统鲁棒性的努力，也促成了另一类预测控制算法的发展。20世纪80年代，人们在自适应控制的研究中发现，为了克服最小方差控制的弱点，有必要汲取预测控制中多步预测优化的策略，以增强控制系统对时滞和模型参数不确定性的鲁棒性，提高自适应控制算法的实用性。由此出现了基于辨识模型并带有自校正的预测控制算法，如 De Keyser 等提出的扩展时域预测自适应控制（Extended Prediction Self-Adaptive Control，EPSAC）[5]、Clarke 等提出的广义预测控制（Generalized Predictive Control，GPC）[6]等，其中尤以广义预测控制受到广泛关注和应用。由于这类预测控制算法采用了辨识模型，控制系统的分析与设计较之采用非参数模型的预测控制更具备理论基础，因此也带动了预测控制的理论研究。

在预测控制得到工业界广泛应用的同时，预测控制的理论研究自然也成为控制学术界普遍关注的热点。这里首先要解决的问题是预测控制的设计参数与系统闭环性能究竟有什么关系，这对于在实际应用中保证预测控制系统的稳定性和跟踪期望响应具有重要的指导意义。为了解决这一问题，Morari 在 20 世纪 80 年代曾提出一类新型的控制结构——内模控制（Internal Model Control，IMC）[7]，并指出可将预测控制算法归结为此类控制结构后，在 Z 域中进行分析。在内模控制框架下，人们得到了预测控制主要设计参数与闭环稳定性、无差拍（Deadbeat）性质等的一些定量关系。与此同时，也有学者把预测控制算法转化为状态空间描述的最优控制问题，利用线性二次最优控制的已有结果，对系统性能进行分析，得到了相似的结论。这些理论研究虽然取得了一定进展，但所得到的结论十分有限，这是因为对预测控制系统的定量分析存在着本质的困难。首先，定量分析需要以系统的解析表达为基础，而预测控制在大多数情况下都要考虑约束，控制量都是通过求解约束优化问题得到的，并没有显式的控制律，无法纳入解析分析的轨道；其次，即使在无约束情况下可推出预测控制律的解析式及闭环表达式，但设计参数与闭环性能间仍然缺乏直接的关系，分析过程需要较高的技巧。因此，预测控制的定量分析结论大多是针对单变量无约束线性预测控制的，远不能满足应用的需要。

针对这一情况，从 20 世纪 90 年代起，人们对预测控制的理论分析开始从定量转向定性。借助于 20 世纪 70 年代 Kwon 等提出的滚动时域控制（Receding Horizon Control，RHC）[8]的思路，人们先后提出了终端约束预测控制、双模预测控制等算法。这些研究的特点是人为地增加某些约束，使预测控制系统的稳定性在理论上得到保证。在这一思路下，人们提出了众多具有稳定性保证的预测控制算法，并进而研究了不确定性系统的鲁棒预测控制。与以前的定量分析理论不同,这些新的研究面向一般的对象和问题,包括非线性系统以及有输入输出约束和各种不确定性的问题,它们以最优控制为理论参照体系,以李雅普诺夫稳定性分析方法作为性能保证的基本方法,以不变集、线性矩阵不等式(LMI)等作为基本工具,以具有滚动时域特点的性能分析作为研究核心,构成了丰富的研究内容,呈现出学术的深刻性和方法的创新性。10 多年来,在国际控制主流刊物上出现了数以百计的论文,形成了当前预测控制理论研究的主流[9-10]。然而,这些研究给出的结论往往缺乏明确的物理意义,由于对问题的提法出自理论分析而不是实际物理系统的需要,所得到的算法和结论与工业应用的需要有很大的差距。

纵观上述预测控制发展的历程,大致显现出这样 3 个高潮阶段:一是 20 世纪 70 年代以阶跃响应、脉冲响应为模型的工业预测控制算法,这些算法在模型选择和控制思路方面十分适合工业应用的要求,因此从一开始就成为了工业预测控制软件的主体算法并得到广泛应用,但由于理论指导的缺乏使它们在应用中必须大量依靠专业知识和经验;二是 20 世纪 80 年代由自适应控制发展而来的自适应预测控制算法,这类算法的模型和控制思路都更为控制界所熟悉,因而更适合于对预测控制开展理论研究,由此确实给出了预测控制系统的一些定量分析结论,但约束优化难以给出最优解的解析表达式始终是定量分析的本质困难;三是 20 世纪 90 年代以来发展起来的预测控制定性综合理论,由于采取了新的研究思路,使预测控制的理论研究出现了飞跃,成为当前预测控制理论研究的主流,但这些成果与实际工业应用仍存在着很大的距离。虽然这些研究都存在着各自的问题,但经过上述几个阶段的发展,预测控制已成为一个多元化的学科分支,包含了具有不同目的和不同特色的诸多发展轨迹,不仅受到广大工业界的青睐,成为最有代表性的先进控制算法,而且还形成了具有滚动优化特色的不确定性系统稳定和鲁棒设计的理论体系。

1.2 预测控制的基本方法原理

尽管目前已有各种各样的预测控制算法,但就方法原理而言,它们都具有如下的共同特征:即利用过程模型预测系统在一定的控制作用之下未来的动态行为,在此基础上根据给定的约束条件和性能要求滚动地求解最优控制作用并实施当前控制,在滚动的每一步通过检测实时信息修正对未来动态行为的预测,它们可归结为预测模型、滚动优化和反馈校正 3 条原理[11]。

1. 预测模型

预测控制是一种基于模型的控制算法,这一模型称为预测模型。预测模型是为实现优化控制服务的，其功能是根据对象的历史信息和假设的未来输入，预测未来的状态或输出，这里只强调模型的功能而不强调其结构形式，因此，传递函数、状态方程这些传统模型都可以作为预测模型。对于线性稳定对象，甚至阶跃响应、脉冲响应这类非参数模型也可不经进一步辨识直接作为预测模型使用。此外，非线性系统、分布参数系统等的模型，只要具备上述功能，也可在预测控制中作为预测模型使用。

预测模型具有展示系统未来动态行为的功能。任意给出未来的控制策略，根据预测模型便可预测出系统未来的状态或输出（见图1-1），并进而判断约束条件是否满足，相应的性能指标是多少等。这样就为比较不同控制策略的优劣打下了基础。因此，预测模型是实现优化控制的前提。

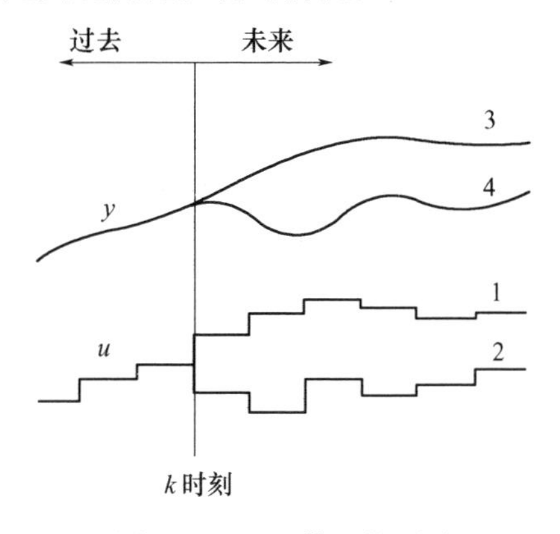

图1-1 基于模型的预测

1—控制策略Ⅰ；2—控制策略Ⅱ；3—对应于Ⅰ的输出；4—对应于Ⅱ的输出。

2. 滚动优化

预测控制也是一种基于优化的控制算法，它通过某一性能指标的最优来确定未来的控制作用。这一性能指标涉及系统未来的行为，例如，通常可取对象输出在未来采样点上跟踪某一期望轨迹的方差为最小，但也可取更广泛的形式，例如要求控制能量为最小，同时保持输出在某一给定范围内等。性能指标中所涉及的系统未来的动态行为，是根据预测模型由未来的控制策略决定的。

需要指出的是，预测控制中的优化与传统意义下的离散时间系统最优控制有很大差别。通常在工业过程控制中应用的预测控制算法均采用有限时域的滚动优化。在每一采样时刻，优化性能指标只覆盖该时刻起的未来有限时域，因此是一个以未来有限控制量为优化变量的开环优化问题。求出这些最优控制量后，预测控制并不把它们全部逐一实施，而只将其中的当前控制量作用于系统，到下一采样时刻，这一优化时域随着时刻的推进同时向前滚动推移（见图1-2）。因此，预测控制并不是采用全局的优化性能指标,而是在每一时刻有一个相对于该时刻的优化性能指标,不同时刻优化性能指标的相对形式是相同的,但其包含的具体时间区间是不同的。这表明预测控制中的优化不是一次离线进行,而是反复在线进行的,这就是滚动优化的含义,也是预测控制这种优化控制区别于传统最优控制的特点。

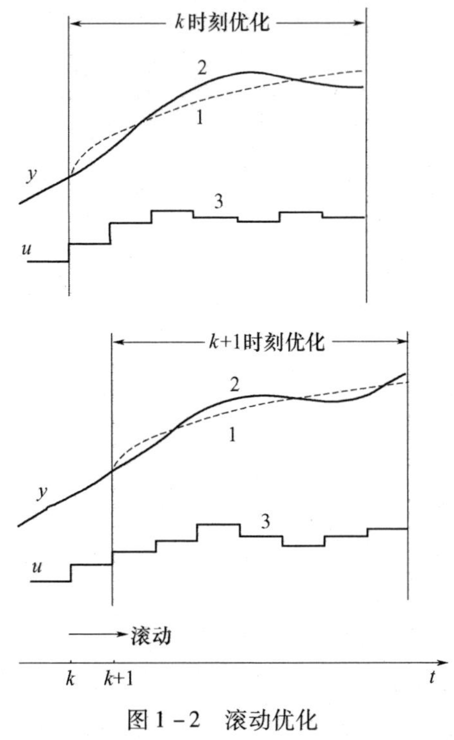

图1-2 滚动优化

1—参考轨迹;2—预测最优输出;3—最优控制作用。

3. 反馈校正

预测控制还是一种基于反馈的控制算法。上述基于预测模型的滚动优化只是开环优化,由于实际系统中不可避免地存在着模型失配、不可知扰动等各种不确定性,系统的实际运行可能偏离理想的优化结果。为了在一定程度上补偿各种不确定因素对系统的影响,预测控制引入了闭环机制。在每一采样时刻,首先检测对象的实时状态或输出信息,并在优化求解控制作用前,先利用这一反馈信息通过刷新或修正把下一步的预测和优化建立在更接近实际的基础上,我们把这一步骤称为反馈校正。

反馈校正的形式是多样的。在工业预测控制算法中,在每一步算出并实施当前控制作用后,可根据预测模型计算该控制作用下的未来输出,到下一时刻,用该时刻的实测输出与预测输出构成误差,以此对未来的输出预测进行启发式修正(见图1-3)。而在从自适应控制发展起来的预测控制算法中,则保持了自适应控制的特点,用实时输入输出信息在线辨识模型,实际上是通过预测模型的不断更新使预测接近实际。对于基于状态方程的预测控制算法,可直接把实测的系统状态作为每一步预测和优化的新基点,不需额外的修正,但当状态不可测时,则需根据实测的系统输出构造观测器对预测状态进行修正。不论取何种校正方法,预测控制在每一步都通过实时信息的反馈试图把优化建立在更接近系统实际的基础上。由此可见,虽然预测控制在每一步进行的是开环优化,但由于结合了反馈校正,整个滚动过程实现了闭环优化。

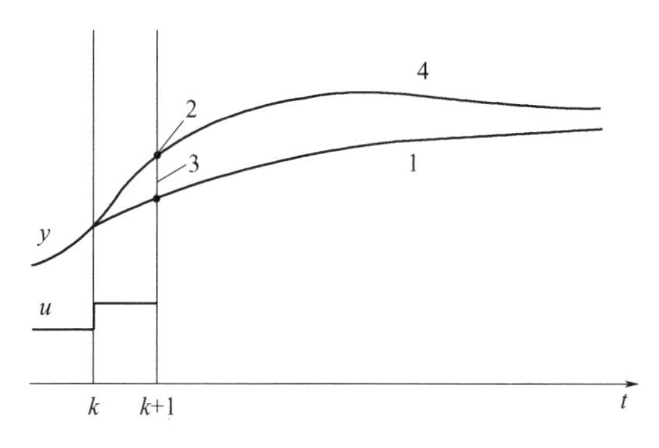

图1-3 误差校正

1—k 时刻的预测输出轨线; 2—$k+1$ 时刻的实际输出;
3—预测误差; 4—$k+1$ 时刻经校正后的预测输出轨线。

根据以上对预测控制一般原理的介绍,我们不难理解它在复杂的工业环境中受到青睐的原因。首先,对于复杂的工业对象,由于辨识其最小化参数模型要花费很大的代价,往往给基于传递函数或状态方程的控制算法带来困难。而预测控制所需要的模型只强调其预测功能,不苛求其结构形式,从而为系统建模带来了方便。在许多场合下,我们只需测定对象的阶跃响应或脉冲响应,便可直接得到预测模型,而不必进一步导出其传递函数或状态方程,这在工业应用中无疑是有吸引力的。更重要的是,预测控制汲取了优化控制的思想,但用结合反馈校正的滚动时域优化取代了一次性的全局优化,不但避免了求解全局优化所需的庞大计算量,而且在不可避免地存在着模型误差和扰动的工业环境中,能不断顾及不确定性的影响并及时加以修正,反而要比只依靠模型的一次性优化具有更强的鲁棒性。所以,预测控制是针对传统最优控制在工业过程中的不适用性进行修正的一种新型优化控制算法。

预测控制的这种优化控制原理,实际上反映了人们在处理带有不确定性问题时的一种通用思想方法。例如,人们在穿越马路时,不必去看左右很远处有无车辆,而只需看近几十米处,并根据这一范围内的车辆情况和车速估计(模型)向前行进。但还需边走边看,以防近处开出新的车辆(扰动)或远处车辆加速且原来估计不足(模型失配)造成的意外。这里的反复决策过程就包含了建立在模型基础上的优化和实时信息基础上的反馈。实际上,这种对于动态不确定环境下的滚动优化思想早已出现在经济和管理领域中,预测经济学和企业管理中的滚动计划,都采用了类似的思想。预测控制正是汲取了其中包含的方法原理,并把它与控制算法结合起来,从而能有效地应用于复杂工业过程的控制。

1.3 预测控制的主要研究内容

30 多年来,预测控制已发展成为一个多元化的学科分支,包含算法、策略、理论和应用,内容极其丰富,相关的成果和文献已不计其数。本书将以较为宽广的视角全面介绍预测控制的基本原理和算法、系统分析与设计、算法发展和实际应用,以反映预测控制的发展轨迹和核心内容,书中各章的具体内容如下:

第 1 章预测控制的发展历史及基本原理。介绍预测控制的产生和发展轨迹以及预测控制的基本方法原理。

第 2 章几种典型的预测控制算法。针对工业应用、自适应预测控制研究和预测控制理论研究中采用的不同模型,介绍基于阶跃响应模型、基于随机离散时间模型和基于状态空间模型的 3 种典型的预测控制基础算法,重点说明不同的预测控制算法如何具体体现其共同的方法原理。

第 3 章动态矩阵控制算法的内模控制结构分析。基于内模控制结构,以动态矩阵控制算法为例说明如何把预测控制算法转化到 Z 域中进行定量分析。通过对这一算法在内模控制结构下控制器和滤波器的分析,给出设计参数与系统稳定性、鲁棒性的若干趋势性关系,为预测控制算法的参数整定提供参考。

第 4 章预测控制系统性能的定量分析。分别在时域和 Z 域中研究预测控制设计参数与闭环性能的定量关系。在时域内通过把预测控制律等价于稳定的 Kleinman 控制器,在 Z 域内通过建立预测控制开、闭环特征多项式系数变换关系,导出预测控制闭环系统无差拍、稳定和降阶的设计参数条件,这些结果构成了预测控制定量分析理论的主要内容。

第 5 章预测控制系统的参数整定与设计。以动态矩阵控制算法为例,讨论预测控制系统的参数设计。对于一般系统,给出基于规则和仿真相结合的参数整定方法,对于某些典型系统,应用预测控制的定量分析理论给出参数的解析设计方法。

第 6 章多变量系统的预测控制。以动态矩阵控制算法为例,给出有约束多变量系统的预测控制算法,介绍处理在线约束优化的矩阵求逆分解法和标准二次规划算法。给出多变量系统的递阶、分布式和分散预测控制算法,通过分解降低求解在线优化问题的计算复杂度。

第7章非线性系统的预测控制。给出非线性系统预测控制问题的一般描述，介绍分层预估迭代、输入输出线性化、基于模糊聚类的多模型方法、神经网络等若干有代表性的非线性预测控制方法，讨论广义卷积模型、哈默斯坦模型等特殊非线性系统的预测控制方法。

第8章预测控制算法和策略的多样化发展。对预测控制的控制结构、优化命题、优化策略等的发展给出若干示例性的介绍，包括具有前馈-反馈结构和串级结构的预测控制、无穷范数优化的鲁棒预测控制、有约束多目标多自由度优化的满意控制、优化求解的输入参数化方法和变量集结方法等，反映出预测控制算法和策略的多样性。

第9章预测控制的定性综合理论。阐述预测控制定性综合理论的基本理念，分析解决预测控制稳定性保证的关键难点，介绍若干具有代表性的稳定预测控制综合方法。对于鲁棒预测控制重点介绍针对多胞不确定性系统的经典综合方法，指出鲁棒预测控制综合的难点，并示例性地给出解决这些难点的若干思路。

第10章预测控制的应用及发展前景。重点介绍预测控制在工业过程中的应用概况和实现技术，给出预测控制在工业和其它领域的若干应用案例，指出预测控制原理的普适性及推广潜力。通过分析现有预测控制理论和应用技术存在的不足，指出预测控制面临的挑战问题及发展前景。

表1-1给出了以上各章内容与预测控制原理、算法、策略、理论和应用的关系。

表1-1　各章内容所属预测控制的研究范围

	原理	算法	策略	理论	应用
第1章	基本原理				
第2章	↳	单变量无约束算法			
第3章		↳		预测控制定量分析理论	
第4章					
第5章				↳	参数整定
第6章	↳	多变量有约束算法	针对多变量		实用算法
第7章	↳		针对非线性		
第8章			多样化发展		结构和算法
第9章		↳		预测控制定性综合理论	
第10章	原理推广				应用环境 典型案例

第 2 章

几种典型的预测控制算法

在预测控制一般原理的基础上，采用不同的模型形式、优化策略和反馈措施，可以形成各种不同的预测控制算法。本章首先介绍几种基于不同模型形式的典型预测控制算法，用以说明预测控制的基本原理。这里仅以单变量系统的预测控制为例，说明预测模型、滚动优化、反馈校正是如何体现的，对于多变量系统及在实际应用中的复杂情况，将在以后章节中讨论。

2.1 基于阶跃响应模型的动态矩阵控制

动态矩阵控制(DMC)算法是在工业过程中应用最为广泛的预测控制算法之一，早在 20 世纪 70 年代，它就成功地应用在炼油、化工等行业的过程控制中。DMC 是一种基于对象阶跃响应的预测控制算法，因而适用于渐近稳定的线性对象。对于弱非线性对象，可在工作点处首先线性化，对于不稳定对象，可先用常规 PID 控制使其稳定，然后再使用 DMC 算法。

DMC 算法包括预测模型、滚动优化和反馈校正 3 个部分。

1. 预测模型

在 DMC 中，首先需要测定对象单位阶跃响应的采样值 $a_i = a(iT), i = 1, 2, \cdots$，其中 T 为采样周期。对于渐近稳定的对象，阶跃响应在某一时刻 $t_N = NT$ 后将趋于平稳，以致 $a_i(i > N)$ 与 a_N 的误差已减小到与量化误差及测量误差有相同的数量级，因而可认为 a_N 已近似等于阶跃响应在 $t \to \infty$ 时的稳态值 a_∞。这样，对象的动态信息就可近似地用有限集合 $\{a_1, a_2, \cdots, a_N\}$ 加以描述，这个集合的参数构成了

DMC 的模型参数，向量 $\boldsymbol{a}=[a_1 \cdots a_N]^{\mathrm{T}}$ 称为模型向量，N 则称为建模时域。

虽然阶跃响应是一种非参数模型，但由于线性系统具有比例和叠加性质，故利用这组模型参数 $\{a_i\}$ 已足以预测对象在未来时刻的输出值。在 k 时刻，假定控制作用保持不变时对未来 N 个时刻的输出有初始预测值 $\tilde{y}_0(k+i|k)$，$i=1,\cdots,N$（例如在稳态启动时便可取 $\tilde{y}_0(k+i|k)=y(k)$），其中 $k+i|k$ 表示在 k 时刻对 $k+i$ 时刻的预测，则当 k 时刻控制有一增量 $\Delta u(k)$ 时，即可利用比例和叠加性质算出在其作用下未来时刻的输出值

$$\tilde{y}_1(k+i|k)=\tilde{y}_0(k+i|k)+a_i\Delta u(k), \quad i=1,\cdots,N \tag{2-1}$$

同样，在当前时刻起 M 个连续的控制增量 $\Delta u(k),\cdots,\Delta u(k+M-1)$ 作用下，未来各时刻的输出值为

$$\tilde{y}_M(k+i|k)=\tilde{y}_0(k+i|k)+\sum_{j=1}^{\min(M,i)} a_{i-j+1}\Delta u(k+j-1), \quad i=1,\cdots,N \tag{2-2}$$

其中，y 的下标表示控制量变化的次数。显然，在任一时刻 k，只要知道了对象输出的初始预测值 $\tilde{y}_0(k+i|k)$，就可以根据未来的控制增量由预测模型（2-2）计算对象的未来输出。在这里，式（2-1）只是预测模型（2-2）在 $M=1$ 情况下的特例。

2. 滚动优化

DMC 是一种通过优化确定控制输入的算法。在每一时刻 k，要确定从该时刻起的 M 个控制增量 $\Delta u(k),\cdots,\Delta u(k+M-1)$，使得在其作用下被控对象未来 P 个时刻的输出预测值 $\tilde{y}_M(k+i|k)$ 尽可能接近给定的期望值 $w(k+i)$，$i=1,\cdots,P$（见图 2-1）。这里，M、P 分别被称为控制时域与优化时域，它们的意义见图 2-1。为了使问题有意义，通常规定 $M \leqslant P \leqslant N$。

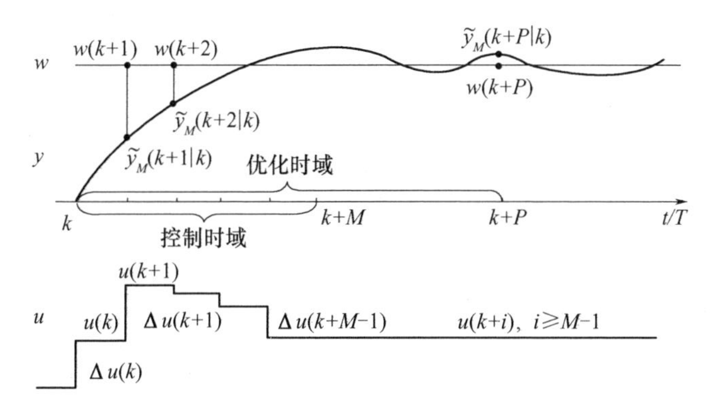

图 2-1 动态矩阵控制在 k 时刻的优化策略

除了要求输出跟踪给定的期望值外，在控制过程中还希望控制增量 Δu 不要剧烈变化，这一因素可在优化性能指标中加入软约束予以考虑。因此，k 时刻的优化

性能指标可取为

$$\min J(k)=\sum_{i=1}^{P}q_i[(w(k+i)-\tilde{y}_M(k+i|k)]^2+\sum_{j=1}^{M}r_j\Delta u^2(k+j-1) \tag{2-3}$$

其中，q_i、r_j 是权系数，它们分别表示对跟踪误差及控制量变化的抑制程度。

当存在对控制量和输出量的约束时，该优化问题需结合约束条件求解，是一个典型的二次规划问题，我们将在第 6 章详细讨论这种情况。在不考虑约束的情况下，上述问题就是在动态模型(2-2)约束下，以 $\Delta \boldsymbol{u}_M(k)=[\Delta u(k)\ \cdots\ \Delta u(k+M-1)]^{\mathrm{T}}$ 为优化变量，使性能指标(2-3)最小的优化问题。为了求解这一优化问题，首先可利用预测模型(2-2)导出性能指标中$\tilde{y}_M$ 与 Δu 的关系，这一关系可用向量形式写为

$$\tilde{\boldsymbol{y}}_{PM}(k)=\tilde{\boldsymbol{y}}_{P0}(k)+\boldsymbol{A}\Delta\boldsymbol{u}_M(k) \tag{2-4}$$

其中

$$\tilde{\boldsymbol{y}}_{PM}(k)=\begin{bmatrix}\tilde{y}_M(k+1|k)\\ \vdots\\ \tilde{y}_M(k+P|k)\end{bmatrix},\quad \tilde{\boldsymbol{y}}_{P0}(k)=\begin{bmatrix}\tilde{y}_0(k+1|k)\\ \vdots\\ \tilde{y}_0(k+P|k)\end{bmatrix}$$

$$\boldsymbol{A}=\begin{bmatrix}a_1 & & \\ & & \boldsymbol{0}\\ \vdots & \ddots & \\ a_M & \cdots & a_1\\ \vdots & & \vdots\\ a_P & \cdots & a_{P-M+1}\end{bmatrix}$$

这里，$\boldsymbol{A}$ 是由单位阶跃响应系数 a_i 组成的 $P\times M$ 阵，称为动态矩阵。式中，向量$\tilde{\boldsymbol{y}}$的前一个下标表示所预测的未来输出的个数，后一个下标则为控制量变化的次数。

同样，性能指标(2-3)也可写成向量形式

$$\min J(k)=\|\boldsymbol{w}_P(k)-\tilde{\boldsymbol{y}}_{PM}(k)\|_{\boldsymbol{Q}}^2+\|\Delta\boldsymbol{u}_M(k)\|_{\boldsymbol{R}}^2 \tag{2-5}$$

其中

$$\boldsymbol{w}_P(k)=[w(k+1)\ \cdots\ w(k+P)]^{\mathrm{T}}$$

$$\boldsymbol{Q}=\mathrm{diag}(q_1,\cdots,q_P)$$

$$\boldsymbol{R}=\mathrm{diag}(r_1,\cdots,r_M)$$

由权系数构成的对角阵 $\boldsymbol{Q}$、$\boldsymbol{R}$ 分别称为误差权矩阵和控制权矩阵。

将式(2-4)代入式(2-5)，可得

$$\min J(k)=\|\boldsymbol{w}_P(k)-\tilde{\boldsymbol{y}}_{P0}(k)-\boldsymbol{A}\Delta\boldsymbol{u}_M(k)\|_{\boldsymbol{Q}}^2+\|\Delta\boldsymbol{u}_M(k)\|_{\boldsymbol{R}}^2$$

在 k 时刻，$\boldsymbol{w}_P(k)$、$\tilde{\boldsymbol{y}}_{P0}(k)$ 均为已知，使 $J(k)$ 取极小的 $\Delta\boldsymbol{u}_M(k)$ 可通过极值必要条件 $\mathrm{d}J(k)/\mathrm{d}\Delta\boldsymbol{u}_M(k)=0$ 求得

$$\Delta\boldsymbol{u}_M(k)=(\boldsymbol{A}^{\mathrm{T}}\boldsymbol{Q}\boldsymbol{A}+\boldsymbol{R})^{-1}\boldsymbol{A}^{\mathrm{T}}\boldsymbol{Q}[\boldsymbol{w}_P(k)-\tilde{\boldsymbol{y}}_{P0}(k)] \tag{2-6}$$

它给出了 k 时刻优化所得到的 $\Delta u(k),\cdots,\Delta u(k+M-1)$ 的最优值。但 DMC 并不把它们全部实施，而只是取其中的即时控制增量 $\Delta u(k)$ 构成实际控制作用于对象。$\Delta u(k)$ 是 $\Delta\boldsymbol{u}_M(k)$ 的首元素，它可表示为

$$\Delta u(k)=\boldsymbol{c}^{\mathrm{T}}\Delta\boldsymbol{u}_M(k)=\boldsymbol{d}^{\mathrm{T}}[\boldsymbol{w}_P(k)-\tilde{\boldsymbol{y}}_{P0}(k)] \tag{2-7}$$

其中，M 维行向量 $\boldsymbol{c}^{\mathrm{T}}=[1\ 0\ \cdots\ 0]$ 表示取后续矩阵中首行的运算，P 维行向量

$$\boldsymbol{d}^{\mathrm{T}}=\boldsymbol{c}^{\mathrm{T}}(\boldsymbol{A}^{\mathrm{T}}\boldsymbol{Q}\boldsymbol{A}+\boldsymbol{R})^{-1}\boldsymbol{A}^{\mathrm{T}}\boldsymbol{Q}\triangleq[d_1\ \cdots\ d_P] \tag{2-8}$$

称为控制向量。一旦优化策略确定（即 P、M、$\boldsymbol{Q}$、$\boldsymbol{R}$ 已定），则 $\boldsymbol{d}^{\mathrm{T}}$ 可由式(2-8)一次离线算出。式(2-7)就是 DMC 在无约束情况下控制律的解析式。这样，优化问题的在线求解就简化为直接计算控制律(2-7)，这是十分简易的。但需强调的是，一旦在优化问题中考虑了系统存在的输入输出约束，则其解便不能以上述解析形式(2-6)给出，也得不到控制律的解析式(2-7)。

在求出控制增量 $\Delta u(k)$ 后，实际控制量为

$$u(k)=u(k-1)+\Delta u(k) \tag{2-9}$$

将 $u(k)$ 作用于对象，到下一时刻，又以 $k+1$ 取代 k 提出同样的优化问题求出 $\Delta u(k+1)$，得到 $u(k+1)$ 作用于对象。如此滚动进行，这就是“滚动优化”的含义。

3. 反馈校正

当 k 时刻把控制 $u(k)$ 实施于对象时，相当于在对象输入端加上了一个幅值为 $\Delta u(k)$ 的阶跃，利用预测模型(2-1)，可算出在其作用下未来时刻的输出预测值

$$\tilde{\boldsymbol{y}}_{N1}(k)=\tilde{\boldsymbol{y}}_{N0}(k)+\boldsymbol{a}\Delta u(k) \tag{2-10}$$

它实际上就是式(2-1)的向量形式，其中 N 维向量 $\tilde{\boldsymbol{y}}_{N1}(k)$ 和 $\tilde{\boldsymbol{y}}_{N0}(k)$ 的构成及含义同前。由于 $\tilde{\boldsymbol{y}}_{N1}(k)$ 的元素是未加入后续 $\Delta u(k+1),\cdots,\Delta u(k+M-1)$ 时的输出预测值，故经移位后，它们可作为 $k+1$ 时刻的初始预测值进行新的优化计算。然而，由于在实际中存在模型失配、环境干扰等未知因素，由式(2-10)给出的预测值有可能偏离实际值，若不及时利用实时信息进行反馈校正，下一步的优化将建立在不准确的模型预测基础上，随着过程的进行，预测输出有可能越来越偏离实际输出。为了防止只依赖模型的开环优化所造成的误差，DMC 在 $k+1$ 时刻计算优化控制量前，需先检测对象的实际输出 $y(k+1)$，并把它与由式(2-10)给出的模型预测的该时刻输出 $\tilde{y}_1(k+1|k)$ 相比较，构成输出误差

$$e(k+1)=y(k+1)-\tilde{y}_1(k+1|k) \tag{2-11}$$

这一误差信息反映了模型中未包括的不确定因素对输出的影响，可用来预测未来的输出误差，用以补充基于模型的预测。由于对误差的产生缺乏因果性的描述，故误差预测只能采用启发式的方法，例如，可采用对 $e(k+1)$ 加权的方式修正对未来输出的预测

$$\tilde{\boldsymbol{y}}_{\mathrm{cor}}(k+1)=\tilde{\boldsymbol{y}}_{N1}(k)+\boldsymbol{h}e(k+1) \tag{2-12}$$

其中

$$\tilde{\boldsymbol{y}}_{\mathrm{cor}}(k+1)=\begin{bmatrix}\tilde{y}_{\mathrm{cor}}(k+1|k+1)\\ \vdots \\ \tilde{y}_{\mathrm{cor}}(k+N|k+1)\end{bmatrix}$$

为校正后的输出预测向量，由权系数组成的 N 维向量 $\boldsymbol{h}=[h_1\cdots h_N]^{\mathrm{T}}$ 称为校正向量。

在 $k+1$ 时刻，由于时间基点的变动，预测的未来时间点也将移到 $k+2,\cdots,k+1+N$，因此，$\tilde{\boldsymbol{y}}_{\mathrm{cor}}(k+1)$ 的元素还需通过移位才能构成 $k+1$ 时刻的初始预测值

$$\tilde{y}_0(k+1+i|k+1)=\tilde{y}_{\mathrm{cor}}(k+1+i|k+1),\ i=1,\cdots,N-1 \tag{2-13}$$

而由于模型的截断，在 k 时刻预测中没有的 $\tilde{y}_0(k+1+N|k+1)$，可由 $\tilde{y}_{\mathrm{cor}}(k+N|k+1)$ 近似。这一通过移位对 $k+1$ 时刻初始预测值的设置可用向量形式表示为

$$\tilde{\boldsymbol{y}}_{N0}(k+1)=\boldsymbol{S}\tilde{\boldsymbol{y}}_{\mathrm{cor}}(k+1) \tag{2-14}$$

其中移位阵 $\boldsymbol{S}$ 定义为

$$\boldsymbol{S}=\begin{bmatrix}0 & 1 & & & \\ & & & \boldsymbol{0} & \\ \vdots & & & & \\ & & & \ddots & \\ & & \boldsymbol{0} & & \\ 0 & & & & 1 \\ 0 & \cdots & & & 1\end{bmatrix}$$

有了 $\tilde{\boldsymbol{y}}_{N0}(k+1)$，又可像上面那样进行 $k+1$ 时刻的优化计算，求出 $\Delta u(k+1)$。整个控制过程就是以这种结合反馈校正的滚动优化方式反复在线进行的，其算法结构可见图 2-2。

由图2-2 可见，DMC 算法是由预测、控制、校正 3 部分构成的。图中粗箭头表示向量流，细箭头表示纯量流。在每一采样时刻，未来 P 个时刻的期望输出 $\boldsymbol{w}_P(k)$ 与初始预测输出 $\tilde{\boldsymbol{y}}_{P0}(k)$ 构成的偏差向量与动态控制向量 $\boldsymbol{d}^{\mathrm{T}}$ 点乘（见式（2-7）），得到该时刻的控制增量 $\Delta u(k)$。这一控制增量一方面通过数字积分（累加）运算求出控制量 $u(k)$（式（2-9））并作用于对象，另一方面与模型向量 $\boldsymbol{a}$ 相乘，并按

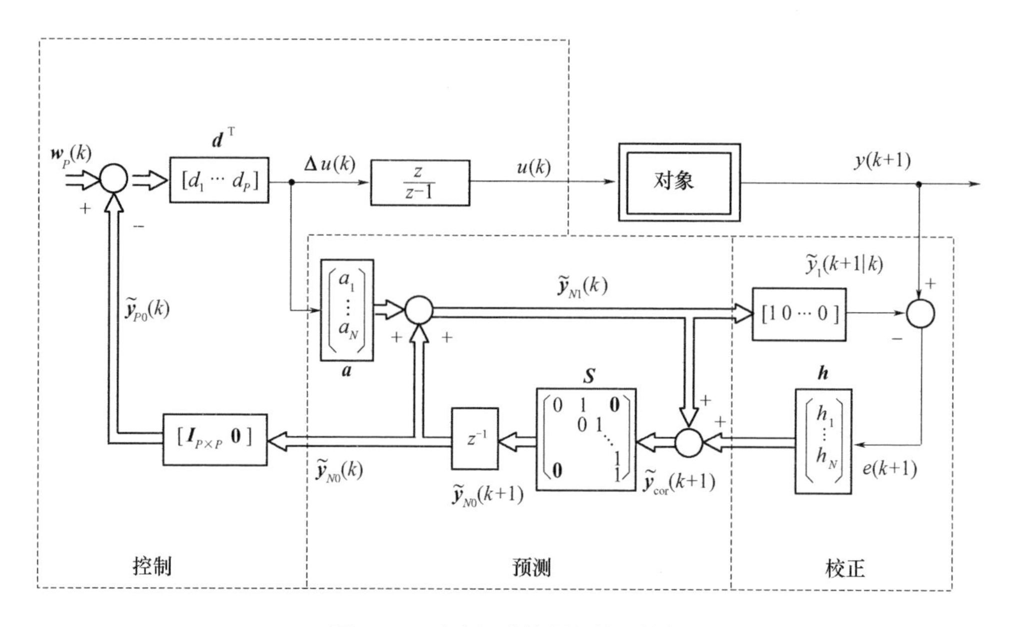

图 2-2　动态矩阵控制的算法结构

式(2-10)计算出在其作用后的预测输出 $\tilde{\boldsymbol{y}}_{N1}(k)$。到下一采样时刻,首先检测对象的实际输出 $y(k+1)$,并与预测值 $\tilde{y}_1(k+1|k)$(即 $\tilde{\boldsymbol{y}}_{N1}(k)$ 中的第 1 项)相比较后按式(2-11)构成输出误差 $e(k+1)$。这一误差与校正向量 $\boldsymbol{h}$ 相乘作为误差预测,再加入到模型预测中按式(2-12)得到校正后的预测输出 $\tilde{\boldsymbol{y}}_{cor}(k+1)$,并按式(2-14)移位后作为新的初始预测值 $\tilde{\boldsymbol{y}}_{N0}(k+1)$。图中 z^{-1} 表示时间基点的记号后推一步,这样等于把新的时刻重新定义为 k 时刻。整个过程将反复在线进行。

下面具体介绍 DMC 的算法实现。无约束的 DMC 算法需要离线准备 3 组参数,即模型向量、控制向量和校正向量的参数,它们的来源分别如下。

① 模型参数 $\{a_i\}$ 可通过检测对象的单位阶跃响应并经光滑后得到。在这里需要强调的是,应尽可能滤除测量数据中的噪声和干扰,使得到的模型具有光滑的动态响应,否则会影响控制质量甚至造成不稳定。

② 控制系数 $\{d_i\}$ 是根据式(2-8)算出的,其中要用到模型参数 $\{a_i\}$,而反映优化策略的参数 P、M、$\boldsymbol{Q}$、$\boldsymbol{R}$ 需要利用仿真程序进行整定后确定。

③ 校正系数 $\{h_i\}$ 与上述两组参数均无关,可自由选择。

这 3 组动态系数确定后,应置入固定的内存单元,以便实时调用。

DMC 的在线计算由初始化模块与实时控制模块组成。初始化模块是在投入运行的第 1 步,先检测对象的实际输出 $y(k)$ 并把它设定为输出预测初值 $\tilde{y}_0(k+i|k)$,$i=1,\cdots,N$。从第 2 步起即转入实时控制模块,在每一采样时刻的在线

计算流程可见图2-3,其中对未来输出的预测值只需设置一个 N 维数组 $y(i)$,流程图中的算式依次对应于式(2-11)、式(2-12)、式(2-13)、式(2-7)、式(2-9)和式(2-10)。注意在该流程图中设定值 w 是定值并事先置入内存。若需跟踪时变的轨线,则还应编制一个设定值模块,在线计算每一时刻优化时域内的输出期望值 $w(i)$,$i=1,\cdots,P$,并以此代替流程图中的 w。

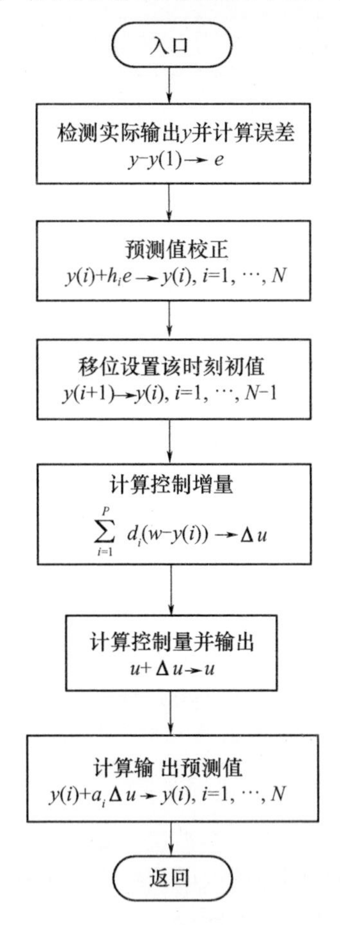

图2-3　无约束动态矩阵控制的在线计算流程

需要指出的是,对于无约束DMC算法,由于优化问题具有解析解,在线优化已直接隐含在优化的结果式(2-7)中,因此在线计算只需要$\{a_i\}$、$\{d_i\}$、$\{h_i\}$3组参数,不存在显式的优化求解过程。但对于有约束的DMC算法,控制增量 $\Delta u(k)$ 需通过二次规划算法求得,不再有式(2-7)的解析解,这时要改用二次规划算法模块取代流程图中计算控制增量的解析表达式(2-7)。由于此时不存在控制向量 $\boldsymbol{d}^{\mathrm{T}}$,离线只需确定模型参数和校正参数。

2.2 基于随机离散时间模型的广义预测控制

广义预测控制(GPC)是在自适应控制的研究中发展起来的另一类预测控制算法。众所周知,自适应控制作为一种针对模型参数具有时变等不确定性的有效控制算法,已在航天航空等领域内得到了广泛应用,并在工业过程中也有成功的应用。但由于这类算法对数学模型的要求较高,有些算法(如最小方差自校正调节器)需要准确知道系统的滞后,另一些算法(如极点配置自校正调节器)对系统的阶数十分敏感,因而在应用于难以精确建模的复杂工业过程时,必须对其做进一步的改进。Clarke 等正是在最小方差自校正控制算法的基础上,以多步预测优化取代了原来的一步预测优化,提出了 GPC 算法。

作为从自适应控制发展起来的算法,GPC 是针对随机离散时间系统提出的。下面我们将以文献[6]给出的 GPC 的原始形式对算法进行介绍。

1. 预测模型

在 GPC 中,采用了最小方差控制中所用的受控自回归积分滑动平均(Controlled Auto-Regressive Integrated Moving Average,CARIMA)模型来描述受到随机干扰的对象

$$A(q^{-1})y(t) = B(q^{-1})u(t-1) + \frac{C(q^{-1})\xi(t)}{\Delta} \tag{2-15}$$

其中

$$A(q^{-1}) = 1 + a_1 q^{-1} + \cdots + a_n q^{-n}$$

$$B(q^{-1}) = b_0 + b_1 q^{-1} + \cdots + b_{n_b} q^{-n_b}$$

$$C(q^{-1}) = c_0 + c_1 q^{-1} + \cdots + c_{n_c} q^{-n_c}$$

式中:t 表示采样控制的离散时间点;q^{-1} 是后移算子,表示后退一个采样周期的相应的量;$\Delta = 1 - q^{-1}$ 为差分算子;$\xi(t)$ 是一个不相关的随机序列,表示一类随机噪声的影响。A、B、C 都是 q^{-1} 的多项式,其中 $a_n \neq 0, b_{n_b} \neq 0$,以保证多项式阶次的确定性。多项式 $B(q^{-1})$ 的若干首项元素 $b_0, b_1, \cdots$ 可以是零,以表示对象相应的时滞数。为了突出方法原理,这里假设 $C(q^{-1}) = 1$。

可以看出,如果忽略了随机干扰项,则式(2-15)可看作是 Z 域中的传递函数模型

$$G(z) = \frac{z^{-1}B(z^{-1})}{A(z^{-1})} \tag{2-16}$$

即带有回归项的输入输出模型

$$y(t) + a_1 y(t-1) + \cdots + a_n y(t-n) = b_0 u(t-1) + \cdots + b_{n_b} u(t-n_b-1)$$

根据优化的需要，在 t 时刻，应尽可能把未来输出 $y(t+j)$ 的预测值用当时的已知信息 $\{y(\tau), \tau \leqslant t\}$、$\{u(\tau), \tau < t\}$ 和假设的未来输入 $\{u(\tau), \tau \geqslant t\}$ 来表示。但由式(2－16)可知，不同时刻的输出值是相互关联的，$y(t+j)$ 的预测式中将出现 $y(t+j-1)$、$y(t+j-2)$ 等在 t 时刻也未知的输出量，因此只能从 $y(t+1)$ 起，先把 $y(t+1)$ 用 t 时刻的已知信息和假设的未来输入来表示，再把 $y(t+2)$ 预测式中出现的 $y(t+1)$ 用已得到的表达式代入，再把 $y(t+3)$ 预测式中出现的 $y(t+1)$、$y(t+2)$ 用前面已得到的表达式代入，等等。这样逐项代入可使所有的未来输出 $y(t+j)$ 只与 t 时刻的已知信息和假设的未来输入有关，但随着过程的递推，需要代入的量越来越多，代入的表达式也越来越复杂，无法得到有规律的输出预测表达式。为了克服这一困难，需要解除 $y(t+j)$ 与 $y(t+j-1)$、…、$y(t+1)$ 等当前未知信息的联系，为此考虑下述丢番图方程：

$$1 = E_j(q^{-1}) A \Delta + q^{-j} F_j(q^{-1}) \tag{2-17}$$

其中，E_j、F_j 是由 $A(q^{-1})$ 和预测长度 j 唯一确定的多项式

$$E_j(q^{-1}) = e_{j,0} + e_{j,1} q^{-1} + \cdots + e_{j,j-1} q^{-(j-1)}$$

$$F_j(q^{-1}) = f_{j,0} + f_{j,1} q^{-1} + \cdots + f_{j,n} q^{-n}$$

对于式(2－15)，在其两端乘以 $E_j \Delta q^j$ 后可得

$$E_j A \Delta y(t+j) = E_j B \Delta u(t+j-1) + E_j \xi(t+j)$$

利用式(2－17)，可以写出 $t+j$ 时刻的输出量

$$y(t+j) = E_j B \Delta u(t+j-1) + F_j y(t) + E_j \xi(t+j)$$

注意到 E_j、F_j 的形式，可以知道 $E_j B \Delta u(t+j-1)$ 与 $\Delta u(t+j-1)$、$\Delta u(t+j-2)$ 等有关，$F_j y(t)$ 只与 $y(t)$、$y(t-1)$ 等有关，而 $E_j \xi(t+j)$ 与 $\xi(t+j)$、…、$\xi(t+1)$ 有关。由于在 t 时刻未来的噪声 $\xi(t+i)$，$i=1,\cdots,j$ 都是未知的，所以对 $y(t+j)$ 最合适的预测值可由下式得到：

$$\hat{y}(t+j \mid t) = E_j B \Delta u(t+j-1) + F_j y(t) \tag{2-18}$$

这样，利用丢番图方程(2－17)，就可把 t 时刻对 $y(t+j)$ 的预测值用该时刻已知的输入输出信息和假设的未来输入来表示，使它不再依赖于 $y(t+j-1)$、$y(t+j-2)$ 等当前未知量。式(2－18)就是 GPC 的预测模型。

在用预测模型(2－18)进行输出预测时，需要知道式中的 E_j、F_j，这可通过对不同的 $j=1,2,\cdots$ 分别求解对应的丢番图方程得到，为了简化计算，Clarke 等进一步给出了一个 E_j、F_j 的递推算法。首先，根据丢番图方程(2－17)可写出

$$1 = E_j A \Delta + q^{-j} F_j$$

$$1 = E_{j+1}A\Delta + q^{-(j+1)}F_{j+1}$$

两式相减可得

$$\tilde{A}\tilde{E} + q^{-j}(q^{-1}F_{j+1} - F_j + \tilde{A}e_{j+1,j}) = 0$$

其中

$$\begin{aligned}\tilde{A} &= A\Delta = 1 + \tilde{a}_1 q^{-1} + \cdots + \tilde{a}_{n+1}q^{-(n+1)} \\ &= 1 + (a_1 - 1)q^{-1} + \cdots + (a_n - a_{n-1})q^{-n} - a_n q^{-(n+1)}\end{aligned}$$

$$\tilde{E} = E_{j+1} - E_j - e_{j+1,j}q^{-j} = \tilde{e}_0 + \tilde{e}_1 q^{-1} + \cdots + \tilde{e}_{j-1}q^{-(j-1)}$$

$$\tilde{e}_i = e_{j+1,i} - e_{j,i}, \quad i = 0,1,\cdots,j-1$$

由于上述等式左边从常数项到 $q^{-(j-1)}$ 项系数均为零,必须有$\tilde{E}=0$,故可得

$$F_{j+1} = q(F_j - \tilde{A}e_{j+1,j})$$

注意到$\tilde{A}$的首项系数为1,故由上式进一步可推出

$$\begin{aligned}&f_{j,0} = e_{j+1,j} \\ &f_{j+1,i} = f_{j,i+1} - \tilde{a}_{i+1}e_{j+1,j} = f_{j,i+1} - \tilde{a}_{i+1}f_{j,0}, \quad i = 0,1,\cdots,n-1 \\ &f_{j+1,n} = -\tilde{a}_{n+1}e_{j+1,j} = -\tilde{a}_{n+1}f_{j,0}\end{aligned}$$

这一 F_j 系数的递推关系亦可用向量形式表示为$\boldsymbol{f}_{j+1} = \bar{\boldsymbol{A}}\boldsymbol{f}_j$,
其中

$$\boldsymbol{f}_{j+1} = \begin{bmatrix} f_{j+1,0} \\ \vdots \\ f_{j+1,n} \end{bmatrix}, \quad \boldsymbol{f}_j = \begin{bmatrix} f_{j,0} \\ \vdots \\ f_{j,n} \end{bmatrix}, \quad \bar{\boldsymbol{A}} = \begin{bmatrix} 1 - a_1 & 1 & \cdots & 0 \\ a_1 - a_2 & 0 & & 0 \\ \vdots & \vdots & \ddots & \vdots \\ a_{n-1} - a_n & 0 & \cdots & 1 \\ a_n & 0 & \cdots & 0 \end{bmatrix}$$

此外还可得 E_j 的递推公式

$$E_{j+1} = E_j + e_{j+1,j}q^{-j} = E_j + f_{j,0}q^{-j}$$

当$j=1$时,$E_1 = e_{1,0}$,方程(2-17)为

$$1 = E_1\tilde{A} + q^{-1}F_1$$

由此可推知$E_1 = e_{1,0} = 1$,$F_1 = q(1 - \tilde{A})$,即 F_1 的系数向量$\boldsymbol{f}_1$ 即为矩阵$\bar{\boldsymbol{A}}$的首列,以此为初值,便可对$j=1,2,\cdots$按下式递推计算 E_j、F_j:

$$\begin{aligned}&\boldsymbol{f}_{j+1} = \bar{\boldsymbol{A}}\boldsymbol{f}_j, \qquad \boldsymbol{f}_1 = \bar{\boldsymbol{A}}[1 \quad 0 \quad \cdots \quad 0]^{\mathrm{T}} \\ &E_{j+1} = E_j + f_{j,0}q^{-j}, \quad E_1 = 1\end{aligned} \tag{2-19}$$

2. 滚动优化

在 GPC 中，t 时刻的优化性能指标具有以下形式：

$$\min J(t) = E\left\{\sum_{j=N_1}^{N_2}[\omega(t+j)-y(t+j)]^2+\sum_{j=1}^{NU}\lambda(j)\Delta u^2(t+j-1)\right\} \tag{2-20}$$

其中：E 为数学期望；ω 为对象输出的期望参考值；N_1 和 N_2 分别为优化时域的始值与终值；NU 为控制时域，即在 NU 步后控制量保持不变：

$$u(t+j-1)=u(t+NU-1),\quad j\geqslant NU$$

$\lambda(j)$ 为控制加权系数，为简化计一般常可假设其为常数 λ。

与最小方差自校正调节器相比，性能指标(2－20)采用了长时段预测的概念，它把所要优化的方差从一个时间点扩展到一段时域，其中 N_1 应大于对象的时滞数，N_2 应足够大，以使对象动态特性能充分表现出来。由于以多步优化代替了一步优化，即使对时滞的估计不当和时滞发生变化，仍能从整体优化中得到合理的控制，这是 GPC 对模型不精确性具有鲁棒性的重要原因。这一性能指标的提出来源于 DMC 的启发，除去随机系统带来的差别外，它可看作是 DMC 优化性能指标(2－3)的变形，相当于在式(2－3)中把 P、M 分别记为 N_2、NU，把 N_1 以前的权系数 q_i 取为零，以后的 q_i 取为 1，并取所有的 $r_j=\lambda$。

与 DMC 不同的是，在性能指标(2－20)中，对象输出的期望值 $\omega(t+j)$ 采用了从当前输出 $y(t)$ 到设定值 c“柔化”过渡的参考轨迹

$$\begin{cases}\omega(t+j)=\alpha\omega(t+j-1)+(1-\alpha)c, & j=1,2,\cdots\\ \omega(t)=y(t)\end{cases} \tag{2-21}$$

其中：$0\leqslant\alpha<1$。特别当 $\alpha=0$ 时，相当于 DMC 中无参考轨迹的直接设定值。

为了用式(2－18)预测性能指标(2－20)中的未来输出，令 $G_j=E_jB$，它是 q^{-1} 的 n_b+j-1 阶多项式，记

$$G_j=g_{j,0}+g_{j,1}q^{-1}+\cdots+g_{j,n_b+j-1}q^{-(n_b+j-1)}$$

根据式(2－17)可得

$$G_j=\frac{B(1-q^{-j}F_j)}{A\Delta}=\frac{B}{A\Delta}-q^{-j}\frac{BF_j}{A\Delta} \tag{2-22}$$

由此可知多项式 G_j 中前 j 项的系数完全由 $B/(A\Delta)$ 确定，同时注意到对象的传递函数(2－16)可表示为

$$G(z)=\frac{z^{-1}B(z^{-1})}{A(z^{-1})}=g_1z^{-1}+(g_2-g_1)z^{-2}+\cdots$$

其中$\{g_i\}$为对象的单位阶跃响应系数,由此得到

$$\frac{B}{A\Delta}=g_1+g_2z^{-1}+\cdots$$

因此,G_j中前j项的系数正是对象单位阶跃响应前j项的采样值,即$g_{j,i}=g_{i+1}$ $(i<j)$。

现在可以根据预测模型(2-18)写出性能指标(2-20)中未来输出$y(t+j)$的预测值

$$\begin{aligned}\hat{y}(t+N_1|t)&=G_{N_1}\Delta u(t+N_1-1)+F_{N_1}y(t)\\&=g_{N_1,0}\Delta u(t+N_1-1)+\cdots+g_{N_1,N_1-1}\Delta u(t)+f_{N_1}(t)\\&\quad\vdots\\\hat{y}(t+N_2|t)&=G_{N_2}\Delta u(t+N_2-1)+F_{N_2}y(t)\\&=g_{N_2,0}\Delta u(t+N_2-1)+\cdots+g_{N_2,N_2-1}\Delta u(t)+f_{N_2}(t)\end{aligned}\tag{2-23}$$

其中

$$\begin{aligned}f_{N_1}(t)&=q^{N_1-1}[G_{N_1}(q^{-1})-g_{N_1,0}-\cdots-g_{N_1,N_1-1}q^{-(N_1-1)}]\Delta u(t)+F_{N_1}y(t)\\&\quad\vdots\\f_{N_2}(t)&=q^{N_2-1}[G_{N_2}(q^{-1})-g_{N_2,0}-\cdots-g_{N_2,N_2-1}q^{-(N_2-1)}]\Delta u(t)+F_{N_2}y(t)\end{aligned}$$

均可由t时刻已知的信息$\{y(\tau),\tau\leqslant t\}$以及$\{u(\tau),\tau<t\}$计算。

由于$i\geqslant 0$时,$\Delta u(t+NU+i)=0$,且当$N_1<NU$时,$g_{N_1,N_1-NU}=\cdots=g_{N_1,-1}=0$,故上述输出预测式可统一地写为

$$\begin{aligned}\hat{y}(t+N_1|t)&=g_{N_1,N_1-NU}\Delta u(t+NU-1)+\cdots+g_{N_1,N_1-1}\Delta u(t)+f_{N_1}(t)\\&\quad\vdots\\\hat{y}(t+N_2|t)&=g_{N_2,N_2-NU}\Delta u(t+NU-1)+\cdots+g_{N_2,N_2-1}\Delta u(t)+f_{N_2}(t)\end{aligned}$$

如果记

$$\hat{\boldsymbol{y}}=\begin{bmatrix}\hat{y}(t+N_1|t)\\\vdots\\\hat{y}(t+N_2|t)\end{bmatrix},\quad\tilde{\boldsymbol{u}}=\begin{bmatrix}\Delta u(t)\\\vdots\\\Delta u(t+NU-1)\end{bmatrix},\quad\boldsymbol{f}=\begin{bmatrix}f_{N_1}(t)\\\vdots\\f_{N_2}(t)\end{bmatrix}$$

则可得

$$\hat{\boldsymbol{y}}=\boldsymbol{G}\tilde{\boldsymbol{u}}+\boldsymbol{f}\tag{2-24}$$

其中,$\boldsymbol{G}$为$(N_2-N_1+1)\times NU$维矩阵,即

$$G=\begin{bmatrix} g_{N_1,N_1-1} & \cdots & g_{N_1,N_1-NU} \\ \vdots & & \vdots \\ g_{N_2,N_2-1} & \cdots & g_{N_2,N_2-NU} \end{bmatrix}$$

注意到$g_{j,i}=g_{i+1}(i<j)$是单位阶跃响应系数,且$g_i=0(i\leqslant 0)$,故当$N_1\geqslant NU$时,有

$$G=\begin{bmatrix} g_{N_1} & \cdots & g_{N_1-NU+1} \\ \vdots & & \vdots \\ g_{N_2} & \cdots & g_{N_2-NU+1} \end{bmatrix}$$

而当$N_1<NU$时,有

$$G=\begin{bmatrix} g_{N_1} & \cdots & g_1 & 0 & 0 \\ \vdots & & & \ddots & 0 \\ g_{NU} & & \cdots & & g_1 \\ \vdots & & & & \vdots \\ g_{N_2} & & \cdots & & g_{N_2-NU+1} \end{bmatrix}$$

同样的,在不考虑输入输出约束时,使性能指标(2-20)最优的解可解析地表示为

$$\tilde{\boldsymbol{u}}=(\boldsymbol{G}^{\mathrm{T}}\boldsymbol{G}+\lambda\boldsymbol{I})^{-1}\boldsymbol{G}^{\mathrm{T}}(\boldsymbol{\omega}-\boldsymbol{f}) \tag{2-25}$$

其中,$\boldsymbol{\omega}=[\omega(t+N_1)\ \cdots\ \omega(t+N_2)]^{\mathrm{T}}$。由此可得即时最优控制增量

$$\Delta u(t)=\boldsymbol{d}^{\mathrm{T}}(\boldsymbol{\omega}-\boldsymbol{f}) \tag{2-26}$$

其中

$$\boldsymbol{d}^{\mathrm{T}}=(1\ 0\ \cdots\ 0)(\boldsymbol{G}^{\mathrm{T}}\boldsymbol{G}+\lambda\boldsymbol{I})^{-1}\boldsymbol{G}^{\mathrm{T}}\triangleq[d_{N_1}\ \cdots\ d_{N_2}]$$

进而可得控制量为

$$u(t)=u(t-1)+\boldsymbol{d}^{\mathrm{T}}(\boldsymbol{\omega}-\boldsymbol{f})$$

3. 在线辨识与校正

GPC是从自校正控制发展起来的,因此保持了自校正的方法原理,即在控制过程中,不断通过实际输入输出信息在线估计模型参数,并以此修正控制律。这是一种广义的反馈控制。与DMC相比,DMC相当于用一个不变的预测模型,并附加一个误差预测模型共同对未来输出做出较准确的预测,而GPC则只用一个模型,通过对其在线修正给出较准确的预测。

考虑将对象模型(2-15)改写为

$$\Delta y(t)=-A_1(q^{-1})\Delta y(t)+B(q^{-1})\Delta u(t-1)+\xi(t)$$

其中,$A_1(q^{-1})=A(q^{-1})-1$。把模型参数与数据参数分别用向量形式记为

$$\boldsymbol{\theta}=[a_1\ \cdots\ a_n\,|\,b_0\ \cdots\ b_{n_b}]^{\mathrm{T}}$$

$$\boldsymbol{\varphi}(t)=[-\Delta y(t-1)\ \cdots\ -\Delta y(t-n)\,|\,\Delta u(t-1)\ \cdots\ \Delta u(t-n_b-1)]^{\mathrm{T}}$$

则可将上式写作

$$\Delta y(t)=\boldsymbol{\varphi}^{\mathrm{T}}(t)\cdot\boldsymbol{\theta}+\xi(t)$$

在此,可用渐消记忆的递推最小二乘法估计参数向量

$$\begin{cases}\boldsymbol{K}(t)=\boldsymbol{P}(t-1)\boldsymbol{\varphi}(t)[\boldsymbol{\varphi}^{\mathrm{T}}(t)\boldsymbol{P}(t-1)\boldsymbol{\varphi}(t)+\mu]^{-1}\\ \hat{\boldsymbol{\theta}}(t)=\hat{\boldsymbol{\theta}}(t-1)+\boldsymbol{K}(t)[\Delta y(t)-\boldsymbol{\varphi}^{\mathrm{T}}(t)\hat{\boldsymbol{\theta}}(t-1)]\\ \boldsymbol{P}(t)=\dfrac{1}{\mu}[\boldsymbol{I}-\boldsymbol{K}(t)\boldsymbol{\varphi}^{\mathrm{T}}(t)]\boldsymbol{P}(t-1)\end{cases}\qquad(2-27)$$

其中:$0<\mu<1$ 为遗忘因子,常可选 $0.95<\mu<1$;$\boldsymbol{K}(t)$ 为权因子;$\boldsymbol{P}(t)$ 为正定的协方差阵。在控制启动时,需要设置参数向量 $\boldsymbol{\theta}$ 和协方差阵 $\boldsymbol{P}$ 的初值,通常可令 $\hat{\boldsymbol{\theta}}(0)=\boldsymbol{0}$,$\boldsymbol{P}(0)=\alpha^2\boldsymbol{I}$,$\alpha$ 是一个足够大的正数。在控制的每一步,首先要组成数据向量,然后就可由式(2-27)先后求出 $\boldsymbol{K}(t)$、$\hat{\boldsymbol{\theta}}(t)$ 和 $\boldsymbol{P}(t)$。

在通过辨识得到多项式 $A(q^{-1})$、$B(q^{-1})$ 的参数后,就可重新计算控制律(2-26)中的 $\boldsymbol{d}^{\mathrm{T}}$ 和 $\boldsymbol{f}$,并求出最优控制量。这种在线辨识结合控制律校正的机制,构成了带有自适应的 GPC 算法的反馈校正。

在很多情况下,由于在线辨识的计算复杂性,许多 GPC 算法并不采用自适应机制。这时,只能通过引入参考轨迹实现反馈校正。注意到参考轨迹(2-21)也可表示为

$$\omega(t+j)=\alpha^j y(t)+(1-\alpha^j)c,\quad j=1,2,\cdots\qquad(2-28)$$

式(2-28)相当于用实测输出信息 $y(t)$ 实时地修正参考期望值。由于优化性能指标中的偏差项是由 $\omega(t+j)$ 和 $y(t+j)$ 构成的,用 $y(t)$ 对 $\omega(t+j)$ 的实时修正等同于对预测输出 $y(t+j)$ 的修正。因此,参考轨迹的引入也能实现反馈校正的功能。

以上给出的 GPC 算法,原则上也适用于基于离散传递函数模型的预测控制。如果在 GPC 中不考虑随机性,则式(2-15)相当于离散传递函数模型(2-16),同样可引入丢番图方程导出预测模型(2-18),而在滚动优化中把随机优化改为确定型优化,在无约束时同样可得到控制律(2-26)。

2.3 基于状态空间模型的预测控制

20 世纪 90 年代以来,模型预测控制的理论研究广泛采纳了以状态方程表达的

模型形式,这是因为这些研究需要充分借鉴现代控制(特别是最优控制)的理论成果。实际上,在这之前,人们已经研究了诸如 DMC、GPC 等经典预测控制算法的状态空间等价实现[12,13],并对基于状态方程的预测控制算法开展了研究。基于状态方程的预测控制可以有各种不同提法,这里主要讨论线性系统状态实时可测时的预测控制算法。

考虑以状态方程描述的单输入单输出线性系统

$$\begin{cases} \boldsymbol{x}(k+1) = \boldsymbol{A}\boldsymbol{x}(k) + \boldsymbol{b}u(k) \\ y(k) = \boldsymbol{c}^{\mathrm{T}}\boldsymbol{x}(k) \end{cases} \tag{2-29}$$

式(2-29)中,状态变量 $\boldsymbol{x}(k) \in \mathbb{R}^n$ 实时可测,$u(k)$、$y(k)$ 分别为系统输入和输出。

1. 预测模型

在 $\boldsymbol{x}(k)$ 可测时,模型(2-29)可直接作为预测模型使用。设从 k 时刻起系统输入发生 M 步变化,而后保持不变,则由模型(2-29),可以预测出在 $u(k)$,$u(k+1)$,$\cdots$,$u(k+M-1)$ 作用下未来 $P(P \geq M)$ 个时刻的系统状态

$$\begin{aligned} \boldsymbol{x}(k+1) &= \boldsymbol{A}\boldsymbol{x}(k) + \boldsymbol{b}u(k) \\ \boldsymbol{x}(k+2) &= \boldsymbol{A}^2\boldsymbol{x}(k) + \boldsymbol{A}\boldsymbol{b}u(k) + \boldsymbol{b}u(k+1) \\ &\vdots \\ \boldsymbol{x}(k+M) &= \boldsymbol{A}^M\boldsymbol{x}(k) + \boldsymbol{A}^{M-1}\boldsymbol{b}u(k) + \cdots + \boldsymbol{b}u(k+M-1) \\ \boldsymbol{x}(k+M+1) &= \boldsymbol{A}^{M+1}\boldsymbol{x}(k) + \boldsymbol{A}^M\boldsymbol{b}u(k) + \cdots + (\boldsymbol{A}\boldsymbol{b} + \boldsymbol{b})u(k+M-1) \\ &\vdots \\ \boldsymbol{x}(k+P) &= \boldsymbol{A}^P\boldsymbol{x}(k) + \boldsymbol{A}^{P-1}\boldsymbol{b}u(k) + \cdots + (\boldsymbol{A}^{P-M}\boldsymbol{b} + \cdots + \boldsymbol{b})u(k+M-1) \end{aligned} \tag{2-30}$$

或用向量形式描述为

$$\boldsymbol{X}(k) = \boldsymbol{F}_x\boldsymbol{x}(k) + \boldsymbol{G}_x\boldsymbol{U}(k) \tag{2-31}$$

其中

$$\boldsymbol{X}(k) = \begin{bmatrix} \boldsymbol{x}(k+1) \\ \vdots \\ \boldsymbol{x}(k+P) \end{bmatrix}_{(nP\times 1)}, \quad \boldsymbol{U}(k) = \begin{bmatrix} u(k) \\ \vdots \\ u(k+M-1) \end{bmatrix}_{(M\times 1)}$$

$$\boldsymbol{F}_x = \begin{bmatrix} \boldsymbol{A} \\ \vdots \\ \boldsymbol{A}^P \end{bmatrix}_{(nP\times n)}, \qquad \boldsymbol{G}_x = \begin{bmatrix} \boldsymbol{b} & & \boldsymbol{0} \\ \vdots & \ddots & \\ \boldsymbol{A}^{M-1}\boldsymbol{b} & \cdots & \boldsymbol{b} \\ \vdots & & \vdots \\ \boldsymbol{A}^{P-1}\boldsymbol{b} & \cdots & \sum_{i=0}^{P-M}\boldsymbol{A}^i\boldsymbol{b} \end{bmatrix}_{(nP\times M)}$$

如果需要预测未来 P 个时刻的系统输出，则再加上式(2-29)中的输出方程，可类似地推出

$$\boldsymbol{Y}(k)=\boldsymbol{F}_y\boldsymbol{x}(k)+\boldsymbol{G}_y\boldsymbol{U}(k) \tag{2-32}$$

其中

$$\boldsymbol{Y}(k)=\begin{bmatrix} y(k+1) \\ \vdots \\ y(k+P) \end{bmatrix}_{(P\times 1)},\quad \boldsymbol{F}_y=\begin{bmatrix} \boldsymbol{c}^{\mathrm{T}}\boldsymbol{A} \\ \vdots \\ \boldsymbol{c}^{\mathrm{T}}\boldsymbol{A}^{P} \end{bmatrix}_{(P\times n)}$$

$$\boldsymbol{G}_y=\begin{bmatrix} \boldsymbol{c}^{\mathrm{T}}\boldsymbol{b} & & \boldsymbol{0} \\ \vdots & \ddots & \\ \boldsymbol{c}^{\mathrm{T}}\boldsymbol{A}^{M-1}\boldsymbol{b} & \cdots & \boldsymbol{c}^{\mathrm{T}}\boldsymbol{b} \\ \vdots & & \vdots \\ \boldsymbol{c}^{\mathrm{T}}\boldsymbol{A}^{P-1}\boldsymbol{b} & \cdots & \sum\limits_{i=1}^{P-M+1}\boldsymbol{c}^{\mathrm{T}}\boldsymbol{A}^{i-1}\boldsymbol{b} \end{bmatrix}_{(P\times M)}$$

由于系统单位脉冲响应在采样时刻的值 $g_i=\boldsymbol{c}^{\mathrm{T}}\boldsymbol{A}^{i-1}\boldsymbol{b}$，$i\geqslant 1$，故式(2-32)中的 $\boldsymbol{G}_y$ 也可写为

$$\boldsymbol{G}_y=\begin{bmatrix} g_1 & & \boldsymbol{0} \\ \vdots & \ddots & \\ g_M & \cdots & g_1 \\ \vdots & & \vdots \\ g_P & \cdots & \sum\limits_{i=1}^{P-M+1} g_i \end{bmatrix}$$

2. 滚动优化

在 k 时刻的状态优化问题可表述为：确定从该时刻起的 M 个控制量 $u(k),\cdots,u(k+M-1)$，使被控对象在其作用下未来 P 个时刻的状态得到镇定，即趋近 $\boldsymbol{x}=\boldsymbol{0}$，同时抑制控制作用的剧烈变化，优化性能指标可表达为向量形式

$$\min_{\boldsymbol{U}(k)} J(k)=\|\boldsymbol{X}(k)\|_{\boldsymbol{Q}_x}^2+\|\boldsymbol{U}(k)\|_{\boldsymbol{R}_x}^2 \tag{2-33}$$

其中 $\boldsymbol{Q}_x$、$\boldsymbol{R}_x$ 为适当维数的状态和控制加权矩阵。在不考虑约束时，结合状态预测模型(2-31)，可求出最优解的解析表达式

$$\boldsymbol{U}(k)=-(\boldsymbol{G}_x^{\mathrm{T}}\boldsymbol{Q}_x\boldsymbol{G}_x+\boldsymbol{R}_x)^{-1}\boldsymbol{G}_x^{\mathrm{T}}\boldsymbol{Q}_x\boldsymbol{F}_x\boldsymbol{x}(k) \tag{2-34}$$

由此可求出即时控制量

$$u(k)=-\boldsymbol{k}_x^{\mathrm{T}}\boldsymbol{x}(k) \tag{2-35}$$

其中反馈增益

$$\boldsymbol{k}_x^{\mathrm{T}} = (1\ 0\ \cdots\ 0)(\boldsymbol{G}_x^{\mathrm{T}}\boldsymbol{Q}_x\boldsymbol{G}_x + \boldsymbol{R}_x)^{-1}\boldsymbol{G}_x^{\mathrm{T}}\boldsymbol{Q}_x\boldsymbol{F}_x$$

如果考虑的是输出优化问题,即要确定从 k 时刻起的 M 个控制量 $u(k),\cdots,u(k+M-1)$,使被控对象在其作用下未来 P 个时刻的输出预测值 $y(k+i)$ 尽可能接近给定的期望值 $w(k+i),i=1,\cdots,P$,同时抑制控制作用的剧烈变化,则可类似地写出性能指标的向量形式

$$\min_{\boldsymbol{U}(k)} J_y(k) = \|\boldsymbol{W}(k) - \boldsymbol{Y}(k)\|_{\boldsymbol{Q}_y}^2 + \|\boldsymbol{U}(k)\|_{\boldsymbol{R}_y}^2 \tag{2-36}$$

其中 $\boldsymbol{W}(k) = [w(k+1)\cdots\ w(k+P)]^{\mathrm{T}}$ 是输出期望值的向量表示,$\boldsymbol{Q}_y$、$\boldsymbol{R}_y$ 是适当维数的输出和控制加权矩阵。同样,在不考虑约束时,结合输出预测模型(2-32),可求出最优解的解析表达式

$$\boldsymbol{U}(k) = (\boldsymbol{G}_y^{\mathrm{T}}\boldsymbol{Q}_y\boldsymbol{G}_y + \boldsymbol{R}_y)^{-1}\boldsymbol{G}_y^{\mathrm{T}}\boldsymbol{Q}_y(\boldsymbol{W}(k) - \boldsymbol{F}_y\boldsymbol{x}(k)) \tag{2-37}$$

由此可求出即时控制量

$$u(k) = \boldsymbol{d}_y^{\mathrm{T}}(\boldsymbol{W}(k) - \boldsymbol{F}_y\boldsymbol{x}(k)) \tag{2-38}$$

其中

$$\boldsymbol{d}_y^{\mathrm{T}} = (1\ 0\ \cdots\ 0)(\boldsymbol{G}_y^{\mathrm{T}}\boldsymbol{Q}_y\boldsymbol{G}_y + \boldsymbol{R}_y)^{-1}\boldsymbol{G}_y^{\mathrm{T}}\boldsymbol{Q}_y$$

3. 反馈校正

由于 $\boldsymbol{x}(k)$ 可测,在每一时刻实测到的 $\boldsymbol{x}(k)$ 可直接用来对该时刻的预测和优化作初始定位,这意味着预测和优化都基于系统的实时反馈信息,从而自然实现了反馈校正,不必再引入额外的校正措施。

以上对线性系统基于状态方程的预测控制算法的介绍,考虑的各种因素(如状态可测、优化无约束等)相对来说是最简单的,主要是为了通过算法进一步说明预测控制的基本原理。但在实际研究和应用中,这类算法会有各种不同的形式和求解算法,下面作一些讨论。

① 预测控制的优化性能指标可以有各种不同的形式,预测模型中因果性变量的选择应服从于性能指标。例如针对性能指标(2-33)中系统状态的优化,应采用状态预测模型(2-31),而对性能指标(2-36)中系统输出的优化,应采用输出预测模型(2-32)。此外,在性能指标(2-33)和(2-36)中也可能出现控制增量 Δu 的加权项而不是控制量 u 的加权项,这时就应首先把模型(2-29)改写为以 Δu 为输入的状态方程

$$\begin{cases} \tilde{\boldsymbol{x}}(k+1) = \tilde{\boldsymbol{A}}\tilde{\boldsymbol{x}}(k) + \tilde{\boldsymbol{b}}\Delta u(k) \\ y(k) = \tilde{\boldsymbol{c}}^{\mathrm{T}}\tilde{\boldsymbol{x}}(k) \end{cases}$$

其中

$$\tilde{\boldsymbol{x}}(k) = \begin{bmatrix} \boldsymbol{x}(k) \\ \boldsymbol{u}(k-1) \end{bmatrix},\quad \tilde{\boldsymbol{A}} = \begin{bmatrix} \boldsymbol{A} & \boldsymbol{b} \\ \boldsymbol{0} & 1 \end{bmatrix},\quad \tilde{\boldsymbol{b}} = \begin{bmatrix} \boldsymbol{b} \\ 1 \end{bmatrix},\quad \tilde{\boldsymbol{c}}^{\mathrm{T}} = [\boldsymbol{c}^{\mathrm{T}}\quad 0]$$

然后再根据性能指标是状态优化还是输出优化推出相应的预测模型。更进一步地，如果性能指标中既涉及到控制量 u 又涉及到控制增量 Δu，则需要首先确定究竟以 u 还是以 Δu 为优化变量，然后选择相应形式的状态方程，并把性能指标中的非优化变量转化为优化变量，例如在以 Δu 为优化变量时，可把未来时刻的输入 u 写为 Δu 的表达式

$$\boldsymbol{U}(k) = \boldsymbol{l}u(k-1) + \boldsymbol{B}\Delta\boldsymbol{U}(k)$$

其中

$$\boldsymbol{U}(k) = \begin{bmatrix} u(k) \\ \vdots \\ u(k+M-1) \end{bmatrix}, \boldsymbol{l} = \begin{bmatrix} 1 \\ \vdots \\ 1 \end{bmatrix}, \boldsymbol{B} = \begin{bmatrix} 1 & & \boldsymbol{0} \\ \vdots & \ddots & \\ 1 & \cdots & 1 \end{bmatrix}, \Delta\boldsymbol{U}(k) = \begin{bmatrix} \Delta u(k) \\ \vdots \\ \Delta u(k+M-1) \end{bmatrix}$$

并以此代入性能指标中的 $\boldsymbol{U}(k)$，使其由优化变量 $\Delta\boldsymbol{U}(k)$ 来表达。

② 在上述滚动优化的讨论中，均未考虑对系统状态、输入和输出的约束，因此可直接导出最优解的解析表达式，如式(2-34)和式(2-37)。但当这些约束加入到优化问题后，在线优化问题需要采用数学规划方法数值求解，最优解不再具有解析形式。

③ 以上讨论假设了系统状态 $\boldsymbol{x}(k)$ 实时可测，但当系统状态 $\boldsymbol{x}(k)$ 不可测、输出 $y(k)$ 可测时，反馈校正只能利用实测的输出信息，这时就需要采用基于输出信息的反馈校正策略。为了得到在模型预测、滚动优化中都要用到的系统状态 $\boldsymbol{x}(k)$，通常可采用状态观测器对其重构，并在模型预测和控制律计算时将重构状态 $\hat{\boldsymbol{x}}(k)$ 取代真实状态 $\boldsymbol{x}(k)$。合理设计观测器，可以使重构状态趋近于系统真实状态，达到反馈校正的目的。在观测器中，输出误差通过加权修正重构的状态，这非常类似于 DMC 中用输出误差加权直接修正输出预测值的做法。文献[12]在研究 DMC 算法的状态空间实现时，把 DMC 算法解释为状态空间中以输出优化为目标的带有状态观测器的状态反馈控制，其中 DMC 算法中的反馈校正系数就是状态空间表达下观测器的误差反馈系数。

④ 20 世纪 90 年代发展起来的预测控制定性综合理论对模型预测控制算法的描述几乎都采用了状态空间形式。其优化性能指标既可以是有限时域的，也可以是无穷时域的。为了实现稳定的控制，在有限时域的优化性能指标中有时需要增加附加项，如终端代价函数。除了考虑对系统状态、输入和输出的约束外，还可能增加一些保证系统稳定性所需要的附加约束，如终端不变集约束，而且在有限时域性能指标的优化中一般不再区分优化时域与控制时域。这类预测控制的在线优化问题不能用解析方法求解，预测模型只能加入到优化问题的约束条件中。此外，这类研究多数假设系统状态可测，因此反馈校正成为自然而不再另做强调。

2.4 小结

在本章中,我们以线性单变量系统无约束预测控制为例,介绍了 3 种不同的预测控制算法,它们分别建立在系统的阶跃响应、传递函数和状态方程描述的基础上。由这些算法可以看出,预测控制中预测模型、滚动优化、反馈校正的形式十分灵活,结合算法介绍我们可以归纳出下述几点。

① 预测模型的目的是为求解优化问题提供基础,因此其表达的预测关系必须服从于优化的性能指标,应能准确反映性能指标中的优化变量与其它未知变量之间的因果关系。例如:当性能指标中出现的优化变量是控制量(控制增量),则模型预测必须表达成未来控制量(控制增量)与系统状态或输出的关系;当性能指标中出现的是系统状态(输出),则必须给出预测状态(输出)的表达式。因此,在给出原始模型后,应根据性能指标的具体形式来推导对应的模型预测关系。

② 预测模型的功能是根据系统已知信息和未来输入确定未来的状态或输出,模型的原始形式虽然具有这一功能,但为了满足优化求解的需要,还需进一步消除模型预测过程中的中间未知量,推导出状态或输出预测值与已知信息和未来控制输入的直接因果关系。在 2.2 节中引入的丢番图方程就是为了达到这一目的。

③ 滚动优化中的性能指标是根据实际需要来确定的,本章中讨论的二次型性能指标只是常用的一种选择,且在优化中没有考虑对输入输出的约束。只有在这种情况下,最优控制量才能以解析形式给出。在实际应用中,性能指标的选取需要考虑各种要求,可能出现包括非线性、“极小-极大”(min-max)等在内的各种不同形式,对输入输出和状态的物理约束也需在优化中一并考虑,这时一般不能得到优化问题的解析解,在线必须求解一个以有限控制量为优化变量的数学规划问题。

④ 反馈校正的目的是使每一步的模型预测与优化尽可能建立在系统真实状态的基础上,因而要利用系统实时检测到的信息构成反馈。如果实测信息是状态信息,则反馈可通过状态的刷新直接完成,无需引入额外的校正措施。但如果实测信息是输出信息,则需通过反馈构成实测输出与预测输出的误差信息,用它启发式地修正原始输出预测值,或构成观测器重构系统状态使之接近真实状态。从更广泛的意义上看,直接利用实时输入输出信息辨识、修正预测模型也是实现反馈校正的一种方式。

第 3 章

动态矩阵控制算法的内模控制结构分析

产生于 20 世纪 70 年代的预测控制算法(如 DMC、MAC 等),从一开始就得到了工业界的重视和应用,但缺乏严格的理论基础。随着它们在炼油、化工等领域中应用日趋广泛,人们自然期盼预测控制的理论研究能为其应用提供指导,以克服在仿真调试过程中选择设计参数的盲目性。从 20 世纪 70 年代末到 90 年代初,预测控制的理论研究几乎都是围绕着这一目标展开的,其核心内容是针对已有的预测控制算法,如 DMC、GPC 等,分析其在线优化问题中的设计参数与系统闭环性能的定量关系,我们把围绕该问题开展的预测控制理论研究称为预测控制的定量分析理论。虽然这一研究取得的成果十分有限,并且与工业应用仍有较大差距,但由此得到的设计参数影响系统性能的一些定量或趋势性结论,至今仍是预测控制实际应用中参数整定的重要参考。本章和第 4 章将介绍该研究领域中的主要方法,重点是在 Z 域中基于内模控制(IMC)结构的预测控制系统分析。

3.1 内模控制结构及其性质

IMC 是 Morari 等在 1982 年提出的一类新型控制结构[7],它可以用来有效地分析预测控制系统,其典型结构如图 3 – 1 所示。图中,w、u、y、v 分别是参考输入量、控制量、输出量和扰动量,Z 传递函数 $G_P(z)$、$G_M(z)$、$G_C(z)$、$G_F(z)$ 和 $G_W(z)$ 表示的环节分别称为对象、模型、控制器、滤波器和参考模型,它们都由 z^{-1} 的有理式组成。

为了讨论 IMC 系统的闭环性质,首先假设 $G_W(z)=1$,在此情况下,由图 3 – 1

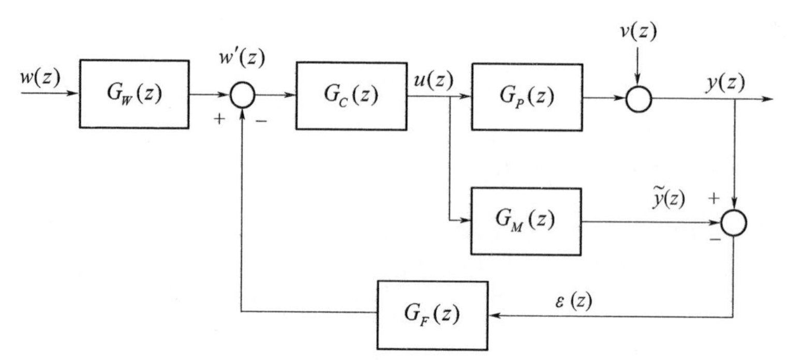

图 3-1 内模控制结构[7]

可得闭环系统的传递关系

$$y(z)=\frac{G_C(z)G_P(z)}{1+G_C(z)G_F(z)[G_P(z)-G_M(z)]}w(z)+\frac{1-G_C(z)G_F(z)G_M(z)}{1+G_C(z)G_F(z)[G_P(z)-G_M(z)]}v(z) \tag{3-1}$$

首先考虑输入 w 与输出 y 间的传递关系。可以看出,当模型与对象间没有失配,即 $G_M(z)=G_P(z)$ 时,闭环系统的输入输出传递函数只取决于 IMC 结构中的前向通道

$$F_0(z)=G_C(z)G_P(z) \tag{3-2}$$

因此,模型准确时的稳定性分析实际上只涉及到 IMC 结构中的开环(前向通道)稳定性,而 IMC 中的闭环稳定性则已是模型失配时整个系统的鲁棒性问题。

在式(3-1)的基础上,文献[7]分析了 IMC 结构下的下述重要性质。

性质 1 对偶稳定准则(Dual Stability Criterion)。

在模型精确即 $G_M(z)=G_P(z)$ 时,系统稳定的条件是对象 $G_P(z)$ 和控制器 $G_C(z)$ 同时稳定。

这一性质可由式(3-2)直接看出。它表明,对于开环稳定的对象,只要控制器稳定且模型准确,就可保证闭环稳定。即使控制器是非线性的,只要输入输出稳定,也能使闭环系统稳定。

性质 2 完全控制器(Perfect Controller)。

在对象稳定且模型准确的前提下,若取控制器为

$$G_C(z)=\frac{1}{G_-(z)} \tag{3-3}$$

则控制系统对镇定或跟踪控制都具有最小输出方差。式中 $G_-(z)$ 来自于模型的下述分解:

$$G_M(z)=G_+(z)G_-(z) \tag{3-4}$$

其中

$$G_+(z) = z^{-(l+1)}\prod_{i=1}^{p}\left(\frac{z-z_i}{z-\hat{z}_i}\right)\left(\frac{1-\hat{z}_i}{1-z_i}\right)$$

式中：l 为对象的纯滞后数，$l+1$ 则计入了采样保持所附加的一拍滞后；p 为对象在单位圆外的零点数；z_i 为单位圆外的零点，$\hat{z}_i=1/z_i$ 为其在单位圆内的映射。控制器(3-3)称为完全控制器。

上述完全控制的概念产生于使控制器完全补偿对象动态的愿望。由式(3-2)可见，理想的完全控制器应具有形式

$$G_C(z) = \frac{1}{G_P(z)}$$

然而，在经过采样保持后，对象的 Z 传递函数 $G_P(z)$ 至少有一拍纯滞后，按该式计算得到的 $G_C(z)$ 中将出现超前项 z，这种理想的完全控制是不能实现的。此外，对于非最小相位的 $G_P(z)$，因其有单位圆外的零点，按该式计算得到的控制器 $G_C(z)$ 将有不稳定的极点，根据性质1，控制系统将是不稳定的。

式(3-3)的控制器正是针对上述情况对理想完全控制所做的修正。在模型精确时，$G_P(z)=G_M(z)$，经过式(3-4)的分解，$G_P(z)$ 中所有的纯滞后（它们的逆需要超前预测）和单位圆外零点（它们的逆会引起控制器不稳定）都被包含在 $G_+(z)$ 中，这实质上是对象中因物理性质限制而用任何控制手段无法改变的部分。$G_+(z)$ 中的其它部分是为了保证 $G_-(z)$ 逆的可实现性及 $G_+(z)$ 不影响稳态而加入的。由此可见，所谓的完全控制器(3-3)，实质上是对于对象通过控制可改变部分 $G_-(z)$ 的完全补偿，是可实现的稳定控制器。

在用非参数模型描述对象时，显然无法用因式分解(3-4)来得到完全控制器(3-3)。但根据以上所述，可以在分离出模型的纯滞后因子后，寻找出其剩余部分的一个近似逆作为控制器 $G_C(z)$，它至少在稳态时是模型的逆，即 $G_C(1)=1/G_M(1)$，并且应该是可实现的、稳定的。

下面再考虑模型失配和扰动在IMC结构中的影响。

性质3 零静差(Zero Offset)。

不论模型与对象是否失配，只要闭环系统稳定，且控制器满足 $G_C(1)=1/G_M(1)$，滤波器满足 $G_F(1)=1$，则系统对于阶跃输入 w 及常值扰动 v 均不存在输出静差。

上述性质可由式(3-1)直接推出。注意到当闭环系统稳定时，若 $G_C(1)=1/G_M(1)$ 和 $G_F(1)=1$ 成立，则对于阶跃输入 $w(z)=w_0/(1-z^{-1})$ 及常值扰动 $v(z)=v_0/(1-z^{-1})$，由式(3-1)及终值定理可得

$$
\begin{aligned}
\lim_{t\to\infty} y(t) &= \lim_{z\to 1}(1 - z^{-1})y(z) \\
&= \frac{G_C(1)G_P(1)}{1 + G_C(1)G_F(1)[G_P(1) - G_M(1)]}w_0 \\
&\quad + \frac{1 - G_M(1)G_C(1)G_F(1)}{1 + G_C(1)G_F(1)[G_P(1) - G_M(1)]}v_0 \\
&= w_0
\end{aligned}
$$

故系统输出是无静差的。

在 IMC 结构中,实际输出与模型输出的误差是通过滤波器 $G_F(z)$ 反馈的。由图 3-1 可以看出,滤波器只有在模型失配或有扰动引起输出误差时才起作用,因此它对闭环系统的鲁棒性和抗干扰性有重要影响。对于稳定对象,根据式(3-1)可把闭环特征方程写作

$$
G_C^{-1}(z) + G_F(z)[G_P(z) - G_M(z)] = 0 \tag{3-5}
$$

对于给定的模型失配,可通过适当选择 $G_F(z)$ 使闭环系统仍然保持稳定。此外,带有滤波器的反馈通道还可起到抑制干扰的作用。例如当模型精确时,由干扰引起的输出为

$$
y(z) = [1 - G_C(z)G_F(z)G_M(z)]v(z)
$$

对于某些类型的干扰 $v(z)$,可以通过设计 $G_F(z)$ 补偿 $v(z)$ 的影响,从而较快地抑制干扰。由此可见,在 IMC 结构中,滤波器 $G_F(z)$ 的选择必须考虑无静差、抗干扰、模型失配时的鲁棒性等多方面的要求。但这些要求有时是矛盾的,例如取 $G_F(z)=0$ 时对鲁棒性最有利,但却会产生静差并失去抗干扰能力。因此,如何根据具体情况综合设计滤波器,是 IMC 结构中一个十分关键的问题。关于滤波器对闭环系统鲁棒性和抗干扰性的影响,我们将在 3.4 节结合 DMC 算法中不同的反馈校正策略详细加以讨论。

IMC 为分析基于模型的控制算法提供了结构框架,为了用其基本性质研究预测控制系统的性能,下面我们以 DMC 算法为例,推导其对应的 IMC 结构。

3.2 动态矩阵控制算法的内模控制结构

2.1 节介绍的 DMC 算法可用图 3-2(a)所示的结构框图加以描述,其中 $P\times N$ 维矩阵 $\boldsymbol{G}=[\boldsymbol{I}_{P\times P} \quad \boldsymbol{0}_{P\times(N-P)}]$ 表示从 N 维向量 $\tilde{\boldsymbol{y}}_{N0}(k)$ 中取前 P 个得到 $\tilde{\boldsymbol{y}}_{P0}(k)$ 的运算。我们将把该算法转化为 Z 域中的 IMC 结构,为进一步分析 DMC 闭环系统的性能打下基础。

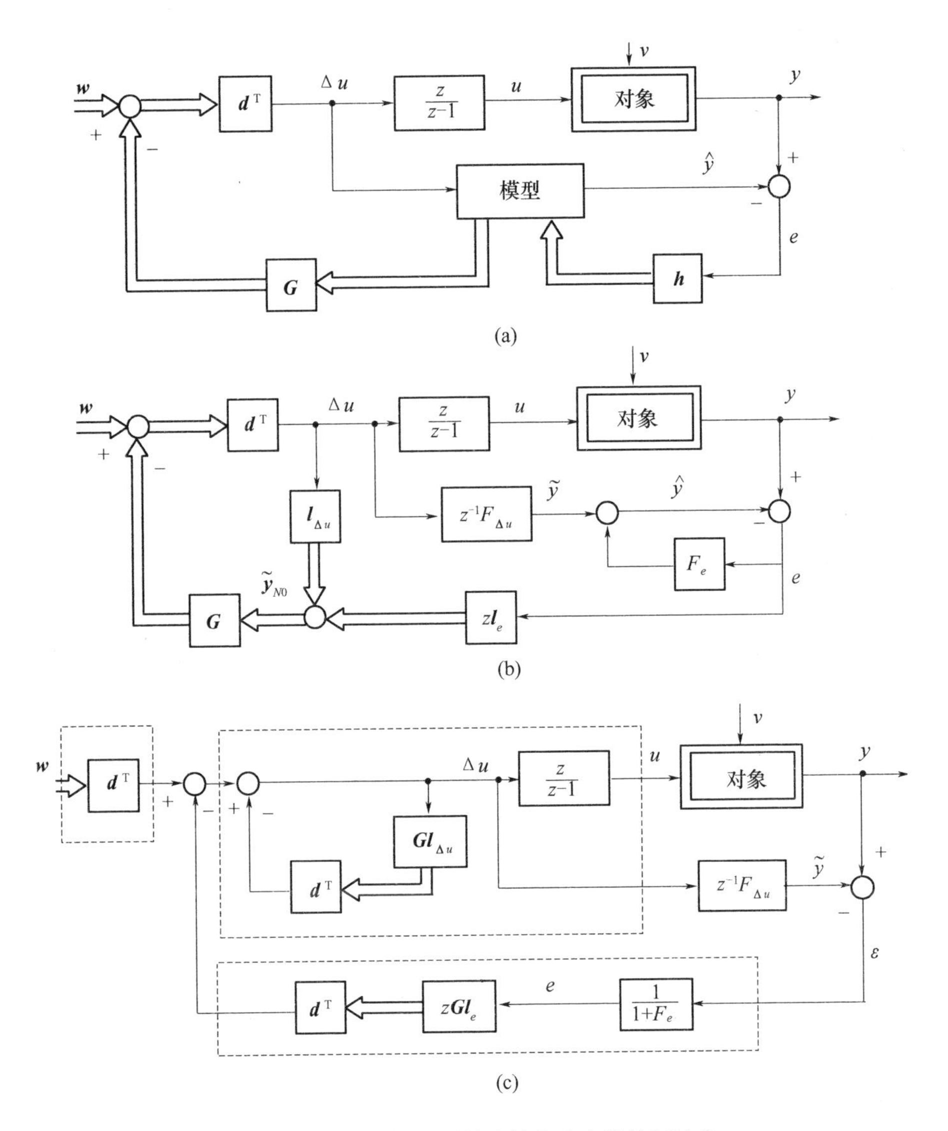

图 3-2　动态矩阵控制算法转换为内模控制结构

首先,由式(2-14)、式(2-12)和式(2-10)可得

$$\tilde{\boldsymbol{y}}_{N0}(k+1) = \boldsymbol{S}[\tilde{\boldsymbol{y}}_{N0}(k) + \boldsymbol{a}\Delta u(k) + \boldsymbol{h}e(k+1)]$$

对该式进行 Z 变换,有

$$z\tilde{\boldsymbol{y}}_{N0}(z) = \boldsymbol{S}[\tilde{\boldsymbol{y}}_{N0}(z) + \boldsymbol{a}\Delta u(z) + \boldsymbol{h}(ze(z))]$$

经简单的推导可以得到

$$\tilde{\boldsymbol{y}}_{N0}(z) = \boldsymbol{l}_{\Delta u}\Delta u(z) + \boldsymbol{l}_e(ze(z)) \tag{3-6}$$

其中

$$
\boldsymbol{l}_{\Delta u} = (z\boldsymbol{I} - \boldsymbol{S})^{-1}\boldsymbol{S}\boldsymbol{a} = \begin{bmatrix} a_2 z^{-1} + a_3 z^{-2} + \cdots + a_{N-1} z^{-(N-2)} + a_N z^{-(N-2)}/(z-1) \\ \vdots \\ a_{N-1} z^{-1} + a_N z^{-1}/(z-1) \\ a_N/(z-1) \\ a_N/(z-1) \end{bmatrix}
$$

$$
\boldsymbol{l}_e = (z\boldsymbol{I} - \boldsymbol{S})^{-1}\boldsymbol{S}\boldsymbol{h} = \begin{bmatrix} h_2 z^{-1} + h_3 z^{-2} + \cdots + h_{N-1} z^{-(N-2)} + h_N z^{-(N-2)}/(z-1) \\ \vdots \\ h_{N-1} z^{-1} + h_N z^{-1}/(z-1) \\ h_N/(z-1) \\ h_N/(z-1) \end{bmatrix}
$$

其次，记 $\boldsymbol{c}^{\mathrm{T}} = [1\ 0\ \cdots\ 0]$，表示取后续向量中首元素的运算，则

$$
\tilde{y}_1(k+1|k) = \boldsymbol{c}^{\mathrm{T}}\tilde{\boldsymbol{y}}_{N1}(k) = \boldsymbol{c}^{\mathrm{T}}[\tilde{\boldsymbol{y}}_{N0}(k) + \boldsymbol{a}\Delta u(k)]
$$

结合式(3－6)可知，由于反馈校正对 $\tilde{\boldsymbol{y}}_{N0}(k)$ 的影响，$\tilde{y}_1(k+1|k)$ 不仅取决于模型，而且取决于以往的反馈校正，我们用记号 $\hat{y}(k+1)$ 表示它，对式(2－11)作 Z 变换并将式(3－6)代入可得

$$
\begin{aligned}
ze(z) &= zy(z) - z\hat{y}(z) \\
&= zy(z) - \boldsymbol{c}^{\mathrm{T}}[\tilde{\boldsymbol{y}}_{N0}(z) + \boldsymbol{a}\Delta u(z)] \\
&= zy(z) - F_{\Delta u}\Delta u(z) - F_e(ze(z))
\end{aligned} \tag{3-7}
$$

其中

$$
\begin{aligned}
F_{\Delta u} &= \boldsymbol{c}^{\mathrm{T}}\boldsymbol{l}_{\Delta u} + \boldsymbol{c}^{\mathrm{T}}\boldsymbol{a} \\
&= a_1 + a_2 z^{-1} + \cdots + a_{N-1} z^{-(N-2)} + a_N z^{-(N-2)}/(z-1) \\
F_e &= \boldsymbol{c}^{\mathrm{T}}\boldsymbol{l}_e = h_2 z^{-1} + \cdots + h_{N-1} z^{-(N-2)} + h_N z^{-(N-2)}/(z-1)
\end{aligned}
$$

为了与 IMC 结构中的模型输出相对应，我们进一步把 $\hat{y}(k+1)$ 中与反馈无关的部分，即完全依靠模型的输出预测记为 $\tilde{y}(k+1)$，即 $z\tilde{y}(z) = F_{\Delta u}\Delta u(z)$，则式(3－7)可进一步表示为

$$
e(z) = y(z) - \hat{y}(z) = y(z) - \tilde{y}(z) - F_e e(z) \tag{3-8}
$$

这样，DMC 算法就转化为图 3－2(b)的 Z 域传递关系。

引入记号

$$
\varepsilon(z) = y(z) - \tilde{y}(z), \quad d_s = \sum_{i=1}^{P} d_i
$$

由式(3－8)可得 $e(z) = \varepsilon(z)/(1+F_e)$，同时对图 3－2(b)中左半部分作等效变

换,可得到图3-2(c)。再将该图中模型输入由 Δu 移至 u,在控制前向通道中加入 d_s,并同时将所有的 $\boldsymbol{d}^{\mathrm{T}}$ 除以 d_s,整理计算各环节后,即可得到图3-1所示的IMC结构,其中各传递函数的表达式如下。

(1) 模型

$$G_M(z) = \frac{z-1}{z}z^{-1}F_{\Delta u}$$

以式(3-7)中 $F_{\Delta u}$ 的表达式直接代入,可得到

$$G_M(z) = a(z) = a_1 z^{-1} + (a_2 - a_1)z^{-2} + \cdots + (a_N - a_{N-1})z^{-N} \quad (3-9)$$

(2) 控制器

$$G_C(z) = \frac{z}{z-1} \cdot \frac{d_s}{1 + \boldsymbol{d}^{\mathrm{T}}\boldsymbol{G}\boldsymbol{l}_{\Delta u}}$$

注意到 $\boldsymbol{d}^{\mathrm{T}}\boldsymbol{G} = [d_1 \cdots d_P\ 0 \cdots 0]$,以式(3-6)中 $\boldsymbol{l}_{\Delta u}$ 的表达式代入,经简单推导可得

$$G_C(z) = \frac{d_s}{b(z)} \quad (3-10)$$

其中

$$b(z) = 1 + (b_2 - 1)z^{-1} + (b_3 - b_2)z^{-2} + \cdots + (b_N - b_{N-1})z^{-(N-1)}$$

式中 $b_i = \sum_{j=1}^{P} d_j a_{i+j-1},\ i = 1,\cdots N,\quad$ 且 $a_i = a_N,\ i \geqslant N$。

(3) 滤波器

$$G_F(z) = \frac{\boldsymbol{d}^{\mathrm{T}}\boldsymbol{G}\boldsymbol{l}_e z}{d_s} \cdot \frac{1}{1 + F_e}$$

式中:$\boldsymbol{d}^{\mathrm{T}}\boldsymbol{G}\boldsymbol{l}_e$ 可类似于 $\boldsymbol{d}^{\mathrm{T}}\boldsymbol{G}\boldsymbol{l}_{\Delta u}$ 计算,F_e 以式(3-7)中的表达式代入,经整理后可得

$$G_F(z) = \frac{c(z)}{d_s h(z)} \quad (3-11)$$

其中

$$c(z) = c_2 + (c_3 - c_2)z^{-1} + \cdots + (c_N - c_{N-1})z^{-(N-2)}$$

$$h(z) = 1 + (h_2 - 1)z^{-1} + (h_3 - h_2)z^{-2} + \cdots + (h_N - h_{N-1})z^{-(N-1)}$$

式中 $c_i = \sum_{j=1}^{P} d_j h_{i+j-1},\ i = 1,\cdots N,\quad$ 且 $h_i = h_N,\ i \geqslant N$。

(4) 参考模型

经上述变换后,图3-1中的参考输入 $w' = (\boldsymbol{d}^{\mathrm{T}}\boldsymbol{w})/d_s$,对于定值控制,$\boldsymbol{w} = [w \ \cdots \ w]^{\mathrm{T}}$,对于跟踪控制,$\boldsymbol{w} = [w(k+1) \cdots w(k+P)]^{\mathrm{T}}$。由于 $w'(z) = G_w(z)w(z)$,可得参考

模型

$$\begin{cases} G_w(z) = 1 & \text{(定值控制)} \\ G_w(z) = (d_1 z + \cdots + d_P z^P)/d_s & \text{(跟踪控制)} \end{cases} \tag{3-12}$$

3.3 关于控制器的讨论

由3.1节IMC的结构性质可知,稳定的控制器 $G_C(z)$ 对于预测控制系统的闭环稳定性是至关重要的。对于DMC算法来说,由于其控制对象是稳定的,在不考虑模型失配和扰动的标称情况下,闭环稳定性将只取决于IMC结构中控制器 $G_C(z)$ 的稳定性。由式(3-10)可知,$G_C(z)$ 的特征多项式为

$$b(z) = 1 + (b_2 - 1)z^{-1} + (b_3 - b_2)z^{-2} + \cdots + (b_N - b_{N-1})z^{-(N-1)} \tag{3-13}$$

其中

$$b_i = \sum_{j=1}^{P} d_j a_{i+j-1},\ i = 1,\cdots N, \quad 且\ a_i = a_N,\ i \geqslant N$$

本节将通过分析DMC控制器的特征多项式(3-13),研究控制器稳定的条件,并讨论在一些特殊情况下控制器的具体形式。

3.3.1 控制器的稳定性

由于前面导出的 Z 传递函数均采用了 z^{-1} 的表达形式,为避免混淆,以下约定,对于

$$f(z) = 1 + f_1 z^{-1} + \cdots + f_n z^{-n} \tag{3-14}$$

如果对应的多项式

$$F(z) = z^n + f_1 z^{n-1} + \cdots + f_n \tag{3-15}$$

的全部根都在单位圆内,则称 $f(z)$ 稳定。

首先引入几个引理。

引理3.1 对于式(3-14)给出的 $f(z)$,如果 $f(z)$ 稳定,则

$$f(1) = 1 + f_1 + \cdots + f_n > 0$$

引理3.2 对于式(3-14)给出的 $f(z)$,在满足下述条件之一时是稳定的:

① $1 > f_1 > \cdots > f_i > 0,\ f_{i+1} = \cdots = f_n = 0$;

② $|f_1| + \cdots + |f_{n-1}| + |f_n| < 1$。

引理3.1和引理3.2分别给出了 $f(z)$ 稳定的必要条件和充分条件,可参见离

散控制系统的书籍,如文献[14]。

引理3.3 设$f(z)=1+f_1z^{-1}+\cdots+f_nz^{-n}$是稳定的,记$\sigma>0$,构成

$$h(z)=(1-z^{-1})f(z)+\sigma g(z)$$

其中

$$g(z)=g_0z^{-(n-m+1)}+g_1z^{-(n-m+2)}+\cdots+g_mz^{-(n+1)},m\leqslant n$$

则对所有的$\sigma>0$,$h(z)$稳定的必要条件为

$$g(1)>0$$

且当$\sigma\to0$时,该式也是$h(z)$稳定的充分必要条件。

[证明] 注意到$h(z)$的表达式及$h(1)=\sigma g(1)$和$\sigma>0$,根据引理3.1立即可知$g(1)>0$为$h(z)$稳定的必要条件,下面证明它还是$h(z)$在$\sigma\to0$时稳定的充分必要条件。首先记

$$F(z)=z^n+f_1z^{n-1}+\cdots+f_n$$

$$G(z)=g_0z^m+g_1z^{m-1}+\cdots+g_m$$

$$H(z)=(z-1)F(z)+\sigma G(z)$$

当$\sigma=0$时,有

$$H(z)=(z-1)F(z)$$

它的全部根为

$$\lambda_1=z_1,\cdots,\lambda_n=z_n,\lambda_{n+1}=1$$

其中,$z_1,\cdots,z_n$为$F(z)$的根,它们均在单位圆内。由于$H(z)$的根随σ连续变化,故存在一个σ的有限值σ_0,使在$0<\sigma<\sigma_0$时,$H(z)$的前n个根仍在单位圆内,而λ_{n+1}则由于对称性的要求,必定落在正实轴上近1处,即$\lambda_{n+1}=1+\varepsilon$。为了确定$\varepsilon$的符号,将其代入$H(z)$的表达式

$$\begin{aligned}H(\lambda_{n+1})&=\varepsilon[(1+\varepsilon)^n+f_1(1+\varepsilon)^{n-1}+\cdots+f_n]\\&\quad+\sigma[g_0(1+\varepsilon)^m+g_1(1+\varepsilon)^{m-1}+\cdots+g_m]\\&=\varepsilon[(1+f_1+\cdots+f_n)+F_1(\varepsilon)]+\sigma[(g_0+\cdots+g_m)+G_1(\varepsilon)]\\&=0\end{aligned}$$

式中:$F_1(\varepsilon)$、$G_1(\varepsilon)$均为ε的无穷小量。当$\sigma\to0$时,$\varepsilon\to0$,忽略$F_1(\varepsilon)$、$G_1(\varepsilon)$后可得

$$\varepsilon=-\sigma\frac{g_0+\cdots+g_m}{1+f_1+\cdots+f_n}=-\sigma\frac{g(1)}{f(1)}$$

由于$\sigma>0$,且由引理3.1,$f(1)>0$,可见当且仅当$g(1)>0$时,$\varepsilon<0$,即$\lambda_{n+1}=1+\varepsilon$在单位圆内,或即$h(z)$稳定。证毕。

在以上3个引理的基础上,可以得到下面关于DMC控制器 $G_C(z)$ 稳定性的定理。

定理3.1 若阶跃响应序列 $\{a_i\}$ 在第 k 步后凸单调递增,即

$$a_k > a_{k+1} - a_k > a_{k+2} - a_{k+1} > \cdots > 0$$

则控制器 $G_C(z)$ 在选择下述优化策略时稳定

$$\boldsymbol{Q} = \text{block} - \text{diag}[\boldsymbol{0}_{(k-1)\times(k-1)}, \boldsymbol{I}_{(P-k+1)\times(P-k+1)}], \quad \boldsymbol{R} = \boldsymbol{0}$$

$$M = 1, \quad P \geqslant k$$

[证明] 在选取上述优化策略时,根据式(2-8)可算出

$$[d_1 \cdots d_P] = s[0 \cdots 0\ a_k \cdots a_P], \quad s = 1/\sum_{i=k}^{P} a_i^2$$

当取任意 P 满足 $P \geqslant k$ 时,有

$$b_1 = d_k a_k + \cdots + d_P a_P = 1$$

$$b_i = d_k a_{i+k-1} + \cdots + d_P a_{i+P-1} = s\sum_{j=k}^{P} a_j a_{i+j-1}, \quad i = 1, \cdots, N$$

由此可得

$$b_2 - 1 = s[a_k(a_{k+1} - a_k) + \cdots + a_P(a_{P+1} - a_P)]$$

$$< s[a_k a_k + \cdots + a_P(a_P - a_{P-1})] < s\sum_{i=k}^{P} a_i^2 = 1$$

并且

$$b_2 - 1 = s[a_k(a_{k+1} - a_k) + \cdots + a_P(a_{P+1} - a_P)]$$

$$b_3 - b_2 = s[a_k(a_{k+2} - a_{k+1}) + \cdots + a_P(a_{P+2} - a_{P+1})]$$

$$\vdots$$

$$b_{N-k} - b_{N-k-1} = s[a_k(a_{N-1} - a_{N-2}) + a_{k+1}(a_N - a_{N-1})]$$

$$b_{N-k+1} - b_{N-k} = s[a_k(a_N - a_{N-1})]$$

注意到 $a_k > a_{k+1} - a_k > \cdots > a_N - a_{N-1} > 0$,显然有

$$1 > b_2 - 1 > b_3 - b_2 > \cdots > b_{N-k+1} - b_{N-k} > 0$$

此外

$$b_{N-k+1+i} - b_{N-k+i} = 0, \quad i = 1, \cdots, k-1$$

由引理3.2中条件①,可知式(3-13)中的 $b(z)$ 稳定,即 $G_C(z)$ 稳定。证毕。

定理3.1研究了阶跃响应具有什么特点可保证控制器的稳定性,其中阶跃响应凸单调递增的情况大量出现在以一阶惯性环节描述的工业过程中,因而有着明确的物理意义。

定理3.2 选择优化策略 $\boldsymbol{Q} = \boldsymbol{I}, M = 1$,则不论阶跃响应 $\{a_i\}$ 有何种形式,通过

选择充分大的 P 总可以得到稳定的控制器。

［证明］ 定理条件中的 P 充分大是指其可能超越了模型时域 N 而使相当一部分 a_i 已达到稳态值 a_N。在给定优化策略下，由式(2－8)可算出

$$d_i = a_i / \left(r + \sum_{j=1}^{P} a_j^2 \right), \quad i = 1, \cdots, P$$

$$\begin{aligned} b_i &= \sum_{j=1}^{P} d_j a_{i+j-1} \\ &= \left(\sum_{j=1}^{P} a_j a_{i+j-1} \right) / \left(r + \sum_{j=1}^{P} a_j^2 \right) \\ &= \frac{\sum_{j=1}^{N} a_j a_{i+j-1} + (P-N) a_N^2}{r + \sum_{j=1}^{N} a_j^2 + (P-N) a_N^2} \rightarrow 1, \quad P \rightarrow +\infty, \quad i = 2, \cdots, N \end{aligned}$$

可见当 $P \rightarrow +\infty$ 时，$b(z)$ 的所有系数趋于零，满足引理 3.2 中的条件②，因此必存在充分大的 P_0，使得在 $P > P_0$ 时 $G_C(z)$ 稳定。证毕。

定理 3.2 研究了优化时域对控制器稳定性的影响，其中 P 充分大的条件在物理上意味着优化强调了对象响应的稳态部分。它虽然可以导致稳定的控制，但不是好的动态控制器。在 $P \rightarrow +\infty$ 的极端情况下，$b(z) \rightarrow 1$，有

$$d_s = \sum_{i=1}^{P} d_i = \frac{\sum_{i=1}^{P} a_i}{r + \sum_{i=1}^{P} a_i^2} = \frac{\sum_{i=1}^{N} a_i + (P-N) a_N}{r + \sum_{i=1}^{N} a_i^2 + (P-N) a_N^2} \rightarrow \frac{1}{a_N}$$

由式(3－10)可得

$$G_C(z) \rightarrow \frac{1}{a_N}$$

控制器将退化为一比例环节，只能起到稳态控制的作用，而不能改变系统的动态，故文献中也把 $M = 1$、$P \rightarrow +\infty$ 时的控制称为“平均水准控制”(mean level control)[15]。

值得注意的是，定理 3.1 和定理 3.2 都只是控制器稳定的充分条件，其意义并不在于定理中表述的极端情况，而在于反映出参数对稳定性的影响趋势，从定理的证明过程中也可看出这些条件的保守性。在许多情况下，两个定理中的控制时域 M 取得足够小但不为 1，也能得到稳定的控制器，而在定理 3.1 中 $\{a_i\}$ 不完全严格凸单调递增，或者定理 3.2 中，优化时域 P 取得足够大但不一定比模型时域 N 大，仍有可能得到稳定的控制。

在以上两个定理中,都对权矩阵 $\boldsymbol{Q}$、$\boldsymbol{R}$ 做了特殊的约定。下面的定理给出了它们对控制器稳定性的作用。

定理 3.3 取控制权矩阵 $\boldsymbol{R}=r\boldsymbol{I}$,其中 $r\geqslant 0$,如果

$$\left(\sum_{i=1}^{P} a_i q_i\right) a_N > 0 \tag{3-16}$$

则增大 r 可以得到稳定的控制器。反之,控制器必不稳定。

[证明] 在取 $\boldsymbol{R}=r\boldsymbol{I}$ 且当 $r\to+\infty$ 时,有

$$[d_1 \cdots d_P] = \frac{1}{r}[1\ 0\ \cdots\ 0]\left(\frac{1}{r}\boldsymbol{A}^{\mathrm{T}}\boldsymbol{Q}\boldsymbol{A}+\boldsymbol{I}\right)^{-1}\boldsymbol{A}^{\mathrm{T}}\boldsymbol{Q} \to \left[\frac{a_1 q_1}{r} \cdots \frac{a_P q_P}{r}\right]$$

因此可得,在 $r\to+\infty$ 时,有

$$b_i = \sum_{j=1}^{P} d_j a_{i+j-1} \to \frac{1}{r}\sum_{j=1}^{P} a_j a_{i+j-1} q_j,\quad i=2,\cdots,N$$

$$d_s = \sum_{i=1}^{P} d_i \to \frac{1}{r}\sum_{i=1}^{P} a_i q_i$$

记

$$b(z) = (1-z^{-1})f(z) + \sigma g(z)$$

其中

$$f(z) = 1,\quad \sigma = 1/r$$

$$g(z) = rb_2 z^{-1} + r(b_3-b_2)z^{-2} + \cdots + r(b_N-b_{N-1})z^{-(N-1)}$$

可得到

$$g(1) = rb_N = rd_s a_N = \left(\sum_{i=1}^{P} a_i q_i\right) a_N$$

由引理 3.3 立即可得结论。证毕。

定理 3.3 给出了可通过增大 r 得到稳定控制器的条件。直观看来,似乎充分抑制控制增量就可得到稳定的控制,但该定理却指出未必如此。只有在满足条件(3-16)时,才可能通过增大 r 得到稳定的控制。式(3-16)中的和式可理解为阶跃响应在优化时域中的加权重心,该式意味着优化的加权重心必须与阶跃响应的稳态值在同一方向。因此,对于时滞系统和非最小相位系统,应该把其一开始的时滞和反向响应部分对应的权系数 q_i 取为 0,这也相当于在 GPC 中要选择优化时域的初始值 N_1。

定理 3.3 中的条件(3-16)是 r 充分大时控制器稳定的充分必要条件,但对全局范围的 r,它只是稳定的必要而非充分条件。即使式(3-16)成立,控制器的稳定性也会随着 r 的变化而变化,例如当对象为二阶系统时,可以证明当 $r=0$ 和 $r\to\infty$ 时系统都是稳定的,但在 r 的某一范围 $[r_1, r_2]$ 内,系统却可能不稳定。

以上几个定理讨论了 IMC 结构下 DMC 控制器 $G_C(z)$ 的稳定性与设计参数的关系。由于 $G_C(z)$ 特征多项式的非最小化形式及与设计系数间缺乏直接的解析关系,这些定理只能给出一些趋势性的结论,但对 DMC 的参数调试仍有一定的参考意义。

3.3.2 一步预测优化策略下的控制器

在 DMC 算法中,假设对象无纯滞后,选择 $\boldsymbol{Q}=\boldsymbol{I},\boldsymbol{R}=\boldsymbol{0},P=M$,这一优化策略称为一步预测优化策略。

定理 3.4 采用一步预测优化策略的 DMC 算法在 IMC 结构下的控制器为模型逆的一步延迟。

[证明] 采用一步预测优化策略时,$\boldsymbol{Q}=\boldsymbol{I},\boldsymbol{R}=\boldsymbol{0},P=M$,由式(2-8)容易得到

$$\boldsymbol{d}^{\mathrm{T}}\boldsymbol{A}=[1\quad 0\quad \cdots\quad 0]$$

即

$$\begin{aligned} d_1a_1+d_2a_2+\cdots+d_Pa_P&=1\\ d_2a_1+\cdots+d_Pa_{P-1}&=0\\ &\vdots\\ d_Pa_1&=0 \end{aligned}$$

由此可得

$$d_1=1/a_1,\ d_2=\cdots=d_P=0,\ d_s=d_1=1/a_1$$

即

$$b_i=d_1a_i=a_i/a_1,\quad i=2,\cdots,N$$

代入式(3-10),并注意到式(3-9),可得

$$G_C(z)=\frac{d_s}{b(z)}=z^{-1}G_M^{-1}(z) \tag{3-17}$$

因此,在此优化策略下,控制器是模型逆的一步延迟,在模型无失配时受控系统的 Z 传递函数为

$$F_0(z)=G_C(z)G_P(z)=z^{-1}$$

它仅残留了因采样保持而出现在对象 Z 传递函数中的一拍固有滞后。在控制启动后,系统输出将在一拍后立即达到设定值。证毕。

上述优化策略看似采用了多步优化(没有规定 $P=1$),但我们仍称其为一步预测优化策略,因为不论 $P=M$ 如何选择,其结果与选择 $P=M=1$ 完全相同。但需指出的是,由控制器的推导过程及其表达式可知,这种具有完全控制性质的一步预测优化策略只适用于无纯滞后的最小相位对象。

3.3.3 具有纯滞后对象的控制器

考虑有 l 拍纯滞后的对象,其模型为

$$\overline{G}_M(z) \triangleq z^{-l}G_M(z) \tag{3-18}$$

其中,$G_M(z)$ 是$\overline{G}_M(z)$中去除了纯滞后的剩余部分,其表达式可见式(3-9),其中 $a_1 \neq 0$。以下讨论纯滞后系统(3-18)的 DMC 控制与无滞后系统(3-9)的 DMC 控制之间的关系。

定理 3.5 在纯滞后系统(3-18)的 DMC 控制中选择优化策略

$$\overline{P} = P + l, \quad \overline{M} = M$$

$$\overline{\boldsymbol{Q}} = \text{block}-\text{diag}[\boldsymbol{0}_{l\times l}, \boldsymbol{Q}], \quad \overline{\boldsymbol{R}} = \boldsymbol{R}$$

则其 DMC 控制器与无滞后系统(3-9)选择优化性能指标(2-3)的 DMC 控制器完全相同。

[证明] 由于有 l 拍纯滞后,$\overline{G}_M(z)$ 和 $G_M(z)$ 的阶跃响应系数间存在关系

$$\overline{a}_i = \begin{cases} 0, & i \leqslant l \\ a_{i-l}, & i > l \end{cases}$$

在定理给出的优化策略下,由式(2-8)可算得

$$\overline{\boldsymbol{d}}^{\mathrm{T}} = \boldsymbol{c}^{\mathrm{T}}(\overline{\boldsymbol{A}}^{\mathrm{T}}\overline{\boldsymbol{Q}}\,\overline{\boldsymbol{A}} + \overline{\boldsymbol{R}})^{-1}\overline{\boldsymbol{A}}^{\mathrm{T}}\overline{\boldsymbol{Q}}$$

注意到$\overline{a}_i$ 和 a_i 的关系,有

$$\overline{\boldsymbol{A}} = \begin{bmatrix} \boldsymbol{0}_{l\times M} \\ \boldsymbol{A}_{P\times M} \end{bmatrix}$$

从而可得

$$\overline{\boldsymbol{d}}^{\mathrm{T}} = \boldsymbol{c}^{\mathrm{T}}(\boldsymbol{A}^{\mathrm{T}}\boldsymbol{Q}\boldsymbol{A} + \boldsymbol{R})^{-1}[\boldsymbol{0}_{M\times l} \quad \boldsymbol{A}^{\mathrm{T}}\boldsymbol{Q}] = [\boldsymbol{0}_{1\times l} \quad \boldsymbol{d}^{\mathrm{T}}]$$

其中,$\boldsymbol{d}^{\mathrm{T}}$ 是对无滞后系统(3-9)采用优化性能指标(2-3)所得的 DMC 控制向量,见式(2-8)。由此可得两者的对应关系为

$$\overline{d}_i = \begin{cases} 0, & i \leqslant l \\ d_{i-l}, & i = l+1, \cdots, \overline{P} \end{cases}$$

从而可计算出纯滞后系统(3-18)的 DMC 控制器特征多项式(3-13)中的

$$\overline{b}_i = \sum_{j=1}^{\overline{P}} \overline{d}_j \overline{a}_{i+j-1} = \sum_{j=l+1}^{P+l} d_{j-l} a_{i+j-l-1} = \sum_{j=1}^{P} d_j a_{i+j-1} = b_i$$

此外显然有$\overline{d}_s = d_s$,故两者的控制器完全相同,即

$$\overline{G}_C(z) = G_C(z)$$

进一步可知,在无模型失配时,其闭环传递函数为

$$\overline{F}_0(z) = \overline{G}_C(z)\,\overline{G}_P(z) = z^{-l}G_C(z)G_P(z) = z^{-l}F_0(z)$$

它与无滞后对象的 DMC 控制有完全相同的动态特性,只是附加了 l 拍纯滞后,从而使其输出与无滞后时相比推迟了 l 拍。证毕。

把定理推导过程中得到的$\overline{d}_i$ 代入控制律(2-7),可知对于有纯滞后的对象,控制律的计算是对未来 l 拍以后的 P 个时间点进行的,相当于优化时域整体后移了 l 拍。

以上分析表明,预测控制算法在处理纯滞后对象时有其独特的优点,它可把纯滞后自然考虑在内而无需增加附加的控制结构,而其控制效果则相当于对无滞后部分的控制再附加一输出延迟。由于适当调整设计参数可使时滞对象 DMC 控制律与无时滞控制律完全一致,故可使时滞对象预测控制的分析与设计得到一定程度的简化。

3.4 关于滤波器的讨论

在 3.1 节中已经指出,IMC 结构中的滤波器只有在模型失配或有扰动引起输出误差时才起作用,因此它对闭环系统的鲁棒性和抗干扰性有着至关重要的影响。在本节中,我们结合 DMC 算法反馈校正策略的选择,来讨论滤波器对闭环系统鲁棒性和抗干扰性的影响。

3.4.1 3 种反馈校正策略及相应的滤波器

3.2 节中推出的 DMC 算法在 IMC 结构下的滤波器具有形式

$$G_F(z) = \frac{c(z)}{d_s h(z)} \tag{3-19}$$

其中

$$c(z) = c_2 + (c_3 - c_2)z^{-1} + \cdots + (c_N - c_{N-1})z^{-(N-2)}$$

$$h(z) = 1 + (h_2 - 1)z^{-1} + (h_3 - h_2)z^{-2} + \cdots + (h_N - h_{N-1})z^{-(N-1)}$$

式中 $c_i = \sum_{j=1}^{P} d_j h_{i+j-1},\ i = 1,\cdots N,\quad$ 且 $h_i = h_N,\ i \geqslant N$

注意到滤波器的分母多项式 $h(z)$ 只取决于反馈校正系数 h_i,而 h_i 的选择是自由的,故很容易保证滤波器 $G_F(z)$ 的稳定性。由于采用各自独立的 h_i 对系统分析并

不方便，因此常需把 h_i 归结为某一参数的函数。下面首先给出几种典型的 h_i 的选择方法及对应的滤波器表达式。

（1）等值修正

选择

$$h_1 = 1,\quad h_i = \alpha,\ i = 2,\cdots,N,\ 0 < \alpha \leqslant 1 \tag{3-20}$$

这表示用当前误差的 α 倍等值修正输出预测值，这时可得到

$$h(z) = 1 + (\alpha - 1)z^{-1}$$

$$c(z) = \alpha d_s$$

从而可得

$$G_F(z) = \frac{\alpha}{1 - (1 - \alpha)z^{-1}} \tag{3-21}$$

该滤波器相当于一阶滤波器。在 $0 < \alpha \leqslant 1$ 范围内，$G_F(z)$ 都是稳定的且无振荡，其稳态增益为 $G_F(1) = 1$。特别当 $\alpha = 1$ 时，$G_F(z) = 1$，退化为常值滤波器。

（2）衰减修正

选择

$$h_1 = 1,\quad h_i = \alpha^{i-1},\ i = 2,\cdots,N,\quad 0 < \alpha < 1 \tag{3-22}$$

这表示以当前误差的 $\alpha, \alpha^2, \cdots, \alpha^{N-1}$ 倍逐步衰减地修正输出预测值。由于 $0 < \alpha < 1$，当 N 充分大时，可得

$$h(z) = 1 + (\alpha - 1)z^{-1} + \cdots + \alpha^{N-2}(\alpha - 1)z^{-(N-1)}$$

$$\approx 1 + \frac{(\alpha - 1)z^{-1}}{1 - \alpha z^{-1}} = \frac{1 - z^{-1}}{1 - \alpha z^{-1}}$$

如果记

$$s \triangleq c_1 = d_1 h_1 + \cdots + d_P h_P = d_1 + \cdots + d_P \alpha^{P-1}$$

并且在 N 充分大时认为 $\alpha^i \approx \alpha^N \approx 0,\ i > N$，则可得

$$c_i \approx \alpha^{i-1} s,\ i = 2,\cdots,N$$

$$c(z) \approx \alpha s + \alpha(\alpha - 1)sz^{-1} + \cdots + \alpha^{N-2}(\alpha - 1)sz^{-(N-2)}$$

$$\approx \alpha s\left(1 + \frac{(\alpha - 1)z^{-1}}{1 - \alpha z^{-1}}\right) = \frac{\alpha s(1 - z^{-1})}{1 - \alpha z^{-1}}$$

由此可算出滤波器为

$$G_F(z) = \frac{\alpha s}{d_s} = \frac{d_1 \alpha + \cdots + d_P \alpha^P}{d_1 + \cdots + d_P} \tag{3-23}$$

当 N 充分大时，该滤波器可视为常值滤波器，且当 $\alpha \to 0$ 时，$G_F(z) \to 0$，注意该滤波器的增益不为1。

(3) 递增修正

选择

$$h_1 = 1,\quad h_{i+1} = h_i + \alpha^i,\quad i = 1,\cdots,N-1,\quad 0 < \alpha < 1 \qquad (3-24)$$

这表示以当前误差的倍数 $1+\alpha, 1+\alpha+\alpha^2, \cdots$ 逐步递增地修正输出预测值。这时有

$$h_{i+1} - h_i = \alpha^i,\quad i = 1,\cdots,N-1$$

当 N 充分大时,可得

$$h(z) = 1 + \alpha z^{-1} + \cdots + \alpha^{N-1} z^{-(N-1)} \approx \frac{1}{1-\alpha z^{-1}}$$

如果记

$$s \triangleq c_2 - c_1 = d_1\alpha + \cdots + d_P\alpha^P$$

并且在 N 充分大时认为 $\alpha^i \approx \alpha^N \approx 0,\ i > N$,则可进一步得到

$$c_{i+1} - c_i \approx d_1\alpha^i + \cdots + d_P\alpha^{i+P-1} = \alpha^{i-1}s,\ i = 1,\cdots,N-1$$

$$c(z) \approx c_2 + \alpha s z^{-1} + \cdots + \alpha^{N-2} s z^{-(N-2)} \approx \frac{c_2 - \alpha c_1 z^{-1}}{1-\alpha z^{-1}}$$

这时滤波器(3-19)可近似地表示为

$$G_F(z) \approx \frac{1}{d_s}(c_2 - \alpha c_1 z^{-1}) \qquad (3-25)$$

该滤波器总是稳定的,它相当于引入了一个零点,可以对扰动极点产生补偿作用。注意到

$$h_{i+1} - \alpha h_i = 1,\quad c_2 - \alpha c_1 = d_s$$

故式(3-25)又可以表示为

$$G_F(z) \approx \frac{d_s + \alpha c_1(1-z^{-1})}{d_s}$$

该滤波器的稳态增益为 $G_F(z) = 1$。

下面,我们针对特定的控制策略、模型失配和扰动形式,定量讨论不同反馈校正策略对闭环系统鲁棒性和抗干扰性的影响。这里假定采用了3.3.2节给出的一步预测优化策略,即 $\boldsymbol{Q}=\boldsymbol{I}, \boldsymbol{R}=\boldsymbol{0}, P=M$,这时,由式(3-17)可知控制器为

$$G_C(z) = z^{-1}G_M^{-1}(z)$$

且因 $d_2 = \cdots = d_P = 0, d_s = d_1$,3种滤波器将分别具有如下形式。

滤波器(3-21): $G_F(z) = \dfrac{\alpha}{1-(1-\alpha)z^{-1}}$

滤波器(3-23): $G_F(z) = \alpha$

滤波器(3-25)：　$G_F(z) \approx (1+\alpha) - \alpha z^{-1}$

首先讨论取不同滤波器时对模型增益失配的鲁棒性,考虑

$$G_P(z) = \mu G_M(z), \quad \mu > 0$$

这时,闭环稳定性将取决于

$$1 + G_C(z)G_F(z)[G_P(z) - G_M(z)] = 1 + (\mu - 1)z^{-1}G_F(z)$$

① 取滤波器(3-21),闭环特征多项式为

$$f(z) = 1 - (1-\alpha)z^{-1} + \alpha(\mu - 1)z^{-1} = 1 - (1 - \alpha\mu)z^{-1}$$

闭环系统稳定的条件为

$$0 < \mu < 2/\alpha$$

由于$0<\alpha\leqslant 1$,可见当实际增益比模型增益小,即$0<\mu<1$时,闭环系统均稳定,而当实际增益大于模型增益时,随着α的减小,μ的允许失配范围相应增大。

② 取滤波器(3-23),闭环特征多项式为

$$f(z) = 1 + \alpha(\mu - 1)z^{-1}$$

闭环系统稳定的条件为

$$0 < \mu < 1 + 1/\alpha$$

显然,随着α的减小,μ的允许失配范围也相应增大,但取相同的α时,μ的允许失配上界要小于取滤波器(3-21)的情况。

③ 取滤波器(3-25),可得闭环特征多项式为

$$f(z) = 1 + (\mu - 1)(1 + \alpha)z^{-1} - \alpha(\mu - 1)z^{-2}$$

闭环系统稳定的条件为

$$0 < \mu < 1 + 1/(2\alpha + 1)$$

在这种滤波器选择下,μ的允许失配上界比上两种情况都要小,且最大为2。

然后我们再来讨论取不同滤波器时闭环系统的抗干扰性,这时不考虑模型失配。由式(3-1)可知,在给定的一步预测优化策略下,闭环系统的扰动响应为

$$y(z) = [1 - G_C(z)G_F(z)G_M(z)]v(z) = [1 - z^{-1}G_F(z)]v(z)$$

考虑一单位阶跃经过一阶惯性环节后呈指数上升形式作为扰动作用在输出端,即

$$v(z) = \frac{(1-\sigma)z^{-1}}{(1-\sigma z^{-1})(1-z^{-1})}, \quad 0 < \sigma < 1$$

不采用反馈即$G_F(z)=0$时,y将按$1-\sigma$、$1-\sigma^2$、…的过程逐渐上升,扰动将无衰减地完全反映在输出端并产生静差。采用反馈校正策略后,有望对扰动做出有效的抑制。

① 取滤波器(3-21),这时的扰动响应为

$$y(z)=\frac{(1-\sigma)z^{-1}}{(1-\sigma z^{-1})(1-(1-\alpha)z^{-1})}$$

y 将按 $1-\sigma$、$(1-\sigma)((\sigma+(1-\alpha))$、$(1-\sigma)(\sigma^2+\sigma(1-\alpha)+(1-\alpha)^2)$、…的过程变化,即 $y(k)=(1-\sigma)(\sigma^{k-1}+\sigma^{k-2}(1-\alpha)+\cdots+(1-\alpha)^{k-1})$。对于 $0<\alpha\leqslant 1$,当 $k\to\infty$ 时 $y(k)\to 0$,扰动响应收敛。当取 $\alpha\to 0$ 时,y 的变化接近于无反馈时的 $1-\sigma$、$1-\sigma^2$、…,取 $\alpha=1$ 时,y 的变化为 $1-\sigma$、$\sigma(1-\sigma)$、$\sigma^2(1-\sigma)$、…。

② 取滤波器(3-23),扰动响应为

$$y(z)=\frac{(1-\sigma)z^{-1}(1-\alpha z^{-1})}{(1-\sigma z^{-1})(1-z^{-1})}$$

扰动响应有一极点在 $z=1$ 处,不收敛。

③ 取滤波器(3-25),这时的扰动响应为

$$y(z)\approx\frac{(1-\sigma)z^{-1}(1-\alpha z^{-1})}{1-\sigma z^{-1}}$$

y 将按 $1-\sigma$、$(1-\sigma)(\sigma-\alpha)$、$\sigma(1-\sigma)(\sigma-\alpha)$、…的过程逐步衰减为零,特别当 $\alpha=\sigma$ 时,有

$$y(z)=(1-\sigma)z^{-1}$$

扰动响应呈现为一步最少拍响应,即扰动对输出的影响只出现一拍,幅值为 $1-\sigma$,而后即被完全抑制。

从上面的特例分析可知,反馈校正采用衰减和等值策略时,对模型失配均有较强的鲁棒性,但衰减修正策略的抗干扰性甚差,几乎不能有效地抑制扰动。而递增修正策略虽然可能有较好的抗干扰性,但其对模型失配的鲁棒性大大低于其它两种策略。因此,作为折中,等值修正策略(3-20)及其对应的一阶滤波器(3-21)是兼顾两者的合适选择。而且该滤波器只与反馈校正参数有关,不依赖于控制参数,因此可独立于控制策略自由设计。

3.4.2 滤波器对系统鲁棒稳定性的影响

除了扰动之外,实际过程中还不可避免地存在模型失配,即实际对象 $G_P(z)$ 与用于设计 DMC 算法的模型 $G_M(z)$ 不相吻合,它源于辨识对象阶跃响应时不够准确、对象参数发生变化、存在非线性因素等诸多原因。在这种情况下,DMC 算法是针对已知模型 $G_M(z)$ 而非实际对象 $G_P(z)$ 设计的,对象的真实阶跃响应 $\{\tilde{a}_i\}$ 与模型参数 $\{a_i\}$ 可能不一致。

在 3.1 节中,IMC 结构的性质 3 给出了在有扰动和模型失配时系统无静差的条件,其前提是闭环系统稳定。当 $G_M(z)\neq G_P(z)$ 时,由 IMC 结构及式(3-1)可

知，只要 $G_M(z)$、$G_P(z)$、$G_C(z)$、$G_F(z)$4 个环节都是稳定的，闭环系统的稳定性将取决于

$$1 + G_C(z)G_F(z)[G_P(z) - G_M(z)]$$

的零点多项式。显然，该特征多项式的系数与优化策略和校正策略都有关系，但由于模型无失配时系统的动态特性只受到控制器 $G_C(z)$ 的影响，而与滤波器 $G_F(z)$ 无关，因此，在 DMC 设计中，往往通过优化策略的选择确定 $G_C(z)$，以满足无模型失配（即标称情况）时对系统稳定性和动态特性的要求，而模型失配时的鲁棒性则通过校正策略即滤波器 $G_F(z)$ 的选择加以改善。所以下面着重讨论滤波器 $G_F(z)$ 对于闭环系统鲁棒稳定性的影响。

DMC 在 IMC 结构下的闭环特征多项式可根据式(3-9)至式(3-11)写出为

$$f(z) = b(z)h(z) + c(z)[\tilde{a}(z) - a(z)] \qquad (3-26)$$

其中

$$b(z) = 1 + (b_2 - 1)z^{-1} + (b_3 - b_2)z^{-2} + \cdots + (b_N - b_{N-1})z^{-(N-1)}$$

$$h(z) = 1 + (h_2 - 1)z^{-1} + (h_3 - h_2)z^{-2} + \cdots + (h_N - h_{N-1})z^{-(N-1)}$$

$$c(z) = c_2 + (c_3 - c_2)z^{-1} + \cdots + (c_N - c_{N-1})z^{-(N-2)}$$

$$\tilde{a}(z) = \tilde{a}_1 z^{-1} + (\tilde{a}_2 - \tilde{a}_1)z^{-2} + \cdots + (\tilde{a}_N - \tilde{a}_{N-1})z^{-N}$$

$$a(z) = a_1 z^{-1} + (a_2 - a_1)z^{-2} + \cdots + (a_N - a_{N-1})z^{-N}$$

在对模型失配缺乏定量描述的情况下，要由式(3-26)对 DMC 系统做一般的鲁棒性分析是十分困难的。但通过下面的定理，可以看出等值修正策略的滤波器 $G_F(z)$ 对闭环稳定性的影响趋势。

定理 3.6 设滤波器取式(3-21)的形式，其中 $0 < \alpha \leq 1$，对于稳定的 $G_M(z)$、$G_P(z)$、$G_C(z)$，不论 $G_M(z) \neq G_P(z)$ 如何失配，只要 $a_N\tilde{a}_N > 0$，则总存在一个 $\alpha_0 > 0$，只要选择 $0 < \alpha < \alpha_0$，闭环系统在有模型失配和常值扰动时既是稳定的，又是无静差的。

[证明] 在滤波器取式(3-21)时，有

$$h(z) = 1 + (\alpha - 1)z^{-1}, \quad c(z) = d_s\alpha$$

故特征多项式(3-26)为

$$\begin{aligned} f(z) &= b(z)(1 + (\alpha - 1)z^{-1}) + d_s\alpha(\tilde{a}(z) - a(z)) \\ &= b(z)(1 - z^{-1}) + \alpha(b(z)z^{-1} + d_s(\tilde{a}(z) - a(z))) \end{aligned}$$

注意到 $b(z)$ 为稳定的多项式，$\alpha > 0$，由引理 3.3 可知，当 α 充分小时，$f(z)$ 稳定的充分必要条件为

$$b(1) + d_s(\tilde{a}(1) - a(1)) = b(1) + d_s(\tilde{a}_N - a_N) > 0$$

由于 $b(z)$ 是稳定的，$b(1)>0$，在上式两边乘以 $b(1)=d_s a_N$ 后可知，上述条件等价于

$$a_N \tilde{a}_N > 0$$

在这一条件满足时，总存在一个充分小的 α_0，只要选择 $0<\alpha<\alpha_0$，闭环系统必定稳定。

在闭环系统稳定的前提下，注意到 DMC 控制器和滤波器满足

$$G_C(1)=\frac{d_s}{b(1)}=\frac{d_s}{b_N}=\frac{1}{a_N}=\frac{1}{G_M(1)},\qquad G_F(1)=1$$

由 IMC 结构的性质 3 可知闭环系统是无静差的。证毕。

定理 3.6 揭示了滤波器 $G_F(z)$ 在预测控制系统中的作用。一方面，它的存在使 DMC 系统具有反馈校正的闭环机制，从而在模型失配时也可消除静差；另一方面，反馈校正的强弱必须适当选择，以保证模型失配时的鲁棒性。定理中的条件 $a_N\tilde{a}_N>0$是十分重要的。它表明，并不是对于任意的模型失配，只要充分减弱反馈 α 使之接近于开环控制，就可得到稳定的响应，这一结论只适用于对象与模型的稳态值同号的情况，如果两者是反号的，在 α 充分小时，闭环系统仍有一个在正实轴上接近于 $z=1$ 的单位圆外极点，其响应是缓慢发散的。

3.5 小结

本章首先引入了内模控制结构，给出了用这一结构分析预测控制系统的若干性质。然后以 DMC 算法为例，推导了其在 IMC 结构下各环节的具体表达式，在无约束有解析解的情况下，这些传递环节的系数都可以由模型参数、控制参数和校正参数表达。

在 DMC 算法的 IMC 结构中，控制器对系统稳定性和控制性能有着重要影响，特别在无模型失配的标称情况下，DMC 的闭环稳定性和动态特性将只由控制器确定。通过对控制器特征多项式的分析，本章给出了控制器稳定的一些趋势性定理，它们反映了对象阶跃响应和优化中的时域和权矩阵如何变化才可得到稳定的控制器，但作为充分条件都有较大的保守性。从控制器的传递函数出发，我们还证明了在一步预测优化策略下的控制器是模型逆的一步延迟，而在对象有时滞时，只要适当调整优化参数，可以得到与无时滞时相同的控制器，在无模型失配时的控制效果相当于对无滞后部分的控制再附加一输出延迟。

对于 DMC 算法在 IMC 结构下的滤波器，主要考虑的是存在模型失配或扰动时它对闭环稳定性和抗干扰性的影响。我们给出了 DMC 算法中 3 种典型的反馈校正策略及其在 IMC 结构中对应的滤波器传递函数，通过特定案例分析了这些策略

在对抗模型失配和外界扰动时的不同能力，由此得到两个结论，一是滤波器的选择需要在鲁棒性和抗干扰性间进行权衡，二是采用等值修正的 DMC 反馈校正策略及相应 IMC 结构中的一阶滤波器，是对鲁棒性和抗干扰性进行折中的恰当选择。这些分析结果可为第 5 章中要讨论的预测控制算法的参数整定提供参考。

第4章

预测控制系统性能的定量分析

在第3章中，通过把DMC算法转化为IMC结构下的Z传递函数并分析相关的特征多项式，给出了关于DMC控制器稳定性和DMC滤波器对闭环鲁棒稳定性影响的一些趋势性结论。所谓趋势性，是指由于设计参数与特征多项式的关系不明晰，导致定理条件中某些设计参数需取其极端值，如在定理3.1、定理3.2、定理3.3及定理3.6中分别要求的$M=1$、$P\to\infty$、$r\to\infty$、α充分小等，对此，文献中有时也称为“极限稳定性”。本章将进一步介绍预测控制定量分析理论的主要内容，给出设计参数与系统性能更明确的关系，所采用的方法一是在时域内基于Kleinman控制器的稳定性分析，二是在Z域内基于IMC结构的预测控制系统分析基础上，通过进一步发现设计参数与特征多项式系数所蕴含的内在关系，从开、闭环特征多项式系数变换的角度来分析设计参数与闭环性能的定量关系。

由于定量分析必须建立在系统解析表达的基础上，而多变量预测控制算法在IMC结构下的传递函数推导极为复杂，有约束预测控制算法则需通过在线优化求解控制量，无法得到控制律的解析表达式，因此本章中只对单变量无约束预测控制系统进行定量分析。此外，为了集中研究预测控制器对闭环系统稳定性等的定量影响，本章中将不考虑模型误差和扰动，从而可把模型和对象统一地用状态方程或传递函数$G(z)$来表示，此时在Z域的IMC结构中闭环系统即指前向通道（见式(3-2)）。

4.1 基于 Kleinman 控制器的广义预测控制稳定性分析

Clarke 和 Mohtadi 在 1989 年发表的论文[15]中，通过把 GPC 控制律转化为状态空间中滚动时域的线性二次（Linear Quadratic，LQ）控制，利用控制理论中一类特定控制器的稳定性结论，给出了 GPC 闭环稳定的某些条件。这一研究方法新颖，而且与第 3 章的趋势性结论不同，可以得到设计参数与闭环稳定性的具体定量关系。

在第 2 章介绍的 GPC 算法中，系统模型（2－15）在不考虑随机扰动 $\xi(t)$ 时，相当于 u 与 y 间存在着式（2－16）的传递关系，由此可得 Δu 与 y 间的传递函数

$$G_{\Delta u}(z)=\frac{z^{-1}B(z^{-1})}{\Delta A(z^{-1})}=\frac{b_0z^{-1}+\cdots+b_{n_b}z^{-(n_b+1)}}{1+(a_1-1)z^{-1}+\cdots-a_nz^{-(n+1)}}$$

其中，$a_n\neq 0$，$b_{n_b}\neq 0$。为简化记号，此处假设 $n\geqslant n_b$，且分子多项式和分母多项式互质，这时该系统可以转化为状态空间中的实现

$$\begin{cases}\boldsymbol{x}(k+1)=\boldsymbol{A}\boldsymbol{x}(k)+\boldsymbol{b}\Delta u(k)\\ y(k)=\boldsymbol{c}^{\mathrm{T}}\boldsymbol{x}(k)\end{cases}\tag{4-1}$$

注意到由于取 $\Delta u(k)$ 为控制输入，$\boldsymbol{x}(k)\in\mathbb{R}^{n+1}$，$\boldsymbol{A}$、$\boldsymbol{b}$、$\boldsymbol{c}^{\mathrm{T}}$ 与传递函数系数有关，且不唯一，$(\boldsymbol{c}^{\mathrm{T}}\ \boldsymbol{A}\ \boldsymbol{b})$ 是可控可观的。

在 GPC 控制的目标函数（2－20）中，不失一般性，令 $\omega=0$，不考虑随机情况，并取

$$\boldsymbol{Q}_i=\begin{cases}\boldsymbol{c}\boldsymbol{c}^{\mathrm{T}}, & N_1\leqslant i\leqslant N_2\\ \boldsymbol{0}, & \text{其它}\end{cases},\quad \lambda_i=\begin{cases}\lambda, & 0\leqslant i\leqslant NU-1\\ \infty, & \text{其它}\end{cases}\tag{4-2}$$

则式（2－20）可以化为

$$J=\|\boldsymbol{x}(k+N_2|k)\|^2_{\boldsymbol{c}\boldsymbol{c}^{\mathrm{T}}}+\sum_{i=0}^{N_2-1}\left[\|\boldsymbol{x}(k+i|k)\|^2_{\boldsymbol{Q}_i}+\lambda_i\Delta u(k+i|k)^2\right]\tag{4-3}$$

这是一个标准的 LQ 控制问题，由 LQ 问题的标准解法可得控制律为

$$\Delta u(k)=-(\lambda+\boldsymbol{b}^{\mathrm{T}}\boldsymbol{P}(k+1)\boldsymbol{b})^{-1}\boldsymbol{b}^{\mathrm{T}}\boldsymbol{P}(k+1)\boldsymbol{A}\boldsymbol{x}(k)\tag{4-4}$$

其中 $\boldsymbol{P}(k+1)$ 可通过以下黎卡提迭代公式求出：

$$\begin{aligned}&\boldsymbol{P}(k+N_2)=\boldsymbol{c}\boldsymbol{c}^{\mathrm{T}}\\ &\boldsymbol{P}(k+i)=\boldsymbol{Q}_i+\boldsymbol{A}^{\mathrm{T}}\boldsymbol{P}(k+i+1)\boldsymbol{A}-\boldsymbol{A}^{\mathrm{T}}\boldsymbol{P}(k+i+1)\boldsymbol{b}\\ &\qquad\times(\lambda_i+\boldsymbol{b}^{\mathrm{T}}\boldsymbol{P}(k+i+1)\boldsymbol{b})^{-1}\boldsymbol{b}^{\mathrm{T}}\boldsymbol{P}(k+i+1)\boldsymbol{A}\\ &\qquad\qquad i=N_2-1,\cdots,1\end{aligned}\tag{4-5}$$

式（4－4）就是 GPC 在 LQ 问题表达下所得到的控制律，称为 GPC 的 LQ 控制

律。这一转换的意义在于,对于 LQ 控制问题的控制律及其稳定性研究,在控制理论中已有相当好的结果,可借此用来研究 GPC 控制律的稳定性。为简化计,以下均用 $\boldsymbol{P}_i$ 表示 $\boldsymbol{P}(k+i)$。

早在 1974 年,Kleinman 在研究 LQ 控制问题时,就提出了一种特殊的控制器,对于具有 m 维输入的 n 维状态空间模型

$$\boldsymbol{x}(k+1)=\boldsymbol{\Phi}\boldsymbol{x}(k)+\boldsymbol{B}\boldsymbol{u}(k) \tag{4-6}$$

给出了如下结果。

引理 4.1[16] 如果系统(4-6)完全可控,且 $\boldsymbol{\Phi}$ 非奇异,则对于任意 $N \geqslant n$,采用控制律

$$\boldsymbol{u}(k)=-\boldsymbol{R}^{-1}\boldsymbol{B}^{\mathrm{T}}(\boldsymbol{\Phi}^{\mathrm{T}})^{N}\left(\sum_{i=0}^{N}\boldsymbol{\Phi}^{i}\boldsymbol{B}\boldsymbol{R}^{-1}\boldsymbol{B}^{\mathrm{T}}(\boldsymbol{\Phi}^{\mathrm{T}})^{i}\right)^{-1}\boldsymbol{\Phi}^{N+1}\boldsymbol{x}(k) \tag{4-7}$$

可使系统(4-6)闭环稳定,其中 $\boldsymbol{R}>\boldsymbol{0}$。

引理 4.1 中的控制器(4-7)称为 Kleinman 控制器。Clarke 等人的主要贡献就是通过研究在什么条件下 GPC 控制律(4-4)可以等价地转化为式(4-7)的 Kleinman 控制器,来导出闭环系统稳定的条件。这一过程是通过下面 3 个步骤完成的[15]。

① 通过迭代式(4-5)得到控制律(4-4)中的 $\boldsymbol{P}(k+1)$(即 $\boldsymbol{P}_1$)。

由式(4-2)可见,黎卡提迭代式(4-5)中的 $\boldsymbol{Q}_i$ 和 λ_i 不是常值,与优化时域和控制时域有关,如果取 $N_1=NU$,则根据 $\boldsymbol{Q}_i$ 和 λ_i 在不同范围的取值,可把迭代公式写为

$$\boldsymbol{P}_i=\begin{cases}\boldsymbol{c}\boldsymbol{c}^{\mathrm{T}}+\boldsymbol{A}^{\mathrm{T}}\boldsymbol{P}_{i+1}\boldsymbol{A}, & i=N_2-1,\cdots,N_1\\ \boldsymbol{A}^{\mathrm{T}}\boldsymbol{P}_{i+1}\boldsymbol{A}-\boldsymbol{A}^{\mathrm{T}}\boldsymbol{P}_{i+1}\boldsymbol{b}(\lambda_i+\boldsymbol{b}^{\mathrm{T}}\boldsymbol{P}_{i+1}\boldsymbol{b})^{-1}\boldsymbol{b}^{\mathrm{T}}\boldsymbol{P}_{i+1}\boldsymbol{A}, & i=N_1-1,\cdots,1\end{cases} \tag{4-8}$$

根据上述迭代公式,首先从 $\boldsymbol{P}_{N_2}=\boldsymbol{c}\boldsymbol{c}^{\mathrm{T}}$ 起由 $i=N_2-1$ 到 $i=N_1$ 迭代,可得到

$$\boldsymbol{P}_{N_2-1}=\boldsymbol{c}\boldsymbol{c}^{\mathrm{T}}+\boldsymbol{A}^{\mathrm{T}}\boldsymbol{P}_{N_2}\boldsymbol{A}=\boldsymbol{c}\boldsymbol{c}^{\mathrm{T}}+\boldsymbol{A}^{\mathrm{T}}\boldsymbol{c}\boldsymbol{c}^{\mathrm{T}}\boldsymbol{A}$$

$$\boldsymbol{P}_{N_2-2}=\boldsymbol{c}\boldsymbol{c}^{\mathrm{T}}+\boldsymbol{A}^{\mathrm{T}}\boldsymbol{P}_{N_2-1}\boldsymbol{A}=\boldsymbol{c}\boldsymbol{c}^{\mathrm{T}}+\boldsymbol{A}^{\mathrm{T}}\boldsymbol{c}\boldsymbol{c}^{\mathrm{T}}\boldsymbol{A}+(\boldsymbol{A}^{\mathrm{T}})^2\boldsymbol{c}\boldsymbol{c}^{\mathrm{T}}\boldsymbol{A}^2$$

$$\vdots$$

$$\boldsymbol{P}_{N_1}=\boldsymbol{c}\boldsymbol{c}^{\mathrm{T}}+\boldsymbol{A}^{\mathrm{T}}\boldsymbol{c}\boldsymbol{c}^{\mathrm{T}}\boldsymbol{A}+(\boldsymbol{A}^{\mathrm{T}})^2\boldsymbol{c}\boldsymbol{c}^{\mathrm{T}}\boldsymbol{A}^2+\cdots+(\boldsymbol{A}^{\mathrm{T}})^{N_2-N_1}\boldsymbol{c}\boldsymbol{c}^{\mathrm{T}}\boldsymbol{A}^{N_2-N_1}$$

$\boldsymbol{P}_{N_1}$ 也可表示为

$$\boldsymbol{P}_{N_1}=\begin{bmatrix}\boldsymbol{c}^{\mathrm{T}}\\ \boldsymbol{c}^{\mathrm{T}}\boldsymbol{A}\\ \vdots\\ \boldsymbol{c}^{\mathrm{T}}\boldsymbol{A}^{N_2-N_1}\end{bmatrix}^{\mathrm{T}}\begin{bmatrix}\boldsymbol{c}^{\mathrm{T}}\\ \boldsymbol{c}^{\mathrm{T}}\boldsymbol{A}\\ \vdots\\ \boldsymbol{c}^{\mathrm{T}}\boldsymbol{A}^{N_2-N_1}\end{bmatrix}$$

由于$(\boldsymbol{c}^{\mathrm{T}}\ \boldsymbol{A})$可观，如果$N_2-N_1+1\geqslant n+1$，则$\boldsymbol{P}_{N_1}$的秩为$n+1$，即$\boldsymbol{P}_{N_1}$可逆。

然后我们从$\boldsymbol{P}_{N_1}$起由$i=N_1-1$到$i=1$继续迭代，这时根据迭代公式(4－8)，在$i=N_1-1$时可得

$$\boldsymbol{P}_{N_1-1}=\boldsymbol{A}^{\mathrm{T}}(\boldsymbol{P}_{N_1}-\boldsymbol{P}_{N_1}\boldsymbol{b}(\lambda+\boldsymbol{b}^{\mathrm{T}}\boldsymbol{P}_{N_1}\boldsymbol{b})^{-1}\boldsymbol{b}^{\mathrm{T}}\boldsymbol{P}_{N_1})\boldsymbol{A}$$

由于$\boldsymbol{P}_{N_1}$可逆，利用矩阵求逆公式$(\boldsymbol{W}+\boldsymbol{XYZ})^{-1}=\boldsymbol{W}^{-1}-\boldsymbol{W}^{-1}\boldsymbol{X}(\boldsymbol{Y}^{-1}+\boldsymbol{ZW}^{-1}\boldsymbol{X})^{-1}\times\boldsymbol{ZW}^{-1}$，可把该式写为

$$\boldsymbol{P}_{N_1-1}=\boldsymbol{A}^{\mathrm{T}}\left(\boldsymbol{P}_{N_1}^{-1}+\frac{\boldsymbol{bb}^{\mathrm{T}}}{\lambda}\right)^{-1}\boldsymbol{A}$$

如果$\boldsymbol{A}$可逆，由此式知$\boldsymbol{P}_{N_1-1}$也是可逆的，并可推出

$$\boldsymbol{AP}_{N_1-1}^{-1}\boldsymbol{A}^{\mathrm{T}}=\boldsymbol{P}_{N_1}^{-1}+\frac{\boldsymbol{bb}^{\mathrm{T}}}{\lambda}$$

类似地，可以推出

$$\boldsymbol{AP}_{i}^{-1}\boldsymbol{A}^{\mathrm{T}}=\boldsymbol{P}_{i+1}^{-1}+\frac{\boldsymbol{bb}^{\mathrm{T}}}{\lambda},\quad i=N_1-2,\cdots,1$$

并进一步可得到

$$\boldsymbol{A}^{N_1-1}\boldsymbol{P}_1^{-1}(\boldsymbol{A}^{\mathrm{T}})^{N_1-1}=\boldsymbol{P}_{N_1}^{-1}+\sum_{i=0}^{N_1-2}\boldsymbol{A}^{i}\frac{\boldsymbol{bb}^{\mathrm{T}}}{\lambda}(\boldsymbol{A}^{\mathrm{T}})^{i}$$

当$\lambda\to0^{+}$时，上式可近似写为

$$\boldsymbol{A}^{N_1-1}\boldsymbol{P}_1^{-1}(\boldsymbol{A}^{\mathrm{T}})^{N_1-1}=\sum_{i=0}^{N_1-2}\boldsymbol{A}^{i}\frac{\boldsymbol{bb}^{\mathrm{T}}}{\lambda}(\boldsymbol{A}^{\mathrm{T}})^{i}\tag{4－9}$$

式(4－9)实际上给出了$\boldsymbol{P}_1$(即$\boldsymbol{P}(k+1)$)的表达式。

② 把控制律(4－4)转化为 Kleinman 控制器(4－7)的形式。

控制律(4－4)又可以写为

$$\Delta u(k)=-\boldsymbol{k}^{\mathrm{T}}\boldsymbol{x}(k)\tag{4－10}$$

其中

$$\boldsymbol{k}^{\mathrm{T}}=(\lambda+\boldsymbol{b}^{\mathrm{T}}\boldsymbol{P}_1\boldsymbol{b})^{-1}\boldsymbol{b}^{\mathrm{T}}\boldsymbol{P}_1\boldsymbol{A}$$

利用矩阵求逆公式可得

$$\begin{aligned}\boldsymbol{k}^{\mathrm{T}}&=(\lambda+\boldsymbol{b}^{\mathrm{T}}\boldsymbol{P}_1\boldsymbol{b})^{-1}\boldsymbol{b}^{\mathrm{T}}\boldsymbol{P}_1\boldsymbol{A}=\left(\frac{1}{\lambda}-\frac{1}{\lambda}\boldsymbol{b}^{\mathrm{T}}\left(\boldsymbol{P}_1^{-1}+\frac{\boldsymbol{bb}^{\mathrm{T}}}{\lambda}\right)^{-1}\boldsymbol{b}\,\frac{1}{\lambda}\right)\boldsymbol{b}^{\mathrm{T}}\boldsymbol{P}_1\boldsymbol{A}\\&=\frac{1}{\lambda}\boldsymbol{b}^{\mathrm{T}}\boldsymbol{P}_1\boldsymbol{A}-\frac{1}{\lambda}\boldsymbol{b}^{\mathrm{T}}\left(\boldsymbol{P}_1^{-1}+\frac{\boldsymbol{bb}^{\mathrm{T}}}{\lambda}\right)^{-1}\left(\frac{\boldsymbol{bb}^{\mathrm{T}}}{\lambda}+\boldsymbol{P}_1^{-1}-\boldsymbol{P}_1^{-1}\right)\boldsymbol{P}_1\boldsymbol{A}\\&=\frac{1}{\lambda}\boldsymbol{b}^{\mathrm{T}}\left(\boldsymbol{P}_1^{-1}+\frac{\boldsymbol{bb}^{\mathrm{T}}}{\lambda}\right)^{-1}\boldsymbol{A}\end{aligned}$$

$$=\frac{1}{\lambda}\boldsymbol{b}^{\mathrm{T}}(\boldsymbol{A}^{\mathrm{T}})^{N_1-1}\left(\boldsymbol{A}^{N_1-1}\left(\boldsymbol{P}_1^{-1}+\frac{\boldsymbol{b}\boldsymbol{b}^{\mathrm{T}}}{\lambda}\right)(\boldsymbol{A}^{\mathrm{T}})^{N_1-1}\right)^{-1}\boldsymbol{A}^{N_1-1}\boldsymbol{A}$$

利用式(4-9),上式可写为

$$\boldsymbol{k}^{\mathrm{T}}=\frac{1}{\lambda}\boldsymbol{b}^{\mathrm{T}}(\boldsymbol{A}^{\mathrm{T}})^{N_1-1}\left(\sum_{i=0}^{N_1-1}\boldsymbol{A}^{i}\frac{\boldsymbol{b}\boldsymbol{b}^{\mathrm{T}}}{\lambda}(\boldsymbol{A}^{\mathrm{T}})^{i}\right)^{-1}\boldsymbol{A}^{N_1} \tag{4-11}$$

显然,它与 Kleinman 控制器(4-7)形式相同。

③ 根据式(4-11)、式(4-7)和引理4.1,判断系统闭环稳定的条件。

在以上两步推导过程中,假设条件 $N_1=NU$ 得到了式(4-8)表示的递推公式,假设条件 $N_2-N_1+1\geqslant n+1$ 则保证了 $\boldsymbol{P}_{N_1}$ 的可逆性,并在 $\lambda\to 0^+$ 时推导出 $\boldsymbol{P}_1$ 的表达式(4-9),在这些条件下,GPC 控制律(4-4)可等价为反馈增益由式(4-11)表达的 Kleinman 控制器。由于系统(4-1)的维数为 $n+1$,故由引理4.1可知,当 $N_1-1\geqslant n+1$ 时,系统(4-1)在 GPC 控制律作用下闭环稳定。

至此,我们讨论了如何通过把 GPC 控制律(4-4)等价为 Kleinman 控制器研究闭环系统稳定的过程。此外,Clarke 等还另外讨论了下面的特殊情况。

引理4.2[15] 若系统(4-1)可控可观,且 GPC 设计参数选为

$$N_1=NU=n+1,\ N_2\geqslant 2n+1,\ \lambda=0 \tag{4-12}$$

则系统(4-1)在 GPC 控制下闭环稳定,且其状态具有无差拍性质(即状态在有限步内归零,这时闭环系统所有特征值位于原点)。

该引理的证明可参见文献[15]。综合上面讨论的结果和引理4.2,可以得到下面的定理。

定理4.1[15] 若系统(4-1)可控可观,且 $\boldsymbol{A}$ 可逆,则 GPC 在取下列参数时闭环系统稳定

$$N_1=NU\geqslant n+1,\ N_2-N_1\geqslant n,\ \lambda=\varepsilon\to 0^+ \tag{4-13}$$

特别当取下列参数时还可得到无差拍控制

$$N_1=NU=n+1,\ N_2\geqslant 2n+1,\ \lambda=0 \tag{4-14}$$

注释4.1 在文献[15]中定理4.1的条件"系统可控可观"已松弛为"系统可镇定与可检测",这意味着即使系统传递函数的分子多项式和分母多项式有公共因子而发生零极点对消,只要对消是稳定的,定理4.1的稳定性结论仍然成立。

以上介绍了 Clarke 等通过把 GPC 控制器转化为状态空间的 LQ 控制器,并用 Kleinman 控制器的性质研究 GPC 闭环性能的基本思路。所得到的定理4.1给出了保证系统稳定性或无差拍的 GPC 设计参数的定量选择范围,它只与模型阶次有关,而与具体的模型参数无关,因此很容易应用。其中,稳定条件(4-13)中的 λ 虽然很小,但不等于零,这是为了保证式(2-25)中的矩阵($\boldsymbol{G}^{\mathrm{T}}\boldsymbol{G}+\lambda\boldsymbol{I}$)可逆,即

GPC 控制律可解,而无差拍条件(4-14)中的 $\lambda=0$,则是因为该条件已能保证矩阵 $(\boldsymbol{G}^{\mathrm{T}}\boldsymbol{G})$ 的可逆性,即 GPC 控制律的可解性。

由于定理 4.1 的条件比较苛刻(如要求矩阵 $\boldsymbol{A}$ 可逆),所涉及的设计参数选择范围十分有限,因此在 20 世纪 90 年代以后又有一些沿着这一思路的后续工作,如丁宝苍等[17]对于 GPC 模型(2-15)中分母多项式阶次 n 和分子多项式阶次 n_b 各种可能的情况,定义了 $\boldsymbol{A}$ 可能为奇异情况下的扩展 Kleinman 控制器,给出了它使系统闭环稳定或无差拍的条件,并讨论了 GPC 的 LQ 控制律在 λ 充分小的情况下与扩展 Kleinman 控制器的等价性。在此基础上,得到了如下结论。

定理 4.2[17] 满足下列条件时,存在充分小的 λ_0,使得在 $0<\lambda<\lambda_0$ 时,GPC 闭环稳定

$$N_1 \geqslant n_b+1, NU \geqslant n+1, N_2-NU \geqslant n_b, N_2-N_1 \geqslant n \tag{4-15}$$

该条件也可以分解为:

① $n \geqslant n_b, N_1 \geqslant NU \geqslant n+1, N_2-N_1 \geqslant n$;

② $n \leqslant n_b, NU \geqslant N_1 \geqslant n_b+1, N_2-NU \geqslant n_b$;

③ $n \leqslant n_b, N_1 \geqslant NU \geqslant n+1, N_1 \geqslant n_b+1, N_2-N_1 \geqslant n, N_2-NU \geqslant n_b$;

④ $n \geqslant n_b, NU \geqslant N_1 \geqslant n_b+1, NU \geqslant n+1, N_2-N_1 \geqslant n, N_2-NU \geqslant n_b$。

定理 4.3[17] GPC 在满足如下条件之一时为无差拍控制器:

① $\lambda=0, NU=n+1, N_1 \geqslant n_b+1, N_2-N_1 \geqslant n$;

② $\lambda=0, NU \geqslant n+1, N_1=n_b+1, N_2-NU \geqslant n_b$。 (4-16)

定理 4.1 中的稳定性条件和无差拍条件分别是定理 4.2 和定理 4.3 中 $n=n_b$ 并取 $N_1=NU$ 时的某一特殊情况,因此定理 4.2 和定理 4.3 有更广泛的参数适用范围。

以上介绍的在状态空间内基于 Kleinman 控制器的 GPC 稳定性分析,借助了线性二次调节器已有的丰富研究成果,虽然需要把系统模型变换为状态空间形式,但其推导和结论并不取决于具体的模型参数,而只与系统阶次有关。这固然使结论简明并有普适性,但不能反映出在稳定情况下系统动态的具体变化。下面我们介绍的在 Z 域内基于系数变换关系的预测控制系统性能定量分析将克服这一不足,可得到闭环系统性能的更多信息。

4.2 预测控制系统开、闭环特征多项式系数变换

本节中,我们在 Z 域内应用第 3 章介绍的 IMC 结构,来推导预测控制系统闭环特征多项式系数与对象特征多项式系数的关系。首先给出 GPC 算法在 IMC 结

构下的控制器表达式，然后证明3.2节已推出的DMC算法的IMC控制器可用最小化形式表达，且与GPC算法的IMC控制器相同，因此可以对这两种主流预测控制算法得到相同的开、闭环特征多项式系数变换关系。

4.2.1 广义预测控制在内模控制结构下的控制器

2.2节中已给出了GPC算法，我们可类似于3.2节推导DMC算法的IMC结构那样，推导出GPC算法在IMC结构下各环节的表达式（参见文献[18]）。但本章的目的是为了分析在无模型误差和无扰动情况下闭环系统的性能，因此根据式(3-2)，只需要推出GPC在IMC结构下控制器的具体表达式。为了便于与DMC算法进行比较，在本节中，我们不考虑模型的在线辨识与校正，假设模型(2-15)中的 $n=n_b+1$，并把原 $B(q^{-1})$ 的系数改写为

$$B(q^{-1}) = b_1 + b_2 q^{-1} + \cdots + b_n q^{-(n-1)}$$

这时对象的传递函数可以表示为

$$G(z) = \frac{z^{-1}B(z)}{A(z)} = \frac{b_1 z^{-1} + \cdots + b_n z^{-n}}{1 + a_1 z^{-1} + \cdots + a_n z^{-n}} \tag{4-17}$$

由式(2-26)可知，GPC的控制律为

$$\Delta u(k) = \boldsymbol{d}^{\mathrm{T}}(\boldsymbol{\omega} - \boldsymbol{f}) \tag{4-18}$$

其中

$$\boldsymbol{d}^{\mathrm{T}} = (1\ 0\ \cdots\ 0)(\boldsymbol{G}^{\mathrm{T}}\boldsymbol{G} + \lambda \boldsymbol{I})^{-1}\boldsymbol{G}^{\mathrm{T}} \triangleq [d_{N_1}\ \cdots\ d_{N_2}]$$

$$\boldsymbol{G} = \begin{bmatrix} g_{N_1} & \cdots & g_{N_1-NU+1} \\ \vdots & & \vdots \\ g_{N_2} & \cdots & g_{N_2-NU+1} \end{bmatrix}$$

式(4-18)中的参考轨迹 $\boldsymbol{\omega}$ 可由式(2-28)给出，即

$$\boldsymbol{\omega} = \boldsymbol{L}y(k) + \boldsymbol{M}c \tag{4-19}$$

其中

$$\boldsymbol{\omega} = \begin{bmatrix} \omega(k+N_1) \\ \vdots \\ \omega(k+N_2) \end{bmatrix}, \quad \boldsymbol{L} = \begin{bmatrix} \alpha^{N_1} \\ \vdots \\ \alpha^{N_2} \end{bmatrix}, \quad \boldsymbol{M} = \begin{bmatrix} 1-\alpha^{N_1} \\ \vdots \\ 1-\alpha^{N_2} \end{bmatrix}$$

而向量 $\boldsymbol{f}$ 可根据式(2-23)写为

$$\boldsymbol{f} = \begin{bmatrix} f_{N_1}(k) \\ \vdots \\ f_{N_2}(k) \end{bmatrix} = \boldsymbol{H}\Delta u(k) + \boldsymbol{F}y(k) \tag{4-20}$$

其中

$$
\boldsymbol{H}=\begin{bmatrix} z^{N_1-1}(G_{N_1}-g_1-\cdots-g_{N_1}z^{-(N_1-1)}) \\ \vdots \\ z^{N_2-1}(G_{N_2}-g_1-\cdots-g_{N_2}z^{-(N_2-1)}) \end{bmatrix},\quad \boldsymbol{F}=\begin{bmatrix} F_{N_1} \\ \vdots \\ F_{N_2} \end{bmatrix}
$$

把式(4-19)、式(4-20)代入式(4-18),并注意到 $y(z)/u(z)=z^{-1}B(z)/A(z)$,即可导出 GPC 控制器的 Z 传递函数(即从参考输入 c 到控制量 u 的传递函数)

$$
G_C(z)=\frac{\boldsymbol{d}^{\mathrm{T}}\boldsymbol{M}A}{(1+\boldsymbol{d}^{\mathrm{T}}\boldsymbol{H})A\Delta+z^{-1}B\boldsymbol{d}^{\mathrm{T}}(\boldsymbol{F}-\boldsymbol{L})} \tag{4-21}
$$

由于 GPC 控制器 $G_C(z)$ 的表达式涉及到向量 $\boldsymbol{F}$ 和 $\boldsymbol{H}$,它们与 E_j、F_j 有关,需要递推计算,不利于系统性能分析,故下面设法消去 E_j、F_j,使它们只与对象参数 A、$\{g_i\}$ 及控制参数 d_i 有关。为此,首先给出下面的引理。

引理 4.3 系统(4-17)的单位阶跃响应系数为 $\{g_i\}$,则以下关系成立:

$$
\begin{cases} g_1=b_1 \\ (g_2-g_1)+g_1a_1=b_2 \\ \quad\vdots \\ (g_n-g_{n-1})+(g_{n-1}-g_{n-2})a_1+\cdots+(g_2-g_1)a_{n-2}+g_1a_{n-1}=b_n \\ (g_{n+1}-g_n)+(g_n-g_{n-1})a_1+\cdots+(g_2-g_1)a_{n-1}+g_1a_n=0 \\ (g_i-g_{i-1})+(g_{i-1}-g_{i-2})a_1+\cdots+(g_{i-n}-g_{i-n-1})a_n=0,\quad i\geqslant n+2 \end{cases} \tag{4-22}
$$

引理 4.3 可由

$$
G(z)=g_1z^{-1}+(g_2-g_1)z^{-2}+(g_3-g_2)z^{-3}+\cdots
$$

直接推出。下面我们推导 GPC 控制器的表达式。首先记 $G_C(z)$ 的分母部分为 $A_C(z)$,则

$$
\begin{aligned}
A_C(z)&=(1+\boldsymbol{d}^{\mathrm{T}}\boldsymbol{H})A\Delta+z^{-1}B\boldsymbol{d}^{\mathrm{T}}(\boldsymbol{F}-\boldsymbol{L}) \\
&=A\Delta+\boldsymbol{d}^{\mathrm{T}}\begin{bmatrix} z^{N_1-1}G_{N_1}A\Delta \\ \vdots \\ z^{N_2-1}G_{N_2}A\Delta \end{bmatrix}-A\Delta\boldsymbol{d}^{\mathrm{T}}\begin{bmatrix} g_{N_1}+\cdots+g_1z^{N_1-1} \\ \vdots \\ g_{N_2}+\cdots+g_1z^{N_2-1} \end{bmatrix} \\
&\quad+z^{-1}B\boldsymbol{d}^{\mathrm{T}}\begin{bmatrix} F_{N_1} \\ \vdots \\ F_{N_2} \end{bmatrix}-z^{-1}B\boldsymbol{d}^{\mathrm{T}}\boldsymbol{L}
\end{aligned}
$$

根据 $\boldsymbol{d}^{\mathrm{T}}$、$\boldsymbol{L}$ 的表达式，可记 $\boldsymbol{d}^{\mathrm{T}}\boldsymbol{L}=d_{N_1}\alpha^{N_1}+\cdots+d_{N_2}\alpha^{N_2}\triangleq -d_0$，同时由式(2－17)可知 $G_iA\Delta=B(1-z^{-i}F_i)$，代入 $A_C(z)$ 的表达式可得

$$A_C(z)=A\Delta+B\boldsymbol{d}^{\mathrm{T}}\begin{bmatrix}z^{N_1-1}\\ \vdots\\ z^{N_2-1}\end{bmatrix}-A\Delta\boldsymbol{d}^{\mathrm{T}}\begin{bmatrix}g_{N_1}+\cdots+g_1z^{N_1-1}\\ \vdots\\ g_{N_2}+\cdots+g_1z^{N_2-1}\end{bmatrix}+z^{-1}Bd_0$$

利用

$$\begin{aligned}z^{-1}B&=A(g_1z^{-1}+(g_2-g_1)z^{-2}+(g_3-g_2)z^{-3}+\cdots)\\&=A\Delta(g_1z^{-1}+g_2z^{-2}+g_3z^{-3}+\cdots)\end{aligned}$$

可得

$$\begin{aligned}A_C(z)&=A\Delta+A\Delta\boldsymbol{d}^{\mathrm{T}}\begin{bmatrix}g_{N_1+1}z^{-1}+g_{N_1+2}z^{-2}+\cdots\\ \vdots\\ g_{N_2+1}z^{-1}+g_{N_2+2}z^{-2}+\cdots\end{bmatrix}+A\Delta d_0(g_1z^{-1}+g_2z^{-2}+\cdots)\\&=A\Delta(1+c_2z^{-1}+c_3z^{-2}+\cdots)\end{aligned}$$

其中

$$c_i=\sum_{j=N_1}^{N_2}d_jg_{i+j-1}+d_0g_{i-1},\quad i=2,3,\cdots$$

进而可得

$$\begin{aligned}A_C(z)&=(1+(a_1-1)z^{-1}+(a_2-a_1)z^{-2}\\&\quad+\cdots+(a_n-a_{n-1})z^{-n}-a_nz^{-(n+1)})(1+c_2z^{-1}+c_3z^{-2}+\cdots)\\&=1+a_1^*z^{-1}+a_2^*z^{-2}+\cdots\end{aligned}$$

其中

$$\begin{aligned}a_1^*&=(a_1-1)+c_2\\a_2^*&=(a_2-a_1)+(a_1-1)c_2+c_3\\&\ \ \vdots\\a_n^*&=(a_n-a_{n-1})+(a_{n-1}-a_{n-2})c_2+\cdots+c_{n+1}\\a_{n+1}^*&=-a_n+(a_n-a_{n-1})c_2+\cdots+(a_1-1)c_{n+1}+c_{n+2}\\a_i^*&=-a_nc_{i-n}+(a_n-a_{n-1})c_{i-n+1}+\cdots+(a_1-1)c_i+c_{i+1},\quad i\geqslant n+2\end{aligned}$$

注意到当 $i\geqslant n+2$ 时，结合式(4－22)可得

$$\begin{aligned}a_i^*&=-a_nc_{i-n}+(a_n-a_{n-1})c_{i-n+1}+\cdots+(a_1-1)c_i+c_{i+1}\\&=(c_{i+1}-c_i)+(c_i-c_{i-1})a_1+\cdots+(c_{i-n+1}-c_{i-n})a_n\end{aligned}$$

$$= \sum_{j=N_1}^{N_2} d_j[(g_{i+j} - g_{i+j-1}) + (g_{i+j-1} - g_{i+j-2})a_1 + \cdots + (g_{i+j-n} - g_{i+j-n-1})a_n]$$

$$+ d_0[(g_i - g_{i-1}) + (g_{i-1} - g_{i-2})a_1 + \cdots + (g_{i-n} - g_{i-n-1})a_n]$$

$$= 0$$

故

$$A_C(z) = 1 + a_1^* z^{-1} + \cdots + a_{n+1}^* z^{-(n+1)}$$

其中，

$$\begin{bmatrix} 1 \\ a_1^* \\ \vdots \\ a_{n+1}^* \end{bmatrix} = \begin{bmatrix} 1 & \cdots & & \\ & & \mathbf{0} & \\ c_2 - 1 & \ddots & & \\ \vdots & \ddots & & 1 \\ c_{n+2} - c_{n+1} & \cdots & & c_2 - 1 \end{bmatrix} \begin{bmatrix} 1 \\ a_1 \\ \vdots \\ a_n \end{bmatrix} \tag{4-23}$$

此外，GPC 控制器的分子部分为

$$\boldsymbol{d}^{\mathrm{T}}\boldsymbol{M}A = (d_s + d_0)A$$

其中 $d_s \triangleq d_{N_1} + \cdots + d_{N_2}$，这样可得 GPC 控制器的表达式

$$G_C(z) = \frac{(d_s + d_0)A(z)}{A_C(z)} \tag{4-24}$$

根据式(4－17)，这时闭环传递函数为

$$F_0(z) = G_C(z)G_P(z) = \frac{(d_s + d_0)z^{-1}B(z)}{A_C(z)}$$

这表明 GPC 控制不能改变系统的零点，但可以改变系统的极点，这是通过控制器(4－24)消去原特征多项式 $A(z)$ 并通过式(4－23)设置新的特征多项式 $A_C(z)$ 实现的，我们把式(4－23)称为 GPC 系统开、闭环特征多项式系数变换关系[19]。

根据式(4－23)给出的系数变换关系，不难得到推论 4.1。

推论 4.1 对于 GPC 控制器(4－24)，其分母多项式系数满足

$$\begin{aligned} 1 + a_1^* + \cdots + a_{n+1}^* &= (d_s + d_0)(b_1 + \cdots + b_n) \\ &= (d_s + d_0)B(1) \end{aligned} \tag{4-25}$$

且当闭环系统稳定时，闭环稳态增益为 $F_0(1) = 1$。

［证明］ 在式(4－23)两边分别乘以 $n+2$ 维行向量 $[1 \ \cdots \ 1]$，可得

$$1 + a_1^* + \cdots + a_{n+1}^* = [c_{n+2} \ \cdots \ c_2] \begin{bmatrix} 1 \\ a_1 \\ \vdots \\ a_n \end{bmatrix}$$

$$= [d_{N_1} \cdots d_{N_2}] \begin{bmatrix} g_{N_1+n+1} & \cdots & g_{N_1+1} \\ \vdots & & \vdots \\ g_{N_2+n+1} & \cdots & g_{N_2+1} \end{bmatrix} \begin{bmatrix} 1 \\ a_1 \\ \vdots \\ a_n \end{bmatrix} + d_0 [g_{n+1} \cdots g_1] \begin{bmatrix} 1 \\ a_1 \\ \vdots \\ a_n \end{bmatrix}$$

把式(4－22)前 $n+i(i \geqslant 1)$ 个式子相加可得

$$g_{n+i} + g_{n+i-1}a_1 + \cdots + g_i a_n = b_1 + \cdots + b_n = B(1), \quad i \geqslant 1$$

由此立即得到式(4－25)，即 $A_C(1) = (d_s + d_0)B(1)$，将此代入前面的闭环传递函数表达式，即可知 $F_0(1) = 1$。证毕。

为了与 DMC 控制器进行比较，以下不考虑参考轨迹，这时 $\alpha = 0$，从而 $d_0 = 0$，GPC 控制器(4－24)具有形式

$$G_C(z) = \frac{d_s A(z)}{A_C(z)} \tag{4-26}$$

4.2.2 动态矩阵控制和广义预测控制控制律的一致性

4.2.1 节导出了 GPC 算法在 IMC 结构下的控制器(4－26)，它的表达式清晰地解释了 GPC 对于系统动态的补偿作用。早在 3.2 节，我们就已经推出了 DMC 算法在 IMC 结构下的控制器(3－10)。但由于采用了阶跃响应系数这类非最小化模型，DMC 控制器(3－10)显现出非常规的特征：它的阶次取决于模型长度，有很大的任意性，控制效果对阶次不敏感；它的表达式中只有极点而无零点(或者说零点均在原点)，不能解释 DMC 对于系统动态的补偿作用。但从原理上说，DMC 算法和 GPC 算法虽然采用了不同的模型，但 GPC 的滚动优化策略(2－20)与 DMC 的策略(2－3)是一致的，在不考虑参考轨迹时，理应取得一致的控制效果。因此，我们在本节中将探索 DMC 控制器(3－10)与 GPC 控制器(4－26)的关系。

设阶跃响应为 $\{a_i\}$ 的稳定对象的最小化模型为

$$G(z) = \frac{m(z)}{p(z)} = \frac{m_1 z^{-1} + m_2 z^{-2} + \cdots + m_n z^{-n}}{1 + p_1 z^{-1} + p_2 z^{-2} + \cdots + p_n z^{-n}} \tag{4-27}$$

为了简化讨论，这里假设 $p_n \neq 0, m_n \neq 0$，这时模型阶次即为 n。显然，模型(3－9)是上述模型在 $a_i \approx a_N, i \geqslant N$ 假设下的近似。注意模型参数 m_i、p_i 与阶跃响应参数 a_i 同样存在着引理 4.3 所给出的关系，只需把式(4－17)、式(4－22)中的符号 a_i、b_i 和 g_i 改为这里的 p_i、m_i 和 a_i 即可。

定理 4.4 在 GPC 算法不采用参考轨迹的情况下，IMC 结构中的 DMC 控制器(3－10)与 GPC 控制器(4－26)是一致的。

[证明] 根据式(3－2)和 3.2 节推导出的 DMC 控制器(3－10)，无模型失配

时 DMC 的闭环传递函数为

$$F_0(z) = G_C(z)G_M(z) = \frac{d_s m(z)}{p(z)b(z)}$$

其分母部分可写为

$$\begin{aligned} p(z)b(z) &= (1 + p_1 z^{-1} + p_2 z^{-2} + \cdots + p_n z^{-n}) \\ &\quad \times (1 + (b_2 - 1)z^{-1} + \cdots + (b_N - b_{N-1})z^{-(N-1)}) \\ &\triangleq 1 + p_1^* z^{-1} + \cdots + p_{N+n-1}^* z^{-(N+n-1)} \end{aligned}$$

其中

$$\begin{bmatrix} 1 \\ p_1^* \\ \vdots \\ p_{n+1}^* \\ p_{n+2}^* \\ \vdots \\ p_{N-1}^* \\ p_N^* \\ \vdots \\ p_{N+n-1}^* \end{bmatrix} = \begin{bmatrix} 1 & 0 & \cdots & 0 \\ b_2 - 1 & 1 & \cdots & 0 \\ \vdots & \vdots & & \vdots \\ b_{n+2} - b_{n+1} & b_{n+1} - b_n & \cdots & b_2 - 1 \\ b_{n+3} - b_{n+2} & b_{n+2} - b_{n+1} & \cdots & b_3 - b_2 \\ \vdots & \vdots & & \vdots \\ b_N - b_{N-1} & b_{N-1} - b_{N-2} & \cdots & b_{N-n} - b_{N-n-1} \\ 0 & b_N - b_{N-1} & \cdots & b_{N-n+1} - b_{N-n} \\ \vdots & \vdots & & \vdots \\ 0 & 0 & \cdots & b_N - b_{N-1} \end{bmatrix} \begin{bmatrix} 1 \\ p_1 \\ \vdots \\ p_n \end{bmatrix}$$

在 $a_i \approx a_N, i \geqslant N$ 的假设下，有 $b_{N+k} \approx d_s a_N,\ k = 0,1,\cdots$，故上式矩阵最后 n 行中的 0 均可用相应的 $b_{N+k+1} - b_{N+k}$ 近似替代，因此，从对应于 p_{n+2}^* 起的各行可近似表示为

$$p_i^* \approx [b_{i+1} - b_i \quad \cdots \quad b_{i-n+1} - b_{i-n}]\boldsymbol{p}, \quad i = n+2,\cdots,N+n-1$$

其中 $\boldsymbol{p} = [1 \quad p_1 \quad \cdots \quad p_n]^{\mathrm{T}}$。根据式(3－10)中给出的 b_i 表达式及引理 4.3 容易推出

$$p_i^* \approx \boldsymbol{d}^{\mathrm{T}} \begin{bmatrix} a_{i+1} - a_i & \cdots & a_{i-n+1} - a_{i-n} \\ \vdots & & \vdots \\ a_{i+P} - a_{i+P-1} & \cdots & a_{i+P-n} - a_{i+P-n-1} \end{bmatrix} \begin{bmatrix} 1 \\ p_1 \\ \vdots \\ p_n \end{bmatrix} = 0, \ i = n+2,\cdots,N+n-1$$

由此可得

$$F_0(z) \approx \frac{d_s m(z)}{p^*(z)} = \frac{d_s(m_1 z^{-1} + \cdots + m_n z^{-n})}{1 + p_1^* z^{-1} + \cdots + p_{n+1}^* z^{-(n+1)}} \qquad (4-28)$$

进而可导出控制器的表达式

$$G_C(z) = \frac{d_s p(z)}{p^*(z)} \tag{4-29}$$

其中

$$\begin{bmatrix} 1 \\ p_1^* \\ \vdots \\ p_{n+1}^* \end{bmatrix} = \begin{bmatrix} 1 & & \mathbf{0} \\ b_2 - 1 & \ddots & \\ \vdots & \ddots & 1 \\ b_{n+2} - b_{n+1} & \cdots & b_2 - 1 \end{bmatrix} \begin{bmatrix} 1 \\ p_1 \\ \vdots \\ p_n \end{bmatrix} \tag{4-30}$$

通过比较可知,DMC 控制器(4 - 29)与不采用参考轨迹的 GPC 控制器(4 -26)是完全一致的,并且系数变换关系(4 -30)与(4 -23)也完全一致。这表明在相同的控制策略下,DMC 算法和 GPC 算法具有相同的控制律。证毕。

注释 4.2 需要指出的是,我们推出了 DMC 在 IMC 结构下控制器的两种表达式(3 -10)和式(4 -29),前者是直接用阶跃响应这一非参数模型获得的,后者则用其最小化模型参数来表示,它并不是 DMC 算法的直接结果,但反映了蕴含在前一控制器中预测控制算法的控制机理,我们称式(4 -29)为 DMC 控制器的最小化形式[20]。相比于建立在阶跃响应近似模型基础上的控制器(3 - 10),这一最小化控制器的零极点分布能更深刻地反映 DMC 控制的补偿原理,也便于用它进行控制系统性能的分析。

例 4.1 对象的 Z 传递函数(4 -27)为

$$G(z) = \frac{z^{-1} + 0.835z^{-2}}{1 - 0.478z^{-1} + 0.599z^{-2}}$$

该对象有一对单位圆内的共轭极点 0.239 ±0.736j,一个单位圆内的零点 -0.835,见图 4 -1,其中极点用 × 表示,零点用○表示。

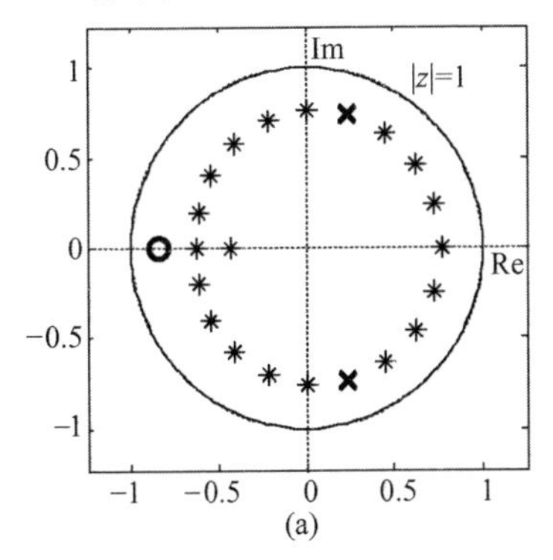

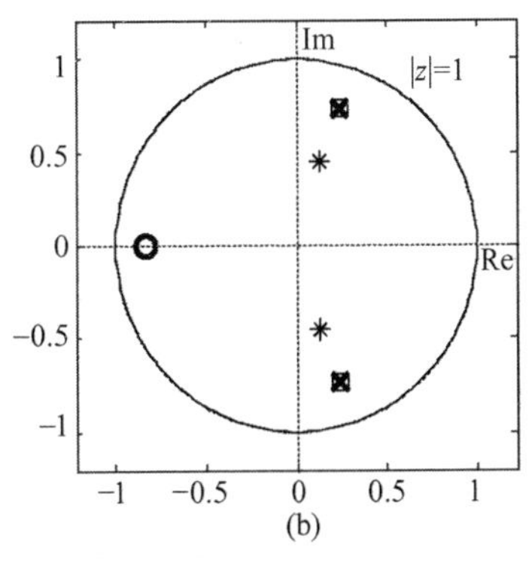

图 4 -1 动态矩阵控制器的补偿性质

(a) 非最小化控制器形式;(b) 最小化控制器形式。

采用 DMC 控制，取模型时域 $N=20$，可得到用脉冲响应系数近似表达的模型(3－9)为

$$G(z) = z^{-1} + 1.313z^{-2} + 0.029z^{-3} + \cdots - 0.008z^{-20}$$

进而可得到对象的阶跃响应参数，取 DMC 设计参数为 $P=2, M=1, \boldsymbol{Q}=\boldsymbol{I}, r=0$，则可得到 DMC 的控制参数为

$$\boldsymbol{d}^{\mathrm{T}} = [0.1575 \quad 0.3643]$$

由此可求出 DMC 控制器(3－10)为

$$G_C(z) = \frac{d_s}{b(z)} = \frac{0.5217}{1 + 0.2172z^{-1} - 0.277z^{-2} + \cdots - 0.0013z^{-19}}$$

该控制器有 19 个极点在单位圆内(用＊表示)，除了一个单落在实轴上外，其余的与对象极点一起均匀分布在围绕 Z 平面原点的一条封闭曲线上，见图 4－1(a)。如果将 DMC 控制器用最小化形式(4－29)表示为

$$G_C(z) = \frac{d_s p(z)}{p^*(z)} = \frac{0.5217(1 - 0.478z^{-1} + 0.599z^{-2})}{1 - 0.2608z^{-1} + 0.2182z^{-2}}$$

则它的两个零点(用□表示)对消了对象的两个极点，而其新配置的一对共轭极点(用＊表示)$0.1304 \pm 0.4485\mathrm{j}$ 就是闭环系统的极点，见图 4－1(b)。

根据对象和 DMC 原始控制器的零极点分布图 4－1(a)，很难用常规的控制理论理解和判断被控系统的动态特性。但若按 DMC 控制器的最小化形式来理解，则可知图 4－1(a)的控制实际上蕴含着图 4－1(b)的控制机理，由于以控制器的最小化形式(4－29)取代了其实际形式(3－10)，控制器的零点正好对消了对象极点，而其极点则成为被控系统的极点，控制器的补偿作用在图 4－1(b)中变得一目了然。

DMC 算法的这种非传统补偿性质，在分析被控系统的动态特性时，导致了以下非常规的结论。

① 尽管模型时域 N 的选取直接影响到控制器(3－10)的阶次，因而影响到被控系统(3－2)和图 4－1(a)中极点的数目和分布，但只要 N 取得足够大，它的大小几乎不改变被控系统的动态。一般情况下，DMC 被控系统是 $n+1$ 阶的，这并不取决于控制器的阶次，并且其动态特性只取决于对象特性和控制策略，与模型时域 N 几乎无关。

② 虽然在 DMC 算法中被控系统的极点是对象极点与非最小化控制器极点的总和，但由于控制器的非最小化性质，这些极点对系统动态的影响不能用传统的观念去理解。例如被控系统的动态收敛速度不能用图 4－1(a)中各极点与原点间的最大距离来度量，特别在 N 较大时，控制器(3－10)的极点可能会充分接近单位

圆,但实际上被控系统却可能有充分快的动态响应。

根据定理4.4,可统一地对 DMC 和 GPC 这两种主流预测控制算法进行系统性能分析。在无模型失配和无扰动的前提下,经预测控制后的闭环系统可统一地由式(4-28)描述,而闭环系统的稳定性将统一地通过开、闭环特征多项式系数变换关系(4-30)来研究。在4.3节,我们将以 DMC 算法为主,在 Z 域中基于这一系数变换关系对预测控制系统的性能进行定量分析,同时也给出 GPC 算法的相应结论。

4.3 基于系数变换的预测控制系统性能分析

n 阶对象(4-27)经 DMC 控制后的闭环系统可由式(4-28)描述,由特征多项式系数变换关系(4-30)可知,闭环系统一般是 $n+1$ 阶的,其特征多项式系数为

$$p_i^* = [\overbrace{b_{i+1}-b_i \quad \cdots \quad b_2-1}^{i}\ \overbrace{1 \quad 0 \quad \cdots \quad 0}^{n+1-i}]\boldsymbol{p},\ i=1,\cdots,n+1 \quad (4-31)$$

其中 $\boldsymbol{p}=[1\ p_1 \cdots p_n]^{\mathrm{T}}$。如果只是依靠式(4-31)算出 p_i^*,再来分析闭环系统的性能,是一种后验的方法,并不能提供设计参数与系统性能的解析关系。因此,这里首先考虑设计参数如何选择可以使某些 $p_i^*=0$。注意到在4.2.2节推导 DMC 控制器最小化形式时,利用引理4.3(即式(4-22)),对于 $i=n+2,\cdots,N+n-1$,得到

$$\begin{aligned} p_i^* &\approx [b_{i+1}-b_i \quad \cdots \quad b_{i-n+1}-b_{i-n}]\boldsymbol{p} \\ &= \boldsymbol{d}^{\mathrm{T}}\begin{bmatrix} a_{i+1}-a_i & \cdots & a_{i-n+1}-a_{i-n} \\ \vdots & & \vdots \\ a_{i+P}-a_{i+P-1} & \cdots & a_{i+P-n}-a_{i+P-n-1} \end{bmatrix}\begin{bmatrix} 1 \\ p_1 \\ \vdots \\ p_n \end{bmatrix} = 0 \end{aligned}$$

而对于 $i=1,\cdots,n+1$,p_i^* 的表达式(4-31)中出现了0和1,使它们不能按同样的方法相消为0。为了解决这一问题,首先给出 DMC 算法中参数的一个重要关系。

引理4.4 在 DMC 算法中,若取 $\boldsymbol{R}=\boldsymbol{0}$,则有

$$\begin{cases} b_1 \triangleq d_1a_1+d_2a_2+\cdots+d_Pa_P=1 \\ b_0 \triangleq d_2a_1+\cdots+d_Pa_{P-1}=0 \\ \qquad\vdots \\ b_{-(M-2)} \triangleq d_Ma_1+\cdots+d_Pa_{P-M+1}=0 \end{cases} \quad (4-32)$$

在 $\boldsymbol{R}=\boldsymbol{0}$ 时,式(4-32)由

$$\boldsymbol{d}^{\mathrm{T}}\boldsymbol{A}=[1 \quad 0 \quad \cdots \quad 0](\boldsymbol{A}^{\mathrm{T}}\boldsymbol{QA}+\boldsymbol{R})^{-1}\boldsymbol{A}^{\mathrm{T}}\boldsymbol{QA}=[1 \quad 0 \quad \cdots \quad 0]$$

即可得到。注意在式(4－32)中共有 M 个等式，其中 $M-1$ 个式子等于0。

根据式(4－32)，当 $\boldsymbol{R}=\boldsymbol{0}$ 时，如果 $n-i+1\leqslant M-1$，则可将 p_i^* 表达式(4－31)中的1和0全部用式(4－32)中相应的 b_j 取代，展开后利用式(4－22)可得

$$p_i^* = [b_{i+1}-b_i \quad \cdots \quad b_2-b_1 \quad b_1-b_0 \quad \cdots \quad b_{-(n-i)+1}-b_{-(n-i)}]\boldsymbol{p}$$

$$= \boldsymbol{d}^{\mathrm{T}}\begin{bmatrix} a_{i+1}-a_i & \cdots & a_1 & 0 & \cdots & 0 \\ \vdots & & & \ddots & \ddots & \vdots \\ a_n-a_{n-1} & & \cdots & & a_1 & 0 \\ a_{n+1}-a_n & & \cdots & & \cdots & a_1 \\ \vdots & & & & & \vdots \\ a_{i+P}-a_{i+P-1} & & \cdots & & & a_{i+P-n}-a_{i+P-n-1} \end{bmatrix}\begin{bmatrix} 1 \\ p_1 \\ \vdots \\ p_n \end{bmatrix}$$

$$= [d_1 \cdots d_P]\begin{bmatrix} m_{i+1} \\ \vdots \\ m_n \\ \boldsymbol{0} \end{bmatrix} = d_1 m_{i+1} + \cdots + d_{n-i} m_n, \quad i \geqslant n-M+2 \qquad (4-33)$$

若再取 $q_1=\cdots=q_{n-i}=0$，则 $d_1=\cdots=d_{n-i}=0$，可得 $p_i^*=0$。

根据上面的分析，可得到引理4.5。

引理4.5 在DMC算法中，若取 $\boldsymbol{R}=\boldsymbol{0}$，$q_1=\cdots=q_{n-i}=0$，$M\geqslant n-i+2$，则有 $p_i^*=0$。

推论4.2 在DMC算法中，若取 $\boldsymbol{R}=\boldsymbol{0}$，则

① $p_{n+1}^*=0$；

② $M\geqslant 2$ 时，$p_n^*=0$；

③ $M\geqslant n+1$，$q_1=\cdots=q_{v-1}=0$，$v\geqslant n$ 时，全部 $p_i^*=0$，$i=1,\cdots,n+1$。

上述推论似乎给出了DMC闭环控制系统为无差拍控制（即分母多项式为1）的条件，但我们注意到，在 $\boldsymbol{R}=\boldsymbol{0}$ 时，用式(2－8)求解控制向量 $\boldsymbol{d}^{\mathrm{T}}$ 时矩阵 $\boldsymbol{A}^{\mathrm{T}}\boldsymbol{Q}\boldsymbol{A}$ 可能不可逆，因此下面还需讨论DMC控制律的可解性问题。

为了讨论的方便，首先记

$$\boldsymbol{Q} = \text{block}-\text{diag}(\boldsymbol{Q}_1,\boldsymbol{Q}_2),\ \boldsymbol{Q}_1 = \boldsymbol{0}_{(v-1)\times(v-1)},\quad \boldsymbol{Q}_2 = \text{diag}(q_v,\cdots,q_P) > \boldsymbol{0}$$

$$\boldsymbol{A} = \begin{bmatrix} \boldsymbol{A}_1 \\ \boldsymbol{A}_2 \end{bmatrix},\ \boldsymbol{A}_1:(v-1)\times M,\ \boldsymbol{A}_2:(P-v+1)\times M$$

此处

$$A_2=\begin{bmatrix} a_v & \cdots & a_1 & & \\ & & & \mathbf{0} & \\ & & \ddots & & \\ \vdots & & & & a_1 \\ & & & & \vdots \\ a_P & & \cdots & & a_{P-M+1} \end{bmatrix} \tag{4-34}$$

在 $\boldsymbol{R}=\mathbf{0}$ 时，根据式(2-8)，可得

$$\boldsymbol{d}^{\mathrm{T}}=\boldsymbol{c}^{\mathrm{T}}(\boldsymbol{A}^{\mathrm{T}}\boldsymbol{Q}\boldsymbol{A}+\boldsymbol{R})^{-1}\boldsymbol{A}^{\mathrm{T}}\boldsymbol{Q}=\boldsymbol{c}^{\mathrm{T}}(\boldsymbol{A}_2^{\mathrm{T}}\boldsymbol{Q}_2\boldsymbol{A}_2)^{-1}[\mathbf{0}\quad \boldsymbol{A}_2^{\mathrm{T}}\boldsymbol{Q}_2]$$

显然 $\boldsymbol{d}^{\mathrm{T}}$ 可解的条件是矩阵 $\boldsymbol{A}_2$ 列满秩。

引理 4.6 式(4-34)给出的矩阵 $\boldsymbol{A}_2$ 在满足下述条件之一时为列满秩的：

① $P-v+1\geqslant M, M\leqslant n+1$；

② $P-v+1\geqslant M, M\geqslant n+2, v\leqslant n$，

此时 DMC 控制律可解。

[证明] 首先注意到矩阵 $\boldsymbol{A}_2$ 是 $(P-v+1)\times M$ 维的，故其列满秩的必要条件为 $P-v+1\geqslant M$，在此条件下讨论以下情况。

① 若 $M\leqslant n+1$，由线性系统理论可知 $\boldsymbol{A}_2$ 必列满秩。

② 若 $M\geqslant n+2$，如果 $v\geqslant n+1$，则由式(4-22)可得

$$\begin{bmatrix} a_v & \cdots & a_1 & & \\ & & & \mathbf{0} & \\ \vdots & & \ddots & & \\ a_M & & \cdots & & a_1 \\ \vdots & & & & \vdots \\ a_P & & \cdots & & a_{P-M+1} \end{bmatrix}\begin{bmatrix} 1 \\ p_1-1 \\ \vdots \\ -p_n \\ \mathbf{0} \end{bmatrix}=\begin{bmatrix} 0 \\ \vdots \\ \vdots \\ \vdots \\ 0 \end{bmatrix}$$

$\boldsymbol{A}_2$ 的列向量线性相关，不是列满秩的。

如果 $v\leqslant n$，则从 $\boldsymbol{A}_2$ 的第1列起利用关系式(4-22)作列变换，即将其第2列乘以 (p_1-1)，第3列乘以 $(p_2-p_1)\cdots$，全部加到第1列，再从第2列开始重复这一变换，可以得到

$$A_2=\begin{bmatrix} a_v & \cdots & a_1 & & \\ & & & \mathbf{0} & \\ \vdots & & \ddots & & \\ a_M & & & & a_1 \\ \vdots & & & & \vdots \\ a_P & & \cdots & & a_{P-M+1} \end{bmatrix}\rightarrow\begin{bmatrix} m_v & a_{v-1} & \cdots & * \\ \vdots & \vdots & & \\ m_n & a_{n-1} & \cdots & \\ 0 & \vdots & & \\ \vdots & a_{M-1} & \cdots & a_1 \\ & \vdots & & \vdots \\ 0 & a_{P-1} & \cdots & a_{P-M+1} \end{bmatrix}$$

$$\rightarrow \cdots \rightarrow \begin{bmatrix} m_v & \cdots & m_{v-M+n+1} & & & \\ \vdots & & & & * & \\ m_n & & & & & \\ & \vdots & & & & \\ & & m_n & & & \\ & & 0 & a_n & \cdots & a_1 \\ & \mathbf{0} & \vdots & \vdots & & \vdots \\ & & 0 & a_{P-M+n} & \cdots & a_{P-M+1} \end{bmatrix}$$

由于其右下方由 a_i 组成的矩阵列满秩，$m_n \neq 0$，故 $\boldsymbol{A}_2$ 列满秩。证毕。

综合推论 4.2 中的③和引理 4.6，可以得到定理 4.5。

定理 4.5 对于 n 阶对象(4-27)，在 DMC 算法中取 $\boldsymbol{R}=\boldsymbol{0}$，$q_1=\cdots=q_{v-1}=0$，如果满足下列条件之一：

① $M=n+1$，$v\geqslant n$，$P\geqslant v+n$；

② $M\geqslant n+1$，$v=n$，$P\geqslant M+n-1$，

则控制器 $G_C(z)$ 是无差拍控制器，系统的闭环传递函数为

$$F_0(z) = d_s m(z) = m(z)/m(1)$$

［证明］ 把推论 4.2 中的③和引理 4.6 的条件①结合立即可得上面的①，与引理 4.6 的条件②结合可得上面的②，虽然直接得到的条件是 $M\geqslant n+2$，但因 $M=n+1$ 的情况已包括在条件①中，故可写成上面②的形式。

注意到在无差拍情况下，所有 $p_i^*=0$，$i=1,\cdots,n+1$，故由推论 4.1，$d_s=1/m(1)$，由此即可得定理结论。证毕。

注释 4.3 对于 GPC 算法，相应于定理 4.5 的表述如下[19]。

对于 n 阶对象(4-27)，在 GPC 算法中取 $\lambda=0$，如果满足下列条件之一：

① $NU=n+1$，$N_1\geqslant n$，$N_2\geqslant N_1+n$；

② $NU\geqslant n+1$，$N_1=n$，$N_2\geqslant NU+n-1$，

则控制器 $G_C(z)$ 是无差拍控制器，系统的闭环传递函数为

$$F_0(z) = d_s m(z) = m(z)/m(1)$$

注释 4.4 注意到本节讨论的对象(4-27)相当于定理 4.3 中假设 $n=n_b+1$，故这里给出的 GPC 系统无差拍条件与定理 4.3 中给出的条件(4-16)完全一致。与定理 4.3 相比，定理 4.5 不但给出了使预测控制系统无差拍的参数条件，而且给出了闭环系统的具体响应。

综合引理 4.5 和引理 4.6，进一步还可得到闭环系统阶次与设计参数的关系。

定理 4.6 对于 n 阶对象(4-27)，在 DMC 算法中取 $\boldsymbol{R}=\boldsymbol{0}$，$q_1=\cdots=q_{v-1}=0$，$P-v+1\geqslant M$，则闭环系统的阶次为

$$n_c = \begin{cases} n - M + 1, & 1 \leqslant M \leqslant n, \quad v \geqslant M - 1 \\ n - v, & 1 \leqslant v \leqslant n - 1, \quad M \geqslant v + 1 \\ 0, & M = n + 1, v \geqslant n \text{ 或 } M \geqslant n + 1, v = n \end{cases}$$

且闭环传递函数为

$$F_0(z) = \frac{d_s m(z)}{p^*(z)} = \frac{d_s(m_1 z^{-1} + \cdots + m_n z^{-n})}{1 + p_1^* z^{-1} + \cdots + p_{n_c}^* z^{-n_c}}$$

其中 $p^*(z)$ 的系数 $p_i^*, i=1,\cdots,n_c$ 可由式(4-30)计算。

[证明] 首先注意到在给定条件下,DMC 控制律都是可解的,且当 $\boldsymbol{R}=\boldsymbol{0}$ 时,$p_{n+1}^*=0$。

① 当 $1 \leqslant M \leqslant n, v \geqslant M-1$ 时,对于一切 $n-M+2 \leqslant i \leqslant n$,均有 $M \geqslant n-i+2$,$v-1 \geqslant M-2 \geqslant n-i$,故由引理4.5,$p_i^*=0$, $n-M+2 \leqslant i \leqslant n$,从而可得 $n_c=n-M+1$。

② 当 $1 \leqslant v \leqslant n-1, M \geqslant v+1$ 时,对于一切 $n-v+1 \leqslant i \leqslant n$,均有 $v-1 \geqslant n-i$,$M \geqslant v+1 \geqslant n-i+2$,故由引理4.5,$p_i^*=0$, $n-v+1 \leqslant i \leqslant n$,从而可得 $n_c=n-v$。

③ 当 $M=n+1, v \geqslant n$ 或 $M \geqslant n+1, v=n$ 时,就是定理4.4的无差拍情况,$n_c=0$。

上述①和②中特征多项式的剩余系数可由式(4-30)给出。证毕。

注释4.5 上述定理中所讲的"降阶",是指在闭环特征多项式 $p^*(z)$ 中 z^{-1} 的最高阶次由 $n+1$ 降为 n_c,如果把传递函数写成常规的以 z 的多项式表达的形式,则其特征多项式的阶次始终为 $n+1$,所谓"降阶",是指该特征多项式从常数项算起后面 $n+1-n_c$ 项的系数变为零,也就是闭环系统有 $n+1-n_c$ 个极点置于原点 $z=0$,至于其余 n_c 个极点,则由特征多项式 $p^*(z)$ 的根得到。因此,定理4.6只给出了系统在DMC控制下的闭环响应,并未涉及到闭环系统的稳定性。除了在无差拍情况下(即 $n_c=0$)闭环系统的所有极点都置于原点 $z=0$,闭环系统稳定性可得到保证外,在其余"降阶"情况下的闭环稳定性将取决于 $p^*(z)$ 的根是否全部在单位圆内。

注释4.6 对于GPC算法,相应于定理4.6的表述如下[19]。

对于 n 阶对象(4-27),在GPC算法中取 $\lambda=0, N_2-N_1+1 \geqslant NU$,则闭环系统的阶次为

$$n_c = \begin{cases} n - NU + 1, & 1 \leqslant NU \leqslant n, \quad N_1 \geqslant NU - 1 \\ n - N_1, & 1 \leqslant N_1 \leqslant n - 1, \quad NU \geqslant N_1 + 1 \\ 0, & NU = n + 1, N_1 \geqslant n \text{ 或 } NU \geqslant n + 1, N_1 = n \end{cases}$$

且闭环传递函数为

$$F_0(z)=\frac{d_s m(z)}{p^*(z)}=\frac{d_s(m_1 z^{-1}+\cdots+m_n z^{-n})}{1+p_1^* z^{-1}+\cdots+p_{n_c}^* z^{-n_c}}$$

其中 $p^*(z)$ 的系数 $p_i^*, i=1,\cdots,n_c$ 可由式(4-30)计算。

例 4.2 考虑四阶对象

$$G(s)=\frac{8611.77}{((s+0.55)^2+6^2)((s+0.25)^2+15.4^2)}$$

取采样周期为 $T_0=0.2\text{s}$，经采样保持的离散化模型为

$$G(z)=\frac{0.3728z^{-1}+1.9069z^{-2}+1.7991z^{-3}+0.3080z^{-4}}{1+1.2496z^{-1}+0.4746z^{-2}+0.9364z^{-3}+0.7261z^{-4}}$$

现采用 GPC 控制。因为 $n=4$，取 $\lambda=0, N_2=9$，则根据注释 4.6，对于不同的 N_1、NU，可得到相应不同阶次的闭环特征多项式 $p^*(z)$。

$$N_1=2,\ NU=4,\ p^*(z)=1+1.0879z^{-1}+0.1245z^{-2}$$

$$N_1=3,\ NU=4,\ p^*(z)=1+0.9655z^{-1}$$

$$N_1=3,\ NU=6,\ p^*(z)=1+1.085z^{-1}$$

$$N_1=4,\ NU=5,\ p^*(z)=1$$

图 4-2 给出了这 4 种情况的仿真结果。特别在 $N_1=4, NU=5$ 的情况下，根据注释 4.3，$G_C(z)$ 是无差拍控制器，闭环系统的传递函数为

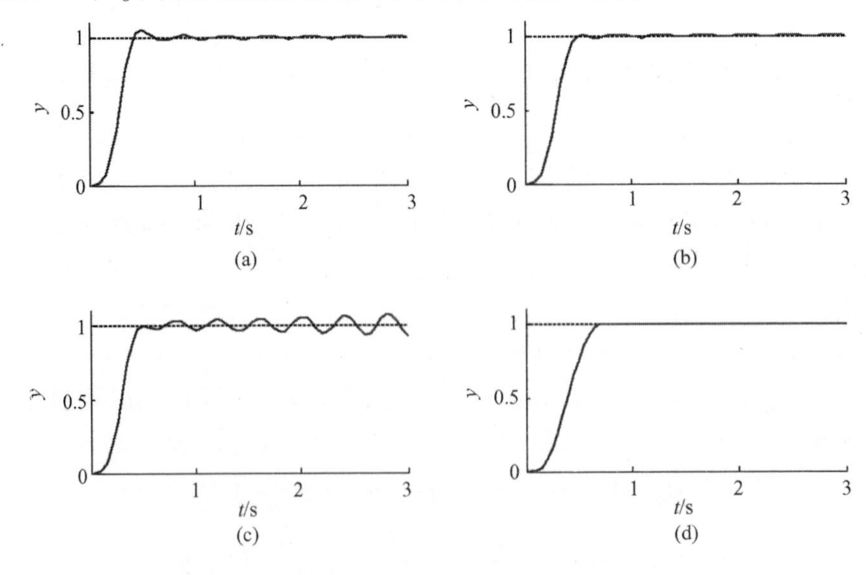

图 4-2 例 4.2 系统取不同参数时的仿真结果

(a) $N_1=2, NU=4$；(b) $N_1=3, NU=4$；(c) $N_1=3, NU=6$；(d) $N_1=4, NU=5$。

$$F_0(z)=d_s m(z)=m(z)/m(1)=0.0850z^{-1}+0.4347z^{-2}+0.4101z^{-3}+0.0702z^{-4}$$

因此，系统输出在前3个采样时刻的值应为0.085、0.5197、0.9298，并在第4个采样时刻即 $t=0.8\text{s}$ 时，到达稳态1，然后保持不变。图中的仿真结果与这一理论分析结论完全一致。此外，在 $N_1=3, NU=6$ 时，闭环特征多项式是一阶的，但其根 $z=-1.085$ 在单位圆外，故如注释4.5指出的，图中的闭环响应是不稳定的。

定理4.6和注释4.6给出了当 $\boldsymbol{R}=\boldsymbol{0}$ 时所有各种可能的 $v(N_1)$、$M(NU)$ 选取情况下的闭环系统阶数，它可以用图4-3形象地加以说明。

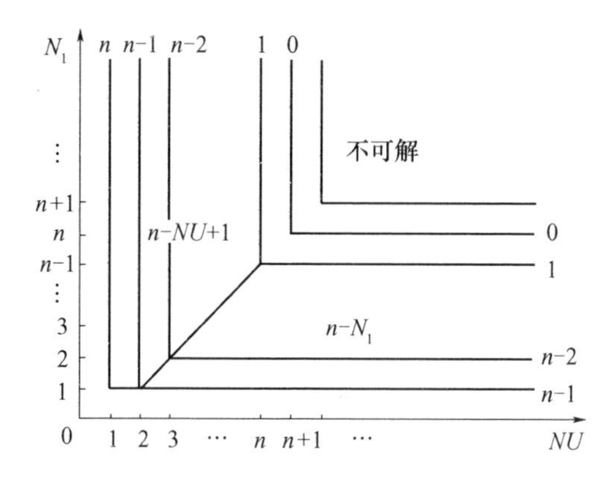

图4-3 GPC闭环系统阶数与 N_1、NU 的关系[19]

定理4.5给出的无差拍情况相当于在 $r=0$ 时闭环特征多项式的根都在原点 $z=0$，如果取 $\boldsymbol{R}=r\boldsymbol{I}$，由于这些特征根都随 r 的变化连续变化，故可得到如下的稳定性定理。

定理4.7 对于 n 阶对象(4-27)，在DMC算法中取 $\boldsymbol{R}=r\boldsymbol{I}, q_1=\cdots=q_{v-1}=0$，$P-v+1\geqslant M$，如果满足下列条件之一：

① $M=n+1, v\geqslant n$；

② $M\geqslant n+1, v=n$，

则必存在一个常数 $r_0>0$，使得闭环系统在 $0\leqslant r\leqslant r_0$ 时是稳定的。

注释4.7 对于GPC算法，相应于定理4.7的表述如下。

对于 n 阶对象(4-27)，在GPC算法中取 $N_2-N_1+1\geqslant NU$，如果满足下列条件之一：

① $NU=n+1, N_1\geqslant n$；

② $NU\geqslant n+1, N_1=n$，

则必存在一个常数 $\lambda_0>0$，使得闭环系统在 $0\leqslant\lambda\leqslant\lambda_0$ 时是稳定的。

注释 4.8 注意到本节讨论的对象(4－27)相当于定理 4.2 中假设 $n=n_b+1$，把上面给出的 GPC 系统闭环稳定条件与定理 4.2 中给出的条件(4－15)相比，其参数选择范围有所减少，其原因在于这里的条件还适合于 $\lambda=0$ 的情况，因此还同时考虑了 GPC 控制律的可解性，而定理 4.2 只适用于 $0<\lambda<\lambda_0$ 的情况，其中 λ_0 是一个充分小的正数，由于 λ 的存在，GPC 控制律总是可解的。可以看出，如果不考虑控制律的可解性，推论 4.2 中条件③对应的 GPC 参数条件就是式(4－15)中的 $N_1\geqslant n_b+1$，$NU\geqslant n+1$。

以上这些定理比 3.3.1 节给出的定理更深入地刻画了 DMC 闭环系统的性能，它们适用于一般的对象，设计参数的选择不限于极限情况，不但给出了闭环系统的稳定性结果，而且对闭环系统的动态性能也给出了定量的描绘。由此可见，特征多项式系数变换关系在预测控制系统的闭环分析中有着重要的作用。

需要指出的是，为了突出研究思路和简化推导公式，本节中假设了对象模型(4－27)的分母多项式和分子多项式有相同的阶次 n。对于两者阶次可能不同的更一般的情况，完全可以用同样的方法推出类似的结论，详细可见文献[21]。

4.4 小结

本章分别在时域和 Z 域中研究了预测控制设计参数与闭环性能的定量关系。在时域内，首先把 GPC 控制律转化为状态空间中的 LQ 控制律，通过研究在什么条件下 GPC 控制律等价于稳定的 Kleinman 控制器，导出了 GPC 系统闭环稳定的设计参数条件。在 Z 域内，首先推导了在 IMC 结构下 GPC 控制器的表达式和 DMC 控制器的最小化表达式，证明了它们的一致性，得到了它们共同具有的开、闭环特征多项式系数变换关系，然后利用这一关系，导出了 DMC 和 GPC 闭环系统无差拍或稳定的设计参数条件，给出了这些算法闭环降阶与设计参数的定量关系。

在状态空间中对 GPC 系统基于 Kleinman 控制器的性能分析，得到了只依赖于系统阶数，而与具体参数无关的结论。而 Z 域中基于对特征多项式系数变换的分析，不仅可以同样给出系统是否稳定、是否无差拍的定性结论，还能给出闭环系统降阶的结论，而且结合了系统具体参数，能得到闭环系统动态响应的具体表达式，因而对预测控制闭环系统性能的分析提供了更丰富的信息。

第5章

预测控制系统的参数整定与设计

预测控制系统的性能主要取决于其在线优化的性能指标,该性能指标中有多个可自由选择的参数,对于同一被控对象,若在 DMC 的性能指标(2-3)或 GPC 的性能指标(2-20)中取不同的时域参数或权系数,就可导致完全不同的控制效果。设计参数的多样性固然增加了设计的自由度,但同时又要求设计者具体了解不同设计参数的作用并对整个设计整定过程有较丰富的经验。为了减少设计的盲目性,本章将以前面介绍的单变量无约束 DMC 算法为例,讨论其参数整定和设计方法。这些结果对单变量 GPC 算法同样有效,并且对多变量或有约束时的预测控制算法的参数设计也有一定的参考意义。

在 DMC 算法中,设计参数主要是指在建模、优化和校正策略中所要确定的参数,包括建模时域 N,优化性能指标(2-3)中的优化时域 P、控制时域 M、误差权矩阵 $\boldsymbol{Q}$ 和控制权矩阵 $\boldsymbol{R}$ 以及反馈校正式(2-12)中的校正向量 $\boldsymbol{h}$,它们都有明确的物理意义。其中,优化性能指标中的 P、M、$\boldsymbol{Q}$ 和 $\boldsymbol{R}$ 对闭环系统的稳定性和动态特性有关键影响,而校正向量 $\boldsymbol{h}$ 主要影响系统的鲁棒性和抗干扰性。确定这些参数使闭环系统满足设计要求,是 DMC 系统设计的基本任务。

为了得到系统设计的参考信息,有必要分析这些设计参数对系统性能的影响关系。然而,由 2.1 节可知,对于无约束 DMC 算法,与优化相关的设计参数 P、M、$\boldsymbol{Q}$ 和 $\boldsymbol{R}$ 都已融入到控制参数 d_i 中,在线计算只涉及模型参数 a_i、控制参数 d_i 和校正参数 h_i。第 3 章中导出的 DMC 在 IMC 结构中的传递函数也都是这 3 组参数的表达式,其中控制器与 a_i、d_i 有关,滤波器与 h_i、d_i 有关,并且表达式相当复杂。这就使分析原始设计参数对闭环系统性能的影响缺乏直接的关系而具有很大难度。

为了解决这一问题，3.3 节和 3.4 节已在 IMC 结构下对 DMC 控制器和滤波器进行了研究，得到了设计参数影响闭环稳定性、鲁棒性和抗干扰性的若干结论，4.3 节又进一步基于开、闭环特征多项式系数变换得到了设计参数与闭环稳定性和动态特性的一些定量关系，这些都为 DMC 系统的设计提供了理论指导。据此，本章将通过两种途径讨论 DMC 系统的设计问题，一是针对一般系统，在结合仿真对设计参数进行调试时，利用所得到的设计参数影响系统性能的趋势性结论，给出整定设计参数的一般规则，二是针对具有典型意义的几类特殊系统，利用预测控制系统开、闭环特征多项式系数变换关系，导出设计参数与系统性能的直接定量关系，作为解析设计的参考。

5.1 动态矩阵控制基于趋势性分析的参数整定

DMC 以对象单位阶跃响应的采样值$\{a_i\}$作为算法的出发点，它与对象自身的动态特性和采样周期有关。采样周期 T 的选择应遵循一般采样控制的原则，除了满足香农(Shannon)采样定理外，还需考虑过程的物理特征和动态特性，这可参考过程控制的诸多论著，这里不再详述。在采样周期 T 确定后，阶跃响应值$\{a_i\}$也可随之确定。下面我们借助于 3.3 节和 3.4 节中得到的结论，讨论 DMC 各设计参数的选择或整定原则。

1. 建模时域 N

由于 DMC 采用了非参数模型，为使模型准确地反映对象的动态特性，通常要求建模时域 N 取得足够大以使 a_N 近似等于阶跃响应的稳态值 a_∞，这样，阶跃响应这一无穷维模型就可在 N 处截断而不造成大的误差。在采样周期 T 已确定的情况下，若对象的动态响应收敛缓慢，N 的维数可能很高，这不仅增加了在线计算量，而且因其信息的冗余显得很不合理。这时可根据对象的动态特性采用不同的方法提前截断阶跃响应，减小建模时域 N。

若对象有一时间常数较大的主特征值，其阶跃响应经过一段复杂动态变化后必定呈现缓慢的指数上升形式。这时，建模时域 N 不必延伸到接近阶跃响应的稳态值，而只需覆盖其复杂动态变化部分后即可截断。对于因提前截断而引起的信息缺失并进一步造成式(2-14)中末位平移的误差，可将原最后一项的平移公式

$$\tilde{y}_0(k+1+N|k+1)=\tilde{y}_{\mathrm{cor}}(k+N|k+1)$$

修改为指数式递推公式

$$\tilde{y}_0(k+1+N|k+1)=(1+\sigma)\tilde{y}_{\mathrm{cor}}(k+N|k+1)-\sigma\tilde{y}_{\mathrm{cor}}(k+N-1|k+1)$$

这相当于把式(2-14)中的 $\boldsymbol{S}$ 修改为

$$S = \begin{bmatrix} 0 & 1 & & 0 \\ \vdots & \ddots & \ddots & \\ & & 0 & 1 \\ 0 & \cdots & -\sigma & 1+\sigma \end{bmatrix}$$

其中:$\sigma = \exp(-T/T_0)$,T、T_0 分别是采样周期和对象主特征运动的时间常数。在不能精确估计 T_0 的情况下,可取 σ 为 0.9 ~ 1 予以近似。这一公式的含义是把模型截断后的指数上升信息都集中在参数 σ 中反映出来。而我们所用的预测模型,实际上是直接取阶跃响应模型前 $N-1$ 个数据和最后一步的参数化模型的组合。

若对象有一对时间常数较大的主共轭复极点,则其阶跃响应将较长时间地在其稳态值周围振荡。这时,模型也可较早地截断,但 N 的选择要使 a_N 的值近似为阶跃响应的稳态值。

采取了上述策略后,就可把模型时域维持在 20 ~ 50 的数量级。这时,虽然模型被过早截断会引起误差,但由于在截断的同时考虑了其后阶跃响应的总趋势,由此引起的预测误差能够得到有效的补偿。

2. 优化时域 P 和误差权矩阵 Q

优化时域 P 和误差权矩阵 $\boldsymbol{Q}$ 对应着优化性能指标(2-3)中的

$$\sum_{i=1}^{P} q_i[(w(k+i) - \tilde{y}_M(k+i|k)]^2$$

它们的物理意义是显而易见的。P 表示要对 k 时刻起未来多少步内的输出值与期望值的误差最小化,而 q_i 作为权系数则反映了对不同时刻误差的重视程度。

为了使动态优化真正有意义,首先要求优化的范围应该是对象的真实动态部分。因此,优化时域 P 必须超过对象阶跃响应的时滞部分或由非最小相位特性引起的反向部分,并覆盖对象动态响应的主要部分。此外,由于时滞和非最小相位特性是不可改变的动态,在这一阶段不可能指望对象输出跟踪期望值,所以对应于时滞或反向特性部分的权系数 q_i 可取为 0,这与定理 3.3 给出的分析是一致的。为了使控制系统稳定,必须选择 P 和 q_i 满足条件(3-16),即

$$\left(\sum_{i=1}^{P} a_i q_i\right) a_N > 0$$

这是 DMC 控制器稳定的必要条件。它表示优化时域的选取必须使阶跃响应在优化时域的加权重心与其稳态值同号,这样在控制方向上是正确的,才有可能得到稳定的控制。

优化时域 P 的大小对控制的稳定性和快速性有较大的影响,这里可考虑两种极端情况。一种情况是 P 足够小,例如只取 1,这时如不考虑控制加权,优化问题退化为选择 $\Delta u(k)$ 使 $y(k+1) = w(k+1)$ 的控制问题,这就是 3.3.2 节讨论的一步

预测优化策略，它可使系统输出在各采样点紧密跟踪期望值，实现一步滞后的逆控制。但这种快速的一步优化控制也有很大的局限性：一是在采样点之间可能有纹波；二是对模型失配及干扰的鲁棒性很差；三是不适用于时滞或非最小相位对象，在非最小相位时会导致不稳定的控制。另一种极端情况是在保持有限控制时域 M 时把 P 取得充分大，如定理3.2描述的情况，这时形为动态的控制实际上接近于稳态控制，很容易导出稳定的控制律，但系统的动态响应将接近于对象的自然响应，在快速性方面不会有明显的改善。实际在选择 P 时，需要在稳定性（鲁棒性）和动态快速性之间进行权衡，上述两种极端情况所给出的结论提供了整定 P 的趋势。虽然不能证明这些性能是随着 P 的变化单调改变的，但至少可以证明工业中大量出现的纯滞后加一阶惯性对象的稳定性（鲁棒性）和动态快速性的好坏是随 P 单调变化的，因此不难找到合适的 P 兼顾这两方面的要求。

根据以上分析的结果，一般情况下可选择 P，使优化时域包含对象阶跃响应的主要动态部分，然后令

$$q_i = \begin{cases} 0, & a_i \leqslant 0 \\ 1, & a_i > 0 \end{cases}$$

即对应于时滞和反向特性部分加权为零。用此初选结果进行仿真，若快速性不够，则可适当减小 P，若稳定性较差，可适当加大 P。

由于在DMC算法的优化性能指标(2-3)中加入了自由选择的权系数 q_i，对它的不同选择，可以形成预测控制算法中的不同策略，如单值预测控制[22]等。

3. 控制时域 M

控制时域 M 在优化性能指标(2-3)中表示所要确定的未来控制量改变的数目。由于优化主要是针对未来 P 个时刻的输出误差进行的，它们至多只受到 P 个控制增量的影响，所以从物理上应该规定 $M \leqslant P$。

由于 M 是优化变量的数目，反映了控制的自由度和能力，在 P 已确定的情况下，M 越小，越难保证输出在各采样点紧密跟踪期望值，所得到的性能指标也就越差。例如，$M=1$ 意味着只用一个控制增量 $\Delta u(k)$ 就要使系统输出在 $k+1,\cdots,k+P$ 时刻跟踪期望值，这对动态略为复杂的对象是不可能的，因而得到的动态响应难以满意。为了改善跟踪性能，就要增加 M 即控制变量的个数来提高控制的能力，使各点输出误差的最小化得到更大程度的满足。用 M 个变量实现 P 个时刻的输出优化，从物理上讲，就是把 P 个时刻的优化要求分担到 M 个优化变量上。M 越小，控制的机动性越弱，这些要求只能在总体上得到平均的兼顾，这时的动态响应未必令人满意，但容易导致稳定的控制，并对模型失配也有较好的鲁棒性。在 $M=1$ 条件下推出的定理3.1和定理3.2正说明了这一点。而 M 越大，控制的机动性越强，有可能

改善动态响应,但因提高了控制的灵敏度,其稳定性和鲁棒性都会变差。

作为优化变量的数目,M 对优化问题求解的计算复杂性有着至关重要的影响。在有约束或非线性的预测控制算法中,滚动优化的每一步需在线求解非线性规划问题,M 的大小将直接决定在线计算量。而在前述可得到解析控制律的线性系统无约束预测控制算法中,M 对应于离线计算控制向量 $\boldsymbol{d}^{\mathrm{T}}$ 时所需求逆的矩阵 $(\boldsymbol{A}^{\mathrm{T}}\boldsymbol{Q}\boldsymbol{A}+\boldsymbol{R})$ 的维数,因此决定了离线计算的复杂度。为了降低预测控制算法的计算量,在文献中常见建议取 $M=1$,但前面已经指出,如对象的动态特性比较复杂,这样选取难以得到满意的动态响应。因此,M 的选取除兼顾动态快速性和稳定性外,还需在计算量和动态响应间寻求折中。

上述的分析和仿真经验均表明,在许多情况下,增大(减小)P 与减小(增大)M 有着相似的效果。因此,从简化整定考虑,通常可根据对象动态特性的复杂性首先选定 M,然后只需对 P 进行整定。

4. 控制权矩阵 $\boldsymbol{R}$

控制权矩阵 $\boldsymbol{R}=\mathrm{diag}(r_1,\cdots,r_M)$ 中,r_j 常取同一值,记作 r。由性能指标(2-3)可知,q_i 和 r_j 的取值是相对的,所以一旦 q_i 按上述讨论取为 0 或 1,r 便成为一个可调参数。

控制权矩阵 $\boldsymbol{R}$ 的作用是对控制增量的剧烈变化加以适度的抑制,它是作为一种软约束加入到性能指标(2-3)中的。但这种压制并不意味着增大 r 一定可改善控制系统的稳定性。本章后几节的分析将表明,在一定的参数取值下,对于一阶对象,充分小和充分大的 r 均可导致无振荡且稳定的控制,但对 r 的某一中间区域,被控系统虽然仍是稳定的,但可能呈现出振荡响应。而对于二阶对象,虽然在 r 充分小和充分大时都能得到稳定的控制,但 r 的某一中间区域却会使被控系统振荡发散。这表明 r 对稳定性的影响不是单调的,不能简单地通过加大 r 来改善控制系统的稳定性。

定理 3.3 已经指出,只要式(3-16)得到满足,任何系统均可通过增大 r 得到稳定的控制。但从该定理的证明过程可知,当 r 充分大时,闭环系统虽然稳定,但有 1 个接近于 $z=1$ 的极点,这时的闭环响应相当缓慢,会出现类似于积分饱和的现象。这种极端情况显然不能提供满意的控制。

上述分析表明,在调整参数 r 时,着眼点不应放在控制系统的稳定性上,这部分要求可通过调整 P 和 M 得到满足,而引入 r 的主要作用,则在于防止控制量过于剧烈的变化。因此,在整定时,可先置 $r=0$,若控制系统稳定但控制量变化太大,则可略为加大 r。通常情况下,r 值不必取得充分大,就足以使控制量的变化趋于平缓。

5. 校正参数 h_i

误差校正向量 $\boldsymbol{h}$ 中各元素 h_i 的选择独立于其它设计参数,是 DMC 算法中唯一直接设置的设计参数。由3.1节的分析可知，它仅在对象受到未知干扰或存在模型失配造成预测输出与实际输出不一致时才起作用，而对控制的动态响应没有明显的影响。

3.4节已经指出，h_i 通常应归结为某单一参数 α 的函数，以避免其任意可选引起的无规则性，并且还给出了 h_i 的3种典型选择方式，即等值修正(3-20)、衰减修正(3-22)和递增修正(3-24)，相应的IMC结构中的滤波器形式分别为一阶惯性环节(3-21)、常值环节(3-23)和一阶多项式环节(3-25)。这些滤波器对系统的抗干扰性和鲁棒性有着不同的作用，这在3.4.1节已做了详细分析。在通常情况下，可采用等值修正策略(3-20)，因为它能较好地兼顾模型失配时的鲁棒性和系统的抗干扰性。但若系统对扰动的响应始终不能快速地抑制，且模型失配并不十分严重时，也可考虑采用递增修正的策略(3-24)。

h_i 区别于其它设计参数的最有利之处在于，作为直接可调参数，它可在运算过程中在线设置和改变。如果在DMC算法中增加一个辅助单元，用以分析预测误差的产生是由模型失配还是干扰引起的，则可通过在线切换不同的误差修正策略，更好地改善抗干扰性和鲁棒性。

根据以上对各设计参数作用的分析，可以看到它们对系统动态性能、稳定性、鲁棒性和抗干扰性的影响趋势。由于这些设计参数的物理意义明确、直观，在结合仿真进行调试时，可根据仿真结果调整相应的参数。应该指出，DMC设计参数的选择有很大的冗余性，因此对于一般的被控对象，结合上述规律进行整定，不难达到期望的要求。下面给出适用于一般对象DMC控制的参数整定步骤。

① 首先对阶跃响应采样值进行平滑以减小测量噪声和扰动的影响，所得到的阶跃响应 $a(t)$ 应是光滑变化的，否则将严重影响控制系统的稳定性和动态性能。在必要情况下，甚至可放弃模型与实测数据的完全匹配而构造一个与之近似匹配的光滑响应模型。模型维数 N 一般可取20~50，如有必要，可依本节前面讨论的策略在适当处截断。

② 取优化时域 P 覆盖阶跃响应的主要动态部分，这意味着在优化时域中阶跃响应的主要动态（如单调衰减、周期振荡等）已有完全的表现，而不是要把 P 取到阶跃响应的动态变化全部结束。P 的取值可按1,2,4,8,…的序列挑选。初选 P 后，为满足条件(3-16)，取

$$q_i = \begin{cases} 0, & a_i \leqslant 0 \\ 1, & a_i > 0 \end{cases}$$

③ 初选 $r=0$，对于 S 形等动态比较简单的对象，取控制时域 M 为1~2，对于包括振荡的动态较复杂的对象，可适当增大 M，取值4~8。

④ 仿真检验控制系统的动态响应,若不稳定或动态过于缓慢,可调整 P。

⑤ 若经上面调试后已得到满意的控制,但控制量变化幅值偏大,则可略为加大 r。

⑥ 在上述基础上,根据控制要求的侧重点,选择校正参数 h_i 的类型,并通过仿真选择参数 α,使鲁棒性和抗干扰性得到适当兼顾。

以下,我们给出用上述步骤进行 DMC 设计的两个例子,并由此观察设计参数对控制性能的影响。

例 5.1 最小相位系统

$$G(s) = \frac{8611.77}{((s+0.55)^2+6^2)((s+0.25)^2+15.4^2)}$$

其单位阶跃响应为

$$a(t) = 1 - 1.1835e^{-0.55t}\sin(6t+1.4973) - 0.18038e^{-0.25t}\sin(15.4t-1.541)$$

见图 5-1。这是一个弱阻尼振荡的最小相位对象,$a(t)$ 的稳态值为 $a_s=1$,最大超调量 $c_{\max}=0.93$,过渡时间 $T_{95\%}=6.4\text{s}$。

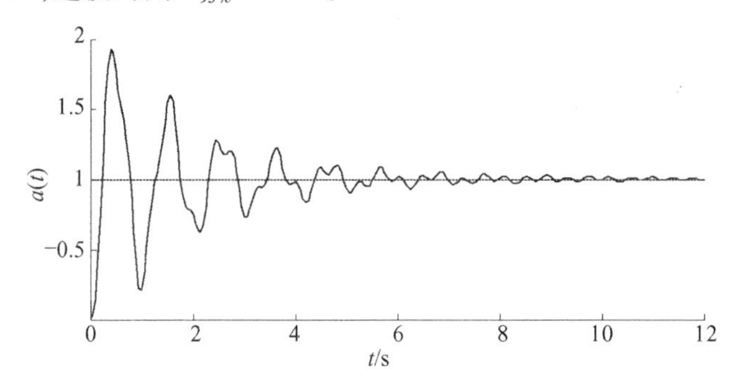

图 5-1 例 5.1 对象的单位阶跃响应

在 DMC 设计中,并不要求知道对象的传递函数 $G(s)$,而是直接从图 5-1 所示的阶跃响应出发设计控制系统。首先,确定采样周期 $T=0.2\text{s}$ 后,可选择建模时域 $N=40$,这已基本满足了 $a_i \approx a_s (i \geq N)$ 的要求。由图 5-1 可知,优化时域 P 的选取至少要使 $a(t)$ 的振荡经历一个周期,以将其主要动态包含在内,故可取 $P=6$(相当于 1.2s)。此外,由于对象是最小相位的且无时滞,可令 $\boldsymbol{Q}=\boldsymbol{I}$,$r=0$。这时,若选择控制时域 $M=1$,可得到图 5-2(a)的曲线,显然,由于对象的动态比较复杂,$M=1$ 不能得到满意的响应。因此,可加大为 $M=4$,图 5-2(b)给出了这时的动态响应曲线,被控系统阶跃响应的稳态值 $a'_s=1$,最大超调量 $c'_{\max}=0.165$,减小为控制前的 1/5.6,过渡时间 $T'_{95\%}=0.72\text{s}$,缩短为原来的 1/9,这一结果基本上是满意的。

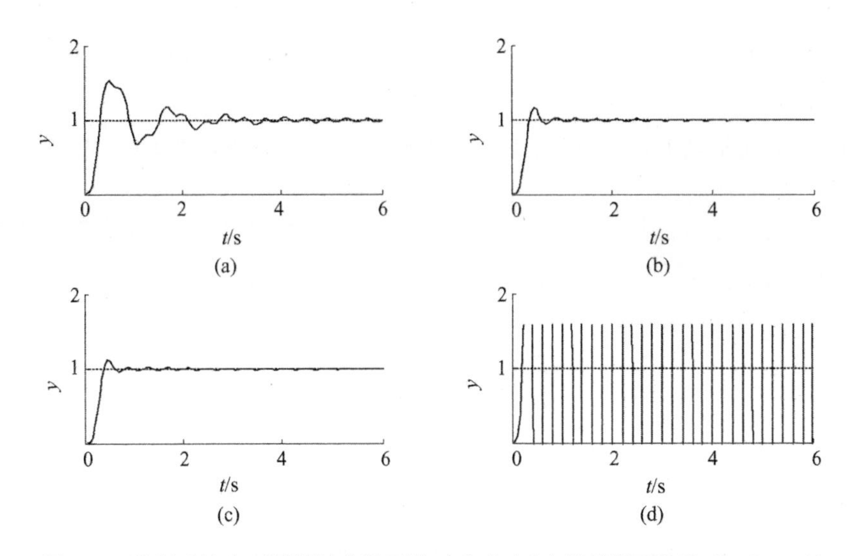

图5-2　控制系统在不同设计参数下的动态响应(全部情况下均取 $\boldsymbol{Q}=\boldsymbol{I}, r=0$)
(a) $P=6, M=1$；(b) $P=6, M=4$；(c) $P=20, M=4$；(d) $P=4, M=4$。

优化时域 $P=6$ 已覆盖了阶跃响应中一个振荡周期的变化,对象的主要动态信息已包含在内,因此继续增大 P 并不能明显地改变控制的效果。图5-2(c)给出了 $P=20$(相当于4s)时的响应曲线,它与图5-2(b)十分接近。若把 P 取得很大,闭环响应将趋于稳定,特别当 $M=1$ 时,会出现接近于稳态控制的情况,闭环响应与图5-1所示的开环响应相仿。这说明,对于振荡型的对象,P 对动态快速性的影响不具有单调性。

这一对象虽然是无时滞且为最小相位的,但在采样保持后,其 Z 传递函数却出现了单位圆外的零点 $z=-3.946$。因此一步预测优化不能得到稳定的控制。图5-2(d)给出了 $P=M=4$ 时的控制结果,这时在各采样点上都有 $y=1$,但系统是不稳定的。这是因为控制器作为对象逆的一步延迟,出现了不稳定的极点。

例5.2　考虑机翼振动动力学模型[23]

$$G(s)=\frac{-28705(s-0.3)}{((s+0.55)^2+6^2)((s+0.25)^2+15.4^2)}$$

它是在例5.1对象的传递函数中增加了一个右半平面的零点 $s=0.3$,这使对象表现出非最小相位特性并呈现出大幅度的振荡,其过渡时间也远远大于例5.1的对象,见图5-3。

这一非最小相位对象的单位阶跃响应为

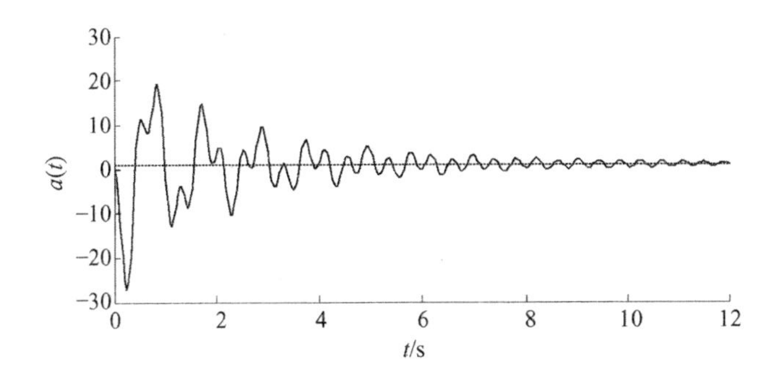

图 5－3 例 5.2 对象的单位阶跃响应

$$a(t) = 1 - 23.9\mathrm{e}^{-0.55t}\sin(6t + 0.067) + 9.265\mathrm{e}^{-0.25t}\sin(15.4t + 0.065)$$

其稳态值为 $a_s = 1$，但振荡幅值却达到 $a_{\max} = 20$ 和 $a_{\min} = -27$，过渡时间 $T_{95\%} = 20\mathrm{s}$。

从图 5－3 所示的阶跃响应出发，取 $T = 0.16\mathrm{s}$，$N = 65$，这时 $a(t)$ 在 $NT = 10.4\mathrm{s}$ 处虽远未到达稳态，但因 $a_N = a(10.4) \approx 1.0254$ 十分接近稳态值 a_s，故可在此处截断模型。考虑到对象动态的复杂性，取 $M = 4$，为了覆盖至少一个振荡周期的动态，可取 $P = 8$（相当于 1.28s）。

若此时令所有 $q_i = 1$，则可算出条件（3－16）不满足，由图 5－4 可见，不论如何加大控制权系数 r，都不能使系统稳定。

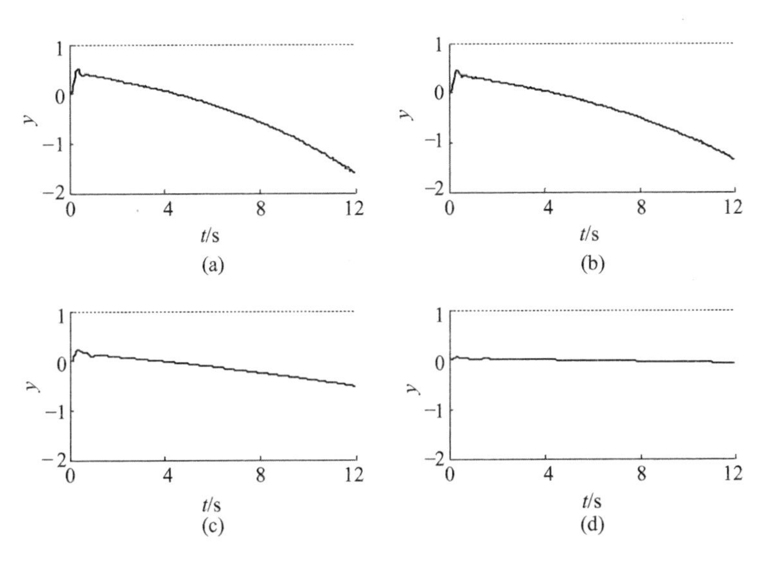

图 5－4 增大 r 不能稳定控制系统

（a）$r = 0$；（b）$r = 100$；（c）$r = 1000$；（d）$r = 10000$。

为了改变这一情况，根据前面的分析，可取下述参数确保 $\sum_{i=1}^{8} a_i q_i > 0$：

$$q_i = \begin{cases} 0, & 1 \leqslant i \leqslant 4 \\ 1, & 5 \leqslant i \leqslant 8 \end{cases}$$

这时，即使在 $r=0$ 时也能得到图 5－5 中曲线 1 所示的稳定响应。被控系统阶跃响应的稳态值仍为 $a'_s=1$，但无正向超调，由非最小相位特性引起的最大反向幅值为 －1，过渡时间也缩短到 10s 左右。

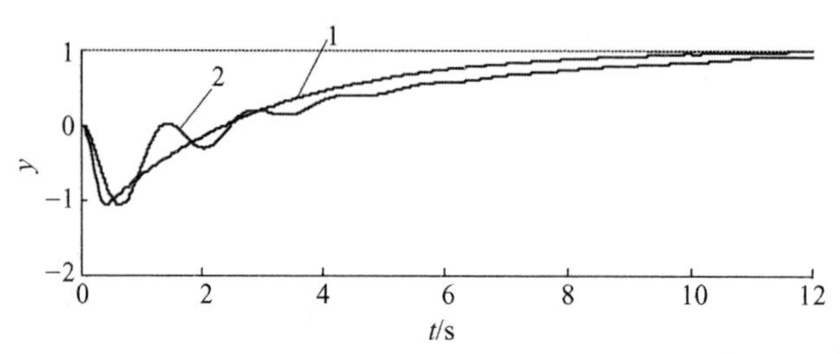

图 5－5　DMC 和 PID 对于例 5.2 对象的控制结果比较

作为比较，我们精心设计了该对象最优的 PID 控制器，它需要知道对象的传递函数，通过消去对象阻尼较小的部分（$(s+0.25)^2+15.4^2$），再利用误差最小化准则来求出最优 PID 参数。其具体求解过程如下：

首先，把该模拟 PID 控制器的传递函数写为

$$G_{\mathrm{PID}}(s) = K\left(1 + T_{\mathrm{D}}s + \frac{1}{T_{\mathrm{I}}s}\right) = KT_{\mathrm{D}}\frac{s^2 + \dfrac{1}{T_{\mathrm{D}}}s + \dfrac{1}{T_{\mathrm{I}}T_{\mathrm{D}}}}{s}$$

令其分子部分的二次多项式与对象分母中的 $s^2+0.5s+237.2225$ 对消，可得 $T_{\mathrm{D}}=2$，$T_{\mathrm{I}}=0.00210773$。在此取值下，根据该 PID 控制器与对象组成的闭环系统的传递函数，可根据相关公式写出闭环系统对单位阶跃输入的无穷时域误差，它是 K 的函数，取其极小可求得最优的 $K=0.000277525$。对所得到的最优 PID 控制器，再以 4 倍频繁于 DMC 的采样周期（$T=0.04$s）将其离散化，作为数字控制器实现。

图 5－5 中给出了用最优 PID 控制器控制这一系统的结果，见曲线 2。尽管经过精心设计，由图可见其效果还是不如 DMC 控制。在达到同样的反向幅值时，DMC 控制曲线较快且平稳地趋于稳态值，而 PID 作为低阶控制器，至多只能对消对象的一对极点，而由另一对复极点引起的振荡仍将保留在其响应中。

以上给出的 DMC 参数整定方法适用于一般的对象，它主要依据 3.3.1 节给出的设计参数对系统性能的影响趋势通过实验或仿真对参数进行整定，本质上是用凑试法进行系统设计。虽然在多数情况下必须采用这种方法，但对某些特殊对象，其传递函数易于辨识并具有简单的形式，有可能根据理论分析导出的解析结果直

接指导系统设计，我们称之为 DMC 系统的解析设计。注意到第4章的理论分析结果都是在无模型失配的情况下得到的，而校正参数 h_i 的选择与模型失配和扰动有关，只能根据实际情况进行调整，所以这里的解析设计主要是指如何根据理论分析的结论来确定与优化相关的设计参数，即优化时域 P、控制时域 M、误差权矩阵 $\boldsymbol{Q}$ 和控制权矩阵 $\boldsymbol{R}$。在5.2节和5.3节中，我们将针对两类具有典型性的对象，对其 DMC 系统进行解析设计，它同样也适用于 GPC 系统。

5.2 一阶加纯滞后对象预测控制的解析设计

在工业生产过程中，有很大一类对象可以近似地用下述一阶惯性加纯滞后的环节表示：

$$G_0(s) = \frac{K\mathrm{e}^{-\tau s}}{1+Ts} \tag{5-1}$$

其中，K 为对象增益，τ 为纯滞后，T 是一阶惯性环节的时间常数，它们很容易根据对象的阶跃响应曲线直接辨识。为了简化讨论，可假设 $K=1$。该系统以采样周期 T_0 采样保持后，可得到离散域中的 Z 传递函数

$$G_0(z) = z^{-l}\frac{(1-\sigma)z^{-1}}{1-\sigma z^{-1}} \tag{5-2}$$

其中，$\sigma=\exp(-T_0/T)$，$l=\tau/T_0$ 为非负整数，对于 τ 不是 T_0 整数倍的情况，原则上也可按本节的方法导出相应的解析结论，但公式相对复杂一些，此处不做讨论。

典型对象(5-2)有 l 拍纯滞后，根据3.3.3节的讨论，在模型无失配时，如果把优化时域取为 $P+l$，误差权矩阵取为 block-diag$[\boldsymbol{0}_{l\times l},\boldsymbol{Q}_{P\times P}]$，则其 DMC 设计可转化为无滞后对象

$$G(z) = \frac{(1-\sigma)z^{-1}}{1-\sigma z^{-1}} \tag{5-3}$$

在性能指标(2-3)下的 DMC 设计，系统的闭环响应除了附加 l 拍的输出延迟外，与无滞后时完全相同。因此，以下将对一阶惯性对象(5-3)讨论其 DMC 设计参数的选择。

一阶惯性对象(5-3)的单位阶跃响应系数为

$$a_i = 1-\sigma^i,\quad i=0,1,2,\cdots \tag{5-4}$$

它满足

$$a_{i+1}-\sigma a_i = 1-\sigma$$

$$a_{i+1}-a_i = \sigma(a_i-a_{i-1}) = (1-\sigma)\sigma^i$$

为了研究设计参数与系统性能的定量关系，首先考虑控制时域 $M\geqslant 2$ 的情况，

把定理4.5用于一阶惯性对象(5-3),可得到下面的定理。

定理5.1 对于一阶惯性对象(5-3),在DMC设计中取 $\boldsymbol{R}=\boldsymbol{0}, M\geqslant 2, P\geqslant M$,则闭环系统具有无差拍性质,且闭环传递函数为

$$F_0(z)=z^{-1}$$

该结果与3.3.2节所述的一步预测优化得到的结果相同。如前所述,这类控制对参数比较敏感,所需的控制作用较强,虽然可应用于式(5.3)的一阶对象,但不是最好的选择。因此,在下面的讨论中,我们在性能指标(2-3)中取控制时域 $M=1$,误差权矩阵 $\boldsymbol{Q}=\boldsymbol{I}$,控制权矩阵 $\boldsymbol{R}=r$。需要选择的设计参数就只剩下 P 和 r。

在上述参数选择下,可算出

$$d_i=a_i\Big/\left(r+\sum_{j=1}^{P}a_j^2\right),\quad d_s=\left(\sum_{j=1}^{P}a_j\right)\Big/\left(r+\sum_{j=1}^{P}a_j^2\right)$$

为了方便分析,引入记号

$$s_1=\sum_{j=1}^{P}a_j,\qquad s_2=\sum_{j=1}^{P}a_j^2$$

此外定义

$$\beta=\frac{\sum_{j=1}^{P}a_j^2}{r+\sum_{j=1}^{P}a_j^2},\qquad \lambda=\frac{\sum_{j=1}^{P}a_j(a_{j+1}-a_j)}{\sum_{j=1}^{P}a_j^2}$$

则有

$$d_i=\beta a_i/s_2,\qquad d_s=\beta s_1/s_2,\qquad \beta=s_2/(r+s_2)$$

$$\lambda=\frac{\sum_{j=1}^{P}a_j(a_{j+1}-\sigma a_j)}{\sum_{j=1}^{P}a_j^2}-(1-\sigma)=(1-\sigma)(s_1/s_2-1)$$

并且由

$$\sigma-\lambda=\sigma-(1-\sigma)(s_1/s_2-1)=1-(1-\sigma)s_1/s_2$$

可导出关系式

$$d_s=\beta(1-\sigma+\lambda)/(1-\sigma)$$

上述记号的物理意义和性质说明如下:

① σ 是由系统动态特性和采样周期确定的,它只取决于一阶惯性时间常数 T 和采样周期 T_0,与预测控制策略的选择无关。$0<\sigma<1$。

② s_1、s_2 都只与 σ 和优化时域 P 有关,它们的引入主要是为了简化记号。显然 $s_1>0, s_2>0, s_1>s_2$,且 s_1/s_2 随着 P 的增大而递减,这是因为

$$\frac{s_1(P+1)}{s_2(P+1)}-\frac{s_1(P)}{s_2(P)}=\frac{s_1(P+1)s_2(P)-s_1(P)s_2(P+1)}{s_2(P+1)s_2(P)}$$

的分母部分大于零,分子部分 $\sum_{j=1}^{P} a_j a_{P+1}(a_j-a_{P+1})<0$。

③ λ 只与 σ 和优化时域 P 有关,主要反映 P 的变化如何影响闭环系统的动态。由其表达式显见 $\lambda>0$,此外由 s_1/s_2 的变化可知 λ 随 P 的增加递减,因此 $\lambda\leqslant\lambda(1)=a_1(a_2-a_1)/a_1^2=\sigma$。即 $0<\lambda\leqslant\sigma<1$。

④ β 是唯一与控制加权系数 r 有关的参数,虽然它与 σ 和优化时域 P 均有关系,但我们更注意它如何随着 r 的变化影响闭环系统的动态。β 和 r 可通过 β 的定义互相换算。由于 $r\geqslant0$,故 $0<\beta\leqslant1$,且当 $r=0$ 时 $\beta=1$,$r\to\infty$ 时 $\beta\to0$。

5.2.1 闭环特征多项式和稳定性

在上述参数选择下,根据式(4-29)和式(4-30),DMC 控制器的表达式为

$$G_C(z)=\frac{d_s(1-\sigma z^{-1})}{1+p_1^* z^{-1}+p_2^* z^{-2}} \tag{5-5}$$

其中

$$\begin{bmatrix}1\\p_1^*\\p_2^*\end{bmatrix}=\begin{bmatrix}1&0\\b_2-1&1\\b_3-b_2&b_2-1\end{bmatrix}\begin{bmatrix}1\\-\sigma\end{bmatrix}$$

由于

$$b_2=\sum_{j=1}^{P}d_j a_{j+1}=\beta\sum_{j=1}^{P}a_j a_{j+1}/s_2=\beta(1+\lambda)$$

$$b_3-b_2=\sum_{j=1}^{P}d_j(a_{j+2}-a_{j+1})=\sigma\beta\sum_{j=1}^{P}a_j(a_{j+1}-a_j)/s_2=\sigma\lambda\beta$$

可得

$$p_1^*=(b_2-1)-\sigma=\beta(1+\lambda)-1-\sigma$$

$$p_2^*=(b_3-b_2)-\sigma(b_2-1)=\sigma(1-\beta)$$

由此可得下面的定理。

定理 5.2 对于一阶惯性对象(5-3),在 DMC 设计中取 $M=1$,$\boldsymbol{Q}=\boldsymbol{I}$,则闭环系统总是稳定的。

[证明] 由于对象(5-3)稳定且无模型失配,闭环稳定性将取决于控制器(5-5)的稳定性,其充分必要条件为

$$1 + p_1^* + p_2^* = \beta(1 + \lambda - \sigma) > 0$$

$$1 - p_1^* + p_2^* = 2(1 + \sigma) - \beta(1 + \lambda + \sigma) \geqslant 1 + \sigma - \lambda > 0$$

$$-1 < p_2^* = \sigma(1 - \beta) < 1$$

显然都成立,所以在此控制策略下,不论 P、r 如何选择,闭环系统都是稳定的。证毕。

5.2.2 闭环系统的动态特性

由式(3-2)可知,在无模型失配时,闭环系统的 Z 传递函数为

$$F_0(z) = G_C(z)G_P(z) = \frac{d_s(1 - \sigma)z^{-1}}{1 + p_1^* z^{-1} + p_2^* z^{-2}}$$

下面分两种情况进行讨论。

(1) $r=0$ 时

这时 $\beta=1$,$p_2^*=0$,且 $p_1^*=\lambda-\sigma$,闭环系统 Z 传递函数为

$$F_0(z) = \frac{d_s(1 - \sigma)z^{-1}}{1 - (\sigma - \lambda)z^{-1}}$$

将前面推出的 $d_s=\beta(1-\sigma+\lambda)/(1-\sigma)$ 代入可得

$$F_0(z) = \frac{(1 - \sigma + \lambda)z^{-1}}{1 - (\sigma - \lambda)z^{-1}} \tag{5-6}$$

可见 $r=0$ 时闭环系统仍为一阶惯性环节,其稳态增益为1,时间常数可由下式给出:

$$T^* = -T_0/\ln(\sigma - \lambda) = T\ln\sigma/\ln(\sigma - \lambda) \tag{5-7}$$

由 $\sigma-\lambda$ 的表达式可知其随 P 增大递增,故闭环时间常数 T^* 随着优化时域 P 的增大而增大,特别当 $P=1$ 时,$\lambda=\sigma$,$T^*\to0^+$,这时对应于一步预测优化,被控系统的响应在一步延迟后即到达稳态值,而当 P 充分大时,$\lambda\to0$,$T^*\to T$,接近于对象的自然响应。

式(5-7)中的 $\sigma-\lambda$ 也可进一步用 P 和 σ 直接表达:

$$\sigma - \lambda = \sigma\frac{(1 - \sigma^2)P - (1 - \sigma^P)(1 + \sigma + \sigma^2 - \sigma^{P+1})}{(1 - \sigma^2)P - \sigma(1 - \sigma^P)(2 + \sigma - \sigma^{P+1})} \tag{5-8}$$

其中,σ 只与采样周期 T_0 和系统时间常数 T 有关,据此,图5-6以 T 为标度给出了 T^* 与采样周期 T_0 和 P 的关系。可以看出,T^* 除了随着 P 增大而单调增大外,还随采样周期 T_0 的增大而单调增大,特别在 T_0 取得较小或 P 取得较小时,T^* 随

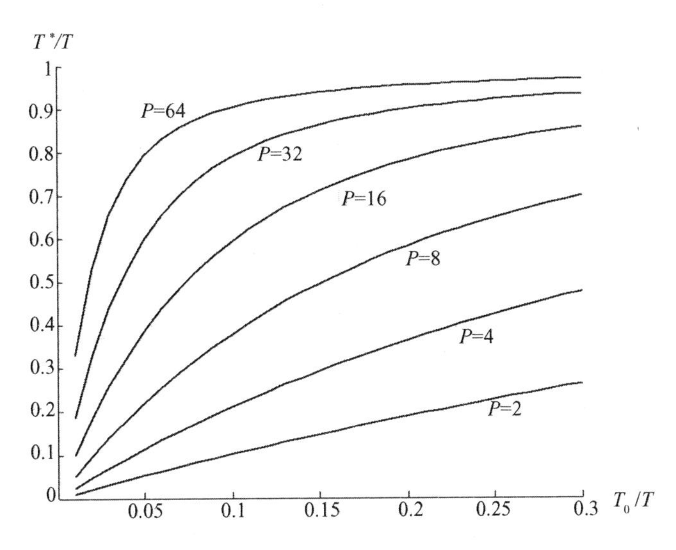

图5-6 闭环时间常数 T^* 与 P、T_0 的关系

T_0 的变化几乎是线性的。

(2) $r>0$ 时

这时闭环系统的 Z 传递函数为

$$F_0(z) = \frac{\beta(1-\sigma+\lambda)z^{-1}}{1+(\beta(1+\lambda)-(1+\sigma))z^{-1}+\sigma(1-\beta)z^{-2}} \tag{5-9}$$

这是一个二阶环节,稳态增益为1。记

$$\begin{aligned}\Delta &= (\beta(1+\lambda)-(1+\sigma))^2-4\sigma(1-\beta)\\ &= (1+\lambda)^2\beta^2-2((1+\lambda)(1+\sigma)-2\sigma)\beta+(1-\sigma)^2\end{aligned}$$

可求出对应于 $\Delta=0$ 的 β 为

$$\beta_1 = \left(\frac{\sqrt{1+\lambda-\sigma}-\sqrt{\lambda\sigma}}{1+\lambda}\right)^2,\quad \beta_2 = \left(\frac{\sqrt{1+\lambda-\sigma}+\sqrt{\lambda\sigma}}{1+\lambda}\right)^2 \tag{5-10}$$

故可知 $\beta_1>0,\beta_2>0$,且

$$\Delta \geqslant 0,\quad \beta \leqslant \beta_1 \text{ 或 } \beta \geqslant \beta_2$$

$$\Delta < 0,\quad \beta_1 < \beta < \beta_2$$

根据 β 与 r 的对应关系,记 $r_i=(1-\beta_i)s_2/\beta_i,i=1,2$,则可知

$$\Delta \geqslant 0,\quad r \geqslant r_1 \text{ 或 } r \leqslant r_2$$

$$\Delta < 0,\quad r_1 > r > r_2$$

在给定 σ、P 后,根据式(5-10)算出的 β_1、β_2 很容易得到 r_1 和 r_2,它们确定了闭环系统产生振荡的 r 取值范围。

当 $r \geqslant r_1$ 或 $r \leqslant r_2$ 时,$\Delta \geqslant 0$,闭环系统(5-9)有两实根

$$z_{1,2} = \frac{1}{2}((1+\sigma) - \beta(1+\lambda) \pm \sqrt{\Delta})$$

其响应由两个一阶惯性运动组成,对应主特征运动的时间常数为

$$T^* = -T_0/\ln\frac{1}{2}((1+\sigma) - \beta(1+\lambda) + \sqrt{\Delta}) \tag{5-11}$$

当 $r_1 > r > r_2$ 时,$\Delta < 0$,闭环系统(5-7)有两共轭复根

$$z_{1,2} = \frac{1}{2}((1+\sigma) - \beta(1+\lambda) \pm \mathrm{j}\sqrt{-\Delta})$$

闭环系统呈现振荡。此时,可用一个欠阻尼的二阶系统动态响应来近似拟合闭环系统的动态过程,并可用设计参数 P 和 r 定量估计该过程的振荡周期、最大超调量及阻尼系数,限于篇幅,此处不再介绍。

综合以上讨论,可以得到下面的结论。

定理5.3 对于一阶惯性对象(5-3),在DMC设计中取 $M=1$,$\boldsymbol{Q}=\boldsymbol{I}$,则当 $r=0$ 时,闭环系统仍为一阶惯性环节,其动态响应的时间常数小于原时间常数并由式(5-7)给出;当 $r>0$ 时,闭环系统为二阶动态环节,这时存在由式(5-10)表达的 β_1 和 β_2 换算所得的 r_1 和 r_2,在 $r \geqslant r_1$ 或 $r \leqslant r_2$ 时闭环响应是单调上升的,其时间常数由式(5-11)近似估计,在 $r_1 > r > r_2$ 时,闭环响应呈现振荡,其特征参数可由 P 和 r 定量估计。

5.2.3 解析设计的步骤

根据5.2.1节和5.2.2节对无滞后对象(5-3)DMC系统稳定性和闭环性能的分析,可以得到对一阶惯性加纯滞后对象(5-2)进行DMC解析设计的步骤。

① 取控制时域 $M=1$,优化时域为 $P+l$,误差权矩阵 block-diag($\boldsymbol{0}_{l\times l}, \boldsymbol{I}_{P\times P}$)。

② 令 $r=0$,根据对闭环响应快速性的要求即期望的闭环时间常数 T^*,通过式(5-7)选择合适的优化时域 P,其中 $\sigma-\lambda$ 可通过式(5-8)显式表达为 P 和 σ 的关系式,也可由图5-6根据采样周期 T_0 和期望的时间常数 T^* 查找相应 P 的取值。

③ 若控制增量变化比较剧烈,适当增大 r,$r \leqslant r_2$,其中 r_2 由式(5-10)的 β_2 换算而来,这时闭环系统不会进入振荡区。

例5.3 设被控对象的传递函数为

$$G_0(s) = \frac{\mathrm{e}^{-0.4s}}{1+s}$$

其时间常数 $T=1\mathrm{s}$,希望通过DMC控制加快闭环响应,时间常数改变为 $T^*=0.2\mathrm{s}$。

取采样周期 $T_0=0.1\mathrm{s}$,经采样保持后对象的 Z 传递函数为

$$G_0(z)=\frac{0.09516z^{-5}}{1-0.9048z^{-1}}$$

它有 $l=4$ 拍纯滞后,故取控制时域为 $M=1$,优化时域为 $P+4$,误差权矩阵为 $\boldsymbol{Q}=\text{block}-\text{diag}(\boldsymbol{0}_{4\times4},\boldsymbol{I}_{P\times P})$。令 $r=0$,由于 $T_0/T=0.1$,$T^*/T=0.2$,由图5-6可查出 $P=4$,这时的闭环响应及控制输入见图5-7(a)中曲线,其响应时间符合给定要求。如果需要减小控制量的变化,则可根据 $P=4$ 及式(5-10)计算出 $r_2=0.0675$,取 $r=0.067<r_2$,由图5-7(b)可见控制量变化已受到一定抑制,而系统响应时间变化不大,仍能满足要求。

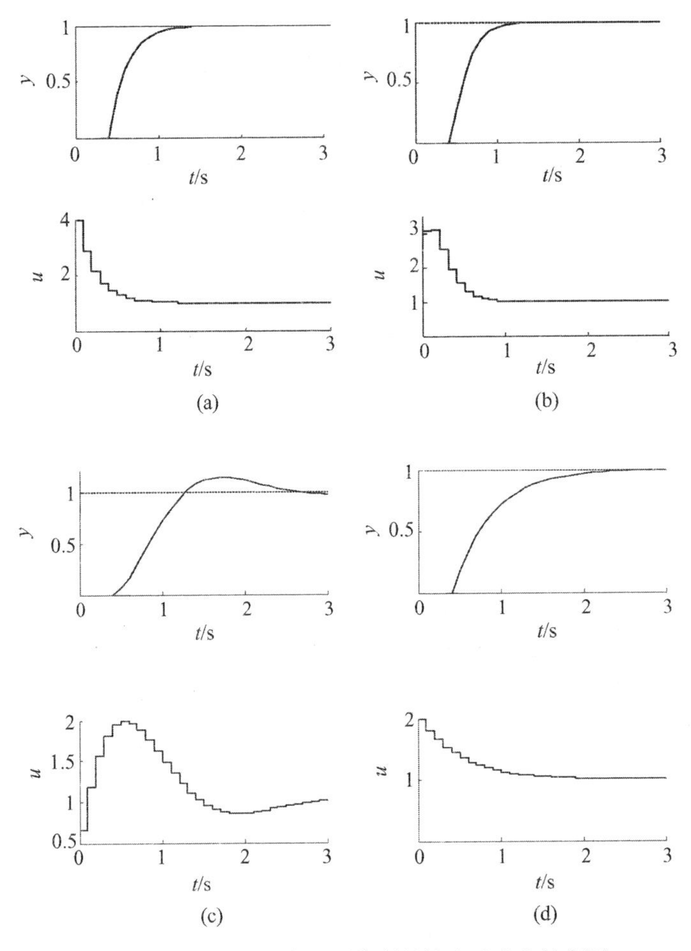

图5-7 例5.3对象预测控制的输出响应和控制量

(a) $P=4,r=0$;(b) $P=4,r=0.067$;(c) $P=4,r=1.09$;(d) $P=11,r=0$。

需要注意的是,在解析设计中并未考虑约束,若我们考虑输入硬约束,则需把解析设计与前面所述的整定方法相结合。例如在例5.3中,若要求控制量 $|u|\leqslant2$,则由

解析设计得到的最大u达到了4,不能满足输入约束。即使增大$r(r=0.067)$,最大控制量降低为3,仍不符合要求。继续增大$r(r=1.09)$虽然可以使最大控制量降低为2,见图5-7(c),但由于此时$r=1.09>r_2$,已进入振荡区,所以输出响应呈现振荡和超调。为了避免这种情况发生,只能通过$r=0$时增大$P(P=11)$得到图5-7(d)的响应,此时最大控制量降低为2,满足输入约束要求,同时也没有振荡和超调,但其响应时间已增大为$T^*=0.476\text{s}$,符合$r=0$、$P=11$时解析设计计算所得的结果$T^*=0.474\text{s}$,在输入受到约束的情况下,系统的响应时间已不可能达到要求的$T^*=0.2\text{s}$。

5.3 典型振荡过程预测控制的解析设计

本节将简要讨论典型振荡过程预测控制的分析和设计问题[24]。考虑具有固有频率ω_0和阻尼系数$\xi(<1)$的典型二阶振荡对象,其传递函数为

$$G(s)=\frac{\omega_0^2}{s^2+2\xi\omega_0 s+\omega_0^2} \tag{5-12}$$

该系统的阻尼固有频率为$\omega_n=\omega_0\sqrt{1-\xi^2}$,振荡周期为$T=2\pi/\omega_n$,单位阶跃响应为

$$a(t)=1-\frac{\mathrm{e}^{-\eta t}}{f_1}\sin\left(\omega_n t+\arctan\frac{1}{f_2}\right) \tag{5-13}$$

其中

$$f_1=\sqrt{1-\xi^2},\quad f_2=\xi/\sqrt{1-\xi^2},\quad \eta=\omega_0\xi=\omega_n f_2$$

取采样周期为$T_0(T_0<\pi/2\omega_n)$,记$\Omega=\omega_n T_0$,$\sigma=\exp(-\eta T_0)=\exp(-\Omega f_2)$,显然$\cos\Omega>0$,$0<\sigma<1$,这时系统阶跃响应的采样值为

$$a_i=1-\sigma^i(f_2\sin i\Omega+\cos i\Omega),\quad i=1,2,\cdots \tag{5-14}$$

系统(5-12)在经周期为T_0采样保持后的Z传递函数为

$$G(z)=\frac{m_1 z^{-1}+m_2 z^{-2}}{1+p_1 z^{-1}+p_2 z^{-2}} \tag{5-15}$$

其中

$$p_1=-2\sigma\cos\Omega,\qquad p_2=\sigma^2$$

$$m_1=a_1=1-\sigma(f_2\sin\Omega+\cos\Omega)$$

$$m_2=(a_2-a_1)-2a_1\sigma\cos\Omega=\sigma^2+\sigma(f_2\sin\Omega-\cos\Omega)$$

为了研究设计参数与系统性能的定量关系,首先把定理4.5和4.6分别用于二阶振荡对象(5-15),可得到下面的定理。

定理5.4 对于二阶振荡对象(5-15),在DMC算法中取$\boldsymbol{R}=\boldsymbol{0}$,$M\geqslant3$,$P\geqslant M+1$,$q_1=0$,则闭环系统具有无差拍性质,且闭环传递函数为

$$F_0(z)=\frac{m_1z^{-1}+m_2z^{-2}}{1-2\sigma\cos\Omega+\sigma^2}$$

定理5.5 对于二阶振荡对象(5-15),在DMC算法中取$\boldsymbol{R}=\boldsymbol{0}$,$M\geqslant2$,$P\geqslant M$,则闭环系统为一阶动态环节,且闭环传递函数为

$$F_0(z)=\frac{d_s(m_1z^{-1}+m_2z^{-2})}{1+p_1^*z^{-1}}$$

定理5.4给出了闭环系统为无差拍的参数选择,而定理5.5给出了闭环系统为一阶时的参数选择。由于定理5.5中出现了与控制策略有关的系数p_1^*和d_s,无法做进一步分析。因此下面只讨论$M=1$的情况,即设定设计参数$M=1$,$\boldsymbol{Q}=\boldsymbol{I}$,$\boldsymbol{R}=r$,这时只有优化时域$P$和控制权系数$r$为待定的设计参数。

在此参数选择下,采用5.2节相同的记号,即记

$$d_i=\beta a_i/s_2,\qquad d_s=\beta s_1/s_2$$

其中

$$s_1=\sum_{j=1}^{P}a_j,\qquad s_2=\sum_{j=1}^{P}a_j^2,\qquad \beta=s_2/(r+s_2)$$

可得到

$$b_1=\beta\sum_{j=1}^{P}a_ja_j/s_2=\beta$$

$$b_i=\beta\sum_{j=1}^{P}a_ja_{i+j-1}/s_2,\quad i=2,3,\cdots \tag{5-16}$$

首先给出阶跃响应系数$\{a_i\}$和m_1、m_2应满足的若干关系。

引理5.1 对于式(5-14)中的a_i,下面的式子成立:

① $a_i>0,\quad i=1,2,\cdots;$

② $(a_{i+1}-a_i)-2\sigma\cos\Omega(a_i-a_{i-1})+\sigma^2(a_{i-1}-a_{i-2})=0,\quad i\geqslant2;$

③ $a_i-2\sigma(\cos\Omega)a_{i-1}+\sigma^2a_{i-2}=1-2\sigma\cos\Omega+\sigma^2,\quad i\geqslant2$。 (5-17)

[证明] 根据式(5-14)

$$a_i=1-\exp(-i\Omega f_2)(f_2\sin i\Omega+\cos i\Omega)$$

由$\exp(i\Omega f_2)>1+i\Omega f_2>\cos(i\Omega)+f_2\sin(i\Omega)$可得①。

由p_1、p_2的表达式及式(4-22)直接可得②。

由②可得

$$a_i-2\sigma(\cos\Omega)a_{i-1}+\sigma^2a_{i-2}=a_2-2\sigma(\cos\Omega)a_1=m_2+m_1$$

即可得到③。证毕。

推论5.1 对于式(5-16)中的b_i,下述关系式成立：

① $(b_{i+1}-b_i)-2\sigma\cos\Omega(b_i-b_{i-1})+\sigma^2(b_{i-1}-b_{i-2})=0,\quad i\geqslant 2$;

② $b_i-2\sigma(\cos\Omega)b_{i-1}+\sigma^2 b_{i-2}=d_s(1-2\sigma\cos\Omega+\sigma^2),\quad i\geqslant 2$。 (5-18)

该推论由b_i的表达式及引理5.1中的②和③立即可得。

引理5.2 对于式(5-15)中的m_1、m_2,下述关系成立：

$$m_1 > |m_2|$$

［证明］ 根据m_1、m_2的表达式,立即可知

$$m_1+m_2=1-2\sigma\cos\Omega+\sigma^2>0$$

$$m_1-m_2=1-\sigma(\sigma+2f_2\sin\Omega)>1-\sigma(\sigma+2f_2\Omega)\triangleq g(f_2)$$

注意到当$f_2=0$时,$g(f_2)>0$,当$f_2>0$时,$\sigma=\exp(-\Omega f_2)>1-\Omega f_2$,有

$$\mathrm{d}g(f_2)/\mathrm{d}f_2=2\Omega\sigma(\sigma+\Omega f_2-1)>0$$

故知$m_1-m_2>0$。证毕。

根据开、闭环特征多项式系数变换关系式(4-29),这时的闭环系统传递函数为

$$F_0(z)=\frac{d_s m(z)}{p^*(z)}=\frac{d_s(m_1z^{-1}+m_2z^{-2})}{1+p_1^*z^{-1}+p_2^*z^{-2}+p_3^*z^{-3}} \tag{5-19}$$

其中

$$\begin{bmatrix}p_1^*\\p_2^*\\p_3^*\end{bmatrix}=\begin{bmatrix}b_2-1 & 1 & 0\\ b_3-b_2 & b_2-1 & 1\\ b_4-b_3 & b_3-b_2 & b_2-1\end{bmatrix}\begin{bmatrix}1\\-2\sigma\cos\Omega\\ \sigma^2\end{bmatrix}$$

根据推论5.1给出的关系及式(5-16),可以得到

$$p_1^*=\beta\sum_{j=1}^{P}a_ja_{j+1}/s_2-1-2\sigma\cos\Omega$$

$$p_2^*=\beta\sigma^2\sum_{j=1}^{P}a_ja_{j-1}/s_2+(\sigma^2+2\sigma\cos\Omega)(1-\beta)$$

$$p_3^*=\sigma^2(\beta-1) \tag{5-20}$$

下面按在性能指标(2-3)中对控制不加权($r=0$)和加权($r>0$)两种情况,分别讨论闭环系统的稳定性和动态特性。

5.3.1 控制不加权时的闭环性能分析

在性能指标(2-3)中对控制增量不加权,即$r=0$时,有$\beta=1$,故$p_3^*=0$,闭环

系统特征多项式为

$$p^*(z) = 1 + p_1^* z^{-1} + p_2^* z^{-2} \tag{5-21}$$

定理5.6 对于二阶振荡对象(5-15),在DMC设计中取$M=1,\boldsymbol{Q}=\boldsymbol{I},r=0$,则闭环系统总是稳定的。

[证明] 当$P=1$时,即为3.3.2节中分析的一步预测优化策略,控制器为模型逆的一步延迟,并与对象发生零极点对消,闭环响应为$F_0(z)=z^{-1}$。根据引理5.2,该对消是稳定的。

当$P\geqslant 2$时,该二阶环节稳定的充分必要条件为:

① $C_1 \triangleq 1 + p_1^* + p_2^* > 0$;

② $C_2 \triangleq 1 - p_1^* + p_2^* > 0$;

③ $-1 < C_3 \triangleq p_2^* < 1$。

由于

$$\begin{aligned}
C_1 &= 1 + \sum_{j=1}^{P} a_j a_{j+1}/s_2 - 1 - 2\sigma\cos\Omega + \sigma^2 \sum_{j=1}^{P} a_j a_{j-1}/s_2 \\
&= \sum_{j=1}^{P} a_j(a_{j+1} - 2\sigma(\cos\Omega)a_j + \sigma^2 a_{j-1})/s_2 \\
&= (1 - 2\sigma\cos\Omega + \sigma^2)s_1/s_2 > 0
\end{aligned}$$

$$\begin{aligned}
C_2 &= 1 - \sum_{j=1}^{P} a_j a_{j+1}/s_2 + 1 + 2\sigma\cos\Omega + \sigma^2 \sum_{j=1}^{P} a_j a_{j-1}/s_2 \\
&= 1 - [a_1 a_2 - (1 + 2\sigma\cos\Omega)a_1^2]/s_2 + \sigma^2 \sum_{j=1}^{P} a_j a_{j-1}/s_2 - \\
&\quad \sum_{j=2}^{P} a_j[(a_{j+1} - a_j) - 2\sigma(\cos\Omega)a_j]/s_2 \\
&= 1 - [a_1 a_2 - (1 + 2\sigma\cos\Omega)a_1^2]/s_2 + \sigma^2 \sum_{j=1}^{P} a_j a_{j-1}/s_2 + \\
&\quad \sum_{j=2}^{P} a_j[2\sigma(\cos\Omega)a_{j-1} + \sigma^2(a_{j-1} - a_{j-2})]/s_2 > \\
&\quad 1 - (1 - \sigma^2)a_1 a_2/s_2 - \sigma^2 \sum_{j=2}^{P} a_j a_{j-2}/s_2 \\
&= (1 - \sigma^2)(1 - a_1 a_2/s_2) + \sigma^2 \left(1 - \sum_{j=2}^{P} a_j a_{j-2}/s_2\right) > 0
\end{aligned}$$

$$0 < C_3 = \sigma^2 \sum_{j=1}^{P} a_j a_{j-1}/s_2 < 1$$

故该闭环系统总是稳定的。证毕。

记$\Delta = p_1^{*2} - 4p_2^*$，则当$\Delta < 0$时，式(5-21)有一对共轭复根，闭环系统呈现二阶振荡响应，此时可以用一个标准二阶振荡环节拟合该闭环系统，我们用星号表示该标准二阶振荡环节的相关参数，则首先由

$$p^*(z) = 1 - 2\sigma^* \cos\Omega^* z^{-1} + \sigma^{*2} z^{-2}$$

对比式(5-21)，可以得到

$$\sigma^* = \sqrt{p_2^*}$$

$$\Omega^* = \arccos(-p_1^*/2\sigma^*) = \arccos(-p_1^*/2\sqrt{p_2^*})$$

从而可知受控系统的阻尼固有频率和阻尼系数分别为

$$\omega_n^* = \Omega^*/T_0 = \arccos(-p_1^*/2\sqrt{p_2^*})/T_0$$

$$\xi^* = \eta^*/\sqrt{\eta^{*2} + \omega_n^{*2}}, \quad \eta^* = -\ln\sigma^*/T_0 \tag{5-22}$$

对于受控系统，选择阶跃响应$a^*(t)$来拟合其实际响应

$$a^*(t) = 1 - \frac{e^{-\eta^* t}}{\sqrt{1-\xi^{*2}}}\sin(\omega_n^* t + \arctan\frac{\omega_n^*}{\eta^*}) \tag{5-23}$$

可求出最大超调量为

$$c_{\max}^* = \exp(-\eta^* \pi/\omega_n^*) \tag{5-24}$$

定理5.7 对于二阶振荡对象(5-15)，在DMC设计中取$M=1$，$\boldsymbol{Q}=\boldsymbol{I}$，$r=0$，若$\Delta = p_2^{*2} - 4p_1^* < 0$，其中$p_1^*$、$p_2^*$由式(5-20)令$\beta=1$给出，则闭环系统仍为二阶振荡环节，其阻尼固有频率和阻尼比由式(5-22)给出，闭环系统的阶跃响应由式(5-23)给出，最大超调量可由式(5-24)计算。

对于给定对象(已知的ω_0和ξ)，利用定理5.7可以直接估算出在选择采样周期T_0和设计参数P时预测控制闭环系统振荡响应的特征参数(阻尼固有频率、阻尼比和最大超调量)。

例5.4 被控对象的传递函数为

$$G(s) = \frac{41.1234}{s^2 + 2.5651s + 41.1234}$$

该对象的$\omega_0 = 6.4127$，$\xi = 0.2$，由此可得$\omega_n = 6.2832 = 2\pi$，$T=1$。图5-8给出了受控系统阻尼比和最大超调量与优化时域P和采样周期T_0的关系曲线。由图5-9中取不同采样周期及$P=4$时的仿真可见，解析计算得到的二阶响应拟合曲线与实际动态响应曲线几乎完全吻合。

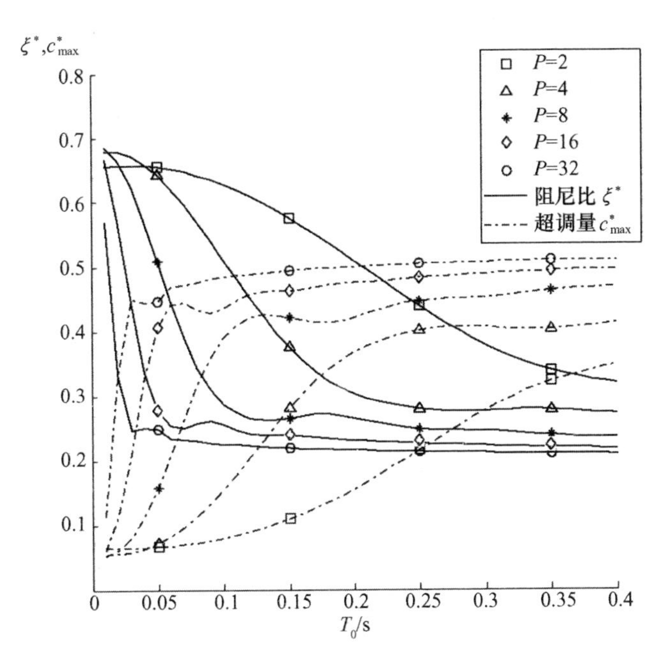

图 5-8 ξ^*(实线)、c^*_{max}(虚线)与 P 和 T_0 的关系

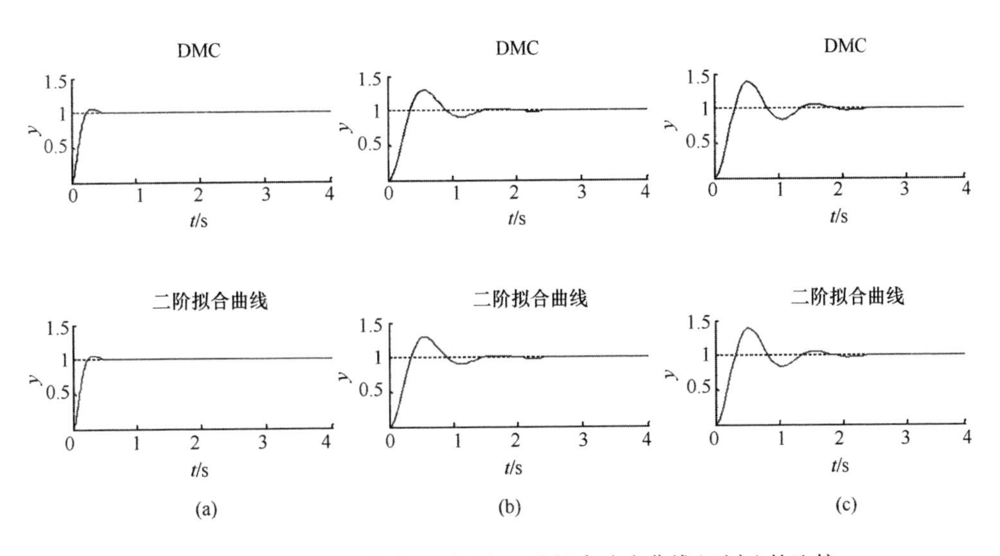

图 5-9 DMC 闭环响应(上方)与二阶拟合响应曲线(下方)的比较

(a) $T_0=0.04$s; (b) $T_0=0.16$s; (c) $T_0=0.25$s。

5.3.2 控制加权时的闭环性能分析

在性能指标(2-3)中对控制增量加权,即 $r>0$ 时,闭环特征多项式为

$$p^*(z) = 1 + p_1^* z^{-1} + p_2^* z^{-2} + p_3^* z^{-3} \tag{5-25}$$

闭环系统稳定的充分必要条件为

① $1+p_1^*+p_2^*+p_3^*>0$,

② $1-p_1^*+p_2^*-p_3^*>0$,

③ $|p_3^*|<1$,

④ $p_3^{*2}-1<p_1^*p_3^*-p_2^*$。

将式(5-20)代入并整理后,上述条件可写为

① $\beta C_1>0$,

② $2(1-\beta)(1+2\sigma\cos\Omega+\sigma^2)+\beta C_2>0$,

③ $|\sigma^2(\beta-1)|<1$,

④ $P(\beta)=A\beta^2+B\beta+C>0$。 (5-26)

其中 C_1、C_2 见定理5.6的证明,④中的

$$A = \sigma^2\left(\sum_{j=1}^{P} a_j a_{j+1}/s_2 - \sigma^2\right)$$

$$B = 2\sigma^4 + 2\sigma\cos\Omega(1-\sigma^2) - \sigma^2\left(\sum_{j=1}^{P} a_j a_{j+1} + \sum_{j=1}^{P} a_j a_{j-1}\right)/s_2$$

$$C = (1-\sigma^2)(1-2\sigma\cos\Omega+\sigma^2) \tag{5-27}$$

它们只与对象参数、采样周期和优化时域有关,而与 β 或控制加权 r 无关。

定理5.6中已证 $C_1>0$、$C_2>0$,条件①到③显然成立,闭环系统稳定的充分必要条件可归结为条件④是否成立。注意到

$$P(0) = C = (1-\sigma^2)(1-2\sigma\cos\Omega+\sigma^2) > 0$$

$$P(1) = A+B+C = 1-\sigma^2\sum_{j=1}^{P} a_j a_{j-1}/s_2 = 1-C_3 > 0$$

其中 C_3 见定理5.6的证明。由于 $0<\beta\leqslant 1$,可知当 $A\leqslant 0$ 时,$P(\beta)>0$ 对一切 $0<\beta\leqslant 1$ 成立,即闭环系统对所有 r 稳定;$A>0$ 时,存在两种可能:

情况1:$B^2-4AC<0$。$P(\beta)>0$ 对一切 $0<\beta\leqslant 1$ 成立,即闭环系统对所有 r 稳定。

情况2:$B^2-4AC\geqslant 0$。$P(\beta)$ 有两实根,记为 β_1、β_2,且 $\beta_1\leqslant\beta_2$,根据 $0<\beta\leqslant 1$ 且 $\beta=0$、$\beta=1$ 时 $P(\beta)>0$,可得到 β_1、β_2 位置的各种可能:

当 $1<\beta_1\leqslant\beta_2$ 或 $\beta_1\leqslant\beta_2<0$ 时,$P(\beta)>0$ 对一切 $0<\beta\leqslant 1$ 成立,闭环系统对所

有 r 稳定；

当 $0<\beta_1\leqslant\beta_2<1$ 时，$P(\beta)\leqslant 0$ 对 $\beta_1\leqslant\beta\leqslant\beta_2$ 成立，闭环系统在与其对应的 $r_2\leqslant r\leqslant r_1$ 时不稳定。其中等式成立时为临界稳定。

综合上面的分析，可以得到如下定理。

定理5.8 对于二阶振荡对象(5－15)，在DMC设计中取 $M=1,\boldsymbol{Q}=\boldsymbol{I},r>0$，则闭环系统为三阶动态环节。当式(5－27)中的 $A\leqslant 0$ 或 $A>0$ 且 $B^2-4AC<0$ 时，闭环系统是稳定的，当 $A>0$ 且 $B^2-4AC\geqslant 0$ 时，若式(5－26)中 $P(\beta)=0$ 的解 $1<\beta_1\leqslant\beta_2$ 或 $\beta_1\leqslant\beta_2<0$，闭环系统是稳定的，若 $0<\beta_1\leqslant\beta_2<1$，则闭环系统在对应的 $0\leqslant r<r_2$ 和 $r>r_1$ 时是稳定的，而在 $r_2\leqslant r\leqslant r_1$ 时是不稳定的。

上述结论表明，对于典型二阶振荡对象(5－15)，当采用DMC控制策略且 $r\neq 0$ 时，并非加大 r 就有利于系统稳定。随着 r 由0增大，受控系统由开始稳定，继而有可能变得不稳定，形成振荡发散，然后再随着 r 继续增大逐渐恢复稳定。由于 β_1、β_2 取决于系数 A、B、C，当对象及采样周期给定后，它们只取决于优化时域 P，故可由上面的算式求出不同 P 时使闭环系统稳定的 r 的取值范围。

例5.5 对于例5.4的被控对象，图5－10给出了 r 的稳定区域与 T_0、P 的关系。从图中可以看出，若 $T_0=0.04$，选取 $P=2$，则当 $0.03\leqslant r\leqslant 1$ 时系统是不稳定的。图5－11的仿真结果准确地验证了上述理论分析的正确性。

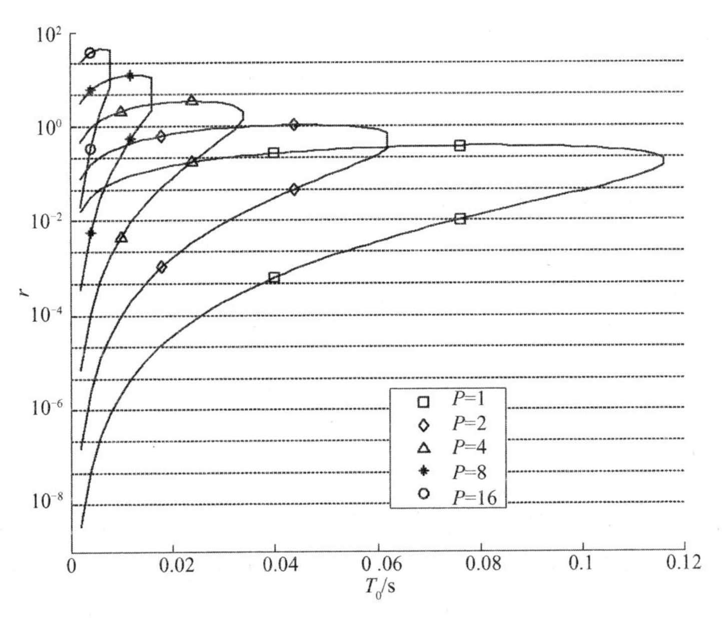

图5－10 $\xi=0.2$ 时 r 的稳定区域与 T_0、P 的关系

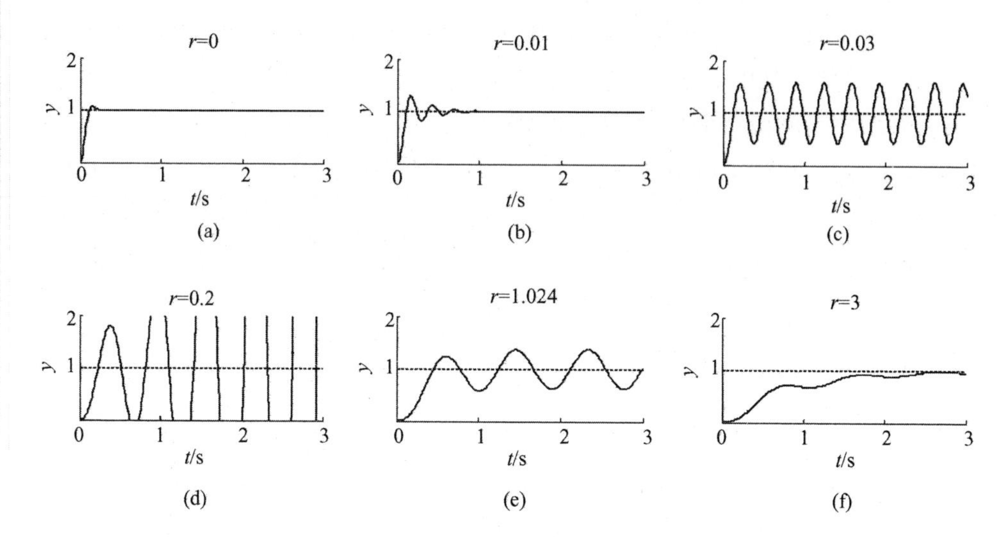

图5-11 典型振荡系统DMC控制 r 变化时的闭环响应

(a) $r=0$; (b) $r=0.01$; (c) $r=0.03$; (d) $r=0.2$; (e) $r=1.024$; (f) $r=3$。

当 $r>0$ 时,闭环系统呈三阶响应特性,对照 $p^*(z)$ 的表达式(5-25)可知,对于充分小的 r(即 $\beta\to1$),其动态响应接近于二阶过程,而当 r 增大时,另一个特征运动的作用明显加强,当 $r\to+\infty$(即 $\beta\to0$)时,稳定性条件中的①式趋于0,表明系统有一接近于 $z=1$ 的实根,它将是系统响应的主特征运动,从图5-11的仿真结果中可看出当 r 变化时上述分析的正确性。

定理5.4到5.8分别给出了典型二阶振荡对象(5-15)DMC设计参数与闭环系统稳定性和动态性能的定量关系,可以将其作为解析设计的依据。参照以上分析,在设计中可首先令 $r=0$,按5.3.1节的分析结果选择 P,使所得到的动态响应满足要求,如果需要适当增大 r 以抑制输入输出的剧烈变化,则应避免 r 进入5.3.2节所指出的不稳定区域。

5.4 小结

本章以DMC算法为例,对预测控制系统的参数设计讨论了两方面的问题:一般系统基于规则和仿真相结合的参数整定;某些典型系统基于定量分析理论具体化的参数解析设计。对于一般系统,利用设计参数与系统性能的趋势性关系,给出了设计参数的整定方向和规则,可据此结合仿真对设计参数进行调试,由于设计参数的选择有较大冗余,所给出的调试规则通常能得到满意的结果。对于一阶惯性加纯滞后对象和二阶振荡对象这两类典型系统,应用第4章预测控制系统性能定量分析的结果,导出了与对象参数有关的闭环系统稳定性和动态性能的具体分析结论,可根据设计要求和所导出的相关解析式直接确定优化设计参数,从而简化了设计过程。本章的讨论虽然都是针对单变量无约束系统的预测控制进行的,但参数整定的思路和规则也适用于多变量和有约束的情况。

第6章

多变量系统的预测控制

在以上各章中,我们从原理角度介绍了几种典型的预测控制算法,并且以单变量 DMC 算法为主,分析了预测控制算法的机理和闭环系统的性质,给出了单变量 DMC 算法的参数整定和设计方法。需要指出的是,预测控制算法固然可以取代 PID 算法用于单回路控制,但作为一种优化控制算法,其效用的发挥则更多地体现在多变量、有约束以及具有复杂控制结构的系统控制中。因此,从本章起将介绍预测控制在复杂系统中的实现,这更接近于预测控制的实际应用状况。

6.1 多变量系统的动态矩阵控制

2.1 节所介绍的单变量 DMC 算法,是建立在下述基本原理基础上的:

① 基于预测模型和线性系统比例、叠加性质的输出预测;

② 基于最优输出跟踪和抑制控制变化的在线滚动优化;

③ 基于实时检测输出信息的误差预测和校正。

显然,这些原理很容易推广到多变量系统。

设被控对象有 m 个控制输入,p 个输出,假定已测得每一输出 y_i 对每一输入 u_j 的单位阶跃响应 $a_{ij}(t)$,则可由阶跃响应在采样点上的值组成模型向量

$$\boldsymbol{a}_{ij} = [a_{ij}(1)\cdots a_{ij}(N)]^{\mathrm{T}},\ i = 1,\cdots,p,\ j = 1,\cdots,m$$

这些模型向量就是多变量 DMC 算法的出发点。其中,N 为建模时域,其意义与 2.1 节相同,为统一记号和方便编程,这里对不同输入输出间的阶跃响应采用相同的模型长度 N。下面根据预测控制的基本原理,用类似于 2.1 节的方法来推导多变量

系统的 DMC 算法[25]。

1. 预测模型

对于线性多变量系统，其每一输出受到多个输入的影响，它的动态变化可由每个输入对其产生的变化叠加而成。因此，首先考虑由输入 u_j 所引起的输出 y_i 的变化。类似于式(2-1)，在 k 时刻，可写出 u_j 有增量 $\Delta u_j(k)$ 时 y_i 在未来 N 个时刻的输出预测值

$$\tilde{\boldsymbol{y}}_{i,N1}(k) = \tilde{\boldsymbol{y}}_{i,N0}(k) + \boldsymbol{a}_{ij}\Delta u_j(k) \tag{6-1}$$

其中

$$\tilde{\boldsymbol{y}}_{i,N1}(k) = \begin{bmatrix} \tilde{y}_{i,1}(k+1|k) \\ \vdots \\ \tilde{y}_{i,1}(k+N|k) \end{bmatrix},\quad \tilde{\boldsymbol{y}}_{i,N0}(k) = \begin{bmatrix} \tilde{y}_{i,0}(k+1|k) \\ \vdots \\ \tilde{y}_{i,0}(k+N|k) \end{bmatrix}$$

这里除了加上了 y、u 的编号 i、j 外，其余符号的含义与2.1节相同。$\tilde{\boldsymbol{y}}_{i,N0}(k)$ 的各分量表示在 k 时刻全部控制量 $u_1,\cdots,u_m$ 保持不变时对 y_i 在未来 N 个时刻的初始输出预测值。

同样，在 k 时刻起当 u_j 依次有 M 个增量变化 $\Delta u_j(k)$、…、$\Delta u_j(k+M-1)$ 时，类似于式(2-4)，可得 y_i 在未来 P 个时刻的输出预测值为

$$\tilde{\boldsymbol{y}}_{i,PM}(k) = \tilde{\boldsymbol{y}}_{i,P0}(k) + \boldsymbol{A}_{ij}\Delta\boldsymbol{u}_{j,M}(k) \tag{6-2}$$

其中

$$\tilde{\boldsymbol{y}}_{i,PM}(k) = \begin{bmatrix} \tilde{y}_{i,M}(k+1|k) \\ \vdots \\ \tilde{y}_{i,M}(k+P|k) \end{bmatrix},\quad \tilde{\boldsymbol{y}}_{i,P0}(k) = \begin{bmatrix} \tilde{y}_{i,0}(k+1|k) \\ \vdots \\ \tilde{y}_{i,0}(k+P|k) \end{bmatrix}$$

$$\boldsymbol{A}_{ij} = \begin{bmatrix} a_{ij}(1) & & \boldsymbol{0} \\ \vdots & \ddots & \\ a_{ij}(M) & \cdots & a_{ij}(1) \\ \vdots & & \vdots \\ a_{ij}(P) & \cdots & a_{ij}(P-M+1) \end{bmatrix},\quad \Delta\boldsymbol{u}_{j,M}(k) = \begin{bmatrix} \Delta u_j(k) \\ \vdots \\ \Delta u_j(k+M-1) \end{bmatrix}$$

式(6-1)和式(6-2)就是 y_i 在 u_j 单独作用下的预测模型。若 y_i 受到 $u_1,\cdots,u_m$ 的共同作用，则可按线性系统的性质进行叠加。

若各 u_j 只有即时变化 $\Delta u_j(k)$，则对应于式(6-1)，有

$$\tilde{\boldsymbol{y}}_{i,N1}(k) = \tilde{\boldsymbol{y}}_{i,N0}(k) + \sum_{j=1}^{m}\boldsymbol{a}_{ij}\Delta u_j(k)$$

若各 u_j 从 k 时刻起均有 M 个依次变化的增量 $\Delta u_j(k),\cdots,\Delta u_j(k+M-1)$ ($j=$

$1,\cdots,m$),则对应于式(6-2),有

$$\tilde{\boldsymbol{y}}_{i,PM}(k)=\tilde{\boldsymbol{y}}_{i,P0}(k)+\sum_{j=1}^{m}\boldsymbol{A}_{ij}\Delta\boldsymbol{u}_{j,M}(k)$$

为使符号简洁,把所有的 y_i 合并在一个向量中,并且记

$$\tilde{\boldsymbol{y}}_{N1}(k)=\begin{bmatrix}\tilde{\boldsymbol{y}}_{1,N1}(k)\\\vdots\\\tilde{\boldsymbol{y}}_{p,N1}(k)\end{bmatrix},\quad \tilde{\boldsymbol{y}}_{N0}(k)=\begin{bmatrix}\tilde{\boldsymbol{y}}_{1,N0}(k)\\\vdots\\\tilde{\boldsymbol{y}}_{p,N0}(k)\end{bmatrix}$$

$$\tilde{\boldsymbol{y}}_{PM}(k)=\begin{bmatrix}\tilde{\boldsymbol{y}}_{1,PM}(k)\\\vdots\\\tilde{\boldsymbol{y}}_{p,PM}(k)\end{bmatrix},\quad \tilde{\boldsymbol{y}}_{P0}(k)=\begin{bmatrix}\tilde{\boldsymbol{y}}_{1,P0}(k)\\\vdots\\\tilde{\boldsymbol{y}}_{p,P0}(k)\end{bmatrix}$$

$$\overline{\boldsymbol{A}}=\begin{bmatrix}\boldsymbol{a}_{11}&\cdots&\boldsymbol{a}_{1m}\\\vdots&&\vdots\\\boldsymbol{a}_{p1}&\cdots&\boldsymbol{a}_{pm}\end{bmatrix},\quad \boldsymbol{A}=\begin{bmatrix}\boldsymbol{A}_{11}&\cdots&\boldsymbol{A}_{1m}\\\vdots&&\vdots\\\boldsymbol{A}_{p1}&\cdots&\boldsymbol{A}_{pm}\end{bmatrix}$$

$$\Delta\boldsymbol{u}(k)=\begin{bmatrix}\Delta u_1(k)\\\vdots\\\Delta u_m(k)\end{bmatrix},\quad \Delta\boldsymbol{u}_M(k)=\begin{bmatrix}\Delta\boldsymbol{u}_{1,M}(k)\\\vdots\\\Delta\boldsymbol{u}_{m,M}(k)\end{bmatrix}$$

则可得到一般的多变量系统预测模型

$$\tilde{\boldsymbol{y}}_{N1}(k)=\tilde{\boldsymbol{y}}_{N0}(k)+\overline{\boldsymbol{A}}\Delta\boldsymbol{u}(k)\tag{6-3}$$

$$\tilde{\boldsymbol{y}}_{PM}(k)=\tilde{\boldsymbol{y}}_{P0}(k)+\boldsymbol{A}\Delta\boldsymbol{u}_M(k)\tag{6-4}$$

2. 滚动优化

类似于单变量情况下的式(2-5),在多变量 DMC 的滚动优化中,要通过 m 个控制输入 u_j 各自在未来 M 个时刻的变化,使每一输出 y_i 在未来 P 个时刻紧密跟踪相应的期望值 w_i,同时对这些控制量的变化通过在性能指标中加入相应的惩罚项加以抑制。在 k 时刻的优化性能指标可以写为

$$\min J(k)=\|\boldsymbol{w}(k)-\tilde{\boldsymbol{y}}_{PM}(k)\|_{\boldsymbol{Q}}^2+\|\Delta\boldsymbol{u}_M(k)\|_{\boldsymbol{R}}^2\tag{6-5}$$

其中

$$\boldsymbol{w}(k)=\begin{bmatrix}\boldsymbol{w}_1(k)\\\vdots\\\boldsymbol{w}_p(k)\end{bmatrix},\quad \boldsymbol{w}_i(k)=\begin{bmatrix}w_i(k+1)\\\vdots\\w_i(k+P)\end{bmatrix},\quad i=1,\cdots,p$$

$$\boldsymbol{Q}=\text{block}-\text{diag}(\boldsymbol{Q}_1,\cdots,\boldsymbol{Q}_p)$$

$$\boldsymbol{Q}_i = \text{diag}[q_i(1),\cdots,q_i(P)],\ i = 1,\cdots,p$$
$$\boldsymbol{R} = \text{block} - \text{diag}(\boldsymbol{R}_1,\cdots,\boldsymbol{R}_m)$$
$$\boldsymbol{R}_j = \text{diag}[r_j(1),\cdots,r_j(M)],\ j = 1,\cdots,m$$

很明显,误差权矩阵 $\boldsymbol{Q}$ 的分块 $\boldsymbol{Q}_1,\cdots,\boldsymbol{Q}_p$ 对应着不同的输出,而 $\boldsymbol{Q}_i$ 中的元素则对应于 y_i 在不同时刻的跟踪误差。同样,控制权矩阵 $\boldsymbol{R}$ 的分块 $\boldsymbol{R}_1,\cdots,\boldsymbol{R}_m$ 对应着不同的控制输入,而 $\boldsymbol{R}_j$ 中的元素则对应对 u_j 在不同时刻增量的抑制。所以,在性能指标(6-5)中,$\boldsymbol{Q},\boldsymbol{R}$ 的每一元素都有直观的物理意义,十分有利于调试整定。

在不考虑约束的情况下,类似于式(2-6)的导出,由预测模型(6-4),可求出使性能指标(6-5)最优的全部控制增量

$$\Delta\boldsymbol{u}_M(k) = (\boldsymbol{A}^{\mathrm{T}}\boldsymbol{Q}\boldsymbol{A} + \boldsymbol{R})^{-1}\boldsymbol{A}^{\mathrm{T}}\boldsymbol{Q}[\boldsymbol{w}(k) - \tilde{\boldsymbol{y}}_{P0}(k)] \tag{6-6}$$

而即时控制增量可由下式给出

$$\Delta\boldsymbol{u}(k) = \boldsymbol{D}[\boldsymbol{w}(k) - \tilde{\boldsymbol{y}}_{P0}(k)] \tag{6-7}$$

其中

$$\boldsymbol{D} = \boldsymbol{L}(\boldsymbol{A}^{\mathrm{T}}\boldsymbol{Q}\boldsymbol{A} + \boldsymbol{R})^{-1}\boldsymbol{A}^{\mathrm{T}}\boldsymbol{Q} \triangleq \begin{bmatrix} \boldsymbol{d}_{11}^{\mathrm{T}} & \cdots & \boldsymbol{d}_{1p}^{\mathrm{T}} \\ \vdots & & \vdots \\ \boldsymbol{d}_{m1}^{\mathrm{T}} & \cdots & \boldsymbol{d}_{mp}^{\mathrm{T}} \end{bmatrix} \tag{6-8}$$

而 $m \times mM$ 维矩阵 $\boldsymbol{L}$ 表示取后面矩阵的第1、第 $M+1$、…、第 $(m-1)M+1$ 行的运算

$$\boldsymbol{L} = \begin{bmatrix} 1\ 0 \cdots 0 & & \boldsymbol{0} \\ & \ddots & \\ \boldsymbol{0} & & 1\ 0 \cdots 0 \end{bmatrix}$$

注意,这里 $\boldsymbol{d}_{ji}^{\mathrm{T}}(i=1,\cdots,p,\ j=1,\cdots,m)$ 均为 P 维向量。在阶跃响应已知且控制策略已定的情况下,$\boldsymbol{A}$、$\boldsymbol{Q}$、$\boldsymbol{R}$ 均属已知,$\boldsymbol{D}$ 的元素可由式(6-8)一次离线算出。在线通过计算

$$\Delta u_j(k) = \sum_{i=1}^{p}\boldsymbol{d}_{ji}^{\mathrm{T}}[\boldsymbol{w}_i(k) - \tilde{\boldsymbol{y}}_{i,P0}(k)],\quad j = 1,\cdots,m$$
$$u_j(k) = u_j(k-1) + \Delta u_j(k),\quad j = 1,\cdots,m \tag{6-9}$$

即可得到 m 个要实施的即时控制量。

3. 反馈校正

在 k 时刻实施控制后,即可根据预测模型(6-3)算出对象在未来时刻的各输出值,其中也包括了各输出量在 $k+1$ 时刻的预测值 $\tilde{y}_{i,1}(k+1|k),i=1,\cdots,p$。到 $k+1$时刻测得各实际输出值 $y_i(k+1)$ 后,即可与相应的预测值比较并构成误差

向量

$$\boldsymbol{e}(k+1)=\begin{bmatrix} e_1(k+1) \\ \vdots \\ e_p(k+1) \end{bmatrix}=\begin{bmatrix} y_1(k+1)-\tilde{y}_{1,1}(k+1 \mid k) \\ \vdots \\ y_p(k+1)-\tilde{y}_{p,1}(k+1 \mid k) \end{bmatrix} \tag{6-10}$$

利用这一误差信息用启发式加权方法预测未来的输出误差,并以此补偿基于模型的预测,可得到经校正的预测向量

$$\tilde{\boldsymbol{y}}_{\mathrm{cor}}(k+1)=\tilde{\boldsymbol{y}}_{N1}(k)+\boldsymbol{He}(k+1) \tag{6-11}$$

其中

$$\boldsymbol{H}=\begin{bmatrix} \boldsymbol{h}_{11} & \cdots & \boldsymbol{h}_{1p} \\ \vdots & & \vdots \\ \boldsymbol{h}_{p1} & \cdots & \boldsymbol{h}_{pp} \end{bmatrix}, \quad \boldsymbol{h}_{ij}=\begin{bmatrix} h_{ij}(1) \\ \vdots \\ h_{ij}(N) \end{bmatrix}, \quad i,j=1,\cdots,p$$

为误差校正矩阵,它是由一系列误差校正向量 $\boldsymbol{h}_{ij}$ 构成的。但由于对误差形成的原因缺乏了解,某一输出量的误差对其它输出如何校正更属未知,交叉校正是没有意义的,因此可以令所有交叉校正向量 $\boldsymbol{h}_{ij}(i \neq j)$ 为零,即只保留 $\boldsymbol{H}$ 中的对角块,只用 y_i 自身的误差通过加权修正其预测输出值。

类似于式(2-14),由于时间基点已从 k 时刻移到 $k+1$ 时刻,故这一校正后的预测向量 $\tilde{\boldsymbol{y}}_{\mathrm{cor}}(k+1)$ 可通过移位构成 $k+1$ 时刻的初始预测值

$$\tilde{\boldsymbol{y}}_{N0}(k+1)=\boldsymbol{S}_0\tilde{\boldsymbol{y}}_{\mathrm{cor}}(k+1) \tag{6-12}$$

其中

$$\boldsymbol{S}_0=\begin{bmatrix} \boldsymbol{S} & & \boldsymbol{0} \\ & \ddots & \\ \boldsymbol{0} & & \boldsymbol{S} \end{bmatrix}, \quad \boldsymbol{S}=\begin{bmatrix} 0 & 1 & & 0 \\ \vdots & \ddots & \ddots & \\ & & 0 & 1 \\ 0 & \cdots & 0 & 1 \end{bmatrix}$$

整个控制就是按照这一过程反复进行的。图 6-1 画出了 $m=p=2$ 时的多变量系统 DMC 算法的结构。

由上述推导及图 6-1 可以看出,DMC 算法在推广到多变量系统时,仍然是应用了线性系统的比例和叠加性质,但除了对不同时刻控制作用的叠加外,还增加了对不同控制量作用的叠加,即在预测、优化的各式中把单纯时间方向的叠加扩展为时间(不同时刻的控制作用)和空间(不同输入量的作用)的双重叠加,因此在原理上没有任何困难。

与单变量情况相比,在这里只需指出以下几点:

① 对于有 m 个控制输入、p 个控制输出的多变量对象,必须测出所有输出对全部输入的阶跃响应。为此,可在其它输入量保持不变的条件下,逐一地给 u_j 以一单位阶跃,并测定相应的各 y_i 在 N 个时刻的输出,得到 $\boldsymbol{a}_{ij}$。这样的试验一共要进行 m 次,所得到的阶跃响应一共有 $p \times m$ 组。

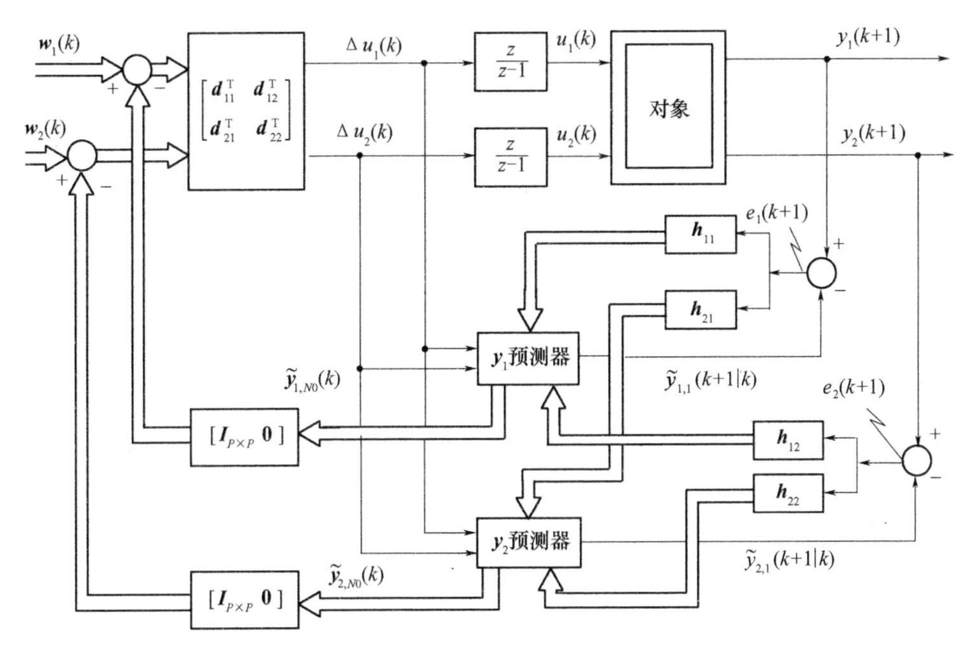

图6-1 多变量动态矩阵控制算法($m = p = 2$)[25]

② 对于设定值控制,在到达稳态时,对象的输入输出间有关系

$$\begin{bmatrix} y_{1s} \\ \vdots \\ y_{ps} \end{bmatrix} = \begin{bmatrix} a_{11s} & \cdots & a_{1ms} \\ \vdots & & \vdots \\ a_{p1s} & \cdots & a_{pms} \end{bmatrix} \begin{bmatrix} u_{1s} \\ \vdots \\ u_{ms} \end{bmatrix}$$

式中,下标 s 均表示相应量的稳态值。上式中的 $p \times m$ 维矩阵的秩如果为 p,我们就有足够的自由度把对象的各输出控制到任意期望值。而当 $m < p$ 时,该矩阵的秩总要小于 p,这时不可能用较少的输入使较多的输出均达到任意的期望值。但通过协调优化性能指标(6-5)中的权矩阵 $\boldsymbol{Q}_i$,可人为地指定不同输出值对于各自期望值的贴近程度。

③ 如果对象有相同的输入输出数 $m = p$,则与单变量情况下3.3.2节所述相仿,在不考虑约束且采用优化策略 $P = M, \boldsymbol{Q} = \boldsymbol{I}, \boldsymbol{R} = \boldsymbol{0}$ 时,导出的控制律与一步预测优化(即 $P = M = 1$)时的控制律完全相同。为了说明这一点,考虑式(6-6)并假定 $\boldsymbol{A}$ 是可逆的,这时最优解满足

$$\boldsymbol{A}\Delta\boldsymbol{u}_M(k) = \boldsymbol{w}(k) - \tilde{\boldsymbol{y}}_{P0}(k)$$

其中,第 1、第 $P+1$、…、第 $(p-1)P+1$ 行对应的等式为

$$a_{11}(1)\Delta u_1(k) + \cdots + a_{1m}(1)\Delta u_m(k) = w_1(k+1) - \tilde{y}_{1,0}(k+1|k)$$

$$a_{21}(1)\Delta u_1(k) + \cdots + a_{2m}(1)\Delta u_m(k) = w_2(k+1) - \tilde{y}_{2,0}(k+1|k)$$

$$\vdots$$

$$a_{p1}(1)\Delta u_1(k) + \cdots + a_{pm}(1)\Delta u_m(k) = w_p(k+1) - \tilde{y}_{p,0}(k+1|k)$$

它们与 $\Delta u_j(k+1)$、$\Delta u_j(k+2)$ 等的取值无关,即所有的 $\Delta u_j(k)$ 均可由这 $p(p=m)$ 个等式解出,这正对应着 $P=M=1$ 时的最优解。

④ 这种多变量预测控制算法与一般的解耦、分散控制算法不同,它采用了全局整体优化的概念,考虑了所有输入输出间的交互影响,因而各控制输入量与输出量在算法中具有同等的地位,只是编号不同而已,因此,对它们的控制不存在配对问题。

通过上面的算法介绍可以知道,多变量 DMC 算法在不考虑约束时,在线计算只涉及到 3 类参数:模型参数 $\boldsymbol{a}_{ij}$、控制参数 $\boldsymbol{d}_{ji}^{\mathrm{T}}$ 以及校正参数 $\boldsymbol{h}_{ii}$。其中 $\boldsymbol{a}_{ij}$ 是由阶跃响应特性及采样周期确定的,$\boldsymbol{h}_{ii}$ 可自由选择,而 $\boldsymbol{d}_{ji}^{\mathrm{T}}$(即 $\boldsymbol{D}$)则要根据优化性能指标(6-5)通过式(6-8)事先离线算出。这 3 组动态系数确定后,应置入固定的内存单元,以便实时调用。在线控制时,首先根据初始测量到的实际输出值 y_{i0} 对各输出预测值进行初始化设置,然后在每一步,首先检测对象的实际输出,按式(6-10)、式(6-11)、式(6-12)进行校正和移位,得到该时刻的初始输出预测值,再由式(6-9)计算即时控制量,所得到的控制量一方面作用于实际对象实施控制,另一方面通过式(6-3)计算控制实施后的预测输出值,其中包括了各输出量在下一时刻的预测输出值,它们将用来与下一时刻的实测输出值按式(6-10)、式(6-11)构成输出误差进行校正。这一过程随着采样时刻的推移滚动进行。

虽然多变量系统的预测控制在原理上与单变量系统没有什么差别,但因对象输入输出间存在着复杂关联,其参数整定要比单变量情况复杂得多。即使是对最简单的控制策略,也很难推出闭环系统的定量表达,反映设计参数与控制系统性能间关系的解析结论更是缺乏。因此,多变量系统 DMC 控制的参数整定只能直接立足于性能指标(6-5)的物理意义,并结合仿真反复调整。下面,我们简单指出多变量 DMC 参数整定的一些参考规则:

① 在上面介绍的算法中,为计算公式的统一和表达的简化,对不同输出的优化时域和不同输入的控制时域采用了统一的 P 和 M。但通过选择权矩阵 $\boldsymbol{Q}_i$ 和 $\boldsymbol{R}_j$,可得到实际相异的 P_i 和 M_j。例如,令 y_i 对应的权矩阵 $\boldsymbol{Q}_i$ 中元素 $q_i(P_i+1)=\cdots=q_i(P)=0$,可将 y_i 的优化时域缩短到 P_i,令 u_j 对应的权矩阵 $\boldsymbol{R}_j$ 中元素 $r_j(M_j+1)=$

$\cdots = r_j(M) = 0$,可将 u_j 的控制时域缩短到 M_j。

② 对应于输出 y_i 的优化时域 P_i,应覆盖它对所有输入 $u_j(j=1,\cdots,m)$的阶跃响应的主要动态部分,即 P_i 必须跨越所有 $a_{ij}(t)$的时滞和非最小相位反向部分,并对所有 j 满足

$$\left(\sum_{l=1}^{P_i} a_{ij}(l)q_i(l)\right)a_{ij}(N) > 0$$

这在物理上意味着对 y_i 的优化覆盖了所有输入对其产生动态影响的主要部分,这是得到稳定且有意义的控制的必要条件。

③ 对应于输入 u_j 的控制时域 M_j,应根据它对所有 $y_i(i=1,\cdots,p)$所产生的阶跃响应的动态复杂性加以选择。如果所有的 $a_{ij}(t)(i=1,\cdots,p)$都有比较简单的动态,则 u_j 无须变化多次就可得到平稳的响应,M_j 的值可取小些;反之则需加大 M_j 以增加控制的自由度。

④ 在仿真过程中,可根据输出响应及控制量的变化情况调整 $\boldsymbol{Q}_i$、$\boldsymbol{R}_j$ 的元素,改善控制性能。根据这些元素在性能指标(6-5)中的物理意义可知,若某一输出 y_i 的响应过程特别慢,可加大相应 $\boldsymbol{Q}_i$ 中的元素,即增强 y_i 跟踪误差的权重,加快 y_i 的动态过程;若某一控制输入 u_j 的变化过于剧烈,可加大相应 $\boldsymbol{R}_j$ 中的元素,加强对 u_j 变化的抑制,使其变化趋于平缓。

⑤ 通过理论分析同样可知,在模型准确时,校正向量 $\boldsymbol{h}_{ii}$的选取不影响系统的动态特性。所以在整定过程中,仍可遵循分离原理,即首先整定优化性能指标(6-5)中的设计参数,用以获得模型无失配时稳定而良好的动态响应,再通过选择 $\boldsymbol{h}_{ii}$,用以获得良好的抗干扰性和模型失配时的鲁棒性。由于我们只需对各输出误差进行独立的校正,$\boldsymbol{h}_{ii}$可参考单变量的情况,选择类似于等值修正(3-20)的校正策略。

6.2 有约束多变量预测控制的在线优化

以上所讨论的DMC算法,无论是单变量还是多变量的情况,都没有考虑系统中存在的约束。然而在实际应用中,控制量、输出量和某些中间变量因受到物理约束或出于安全性的考虑,其取值只能限定在一定范围内。如执行元件为阀门时,阀门开度只能在一定范围内变化;在对锅炉进行液位控制时,液位高度超过一定的上限或下限都会引起事故。因此,在实现控制时,必须根据实际要求,把控制量和输出量约束在一定范围内,即

$$u_{\min} \leqslant u \leqslant u_{\max} \tag{6-13}$$

$$y_{\min} \leqslant y \leqslant y_{\max} \tag{6-14}$$

在这种情况下,如果还是按无约束优化求出最优控制 $\boldsymbol{u}(k)$,并根据式(6-13)把其超界的分量用临界值代替,则失去了优化的意义。而且这样做至多只能解决控制量 u 的约束问题,而在其作用下的输出 y 是否满足约束条件(6-14)只能通过后验检查,无法得到保证。为了得到满足约束条件的真正可行的最优解,必须把约束条件(6-13)和(6-14)作为滚动优化的组成部分加以考虑,预测控制的模型预测功能,使其自然地具备了这种处理约束的能力。本节中,我们将讨论这类有约束多变量 DMC 的在线优化算法。

在多变量预测控制的滚动优化中,每一时刻的优化都涉及到各控制量在未来 M 个时刻的增量以及各输出量在未来 P 个时刻的预测值。这些控制量均应满足约束条件(6-13),即

$$
\begin{gathered}
u_{i,\min} \leqslant u_i(k) = u_i(k-1) + \Delta u_i(k) \leqslant u_{i,\max} \\
\vdots \\
u_{i,\min} \leqslant u_i(k+M-1) = u_i(k-1) + \Delta u_i(k) + \cdots + \Delta u_i(k+M-1) \leqslant u_{i,\max} \\
i = 1,\cdots,m
\end{gathered}
$$

它可以用向量形式记为

$$
\Delta \boldsymbol{u}_{\min} \leqslant \boldsymbol{B}\Delta \boldsymbol{u}_M(k) \leqslant \Delta \boldsymbol{u}_{\max} \tag{6-15}
$$

其中

$$
\boldsymbol{B} = \text{block}-\text{diag}(\boldsymbol{B}_0,\boldsymbol{B}_0,\cdots,\boldsymbol{B}_0) \quad (m\text{ 块})
$$

$$
\boldsymbol{B}_0 = \begin{bmatrix} 1 & & \\ 1 & 1 & \boldsymbol{0} \\ \vdots & & \ddots \\ 1 & \cdots & & 1 \end{bmatrix}_{(M\times M)}
$$

$$
\Delta \boldsymbol{u}_{\min} = \begin{bmatrix} u_{1,\min} - u_1(k-1) \\ \vdots \\ u_{1,\min} - u_1(k-1) \\ \vdots \\ u_{m,\min} - u_m(k-1) \\ \vdots \\ u_{m,\min} - u_m(k-1) \end{bmatrix}_{(mM\times 1)}, \quad \Delta \boldsymbol{u}_{\max} = \begin{bmatrix} u_{1,\max} - u_1(k-1) \\ \vdots \\ u_{1,\max} - u_1(k-1) \\ \vdots \\ u_{m,\max} - u_m(k-1) \\ \vdots \\ u_{m,\max} - u_m(k-1) \end{bmatrix}_{(mM\times 1)}
$$

同样,各输出预测值均应满足约束条件(6-14),这可直接引用式(6-4)写成向量形式

$$\boldsymbol{y}_{\min} - \tilde{\boldsymbol{y}}_{P0}(k) \leqslant \boldsymbol{A}\Delta\boldsymbol{u}_M(k) \leqslant \boldsymbol{y}_{\max} - \tilde{\boldsymbol{y}}_{P0}(k) \tag{6-16}$$

其中

$$\boldsymbol{y}_{\min} = [y_{1,\min} \cdots y_{1,\min} \cdots y_{p,\min} \cdots y_{p,\min}]^{\mathrm{T}}_{(pP\times 1)}$$
$$\boldsymbol{y}_{\max} = [y_{1,\max} \cdots y_{1,\max} \cdots y_{p,\max} \cdots y_{p,\max}]^{\mathrm{T}}_{(pP\times 1)}$$

由式(6－15)和式(6－16)可知,对于控制量和输出量的约束均可归结为如下形式的对于控制量的不等式约束

$$\boldsymbol{C}\Delta\boldsymbol{u}_M(k) \leqslant \boldsymbol{l} \tag{6-17}$$

其中

$$\boldsymbol{C} = \begin{bmatrix} -\boldsymbol{B} \\ \boldsymbol{B} \\ -\boldsymbol{A} \\ \boldsymbol{A} \end{bmatrix}, \quad \boldsymbol{l} = \begin{bmatrix} -\Delta\boldsymbol{u}_{\min} \\ \Delta\boldsymbol{u}_{\max} \\ \tilde{\boldsymbol{y}}_{P0}(k) - \boldsymbol{y}_{\min} \\ \boldsymbol{y}_{\max} - \tilde{\boldsymbol{y}}_{P0}(k) \end{bmatrix}$$

$\boldsymbol{C},\boldsymbol{l}$ 均为 k 时刻已知的量。这样,在 k 时刻考虑约束的滚动优化问题,就是利用预测模型(6－4)在不等式约束(6－17)下求出使性能指标(6－5)最优的 $\Delta\boldsymbol{u}_M(k)$,即

$$\begin{aligned} \min_{\Delta\boldsymbol{u}_M(k)} J(k) &= \|\boldsymbol{w}(k) - \tilde{\boldsymbol{y}}_{PM}(k)\|_{\boldsymbol{Q}}^2 + \|\Delta\boldsymbol{u}_M(k)\|_{\boldsymbol{R}}^2 \\ \text{s.t.} \quad \tilde{\boldsymbol{y}}_{PM}(k) &= \tilde{\boldsymbol{y}}_{P0}(k) + \boldsymbol{A}\Delta\boldsymbol{u}_M(k) \\ \boldsymbol{C}\Delta\boldsymbol{u}_M(k) &\leqslant \boldsymbol{l} \end{aligned} \tag{6-18}$$

这类具有二次型性能指标且带线性等式和不等式约束的优化问题通常称为二次规划(Quadratic Programming,QP)问题。以下首先介绍一种在 DMC 早期工业应用中求解该类约束优化问题的矩阵求逆分解法,然后再介绍如何用标准 QP 方法求解此类问题。

6.2.1 基于矩阵求逆分解的约束优化算法

虽然在有不等式约束(6－17)时求解在线优化问题(6－18)不能再得到最优解的解析表达式,但无约束时最优解析解(6－6)的直接性和简易性无疑是很有吸引力的。事实上,在正常控制情况下,不等式约束(6－17)中有很大一部分是不起作用的,真正出现超界而必须考虑的不等式只是其中极少数。因此,直观上可按以下思路把无约束最优解用于约束优化问题的求解中。首先按式(6－6)求出无约束最优解 $\Delta\boldsymbol{u}_M(k)$,然后用式(6－17)加以检验,看其中哪些约束不能满足,然后根据优化性能指标(6－18)中权矩阵 $\boldsymbol{Q}$、$\boldsymbol{R}$ 的物理意义,改变相应的权系数以改善输入或输出项对于约束条件的满足程度,如此反复求解、检验、调整,直至计算结果满足所有约束。这种方法虽然可以利用无约束最优解解析表达式的直接性和简易性,

但由于每次改变权系数后都需重新对矩阵 $\boldsymbol{A}^{\mathrm{T}}\boldsymbol{Q}\boldsymbol{A}+\boldsymbol{R}$ 求逆，而对多变量系统来说该矩阵的维数甚高，因此很难适合在线实时计算的需要。

Prett 等在 DMC 应用于工业过程的初期，就在文献[26]中提出了一种多变量约束优化方法，该方法利用了无约束最优解析解的直接性和简易性，同时通过矩阵求逆分解把在线求逆的矩阵维数降到最低，从而使之可以在线求解约束优化问题。他们指出，在上述约束优化问题中，优化变量 $\Delta\boldsymbol{u}_M(k)$ 在其空间构成一可行域，其边界对应于约束条件的临界值。若无约束优化的结果落在此可行域内，则全部约束条件均满足，该结果也是约束优化问题的最优解。但若无约束优化的结果落在此可行域外，则在考虑约束时这是一个非可行解，因为它至少破坏了某些约束条件。在这种情况下，无约束优化的最优解必须向可行域靠拢，直至落在可行域的顶点或边界上，这时它对原先被破坏的约束条件达到了临界满足，因而成为约束优化的可行解，但其最优性显然要比无约束时差，这是约束加入所造成的必然结果。

现在我们讨论如何根据上述分析导出较为简易的在线约束优化算法。首先讨论当无约束最优解不可行时如何对其改进，然后给出求解的迭代算法。

1. 无约束最优解不可行时的改进

首先，不考虑优化问题(6－18)中的不等式约束，这时的最优解已由式(6－6)给出为

$$\Delta\boldsymbol{u}_M(k)=(\boldsymbol{A}^{\mathrm{T}}\boldsymbol{Q}\boldsymbol{A}+\boldsymbol{R})^{-1}\boldsymbol{A}^{\mathrm{T}}\boldsymbol{Q}[\boldsymbol{w}(k)-\tilde{\boldsymbol{y}}_{P0}(k)]$$

然后，用约束条件(6－17)来检验其是否破坏对于输入与输出的约束。注意到预测控制的优化是反复在线进行的，并且每次优化后得到的 $\Delta\boldsymbol{u}_M(k)$ 中只有当前控制量 $\Delta\boldsymbol{u}(k)$ 真正付诸实施，因此不必对优化时域内的所有约束即条件(6－17)中的所有式子进行检验，只需检验该条件中最邻近当前的有限时刻即可。通过检验可把不满足约束的式子抽取出来，并令其满足临界约束

$$\boldsymbol{C}_1\Delta\boldsymbol{u}_M(k)=\boldsymbol{l}_1 \tag{6－19}$$

其中，$\boldsymbol{C}_1$、$\boldsymbol{l}_1$ 分别由 $\boldsymbol{C}$、$\boldsymbol{l}$ 中对应于不满足约束的那些行的元素组成。很显然，$\boldsymbol{C}_1$ 或 $\boldsymbol{l}_1$ 的行数等于无约束最优解所违反的约束条件的数目，它一般远远小于求解 $\Delta\boldsymbol{u}_M(k)$ 时求逆矩阵的维数。

为了使非可行解进入可行域，可将等式约束的不满足程度考虑在优化问题中，为此，修改优化性能指标(6－18)为

$$\min J'(k)=J(k)+\|\boldsymbol{C}_1\Delta\boldsymbol{u}_M(k)-\boldsymbol{l}_1\|_{\boldsymbol{S}}^2$$

其中，$\boldsymbol{S}=s\boldsymbol{I}$，$s$ 为一正数。

结合预测模型(6－4)对上述性能指标优化，可以得到最优解

$$\Delta\boldsymbol{u}'_M(k)=(\boldsymbol{A}^{\mathrm{T}}\boldsymbol{Q}\boldsymbol{A}+\boldsymbol{R}+\boldsymbol{C}_1^{\mathrm{T}}\boldsymbol{S}\boldsymbol{C}_1)^{-1}[\boldsymbol{A}^{\mathrm{T}}\boldsymbol{Q}(\boldsymbol{w}(k)-\tilde{\boldsymbol{y}}_{P0}(k))+\boldsymbol{C}_1^{\mathrm{T}}\boldsymbol{S}\boldsymbol{l}_1]$$

记 $\boldsymbol{P}=(\boldsymbol{A}^{\mathrm{T}}\boldsymbol{Q}\boldsymbol{A}+\boldsymbol{R})^{-1}$，利用矩阵求逆分解公式，可将上式中的求逆矩阵改写为

$$(\boldsymbol{P}^{-1}+\boldsymbol{C}_1^{\mathrm{T}}\boldsymbol{S}\boldsymbol{C}_1)^{-1}=\boldsymbol{P}-\boldsymbol{P}\boldsymbol{C}_1^{\mathrm{T}}(\boldsymbol{C}_1\boldsymbol{P}\boldsymbol{C}_1^{\mathrm{T}}+\boldsymbol{S}^{-1})^{-1}\boldsymbol{C}_1\boldsymbol{P} \tag{6-20}$$

从而可把上述解写作

$$\begin{aligned}\Delta\boldsymbol{u}'_M(k)&=\boldsymbol{P}\boldsymbol{A}^{\mathrm{T}}\boldsymbol{Q}[\boldsymbol{w}(k)-\tilde{\boldsymbol{y}}_{P0}(k)]-\boldsymbol{P}\boldsymbol{C}_1^{\mathrm{T}}(\boldsymbol{C}_1\boldsymbol{P}\boldsymbol{C}_1^{\mathrm{T}}+\boldsymbol{S}^{-1})^{-1}\boldsymbol{C}_1\boldsymbol{P}\boldsymbol{A}^{\mathrm{T}}\boldsymbol{Q}[\boldsymbol{w}(k)-\tilde{\boldsymbol{y}}_{P0}(k)]\\&\quad+\boldsymbol{P}\boldsymbol{C}_1^{\mathrm{T}}\boldsymbol{S}\boldsymbol{l}_1-\boldsymbol{P}\boldsymbol{C}_1^{\mathrm{T}}(\boldsymbol{C}_1\boldsymbol{P}\boldsymbol{C}_1^{\mathrm{T}}+\boldsymbol{S}^{-1})^{-1}\boldsymbol{C}_1\boldsymbol{P}\boldsymbol{C}_1^{\mathrm{T}}\boldsymbol{S}\boldsymbol{l}_1\\&=\Delta\boldsymbol{u}_M(k)-\boldsymbol{P}\boldsymbol{C}_1^{\mathrm{T}}(\boldsymbol{C}_1\boldsymbol{P}\boldsymbol{C}_1^{\mathrm{T}}+\boldsymbol{S}^{-1})^{-1}\boldsymbol{C}_1\Delta\boldsymbol{u}_M(k)+\boldsymbol{P}\boldsymbol{C}_1^{\mathrm{T}}(\boldsymbol{C}_1\boldsymbol{P}\boldsymbol{C}_1^{\mathrm{T}}+\boldsymbol{S}^{-1})^{-1}\boldsymbol{l}_1\\&=\Delta\boldsymbol{u}_M(k)-\boldsymbol{P}\boldsymbol{C}_1^{\mathrm{T}}(\boldsymbol{C}_1\boldsymbol{P}\boldsymbol{C}_1^{\mathrm{T}}+\boldsymbol{S}^{-1})^{-1}[\boldsymbol{C}_1\Delta\boldsymbol{u}_M(k)-\boldsymbol{l}_1]\end{aligned} \tag{6-21}$$

由此可见，在把原无约束最优解不满足的临界约束(6－19)考虑到性能指标中后，最优解的可行性可通过无约束最优解 $\Delta\boldsymbol{u}_M(k)$ 减去一附加项加以改进。这一附加项与临界约束(6－19)的不满足程度有关。值得注意的是，在附加项中出现的 $\boldsymbol{C}_1$、$\boldsymbol{l}_1$ 是根据对约束条件的检验在线确定的，因而矩阵 $\boldsymbol{C}_1\boldsymbol{P}\boldsymbol{C}_1^{\mathrm{T}}+\boldsymbol{S}^{-1}$ 需在线求逆。但该求逆矩阵的维数即 $\boldsymbol{C}_1$ 的行数仅是约束条件不满足的个数，一般说来它远远低于直接求逆矩阵的维数。此外，由于 $\boldsymbol{P}$ 在事先已离线算出，而 $\boldsymbol{C}_1\Delta\boldsymbol{u}_M(k)-\boldsymbol{l}_1$ 在检验约束条件是否满足时已算出，所以由式(6－21)计算改进的控制作用 $\Delta\boldsymbol{u}'_M(k)$ 是很简易的。

2. 在线约束优化的迭代算法

在上述计算中，由于式(6－19)并不是作为硬约束，而是通过转化到性能指标中以软约束方式出现的，因此，对于有限的 s 取值，所得到的 $\Delta\boldsymbol{u}'_M(k)$ 可能仍然不满足式(6－19)给出的约束条件，只有当 $s\to\infty$ 时，得到

$$\Delta\boldsymbol{u}'_M(k)=\Delta\boldsymbol{u}_M(k)-\boldsymbol{P}\boldsymbol{C}_1^{\mathrm{T}}(\boldsymbol{C}_1\boldsymbol{P}\boldsymbol{C}_1^{\mathrm{T}})^{-1}[\boldsymbol{C}_1\Delta\boldsymbol{u}_M(k)-\boldsymbol{l}_1]$$

才能满足约束条件(6－19)，即

$$\boldsymbol{C}_1\Delta\boldsymbol{u}'_M(k)=\boldsymbol{C}_1\Delta\boldsymbol{u}_M(k)-\boldsymbol{C}_1\boldsymbol{P}\boldsymbol{C}_1^{\mathrm{T}}(\boldsymbol{C}_1\boldsymbol{P}\boldsymbol{C}_1^{\mathrm{T}})^{-1}[\boldsymbol{C}_1\Delta\boldsymbol{u}_M(k)-\boldsymbol{l}_1]=\boldsymbol{l}_1$$

但如果一步就取上面 $s\to\infty$ 的解来保证临界约束(6－19)，另一些原已满足式(6－17)的约束条件有可能重新被破坏，这样会导致求解的无序。因此，需要逐步改变 s 迭代求解。

在迭代过程中，通过检验约束条件和逐步增大 s，采用与上面相似的方法不断改进解，使其向约束边界靠拢。为了说明这一计算过程，从初值

$$\begin{aligned}&\Delta\boldsymbol{u}_M^0(k)=\boldsymbol{P}_0\boldsymbol{h}_0\\&\boldsymbol{P}_0^{-1}=\boldsymbol{A}^{\mathrm{T}}\boldsymbol{Q}\boldsymbol{A}+\boldsymbol{R},\quad\boldsymbol{h}_0=\boldsymbol{A}^{\mathrm{T}}\boldsymbol{Q}(\boldsymbol{w}(k)-\tilde{\boldsymbol{y}}_{P0}(k))\end{aligned} \tag{6-22}$$

出发，设第 i 步迭代得到的解为

$$\Delta\boldsymbol{u}_M^i(k)=\boldsymbol{P}_i\boldsymbol{h}_i$$

进入到第 $i+1$ 步迭代时，检验出被破坏的约束后，得到临界约束为

$$C_{i+1}\Delta u_M^{i+1}(k) = l_{i+1}$$

把该临界约束考虑到性能指标中去，修改性能指标为

$$\min J_{i+1}(k) = J_i(k) + \| C_{i+1}\Delta u_M^{i+1}(k) - l_{i+1} \|_{S_{i+1}}^2$$

可解得

$$\Delta u_M^{i+1}(k) = (P_i^{-1} + C_{i+1}^{\mathrm{T}} S_{i+1} C_{i+1})^{-1}(h_i + C_{i+1}^{\mathrm{T}} S_{i+1} l_{i+1})$$

从而得到迭代公式

$$\Delta u_M^{i+1}(k) = P_{i+1} h_{i+1}$$

$$P_{i+1}^{-1} = P_i^{-1} + C_{i+1}^{\mathrm{T}} S_{i+1} C_{i+1}, \quad h_{i+1} = h_i + C_{i+1}^{\mathrm{T}} S_{i+1} l_{i+1} \tag{6-23}$$

由此可见每一步迭代需要计算

$$P_{i+1} = (P_i^{-1} + C_{i+1}^{\mathrm{T}} S_{i+1} C_{i+1})^{-1} = P_i - P_i C_{i+1}^{\mathrm{T}} (C_{i+1} P_i C_{i+1}^{\mathrm{T}} + S_{i+1}^{-1})^{-1} C_{i+1} P_i$$

即需要对矩阵 $C_{i+1} P_i C_{i+1}^{\mathrm{T}} + S_{i+1}^{-1}$ 求逆，迭代的初始条件由式(6－22)给出，权矩阵 $S_i = s_i I$ 中的 s_i 由小逐步增大。

这种建立在矩阵求逆分解公式基础上的约束优化算法，其显著优点是利用了在优化时大部分约束条件都能满足这一事实，把在线求逆的矩阵维数降到了最低，从而避免了反复大量计算 $A^{\mathrm{T}}QA + R$ 的高维逆矩阵，使在线考虑实时约束成为可能。它还可推广应用到限幅约束以外的情况。例如，在多变量控制中，当某一计算机输出通道发生故障而使相应控制转为手动保持恒值时，计算机不能按原来情况计算所有的即时控制增量。为了保证控制整体的最优性，必须把相应的控制增量等于零作为附加的等式约束，来求其它输入控制量的最优值。这时，可利用式(6－23)得到在此约束下的最优解，它保证了在故障存在时控制的最优性，而当故障恢复后，也能保持控制的连续性和光滑性。

6.2.2 基于二次规划的约束优化算法

在有约束情况下，预测控制需要在每一时刻求解一个形为式(6－18)的具有二次型性能指标且带线性等式和不等式约束的优化问题，这是一个标准二次规划问题。QP 是数学规划中一个重要分支，已发展得相当成熟，出现了多种有效求解算法及相关软件，因此在预测控制领域中很早就有人直接采用 QP 方法在线求解约束优化问题。现在很多预测控制的应用软件也在优化算法中直接应用 QP。在本节中，我们简要介绍如何将预测控制在线优化问题转化为标准 QP 问题，并给出 QP 求解约束优化问题的基本原理。

QP 的标准问题可表示为

$$\min f(x) = \frac{1}{2} x^{\mathrm{T}} H x + c^{\mathrm{T}} x$$

$$\text{s.t.} \quad \boldsymbol{Bx} \leqslant \boldsymbol{d} \tag{6-24}$$

其中,$\boldsymbol{H}$ 为对称正定阵,$\boldsymbol{x}$ 为优化变量。对于由式(6-18)给出的预测控制在线优化问题,通过把性能指标中的 $\tilde{\boldsymbol{y}}_{PM}(k)$ 用预测模型代入,可把 $J(k)$ 改写为

$$\begin{aligned}J(k) &= [\boldsymbol{w}(k) - \tilde{\boldsymbol{y}}_{P0}(k) - \boldsymbol{A}\Delta\boldsymbol{u}_M(k)]^{\mathrm{T}}\boldsymbol{Q}[\boldsymbol{w}(k) - \tilde{\boldsymbol{y}}_{P0}(k) - \boldsymbol{A}\Delta\boldsymbol{u}_M(k)] + \Delta\boldsymbol{u}_M^{\mathrm{T}}(k)\boldsymbol{R}\Delta\boldsymbol{u}_M(k)\\ &= [\boldsymbol{w}(k) - \tilde{\boldsymbol{y}}_{P0}(k)]^{\mathrm{T}}\boldsymbol{Q}[\boldsymbol{w}(k) - \tilde{\boldsymbol{y}}_{P0}(k)] - 2[\boldsymbol{w}(k) - \tilde{\boldsymbol{y}}_{P0}(k)]^{\mathrm{T}}\boldsymbol{QA}\Delta\boldsymbol{u}_M(k)\\ &\quad + \Delta\boldsymbol{u}_M^{\mathrm{T}}(k)(\boldsymbol{A}^{\mathrm{T}}\boldsymbol{QA} + \boldsymbol{R})\Delta\boldsymbol{u}_M(k)\end{aligned}$$

式中,第1项为 k 时刻的已知项,与优化无关,可从性能指标中除去。进一步记

$$\boldsymbol{x} = \Delta\boldsymbol{u}_M(k), \quad \boldsymbol{H} = 2(\boldsymbol{A}^{\mathrm{T}}\boldsymbol{QA} + \boldsymbol{R}),$$
$$\boldsymbol{c}^{\mathrm{T}} = -2[\boldsymbol{w}(k) - \tilde{\boldsymbol{y}}_{P0}(k)]^{\mathrm{T}}\boldsymbol{QA}, \quad \boldsymbol{B} = \boldsymbol{C}, \quad \boldsymbol{d} = \boldsymbol{l}$$

则由式(6-18)所表示的预测控制在线优化问题便可转化为标准二次规划问题(6-24)。

下面讨论如何求解标准二次规划问题(6-24)。首先考虑只有等式约束的情况,即式(6-24)中的约束项均为等式 $\boldsymbol{Bx}=\boldsymbol{d}$。这时,可用拉格朗日乘子法把约束写入到性能指标中,得到拉格朗日函数为

$$L(\boldsymbol{x},\boldsymbol{\lambda}) = \frac{1}{2}\boldsymbol{x}^{\mathrm{T}}\boldsymbol{Hx} + \boldsymbol{c}^{\mathrm{T}}\boldsymbol{x} + \boldsymbol{\lambda}^{\mathrm{T}}(\boldsymbol{Bx} - \boldsymbol{d})$$

最优解方程为

$$\boldsymbol{Hx} + \boldsymbol{c} + \boldsymbol{B}^{\mathrm{T}}\boldsymbol{\lambda} = 0$$
$$\boldsymbol{Bx} - \boldsymbol{d} = 0$$

$\boldsymbol{x},\boldsymbol{\lambda}$ 可由方程

$$\begin{bmatrix}\boldsymbol{H} & \boldsymbol{B}^{\mathrm{T}}\\ \boldsymbol{B} & \boldsymbol{0}\end{bmatrix}\begin{bmatrix}\boldsymbol{x}\\ \boldsymbol{\lambda}\end{bmatrix} = \begin{bmatrix}-\boldsymbol{c}\\ \boldsymbol{d}\end{bmatrix} \tag{6-25}$$

解出。

对于不等式约束的二次规划,常采用有效集(Active Set)方法求解,其基本思想是:对于任一可行解 $\boldsymbol{x}$,它必定满足所有约束,其中满足等式的约束称为有效约束,所有有效约束构成的集合称为有效集,记作 $\boldsymbol{\Omega}(\boldsymbol{x})$。通过求解有效集对应的等式约束的二次规划问题

$$\min f(\boldsymbol{x}) = \frac{1}{2}\boldsymbol{x}^{\mathrm{T}}\boldsymbol{Hx} + \boldsymbol{c}^{\mathrm{T}}\boldsymbol{x}$$
$$\text{s.t.} \quad \boldsymbol{b}_i\boldsymbol{x} = d_i,\ i \in \boldsymbol{\Omega}(\boldsymbol{x}) \tag{6-26}$$

可以进一步改进可行解直至得到最优解,其中 $\boldsymbol{b}_i$、d_i 为 $\boldsymbol{B}$、$\boldsymbol{d}$ 中使 $\boldsymbol{x}$ 满足等式约束的那些行的对应元素。

现从二次规划问题(6－24)的任一可行解 $\boldsymbol{x}^*$ 出发,该可行解对应的有效集记为 $\boldsymbol{\Omega}^*(\boldsymbol{x}^*)$,即

$$\boldsymbol{b}_i\boldsymbol{x}^* = d_i,\ i \in \boldsymbol{\Omega}^*(\boldsymbol{x}^*)$$

考虑把 $\boldsymbol{x}^*$ 改变为 $\boldsymbol{x}^*+\boldsymbol{\delta}$,构成等式约束的二次规划问题

$$\begin{aligned}&\min f(\boldsymbol{x}^*+\boldsymbol{\delta}) = \frac{1}{2}(\boldsymbol{x}^*+\boldsymbol{\delta})^{\mathrm{T}}\boldsymbol{H}(\boldsymbol{x}^*+\boldsymbol{\delta}) + \boldsymbol{c}^{\mathrm{T}}(\boldsymbol{x}^*+\boldsymbol{\delta})\\ &\text{s.t.}\quad \boldsymbol{b}_i\boldsymbol{\delta} = 0,\ i \in \boldsymbol{\Omega}^*(\boldsymbol{x}^*)\end{aligned} \tag{6-27}$$

因 $\boldsymbol{x}^*$ 已给定,上述优化问题可改写为

$$\begin{aligned}&\min f'(\boldsymbol{\delta}) = \frac{1}{2}\boldsymbol{\delta}^{\mathrm{T}}\boldsymbol{H}\boldsymbol{\delta} + (\boldsymbol{x}^{*\mathrm{T}}\boldsymbol{H} + \boldsymbol{c}^{\mathrm{T}})\boldsymbol{\delta}\\ &\text{s.t.}\quad \boldsymbol{b}_i\boldsymbol{\delta} = 0,\ i \in \boldsymbol{\Omega}^*(\boldsymbol{x}^*)\end{aligned}$$

类似于式(6－25),用拉格朗日乘子法可求出最优解 $\boldsymbol{\delta}^*$、$\boldsymbol{\lambda}^*$,这时可按下述规则判断最优解和调整有效集:

① 若 $\boldsymbol{\delta}^*=\boldsymbol{0}$,且 $\boldsymbol{\lambda}^*$ 非负,则 $\boldsymbol{x}^*$ 是原问题(6－24)的最优解;

② 若 $\boldsymbol{\delta}^*=\boldsymbol{0}$,但 $\lambda_j<0, j\in\boldsymbol{\Omega}^*(\boldsymbol{x}^*)$,则 $\boldsymbol{x}^*$ 不是最优解,修正有效集为 $\boldsymbol{\Omega}^*(\boldsymbol{x}^*)/\{j\}$,重新求解式(6－27)。如果有多个 j 使得 $\lambda_j<0$,则可选对应最负 λ_j 值的那个 j 退出有效集;

③ 若 $\boldsymbol{\delta}^*\neq\boldsymbol{0}$,且 $\boldsymbol{x}^*+\boldsymbol{\delta}^*$ 可行,修正 $\boldsymbol{x}^*=\boldsymbol{x}^*+\boldsymbol{\delta}^*$,重新求解式(6－27);

④ 若 $\boldsymbol{\delta}^*\neq\boldsymbol{0}$,但 $\boldsymbol{x}^*+\boldsymbol{\delta}^*$ 不可行,则确定步长 $\alpha^*=\max(\alpha>0\,|\,\boldsymbol{x}^*+\alpha\boldsymbol{\delta}^*$ 可行),它是从 $\boldsymbol{x}^*$ 出发沿 $\boldsymbol{\delta}^*$ 方向保持解可行的最大步长。此时至少有一个 $l\notin\boldsymbol{\Omega}^*(\boldsymbol{x}^*)$,使 $\boldsymbol{b}_l(\boldsymbol{x}^*+\alpha^*\boldsymbol{\delta}^*)=d_l$,修正有效集为 $\boldsymbol{\Omega}^*\cup\{l\}$,重新求解式(6－27)。

在上述规则中,如果某一步 $\boldsymbol{\delta}\neq\boldsymbol{0}$,表示解在当前有效约束下仍可改进。如果 $\boldsymbol{\delta}=\boldsymbol{0}$,表示解在当前有效约束下已无法改进,其中对于 $\lambda_j<0$ 的情况,是因为对应的有效约束限制了解的改进,而对于 $\lambda_j>0$ 的情况,表明当前解即使离开对应的有效约束也不能得到改进。如果所有 $\lambda_j>0$,表示最优解必须取在当前有效集上,已无法再改进当前解,即当前解就是最优解。下面用一个简单例子来说明如何用有效集方法求解约束优化问题。

例6.1[27] 考虑QP问题(6－24),其中

$$\boldsymbol{x}=\begin{bmatrix}x_1\\x_2\end{bmatrix},\quad \boldsymbol{H}=\begin{bmatrix}2&0\\0&2\end{bmatrix},\quad \boldsymbol{c}=\begin{bmatrix}-2\\-5\end{bmatrix}$$

约束条件为

$$-x_1+2x_2\leqslant 2 \quad (C1)$$

$$x_1+2x_2\leqslant 6 \quad (C2)$$

$$x_1-2x_2\leqslant 2 \quad (C3)$$

$$-x_2\leqslant 0 \quad (C4)$$

$$-x_1\leqslant 0 \quad (C5)$$

从初始可行解$\boldsymbol{x}(0)=[2\quad 0]^{\mathrm{T}}$出发,其约束有效集为$\boldsymbol{\Omega}(\boldsymbol{x}(0))=\{C3,C4\}$,按此求解式(6-27)可得到$\boldsymbol{\delta}(0)=[0\quad 0]^{\mathrm{T}}$,$\boldsymbol{\lambda}(0)=[-2\quad -1]^{\mathrm{T}}$。

由于$\boldsymbol{\delta}(0)=\boldsymbol{0}$,但$\lambda_1(0)=-2$,$\lambda_2(0)=-1$,均小于零,按上述②中步骤,保持$\boldsymbol{x}(1)=\boldsymbol{x}(0)$,去除对应于$\lambda_1$的$C3$,修正有效集为$\boldsymbol{\Omega}(\boldsymbol{x}(1))=\{C4\}$,按此求解式(6-27),得到$\boldsymbol{\delta}(1)=[-1\quad 0]^{\mathrm{T}}$。

因$\boldsymbol{\delta}(1)\neq\boldsymbol{0}$且$\boldsymbol{x}(1)+\boldsymbol{\delta}(1)=[1\quad 0]^{\mathrm{T}}$可行,故按上述③中步骤,取$\boldsymbol{x}(2)=[1\quad 0]^{\mathrm{T}}$,$\boldsymbol{\Omega}(\boldsymbol{x}(2))=\{C4\}$,求解式(6-27),得到$\boldsymbol{\delta}(2)=[0\quad 0]^{\mathrm{T}}$,$\lambda(2)=-5$。

由于$\boldsymbol{\delta}(2)=\boldsymbol{0}$,但$\lambda(2)<0$,按上述②中步骤,保持$\boldsymbol{x}(3)=\boldsymbol{x}(2)$,把$C4$也从有效集中去除,则有效集成为空集$\boldsymbol{\Omega}(\boldsymbol{x}(3))=\{\boldsymbol{\Phi}\}$,按式(6-27)中无约束项求解得到$\boldsymbol{\delta}(3)=[0\quad 2.5]^{\mathrm{T}}$。

因$\boldsymbol{\delta}(3)\neq\boldsymbol{0}$且$\boldsymbol{x}(3)+\boldsymbol{\delta}(3)=[1\quad 2.5]^{\mathrm{T}}$不可行,故按上述④中步骤,沿$\boldsymbol{\delta}(3)$方向搜索得到$\alpha^*=0.6$,由此计算出$\boldsymbol{x}(4)=\boldsymbol{x}(3)+\alpha^*\boldsymbol{\delta}(3)=[1\quad 1.5]^{\mathrm{T}}$,此时$C1$成为有效约束,修正有效集为$\boldsymbol{\Omega}(\boldsymbol{x}(4))=\{C1\}$,按此求解式(6-27),得到$\boldsymbol{\delta}(4)=[0.4\quad 0.2]^{\mathrm{T}}$,$\lambda(4)=0.8$。

因$\boldsymbol{\delta}(4)\neq\boldsymbol{0}$且$\boldsymbol{x}(4)+\boldsymbol{\delta}(4)=[1.4\quad 1.7]^{\mathrm{T}}$可行,按步骤③,得到$\boldsymbol{x}(5)=[1.4\quad 1.7]^{\mathrm{T}}$,以$\boldsymbol{x}(5)$和有效集$\boldsymbol{\Omega}(\boldsymbol{x}(5))=\boldsymbol{\Omega}(\boldsymbol{x}(4))=\{C1\}$,求解式(6-27),得到$\boldsymbol{\delta}(5)=[0\quad 0]^{\mathrm{T}}$。

因$\boldsymbol{\delta}(5)=\boldsymbol{0}$且$\lambda(5)=0.8>0$,故由①,$\boldsymbol{x}(5)=[1.4\quad 1.7]^{\mathrm{T}}$即为QP问题的最优解。

上述计算中,每次用式(6-25)求解$\boldsymbol{\delta}$、$\boldsymbol{\lambda}$时,式中的$\boldsymbol{c}^{\mathrm{T}}$应该是$\boldsymbol{x}^{\mathrm{T}}\boldsymbol{H}+\boldsymbol{c}^{\mathrm{T}}$。该例各次迭代的结果及与约束的关系可由图6-2加以说明。注意如果在第二步去除$C4$而把$C3$保留在有效集内,最后也能得到相同的结果,但优化的演变过程不同,见图6-2中虚点线所示。

以上采用有效约束集的QP算法已发展得相当成熟并有各种有效的计算软件,因此已普遍应用于预测控制的在线优化中。但对于性能指标非二次型、约束具有非线性、甚至采用非线性模型的预测控制,其在线优化问题一般不能转化为QP问

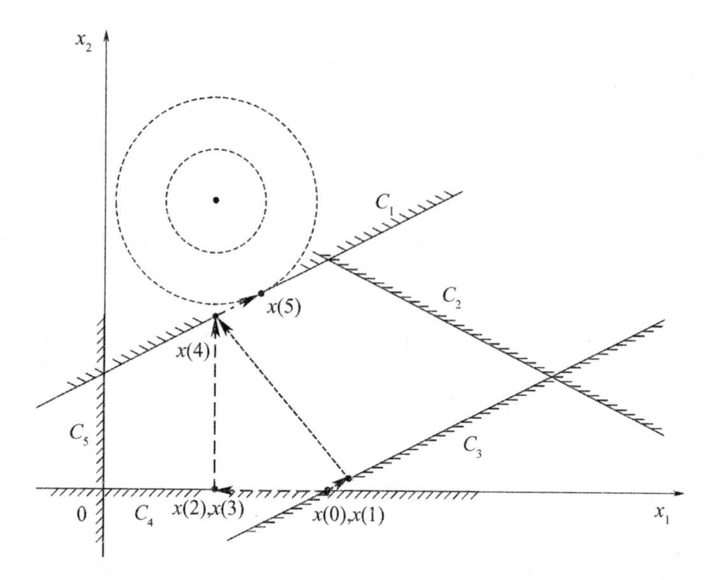

图 6-2 例 6.1 中用有效集法求解 QP 问题的过程[27]

题，这时需要针对问题特点，写出相应的性能指标和约束条件，将其转化为规范的数学规划问题，并寻找有效的求解算法。例如，对于具有二次型性能指标和线性约束的非线性系统，可以采用序贯二次规划（Sequential Quadratic Programming，SQP）方法求解。预测控制这种在线处理约束优化的能力，是其在工业过程中受到青睐的重要原因，过程控制界普遍认为，预测控制是唯一能把约束显式考虑在优化问题中一并求解的工业控制技术。

6.3 多变量预测控制在线优化的分解算法

6.1 节已经指出，多变量系统由于其输入输出间存在着复杂的关联，DMC 设计参数的整定要比单变量系统复杂得多，而且其控制输入除考虑控制时域内即时间方向的变化外，又增加了不同输入即空间方向的叠加，从而使在线求解优化问题时的优化变量有很高的维数，实时计算量大为增加。为了降低其在线优化的复杂度，本节将讨论几种预测控制在线优化的分解算法，其目的都是把多变量系统高维的整体在线优化问题分解为具有较少优化变量的低维优化问题，从而降低在线优化的计算复杂性，同时也有助于设计参数的选择与整定。在这里，我们以 6.1 节中无约束的多变量 DMC 算法为例来说明在线优化问题的分解，其思路同样也适用于有约束的情况。

由 6.1 节可知，多变量系统 DMC 算法的在线优化问题可以由性能指标（6-5）和预测模型（6-4）给出

$$\min_{\Delta \boldsymbol{u}_M(k)} J(k) = \|\boldsymbol{w}(k) - \tilde{\boldsymbol{y}}_{PM}(k)\|_{\boldsymbol{Q}}^2 + \|\Delta \boldsymbol{u}_M(k)\|_{\boldsymbol{R}}^2$$
$$\text{s.t.} \quad \tilde{\boldsymbol{y}}_{PM}(k) = \tilde{\boldsymbol{y}}_{P0}(k) + \boldsymbol{A}\Delta \boldsymbol{u}_M(k)$$

设对象的输入数和输出数相等,即 $m=p$,我们的目的是把优化问题分解为 m 个由 u_i 控制 y_i 的单变量预测控制子问题。为此,首先把上述优化问题改写为

$$\min_{\Delta \boldsymbol{u}_M(k)} J(k) = \sum_{i=1}^{m} \{\|\boldsymbol{w}_i(k) - \tilde{\boldsymbol{y}}_{i,PM}(k)\|_{\boldsymbol{Q}_i}^2 + \|\Delta \boldsymbol{u}_{i,M}(k)\|_{\boldsymbol{R}_i}^2\}$$
$$\text{s.t.} \quad \tilde{\boldsymbol{y}}_{i,PM}(k) = \tilde{\boldsymbol{y}}_{i,P0}(k) + \sum_{j=1}^{m} \boldsymbol{A}_{ij}\Delta \boldsymbol{u}_{j,M}(k), \quad i = 1,\cdots,m \qquad (6-28)$$

可以看出,在式(6-28)中,性能指标可以分解为单输入单输出的性能指标,但模型约束体现了不同输入输出间的耦合,优化问题分解的困难就在于如何处理模型约束中不同子问题间的输入关联项。下面,我们给出解决这一问题的3种方法,它们分别从整体优化、局部优化但子系统间可交换信息、局部优化但子系统间无信息交换的角度来实现原优化问题的分解。

6.3.1 基于分解—协调的递阶预测控制

本节首先借助于大系统的递阶控制理论,从整体角度研究预测控制在线优化问题的分解算法[28]。对于预测控制的在线优化问题(6-28),可采用目标协调法求解,其基本思想是把式(6-28)关联约束中的 $\tilde{\boldsymbol{y}}_{PM}(k)$ 不再看作是由 $\Delta \boldsymbol{u}_M(k)$ 产生的结果,而把它当作是一个与 $\Delta \boldsymbol{u}_M(k)$ 有相同地位的独立变量,这样关联约束就可理解为是独立变量 $\tilde{\boldsymbol{y}}_{PM}(k)$ 和 $\Delta \boldsymbol{u}_M(k)$ 相关关系式的平衡关系。通过引入协调变量把整体优化问题分解为子问题,可分别求出各子系统的 $\tilde{\boldsymbol{y}}_{i,PM}(k)$ 和 $\Delta \boldsymbol{u}_{j,M}(k)$,由于它们都是独立变量,所求出的 $\tilde{\boldsymbol{y}}_{PM}(k)$ 和 $\Delta \boldsymbol{u}_M(k)$ 未必能满足上述关联平衡关系,故需通过改进协调变量修改优化目标,继续通过分解重新求解 $\tilde{\boldsymbol{y}}_{i,PM}(k)$ 和 $\Delta \boldsymbol{u}_{i,M}(k)$,以减小关联平衡关系不满足的程度,如此迭代,直至 $\tilde{\boldsymbol{y}}_{PM}(k)$ 和 $\Delta \boldsymbol{u}_M(k)$ 达到关联平衡,这时的 $\tilde{\boldsymbol{y}}_{PM}(k)$ 满足了原来的关联约束,整个优化问题就等价于原问题,而所求出的 $\Delta \boldsymbol{u}_M$ 就是最优解。

在上述理解下,根据规划论中的强对偶定理,式(6-28)的最优解等价于下述对偶问题的无约束最优解

$$\max_{\boldsymbol{\lambda}(k)} \min_{\Delta \boldsymbol{u}_M(k),\tilde{\boldsymbol{y}}_{PM}(k)} L(\Delta \boldsymbol{u}_M(k), \tilde{\boldsymbol{y}}_{PM}(k), \boldsymbol{\lambda}(k)) \qquad (6-29)$$

其中,

$$L(\Delta \boldsymbol{u}_M(k), \tilde{\boldsymbol{y}}_{PM}(k), \boldsymbol{\lambda}(k))$$
$$= J(k) + \sum_{i=1}^{m} \boldsymbol{\lambda}_i^{\mathrm{T}}(k)\Big(\tilde{\boldsymbol{y}}_{i,PM}(k) - \tilde{\boldsymbol{y}}_{i,P0}(k) - \sum_{j=1}^{m} \boldsymbol{A}_{ij}\Delta \boldsymbol{u}_{j,M}(k)\Big) \qquad (6-30)$$

为整体优化问题的拉格朗日函数，$\boldsymbol{\lambda}^{\mathrm{T}}(k)=[\boldsymbol{\lambda}_1^{\mathrm{T}}(k)\cdots\boldsymbol{\lambda}_m^{\mathrm{T}}(k)]$为拉格朗日乘子，此处$\boldsymbol{\lambda}_i^{\mathrm{T}}(k)=[\lambda_i(k+1)\cdots\lambda_i(k+P)](i=1,\cdots,m)$。为了使整体计算得到分解，可取$\boldsymbol{\lambda}(k)$为协调因子，即首先固定

$$\boldsymbol{\lambda}(k)=\hat{\boldsymbol{\lambda}}(k)=[\hat{\boldsymbol{\lambda}}_1^{\mathrm{T}}(k)\cdots\hat{\boldsymbol{\lambda}}_m^{\mathrm{T}}(k)]^{\mathrm{T}}$$

在此基础上把整体优化问题分解为m个优化子问题，分别求解最优的$\tilde{\boldsymbol{y}}_{i,PM}(k)$和$\Delta\boldsymbol{u}_{i,M}(k)$，再通过协调算法改进$\boldsymbol{\lambda}(k)$，反复迭代，直至满足协调条件得到整体问题的最优解。这种分解—协调算法可以用式（6－29）表达的两级优化算法加以描述，下面我们给出每一级优化的具体内容。

① 第1级　给定$\boldsymbol{\lambda}(k)=\hat{\boldsymbol{\lambda}}(k)$，求解$\min\limits_{\Delta\boldsymbol{u}_M(k),\tilde{\boldsymbol{y}}_{PM}(k)}L(\Delta\boldsymbol{u}_M(k),\tilde{\boldsymbol{y}}_{PM}(k),\hat{\boldsymbol{\lambda}}(k))$

首先把式（6－30）改写为

$$\begin{aligned}
&L(\Delta\boldsymbol{u}_M(k),\tilde{\boldsymbol{y}}_{PM}(k),\hat{\boldsymbol{\lambda}}(k))\\
&=\sum_{i=1}^{m}\{\|\boldsymbol{w}_i(k)-\tilde{\boldsymbol{y}}_{i,PM}(k)\|_{\boldsymbol{Q}_i}^2+\|\Delta\boldsymbol{u}_{i,M}(k)\|_{\boldsymbol{R}_i}^2\}\\
&+\sum_{i=1}^{m}\hat{\boldsymbol{\lambda}}_i^{\mathrm{T}}(k)(\tilde{\boldsymbol{y}}_{i,PM}(k)-\tilde{\boldsymbol{y}}_{i,P0}(k)-\sum_{j=1}^{m}\boldsymbol{A}_{ij}\Delta\boldsymbol{u}_{j,M}(k))\\
&=\sum_{i=1}^{m}\{\|\boldsymbol{w}_i(k)-\tilde{\boldsymbol{y}}_{i,PM}(k)\|_{\boldsymbol{Q}_i}^2+\|\Delta\boldsymbol{u}_{i,M}(k)\|_{\boldsymbol{R}_i}^2+\hat{\boldsymbol{\lambda}}_i^{\mathrm{T}}(k)(\tilde{\boldsymbol{y}}_{i,PM}(k)\\
&-\tilde{\boldsymbol{y}}_{i,P0}(k))\}-\sum_{j=1}^{m}\sum_{i=1}^{m}(\hat{\boldsymbol{\lambda}}_j^{\mathrm{T}}(k)\boldsymbol{A}_{ji}\Delta\boldsymbol{u}_{i,M}(k))\\
&=\sum_{i=1}^{m}L_i(\Delta\boldsymbol{u}_{i,M}(k),\tilde{\boldsymbol{y}}_{i,PM}(k),\hat{\boldsymbol{\lambda}}(k))
\end{aligned}$$

其中

$$\begin{aligned}
&L_i(\Delta\boldsymbol{u}_{i,M}(k),\tilde{\boldsymbol{y}}_{i,PM}(k),\hat{\boldsymbol{\lambda}}(k))\\
&=\|\boldsymbol{w}_i(k)-\tilde{\boldsymbol{y}}_{i,PM}(k)\|_{\boldsymbol{Q}_i}^2+\|\Delta\boldsymbol{u}_{i,M}(k)\|_{\boldsymbol{R}_i}^2+\hat{\boldsymbol{\lambda}}_i^{\mathrm{T}}(k)(\tilde{\boldsymbol{y}}_{i,PM}(k)\\
&-\tilde{\boldsymbol{y}}_{i,P0}(k))-\sum_{j=1}^{m}(\hat{\boldsymbol{\lambda}}_j^{\mathrm{T}}(k)\boldsymbol{A}_{ji})\Delta\boldsymbol{u}_{i,M}(k)
\end{aligned}$$

只与$\tilde{\boldsymbol{y}}_{i,PM}(k)$、$\Delta\boldsymbol{u}_{i,M}(k)$有关，而与其它子系统的变量无关，因此在$\boldsymbol{\lambda}(k)$给定的情况下，$L(\Delta\boldsymbol{u}_M(k),\tilde{\boldsymbol{y}}_{PM}(k),\hat{\boldsymbol{\lambda}}(k))$的优化问题可以分解为各$L_i(\Delta\boldsymbol{u}_{i,M}(k),\tilde{\boldsymbol{y}}_{i,PM}(k),\hat{\boldsymbol{\lambda}}(k))$的独立优化问题。对于其中第$i$个子问题，根据极值必要条件可写出

$$\frac{\partial L_i(k)}{\partial\tilde{\boldsymbol{y}}_{i,PM}(k)}=-2\boldsymbol{Q}_i(\boldsymbol{w}_i(k)-\tilde{\boldsymbol{y}}_{i,PM}(k))+\hat{\boldsymbol{\lambda}}_i(k)=0$$

$$\frac{\partial L_i(k)}{\partial \Delta \boldsymbol{u}_{i,M}(k)} = 2\boldsymbol{R}_i \Delta \boldsymbol{u}_{i,M}(k) - \sum_{j=1}^{m} (\boldsymbol{A}_{ji}^{\mathrm{T}} \hat{\boldsymbol{\lambda}}_j(k)) = 0$$

由此可解出

$$\tilde{\boldsymbol{y}}_{i,PM}^{*}(k) = \boldsymbol{w}_i(k) - 0.5\boldsymbol{Q}_i^{-1} \hat{\boldsymbol{\lambda}}_i(k)$$

$$\Delta \boldsymbol{u}_{i,M}^{*}(k) = 0.5\boldsymbol{R}_i^{-1} \sum_{j=1}^{m} (\boldsymbol{A}_{ji}^{\mathrm{T}} \hat{\boldsymbol{\lambda}}_j(k)) \tag{6-31}$$

因此,第 i 个优化子问题的求解只需根据已知的 $\boldsymbol{A}_{ji}$、$\boldsymbol{Q}_i$、$\boldsymbol{R}_i$ 以及给定的$\hat{\boldsymbol{\lambda}}(k)$直接计算式(6-31),而 m 个子问题的求解可以并行进行。注意为了防止出现奇异解,这里要求对角权矩阵 $\boldsymbol{Q}>\boldsymbol{0}$,$\boldsymbol{R}>\boldsymbol{0}$。

② 第2级 求解$\max\limits_{\hat{\boldsymbol{\lambda}}(k)} \varphi(\hat{\boldsymbol{\lambda}}(k))$,更新协调因子 $\boldsymbol{\lambda}(k)$,其中,

$$\varphi(\hat{\boldsymbol{\lambda}}(k)) = L(\Delta \boldsymbol{u}_M^{*}(k), \tilde{\boldsymbol{y}}_{PM}^{*}(k), \hat{\boldsymbol{\lambda}}(k)) = \sum_{i=1}^{m} L_i(\Delta \boldsymbol{u}_{i,M}^{*}(k), \tilde{\boldsymbol{y}}_{i,PM}^{*}(k), \hat{\boldsymbol{\lambda}}(k))$$

协调因子 $\boldsymbol{\lambda}(k)$可通过下述梯度算法进行修正

$$\hat{\boldsymbol{\lambda}}_i^{l+1}(k) = \hat{\boldsymbol{\lambda}}_i^{l}(k) + \alpha(k) \frac{\partial \varphi(\hat{\boldsymbol{\lambda}}(k))}{\partial \hat{\boldsymbol{\lambda}}_i^{l}(k)} \tag{6-32}$$

其中,l 为迭代次数,$\alpha(k)$为迭代步长,梯度向量可由 $\varphi(\hat{\boldsymbol{\lambda}}(k))$的表达式结合式(6-30)得到

$$\frac{\partial \varphi(\hat{\boldsymbol{\lambda}}(k))}{\partial \hat{\boldsymbol{\lambda}}_i^{l}(k)} = \tilde{\boldsymbol{y}}_{i,PM}^{l}(k) - \tilde{\boldsymbol{y}}_{i,P0}(k) - \sum_{j=1}^{m} \boldsymbol{A}_{ij} \Delta \boldsymbol{u}_{j,M}^{l}(k) \tag{6-33}$$

由于 $\tilde{\boldsymbol{y}}_{i,P0}(k)$已知,$\tilde{\boldsymbol{y}}_{i,PM}^{l}(k)$及 $\Delta \boldsymbol{u}_{j,M}^{l}(k)$已在第1级优化中求出,故由式(6-32)很容易算出 $\boldsymbol{\lambda}(k)$的新值。$\boldsymbol{\lambda}(k)$更新后,将代回到第1级重新计算,这一迭代过程反复进行,直至

$$\|\hat{\boldsymbol{\lambda}}_i^{l+1}(k) - \hat{\boldsymbol{\lambda}}_i^{l}(k)\| < \varepsilon, \quad i = 1, \cdots, m \tag{6-34}$$

这里,ε 是事先给定的充分小的正数。这时,可认为 $\boldsymbol{\lambda}(k)$已达到了其最优值,而此时由式(6-33)可知,$\tilde{\boldsymbol{y}}_{PM}^{l}(k)$和 $\Delta \boldsymbol{u}_M^{l}(k)$已满足了关联平衡关系,对应于 $\Delta \boldsymbol{u}_M^{l}(k)$中当前元素的 $\Delta \boldsymbol{u}^{l}(k)$便可用来构成实际控制作用。

上述预测控制算法在线优化的分解—协调的结构可由图6-3表示。

以下讨论用分解—协调算法得到的解与原问题最优解的关系。不难证明,只要迭代过程收敛,通过上述算法得到的最终解 $\Delta \boldsymbol{u}_M^{*}(k)$就是多变量 DMC 算法所得到的最优解(6-6)。因为迭代结束条件(6-34)近似意味着

$$\frac{\partial \varphi(\hat{\boldsymbol{\lambda}}(k))}{\partial \hat{\boldsymbol{\lambda}}_i^l(k)} = \mathbf{0}, \quad i = 1,\cdots,m$$

由式(6-33)可知

$$\tilde{\boldsymbol{y}}_{i,PM}^*(k) - \tilde{\boldsymbol{y}}_{i,P0}(k) - \sum_{j=1}^{m} \boldsymbol{A}_{ij}\Delta \boldsymbol{u}_{j,M}^*(k) = \mathbf{0}, \qquad i = 1,\cdots,m$$

或把它写成整体形式

$$\tilde{\boldsymbol{y}}_{PM}^*(k) - \tilde{\boldsymbol{y}}_{P0}(k) - \boldsymbol{A}\Delta \boldsymbol{u}_M^*(k) = \mathbf{0}$$

此外,把式(6-31)也写成整体形式

$$\tilde{\boldsymbol{y}}_{PM}^*(k) = \boldsymbol{w}(k) - 0.5\boldsymbol{Q}^{-1}\hat{\boldsymbol{\lambda}}^*(k)$$

$$\Delta \boldsymbol{u}_M^*(k) = 0.5\boldsymbol{R}^{-1}\boldsymbol{A}^{\mathrm{T}}\hat{\boldsymbol{\lambda}}^*(k)$$

由此消去$\hat{\boldsymbol{\lambda}}^*(k)$、$\tilde{\boldsymbol{y}}_{PM}^*(k)$,可以得到

$$\Delta \boldsymbol{u}_M^*(k) = (\boldsymbol{A}^{\mathrm{T}}\boldsymbol{Q}\boldsymbol{A} + \boldsymbol{R})^{-1}\boldsymbol{A}^{\mathrm{T}}\boldsymbol{Q}[\boldsymbol{w}(k) - \tilde{\boldsymbol{y}}_{P0}(k)]$$

可见,它与多变量 DMC 算法所得到的最优解(6-6)完全一致。这表明,上述分解—协调算法仍能保持解的最优性,只是把原来的解析解用另外一种途径实现而已。

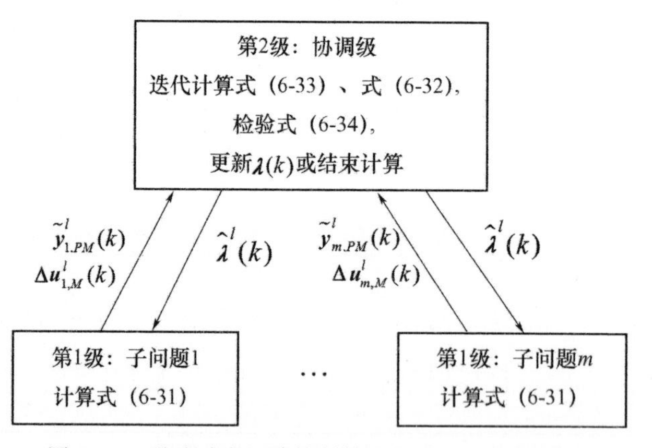

图 6-3　递阶动态矩阵控制算法的分解—协调结构

上述算法的收敛性和收敛速度取决于迭代步长 $\alpha(k)$ 的选择,由式(6-32)、式(6-33)及式(6-31)可得

$$\begin{aligned}\hat{\boldsymbol{\lambda}}^{l+1}(k) &= \hat{\boldsymbol{\lambda}}^l(k) + \alpha(k)[\tilde{\boldsymbol{y}}_{PM}^l(k) - \tilde{\boldsymbol{y}}_{P0}(k) - \boldsymbol{A}\Delta \boldsymbol{u}_M^l(k)] \\ &= \hat{\boldsymbol{\lambda}}^l(k) + \alpha(k)[\boldsymbol{w}(k) - 0.5\boldsymbol{Q}^{-1}\hat{\boldsymbol{\lambda}}^l(k) - \tilde{\boldsymbol{y}}_{P0}(k) - 0.5\boldsymbol{A}\boldsymbol{R}^{-1}\boldsymbol{A}^{\mathrm{T}}\hat{\boldsymbol{\lambda}}^l(k)] \\ &= \{\boldsymbol{I} - 0.5\alpha(k)(\boldsymbol{Q}^{-1} + \boldsymbol{A}\boldsymbol{R}^{-1}\boldsymbol{A}^{\mathrm{T}})\}\hat{\boldsymbol{\lambda}}^l(k) + \alpha(k)[\boldsymbol{w}(k) - \tilde{\boldsymbol{y}}_{P0}(k)]\end{aligned}$$

记 $\boldsymbol{S} = 0.5(\boldsymbol{Q}^{-1} + \boldsymbol{A}\boldsymbol{R}^{-1}\boldsymbol{A}^{\mathrm{T}})$,要使迭代收敛,必须有

$$\max_i |\lambda_i(\boldsymbol{I}-\alpha(k)\boldsymbol{S})|<1$$

其中，$\lambda_i(\cdot)$表示矩阵的第 i 个特征值。由此式可导出满足收敛条件的迭代步长的范围

$$0<\alpha(k)<\frac{2}{\max\limits_i \lambda_i(\boldsymbol{S})} \tag{6-35}$$

这从理论上给出了使算法收敛的迭代步长的范围，由于 $\boldsymbol{S}$ 是对称正定阵，式(6-35)表明总存在合适的迭代步长使算法收敛，在实际运算时，通常可通过试探寻找合适的 $\alpha(k)$。

本节介绍的预测控制在线优化问题的分解—协调算法，不是离线求出最优解析解，而是在线通过迭代算法直接求解优化问题。其在线计算量与原来直接进行解析计算相比将有所增加，但它避免了高维矩阵的求逆计算，特别当采用自适应机制需在线重新计算控制律时更具有优越性。由于分解后的子问题可并行优化，故可采用多机系统提高在线计算效率，相比于整体问题求解，它对计算机和内存的要求都比较低，但能得到相同的优化结果，这里虽然是针对无约束 DMC 算法介绍的，但这种分解—协调策略在原理上也适用于存在约束或非线性系统的预测控制。

6.3.2 分布式预测控制

从信息的角度来看，在 6.3.1 节给出的预测控制的分解—协调算法中，整体优化问题虽然被分解为独立的优化子问题，但子问题求解所依赖的协调因子仍然提供了全局信息，第 2 级协调的任务就是把其它子系统的信息通过协调因子尽可能准确地提供给子问题求解，因此它本质上仍是一种全局优化的集中控制算法。随着计算机在工业环境中的普遍应用和网络技术的发展，分布式控制已得到了广泛的重视和应用。所谓分布式控制，是指控制的整体任务由多个控制器完成，这些控制器具有平等的地位，它们相互之间允许经过通信传递有限的信息。在本节中，我们介绍多变量预测控制如何以分布式方式实现在线优化[29]。

按照分布式控制的思想，式(6-28)描述的预测控制在线优化问题，可以分解给 m 个独立的控制器共同完成，其中第 i 个控制器面临的是以 u_i 为控制输入、y_i 为输出的单变量预测控制子问题，其在线优化问题可表示为

$$\min_{\Delta \boldsymbol{u}_{i,M}(k)} J_i(k)=\|\boldsymbol{w}_i(k)-\tilde{\boldsymbol{y}}_{i,PM}(k)\|_{\boldsymbol{Q}_i}^2+\|\Delta \boldsymbol{u}_{i,M}(k)\|_{\boldsymbol{R}_i}^2 \tag{6-36}$$

$$\text{s.t.}\quad \tilde{\boldsymbol{y}}_{i,PM}(k)=\tilde{\boldsymbol{y}}_{i,P0}(k)+\sum_{j=1}^{m}\boldsymbol{A}_{ij}\Delta \boldsymbol{u}_{j,M}(k) \tag{6-37}$$

与集中式的整体优化问题(6-28)相比可以看出：

① 整体多变量预测控制的在线优化问题变成了 m 个独立的单变量预测控制在线优化问题,整体性能指标已分解为 m 个子问题各自的优化性能指标,没有任何掌握全局信息的协调单元,因此是一个多人多目标的优化问题。

② 每个子优化问题的性能指标看起来只与其自身的 u_i、y_i 有关,但如果把模型约束代入性能指标的表达式,可以发现每个子问题的优化实际上与所有控制输入有关,因此这些子优化问题之间存在关联。

这种多人具有多目标的优化问题,可以借助决策论中的纳什优化概念予以解决。考虑有 N 个决策变量 $u_1,\cdots,u_N$ 的多目标决策问题,其中第 i 个决策者的决策变量为 u_i,其目标函数为 $\min J_i(u_1,\cdots,u_N)$,所谓纳什最优解 $u^*=(u_1^*,\cdots,u_N^*)$,就是指满足下述式子的一组决策

$$J_i(u_1^*,\cdots,u_N^*)\leqslant J_i(u_1^*,\cdots,u_{i-1}^*,u_i,u_{i+1}^*,\cdots,u_N^*),\quad i=1,\cdots,N \tag{6-38}$$

如果采用了纳什解,则每个决策者都不会试图改变自己的决策 u_i,因为此时各决策者都达到了这一条件下所能获得的最优局部目标,进一步改变 u_i 只会使 J_i 变坏。这是一个所有决策者都能接受的解,反映了它们在追求各自最优时达到的平衡。这就是纳什最优解的含义。

如果把各分布式控制器看成是独立的决策者,则根据式(6-38),每个控制器的纳什最优解可以通过求解下面的优化问题得到

$$\min_{\Delta \boldsymbol{u}_{i,M}(k)} J_i(k)=\|\boldsymbol{w}_i(k)-\tilde{\boldsymbol{y}}_{i,PM}(k)\|_{\boldsymbol{Q}_i}^2+\|\Delta\boldsymbol{u}_{i,M}(k)\|_{\boldsymbol{R}_i}^2$$

$$\text{s.t.}\qquad \tilde{\boldsymbol{y}}_{i,PM}(k)=\tilde{\boldsymbol{y}}_{i,P0}(k)+\boldsymbol{A}_{ii}\Delta\boldsymbol{u}_{i,M}(k)+\sum_{\substack{j=1\\ j\neq i}}^{m}\boldsymbol{A}_{ij}\Delta\boldsymbol{u}_{j,M}^*(k)$$

其中 $\Delta\boldsymbol{u}_{j,M}^*(k)$ 是其它控制器所得到的纳什最优解。上述优化问题的解为

$$\Delta\boldsymbol{u}_{i,M}^*(k)=(\boldsymbol{A}_{ii}^{\mathrm{T}}\boldsymbol{Q}_i\boldsymbol{A}_{ii}+\boldsymbol{R}_i)^{-1}\boldsymbol{A}_{ii}^{\mathrm{T}}\boldsymbol{Q}_i\Big(\boldsymbol{w}_i(k)-\tilde{\boldsymbol{y}}_{i,P0}(k)-\sum_{\substack{j=1\\ j\neq i}}^{m}\boldsymbol{A}_{ij}\Delta\boldsymbol{u}_{j,M}^*(k)\Big) \tag{6-39}$$

但由式(6-39)可知,为了得到第 i 个控制器的纳什最优解 $\Delta\boldsymbol{u}_{i,M}^*(k)$,必须知道其它控制器的纳什最优解 $\Delta\boldsymbol{u}_{j,M}^*(k)$,$j\neq i$,因此这是一个耦合决策过程。为了解决这一问题,各控制器可以采用通信预估的办法通过迭代来寻找纳什最优解。在迭代的每一步,各控制器将其当时的最优解 $\Delta\boldsymbol{u}_{j,M}^l(k)$ 通过通信传递给其它控制器,在得到了其它控制器的 $\Delta\boldsymbol{u}_{j,M}^l(k)$ 后,控制器 i 通过公式

$$\Delta\boldsymbol{u}_{i,M}^{l+1}(k)=(\boldsymbol{A}_{ii}^{\mathrm{T}}\boldsymbol{Q}_i\boldsymbol{A}_{ii}+\boldsymbol{R}_i)^{-1}\boldsymbol{A}_{ii}^{\mathrm{T}}\boldsymbol{Q}_i\Big(\boldsymbol{w}_i(k)-\tilde{\boldsymbol{y}}_{i,P0}(k)-\sum_{\substack{j=1\\ j\neq i}}^{m}\boldsymbol{A}_{ij}\Delta\boldsymbol{u}_{j,M}^l(k)\Big) \tag{6-40}$$

更新其纳什最优解，如此继续下去，直至满足迭代结束条件

$$\|\Delta \boldsymbol{u}_{i,M}^{l+1}(k) - \Delta \boldsymbol{u}_{i,M}^{l}(k)\| \leqslant \varepsilon,\ i = 1,\cdots,m$$

迭代的初始解可以任意给定，也可以全部置为0，即令 $\Delta \boldsymbol{u}_{j,M}^{*}(k) = \mathbf{0}, i = 1,\cdots,m$，这相当于在不考虑其它控制量关联时，各子系统单独求解其最优解。在迭代过程中，每个控制器将本次求得的最优解与上次计算的最优解进行比较，检查是否满足迭代结束条件，并将新求出的最优解和检查结果通知给其它控制器。如果误差不满足给定的精度，表明整个系统还未达到纳什平衡，进一步改变控制还可使局部性能指标变得更好，这时需要继续迭代。当迭代结束时，每个控制器均保证输出最优地跟踪期望设定值，并且性能指标最小，整个系统处于纳什最优。它反映了所有控制器达到了纳什平衡，不可能再改善各自的性能指标，这样就完成了在 k 时刻的分布式纳什优化。这种分布式预测控制算法的信息结构可见图6-4。

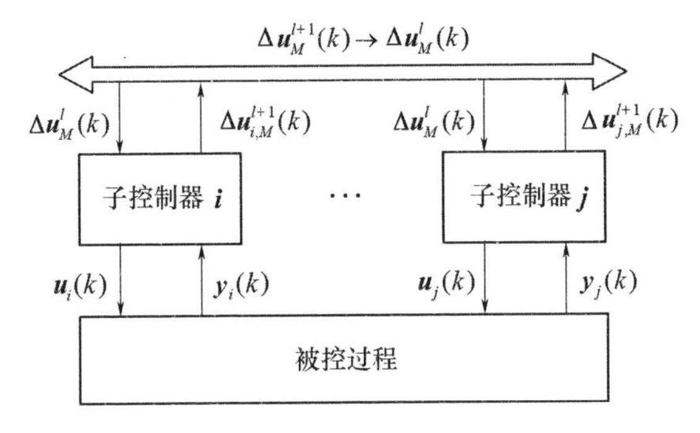

图6-4 动态矩阵控制的分布式算法结构

下面再来讨论上述迭代算法收敛的条件，记 $\boldsymbol{D}_{ii} = (\boldsymbol{A}_{ii}^{\mathrm{T}}\boldsymbol{Q}_i\boldsymbol{A}_{ii} + \boldsymbol{R}_i)^{-1}\boldsymbol{A}_{ii}^{\mathrm{T}}\boldsymbol{Q}_i$，则式(6-40)可以表示为

$$\Delta \boldsymbol{u}_M^{l+1}(k) = \boldsymbol{D}_1[\boldsymbol{w}(k) - \tilde{\boldsymbol{y}}_{P0}(k)] + \boldsymbol{D}_0\Delta \boldsymbol{u}_M^{l}(k)$$

其中，

$$\boldsymbol{D}_1 = \begin{bmatrix} \boldsymbol{D}_{11} & & & \mathbf{0} \\ & \boldsymbol{D}_{22} & & \\ & & \ddots & \\ \mathbf{0} & & & \boldsymbol{D}_{mm} \end{bmatrix},\quad \boldsymbol{D}_0 = \begin{bmatrix} \mathbf{0} & -\boldsymbol{D}_{11}\boldsymbol{A}_{12} & \cdots & -\boldsymbol{D}_{11}\boldsymbol{A}_{1m} \\ -\boldsymbol{D}_{22}\boldsymbol{A}_{21} & \mathbf{0} & & -\boldsymbol{D}_{22}\boldsymbol{A}_{2m} \\ \vdots & & \ddots & \vdots \\ -\boldsymbol{D}_{mm}\boldsymbol{A}_{m1} & -\boldsymbol{D}_{mm}\boldsymbol{A}_{m2} & \cdots & \mathbf{0} \end{bmatrix}$$

因此迭代收敛的条件为

$$\max|\lambda(\boldsymbol{D}_0)| < 1$$

并且当迭代过程收敛时，可得到纳什最优解为

$$\Delta \boldsymbol{u}_M^{*}(k) = (\boldsymbol{I} - \boldsymbol{D}_0)^{-1}\boldsymbol{D}_1[\boldsymbol{w}(k) - \tilde{\boldsymbol{y}}_{P0}(k)]$$

为了探讨其与整体最优解(6-6)的关系,引入记号 $\boldsymbol{A}_1 = \text{block}-\text{diag}(\boldsymbol{A}_{11},\cdots,\boldsymbol{A}_{mm})$,$\boldsymbol{A}_2 = \boldsymbol{A} - \boldsymbol{A}_1$,则有

$$\boldsymbol{D}_1 = (\boldsymbol{A}_1^{\mathrm{T}}\boldsymbol{Q}\boldsymbol{A}_1 + \boldsymbol{R})^{-1}\boldsymbol{A}_1^{\mathrm{T}}\boldsymbol{Q}, \quad \boldsymbol{D}_0 = -\boldsymbol{D}_1\boldsymbol{A}_2 = -(\boldsymbol{A}_1^{\mathrm{T}}\boldsymbol{Q}\boldsymbol{A}_1 + \boldsymbol{R})^{-1}\boldsymbol{A}_1^{\mathrm{T}}\boldsymbol{Q}\boldsymbol{A}_2$$

由此可得

$$\begin{aligned}(\boldsymbol{I} - \boldsymbol{D}_0)^{-1}\boldsymbol{D}_1 &= [(\boldsymbol{A}_1^{\mathrm{T}}\boldsymbol{Q}\boldsymbol{A}_1 + \boldsymbol{R})(\boldsymbol{I} - \boldsymbol{D}_0)]^{-1}\boldsymbol{A}_1^{\mathrm{T}}\boldsymbol{Q} \\ &= [\boldsymbol{A}_1^{\mathrm{T}}\boldsymbol{Q}\boldsymbol{A}_1 + \boldsymbol{R} + \boldsymbol{A}_1^{\mathrm{T}}\boldsymbol{Q}\boldsymbol{A}_2]^{-1}\boldsymbol{A}_1^{\mathrm{T}}\boldsymbol{Q} \\ &= (\boldsymbol{A}_1^{\mathrm{T}}\boldsymbol{Q}\boldsymbol{A} + \boldsymbol{R})^{-1}\boldsymbol{A}_1^{\mathrm{T}}\boldsymbol{Q}\end{aligned}$$

即分布式控制得到的纳什最优解为

$$\Delta\boldsymbol{u}_M^*(k) = (\boldsymbol{A}_1^{\mathrm{T}}\boldsymbol{Q}\boldsymbol{A} + \boldsymbol{R})^{-1}\boldsymbol{A}_1^{\mathrm{T}}\boldsymbol{Q}[\boldsymbol{w}(k) - \tilde{\boldsymbol{y}}_{P0}(k)] \tag{6-41}$$

它显然不同于整体优化时的全局最优解(6-6)。

6.3.3 分散预测控制

6.3.2 节得出的分布式迭代算法需要子系统间交换必要的信息,如果子系统间不允许通信,即对于每一个控制器,在求解在线优化问题(6-36)和(6-37)时,不能知道其它子系统的控制输入 $\Delta\boldsymbol{u}_{j,M}^{l}(k)$,我们就得到一个全分散的控制结构。分散控制是在处理高维系统的大系统理论中发展起来的一种有效控制结构,其基本特点是利用分散的信息来实现分散的控制。这里不但要求控制是分散实现的,而且还强调控制所依据的信息是分散的局部信息而不是系统的全局信息,即第 i 个控制器的控制律具有形式

$$\boldsymbol{u}_i = \boldsymbol{u}_i(\boldsymbol{I}_i), \quad i = 1,\cdots,m$$

其中,$\boldsymbol{I}_i$ 是第 i 个控制器所能获得的局部信息,在全分散情况下就是指相应的 u_i、y_i 的信息,这相当于用多个单回路控制器对多变量系统进行控制,是分布式控制中不允许子系统间交换信息的特殊情况。在这种控制结构下,每一控制器只需检测本子系统的信息即可构成其控制作用。由于不需要其它子系统的信息,子系统间的在线通信可以完全避免。显然,这种全分散的控制律在实现时最为简单,而且当某一子系统出现故障时,其它子系统的控制仍然可照常进行,从而可提高控制系统的全局可靠性。

但这种分散控制律的缺点也是显而易见的。由于多变量系统是一个输入输出高度耦合的系统,每一输出量 y_i 不但受到 u_i 的影响,而且也受到 u_j 的影响($j \neq i$)。上述分散控制律忽略了系统间的耦合影响,必然会引起控制性能的下降,这也是用传统多回路 PID 控制在解决多变量系统控制时的难点。要提高分散控制系统的性能,必须对分散控制器所缺乏的信息进行适当的弥补。虽然在全分散结构下不能通过子系统间交换信息来实现这种弥补,但预测控制的反馈校正功能恰恰可以起到对所缺乏

信息的预测和弥补作用,因此,如果用分散预测控制处理多变量系统的控制问题,一方面,整体设计与优化控制的复杂性通过分解可大为降低,控制系统的可靠性也可提高,另一方面,只要采取有效措施弥补子系统所缺乏的相关信息,其控制性能仍能得到保证,因此这是一种把预测控制的性能优点与分散控制的结构优点结合起来的有效策略。下面,我们具体讨论多变量系统的分散预测控制算法[30]。

在全分散控制结构下,第 i 个控制器不能获得其它子系统的输入输出信息,因此它只能建立仅包含自身输入输出信息的预测模型,即在分散预测控制中,由于信息的限制,只能采用下述模型取代式(6-37)来进行输出预测

$$\tilde{\boldsymbol{y}}_{i,PM}(k) = \tilde{\boldsymbol{y}}_{i,P0}(k) + \boldsymbol{A}_{ii}\Delta\boldsymbol{u}_{i,M}(k) \tag{6-42}$$

根据该预测模型,对于优化性能指标(6-36),可得到无约束最优解

$$\Delta\boldsymbol{u}_{i,M}^{*}(k) = (\boldsymbol{A}_{ii}^{\mathrm{T}}\boldsymbol{Q}_i\boldsymbol{A}_{ii} + R_i)^{-1}\boldsymbol{A}_{ii}^{\mathrm{T}}\boldsymbol{Q}_i(\boldsymbol{w}_i(k) - \tilde{\boldsymbol{y}}_{i,P0}(k)) \tag{6-43}$$

这就是第 i 个子系统独立时单变量预测控制的结果。但是我们知道,由式(6-42)给出的预测模型是不准确的,由于各子系统之间的耦合,实际上 y_i 的正确预测应由式(6-37)给出。这表明预测模型(6-42)存在着天然的模型失配,即使在没有扰动的情况下,实际输出与由模型(6-42)算出的输出也是不一致的,这种失配是由分散控制策略不考虑其它子系统的相关量所造成的。

预测控制的反馈校正功能可以在一定程度上弥补模型失配所造成的预测偏差。在从 k 时刻推移到 $k+1$ 时刻时,根据预测控制的反馈校正原理,需将当时检测到的实际输出值 $y_i(k+1)$ 与 k 时刻利用模型预测的输出值 $\tilde{y}_{i,1}(k+1|k)$ 进行比较,构成误差 $e_i(k+1)$,见式(6-10),并利用此误差信息对预测的未来输出进行校正,最后再通过移位构成 $k+1$ 时刻的初始输出预测(见式(6-11)和式(6-12))。这一校正的目的是为了把模型失配、干扰等未明因素产生的影响考虑在输出预测中,是在基于模型的因果预测之外对非建模因素的预测和补偿。由于这种预测和补偿没有已知模型,通常只能采用启发式的非因果预测方法。在集中控制情况下,只有当模型存在误差或有扰动时反馈校正才起作用,但对分散控制来说,由于子系统模型(6-42)忽略了其它子系统的影响,本来就是不准确的,即使子系统的模型参数是准确的并且没有扰动,也必然存在模型误差,必须通过反馈校正来弥补由于忽略其它子系统影响所造成的预测偏差。因此,在分散预测控制中,反馈校正成为与模型优化同等重要的控制组成部分,后者主要基于子系统模型的因果预测导出子系统的优化控制律,前者则根据实测误差基于非因果预测调整优化控制的基点。

在分散预测控制中,由于预测误差包含了子系统间的耦合因素,其变化不一定是缓慢光滑的,因此不能像集中控制时那样采用简单的加权校正办法,而应寻找更

有效的非因果预测方法。例如,时间序列预报中的霍尔特-温特(Holt-Winters)方法[31]可以迅速抑制旧数据对预测量的影响。其做法是:首先根据式(6-10)得到的 $e_i(k+1)$ 和上一时刻的 $e_i(k)$ 构成误差的差分项

$$\Delta e_i(k+1)=e_i(k+1)-e_i(k)$$

然后以 $\Delta e_i(k+1)$ 作为预测量,如果其变化没有季节性的因素,则可得到预测其未来值的公式

$$\begin{aligned}
&\Delta\tilde{e}_i(k+1+j|k+1)=m_i(k+1)+j\gamma_i(k+1),\quad j=1,\cdots,N\\
&m_i(k+1)=\alpha\Delta e_i(k+1)+(1-\alpha)(m_i(k)+\gamma_i(k)),\quad 0<\alpha<1 \qquad (6-44)\\
&\gamma_i(k+1)=\beta(\Delta e_i(k+1)-m_i(k))+(1-\beta)\gamma_i(k),\quad 0<\beta<1
\end{aligned}$$

式中,$m_i(k+1)$ 是 $\Delta\tilde{e}_i$ 的基准值,用当前 $\Delta e_i(k+1)$ 与上一时刻预测值 $\Delta\tilde{e}_i(k+1|k)$ 的加权表示,$\gamma_i(k+1)$ 是步长增量,用当前时刻根据实测误差反算的上一时刻步长增量与上一时刻实际步长增量 $\gamma_i(k)$ 的加权表示,而初值 $m_i(0)$、$\gamma_i(0)$ 及滤波参数 α、β 的选择都是比较简单的,可参见文献[31]。

在 $k+1$ 时刻,由于 $m_i(k)$、$\gamma_i(k)$ 已知,$\Delta e_i(k+1)$ 由实测误差信息的差分构成,故即可按式(6-44)算出所有的 $\Delta\tilde{e}_i(k+1+j|k+1)$,$j=1,\cdots,N$。再根据 Δe_i 的定义,可推算出未来输出值的误差预测 $\tilde{e}_i(k+1+j|k+1)$,$j=1,\cdots,N$,以此对预测输出进行校正并移位后,可得

$$\tilde{y}_{i,0}(k+1+j|k+1)=\tilde{y}_{i,1}(k+1+j|k)+\tilde{e}_i(k+1+j|k+1),\quad j=1,\cdots,N$$

这样,就可以得到经校正后的预测初值 $\tilde{\boldsymbol{y}}_{i,N0}(k+1)$,并提供给 $k+1$ 时刻的分散控制器(6-43)使用。

由上述分散预测控制算法的原理可知,为适应分散控制结构的要求,达到简化在线计算、提高系统可靠性的目的,分散预测控制在预测模型和滚动优化方面都把多变量系统分解成独立的子系统来进行。由于其输出预测采用了局部模型(6-42),忽略了子系统之间的耦合影响,若不加以校正,则优化控制律(6-43)中的 $\tilde{\boldsymbol{y}}_{i,P0}(k)$ 与实际严重不符,将导致控制性能的显著下降。因此,必须充分利用预测控制的反馈校正机理,根据实时信息采用合适的预测手段补偿子系统间的耦合影响。而这一特点正是其它分散控制律(如多回路 PID 控制)所不具备的。但这种预测不能依靠子系统之外的信息,只能利用本系统的输出误差信息,因此,选择合适的时间序列预报方法是提高预测精度并进一步改善控制性能的关键。这种方法既保持了分散控制不需在线通信、计算量小、整体可靠性高的优点,又在一定程度上用反馈校正手段弥补了因分散而引起的信息不足,提高了分散控制系统的控制质量。

6.3.4 几种优化分解算法的比较

对于以上讨论的几种多变量预测控制在线优化的分解算法,我们在此做一概

要的分析比较。在不考虑约束时,多变量系统预测控制的在线优化问题可以用式(6－4)和式(6－5)表示为

$$\min_{\Delta \boldsymbol{u}_M(k)} J(k) = \|\boldsymbol{w}(k) - \tilde{\boldsymbol{y}}_{PM}(k)\|_{\boldsymbol{Q}}^2 + \|\Delta \boldsymbol{u}_M(k)\|_{\boldsymbol{R}}^2$$

$$\text{s.t.} \quad \tilde{\boldsymbol{y}}_{PM}(k) = \tilde{\boldsymbol{y}}_{P0}(k) + \boldsymbol{A}\Delta \boldsymbol{u}_M(k)$$

该优化问题的分解算法可根据优化模式和控制信息结构的不同分为以下3种典型情况。

(1) 单目标整体优化,集中控制模式。

这就是6.3.1节中的多变量预测控制分解—协调算法,它采用与原性能指标一致的单一的整体性能指标(6－28),分解—协调策略只是为了使第1级优化的整体问题可以分解为多个小规模的优化子问题并行求解,以此降低求解整体优化问题的复杂度。从控制模式来看,如果把第1级各子优化问题求解和第2级协调的任务都分别由相应的控制器来承担,则协调控制器显然具有全局性且与各子优化控制器不平等,它通过整体优化目标修改协调因子,并将新算出的协调因子传递给各子优化控制器,指导子优化问题的求解。各子优化控制器实际上都通过协调因子获得了全局信息,因此其控制结构是集中式的。

(2) 多目标纳什优化,分布式控制模式。

这是6.3.2节中所介绍的分布式预测控制算法,这种算法把整体优化控制任务划分给m个独立的控制器来进行,其中每个控制器都有自己的性能指标,见式(6－36),因此它已经用多个控制器的多个目标代替了单一的整体目标,但由于各子问题的模型之间存在关联,在解决多目标优化时采用了纳什优化策略。在这种控制策略下,各控制器是平等的,但由于纳什优化求解的需要,子系统之间需要交换必要的信息,因此是一种分布式控制模式。

(3) 多目标分散优化,全分散控制模式。

这是6.3.3节中的分散预测控制算法,它在整体优化任务的划分方面与分布式控制相仿,也是用多个控制器的多个目标代替原问题的单一目标,但由于采用全分散控制结构,不但各控制器的目标是独立的,而且其模型也是独立的,从而可把多目标优化问题进一步分解为多个单目标的优化问题。由于全分散控制结构不允许子系统间交换信息,因此控制律和模型预测都只能利用本子系统的输入输出信息,由此造成的预测误差需要通过反馈校正进行补偿,而反馈校正也是依靠本子系统的输出误差数据通过选择合适的时间序列预报方法来实现的。

以下比较一下这3种分解算法所得到的最优控制律。

① 分解—协调算法:已证明其收敛到原优化问题的最优解(6－6)

$$\Delta \boldsymbol{u}_M^*(k) = (\boldsymbol{A}^{\mathrm{T}}\boldsymbol{Q}\boldsymbol{A} + \boldsymbol{R})^{-1}\boldsymbol{A}^{\mathrm{T}}\boldsymbol{Q}[\boldsymbol{w}(k) - \tilde{\boldsymbol{y}}_{P0}(k)]$$

② 分布式算法:已由式(6-41)给出

$$\Delta \boldsymbol{u}_M^*(k) = (\boldsymbol{A}_1^{\mathrm{T}}\boldsymbol{Q}\boldsymbol{A} + \boldsymbol{R})^{-1}\boldsymbol{A}_1^{\mathrm{T}}\boldsymbol{Q}[\boldsymbol{w}(k) - \tilde{\boldsymbol{y}}_{P0}(k)]$$

③ 全分散算法:由式(6-43)可得

$$\Delta \boldsymbol{u}_M^*(k) = (\boldsymbol{A}_1^{\mathrm{T}}\boldsymbol{Q}\boldsymbol{A}_1 + \boldsymbol{R})^{-1}\boldsymbol{A}_1^{\mathrm{T}}\boldsymbol{Q}[\boldsymbol{w}(k) - \tilde{\boldsymbol{y}}_{P0}(k)]$$

式中,矩阵$\boldsymbol{A}_1$是矩阵$\boldsymbol{A}$的主对角块部分。这些式子反映了这些算法在优化理念上的差异,由最优控制律的推出过程可知,全分散算法中全部出现$\boldsymbol{A}_1$是因为其模型中已略去了子系统之间的耦合影响;而分布式算法中在不同位置分别出现了$\boldsymbol{A}_1$和$\boldsymbol{A}$,是因为在子问题优化过程中,子系统间的耦合项并没有被忽略(出现$\boldsymbol{A}$),但它们是被当作已知量处理而不是作为优化变量同时参与优化的(出现$\boldsymbol{A}_1$)。

上述式子也同时反映出这3种分解算法与原多变量预测控制解的接近程度,其中分解—协调算法可以得到原问题的最优解,而全分散算法离最优解的偏差最大,虽然如此,分散控制算法可以通过反馈校正在一定程度上修正$\tilde{\boldsymbol{y}}_{P0}(k)$,减少与最优解的误差,而前两种算法由于采用了全局预测模型,在无模型失配和无扰动情况下,反馈校正不起作用。

例6.2 多变量预测控制3种分解算法比较。

考虑三输入三输出系统

$$\boldsymbol{G}(s) = \begin{bmatrix} \dfrac{1}{100s+1} & \dfrac{1}{100s+1} & \dfrac{1}{200s+1} \\ \dfrac{-1.25}{50s+1} & \dfrac{3.75}{50s+1} & \dfrac{1}{50s+1} \\ \dfrac{-2}{200s+1} & \dfrac{2}{200s+1} & \dfrac{3.5}{100s+1} \end{bmatrix}$$

将其分为3个子系统,取采样周期$T=20\mathrm{s}$,分别采用6.3.1节至6.3.3节中的递阶、分布式和分散预测控制算法,对每个子系统的预测控制取$P=5$,$M=3$,$\boldsymbol{Q}=\boldsymbol{I}$,$\boldsymbol{R}=0.5\boldsymbol{I}$,为了集中关注不同分解算法对优化性能的影响,均不考虑反馈校正,由此相应地可得到图6-5(a)、(b)、(c)所示的输入和输出曲线。取它们运行$T_{\mathrm{sim}}=300\mathrm{s}$的性能指标进行比较,有$J_{\mathrm{a}}=1.8279$,$J_{\mathrm{b}}=1.8853$,$J_{\mathrm{c}}=2.3917$,由此可见,递阶算法的性能优于分布式算法,而分布式算法的性能又优于分散算法。在这里分散算法的性能是由分散优化直接导致的,由于没有加入反馈校正进行补偿,其性能下降十分明显。

在上面的推导中,为了便于分析不同算法的差异和关系,我们只考虑了无输入输出约束可导出解析解的情况,但这些算法也适用于有输入输出约束的情况,这时可把约束加入到优化子问题中,同时按照对模型中关联耦合项的处理思路类似地处理约束中的耦合项,所构成的优化子问题一般需要用二次规划等方法在线迭代求解,但因为通过分解降低了子优化问题的规模,所以在线计算量将大为降低。相比于可导出解析解的多变量无约束预测控制算法,分解在处理约束预测控制问题时显得更有意义。

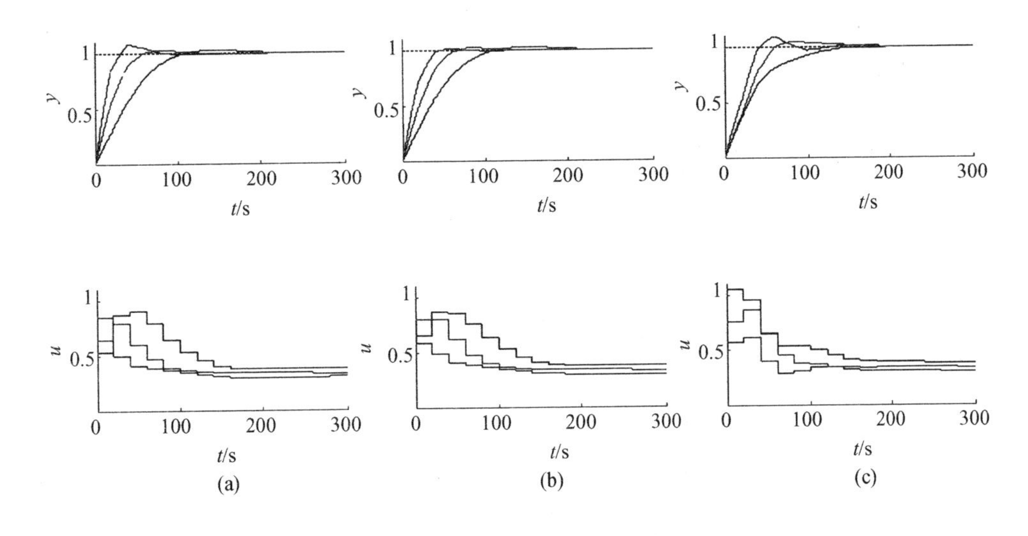

图6-5 3种分解算法的比较

(a) 递阶预测控制;(b) 分布式预测控制;(c) 分散预测控制。

6.4 小结

在本章中,我们以DMC算法为例,给出了多变量系统的预测控制算法,它是单变量系统预测控制算法的简单推广。与单变量算法相比,其主要差别在于对系统未来输出的预测不仅要考虑控制量在不同时刻的变化,而且要考虑不同控制输入的作用,因此系统输出响应是由控制输入在时间和空间上的双重作用叠加而成的。当系统存在对输入输出的约束时,有约束多变量预测控制的在线优化问题可以归结为一个具有二次性能指标和线性不等式约束的QP问题,此时不再有解析解,而需通过矩阵分解法或标准QP算法迭代求解。

为了简化多变量系统预测控制的在线优化,我们讨论了在线优化问题的几种分解算法:即通过分解—协调实现整体优化的集中算法,通过迭代实现纳什最优的分布式算法,以及通过采用有效的时间序列预报算法补偿模型信息缺失的全分散算法。3种分解算法对应了不同的优化理念和信息结构,而且接近原最优解的程度也不同,但都能通过把计算任务分解到子控制器,降低求解在线优化问题的计算复杂度。

第7章

非线性系统的预测控制

预测控制算法最初是针对线性系统提出的,以上各章所介绍的预测控制算法,都用到了对象的线性模型,并通过线性系统的比例和叠加性质对未来输出进行预测。在对象具有弱非线性时,可以用线性模型对其近似并采用线性预测控制算法,这时,由非线性引起的模型失配较小,可通过设计合适的反馈校正克服其影响。然而,当对象有强非线性时,由于采用线性模型的输出预测与实际偏离较大,达不到优化控制的效果,因此不能再简单地用线性预测控制算法处理。20 世纪 80 年代以来,如何根据非线性系统的本质特点发展相应的预测控制策略和算法,始终是预测控制领域中关注的热点。在本章中,我们将首先给出非线性系统预测控制问题的一般描述,然后再介绍几种有代表性的处理方法。由于非线性系统的预测控制并无统一的或影响力特别大的算法,依所面临对象和所用方法或工具的不同呈现出多元化的趋势,因此这里的介绍主要是说明非线性系统预测控制面临的难点和相应的解决思路。

7.1 非线性系统预测控制问题的一般描述

1.2 节所介绍的预测控制基本原理同样也适用于非线性对象,下面就从这些原理出发,来探讨非线性系统的预测控制问题。

非线性系统的预测模型可以分两种情况讨论。

(1) 非线性系统的模型以状态方程形式给出

$$\boldsymbol{x}(k+1)=\boldsymbol{f}(\boldsymbol{x}(k),\boldsymbol{u}(k))$$

$$\boldsymbol{y}(k) = \boldsymbol{g}(\boldsymbol{x}(k)) \tag{7-1}$$

其中，$\boldsymbol{x} \in \mathbb{R}^n$，$\boldsymbol{u} \in \mathbb{R}^m$，$\boldsymbol{y} \in \mathbb{R}^p$。根据这一模型，在 k 时刻只要知道了对象的初始状态 $\boldsymbol{x}(k)$ 及其在未来时刻的控制输入 $\boldsymbol{u}(k)$，$\boldsymbol{u}(k+1)$，…，便可预测对象在未来时刻的状态和模型输出

$$\begin{aligned} &\tilde{\boldsymbol{x}}(k+i|k) = \boldsymbol{f}(\tilde{\boldsymbol{x}}(k+i-1|k), \boldsymbol{u}(k+i-1)) \\ &\tilde{\boldsymbol{y}}_m(k+i|k) = \boldsymbol{g}(\tilde{\boldsymbol{x}}(k+i|k)), \quad i = 1,2,\cdots, \quad \tilde{\boldsymbol{x}}(k|k) = \boldsymbol{x}(k) \end{aligned} \tag{7-2}$$

由 $i=1$ 开始应用式(7-2)，可以递推地得到

$$\tilde{\boldsymbol{y}}_m(k+i|k) = \boldsymbol{F}_i(\boldsymbol{x}(k), \boldsymbol{u}(k), \boldsymbol{u}(k+1), \cdots, \boldsymbol{u}(k+i-1)), \quad i = 1,2,\cdots \tag{7-3}$$

其中，$\boldsymbol{F}_i(\cdot)$ 是由 $\boldsymbol{f}(\cdot)$ 及 $\boldsymbol{g}(\cdot)$ 复合并组合而成的非线性函数。

(2) 非线性系统的模型以输入输出描述给出

$$\boldsymbol{y}(k) = \boldsymbol{f}(\boldsymbol{y}(k-1), \cdots, \boldsymbol{y}(k-r), \boldsymbol{u}(k-1), \cdots, \boldsymbol{u}(k-r)) \tag{7-4}$$

其中，$\boldsymbol{u} \in \mathbb{R}^m$，$y \in \mathbb{R}^p$，$r$ 为模型时域。根据此模型，在 k 时刻只要知道了该时刻的已知信息 $\boldsymbol{y}(k)$，$\boldsymbol{y}(k-1)$，…，$\boldsymbol{u}(k-1)$，$\boldsymbol{u}(k-2)$，…以及未来时刻的控制输入 $\boldsymbol{u}(k)$，$\boldsymbol{u}(k+1)$，…，便可预测对象在未来时刻的模型输出

$$\begin{aligned} \tilde{\boldsymbol{y}}_m(k+i|k) &= \boldsymbol{f}[\tilde{\boldsymbol{y}}_m(k+i-1|k), \cdots, \tilde{\boldsymbol{y}}_m(k+i-r|k), \\ &\qquad \boldsymbol{u}(k+i-1), \cdots, u(k+i-r)], \quad i = 1,2,\cdots \\ \tilde{\boldsymbol{y}}_m(k+j|k) &= \boldsymbol{y}(k+j), \ j \leqslant 0 \end{aligned} \tag{7-5}$$

由 $i=1$ 开始应用式(7-5)，可以递推地得到

$$\begin{aligned} \tilde{\boldsymbol{y}}_m(k+i| k) = \boldsymbol{G}_i[&\boldsymbol{y}(k), \cdots, \boldsymbol{y}(k-r+1), \boldsymbol{u}(k+i-1), \cdots, \boldsymbol{u}(k), \\ &\boldsymbol{u}(k-1), \cdots, \boldsymbol{u}(k-r+1)], \quad i = 1,2,\cdots \end{aligned} \tag{7-6}$$

其中，$\boldsymbol{G}_i(\cdot)$ 是在代入过程中由 $\boldsymbol{f}(\cdot)$ 复合组成的非线性函数。

对于上面两种模型预测公式(7-2)和式(7-5)，通过逐步代入可以得到式(7-3)和式(7-6)，它们均给出了对象未来输出与已知量和未来假设输入的直接关系，看起来似乎最合适作为预测模型，但注意到其中非线性函数 $\boldsymbol{F}_i(\cdot)$ 和 $\boldsymbol{G}_i(\cdot)$ 需经过多次复合得到，在 $\boldsymbol{f}(\cdot)$ 和 $\boldsymbol{g}(\cdot)$ 为非线性时，$\boldsymbol{F}_i(\cdot)$ 和 $\boldsymbol{G}_i(\cdot)$ 的表达式随 i 增大将变得极其复杂，在求解优化问题时会涉及到多重复合求导，即使能得到它们的解析式也难以使用，因此式(7-3)和式(7-6)只能在原理上表示预测模型，在实际上并没有必要推出其中的 $\boldsymbol{F}_i(\cdot)$ 和 $\boldsymbol{G}_i(\cdot)$，预测模型应该用整个式(7-2)或式(7-5)直接表示。

根据预测控制原理，在滚动优化的每一步，需首先检测系统的实际输出并进行反馈校正。记 k 时刻测得的实际输出为 $\boldsymbol{y}(k)$，则可由

$$\boldsymbol{e}(k) = \boldsymbol{y}(k) - \tilde{\boldsymbol{y}}_m(k|k-1)$$

构成预测误差,并根据历史的误差信息 $\boldsymbol{e}(k),\cdots,\boldsymbol{e}(k-q)$ 通过误差预测

$$\tilde{\boldsymbol{e}}(k+i|k) = \boldsymbol{E}_i(\boldsymbol{e}(k),\cdots,\boldsymbol{e}(k-q)) \tag{7-7}$$

校正基于模型的预测,其中 $\boldsymbol{E}_i(\cdot)$ 为某一线性或非线性函数,其形式取决于所用的非因果预测方法,q 为所用到的历史误差信息长度。由此可构成对输出的闭环预测

$$\tilde{\boldsymbol{y}}_p(k+i|k) = \tilde{\boldsymbol{y}}_m(k+i|k) + \tilde{\boldsymbol{e}}(k+i|k), \quad i = 1,2,\cdots \tag{7-8}$$

在 k 时刻的滚动优化是要求出从该时刻起的 M 个控制输入 $\boldsymbol{u}(k),\cdots,\boldsymbol{u}(k+M-1)$(同样假设 $\boldsymbol{u}$ 在 $k+M-1$ 时刻后保持不变),使下述性能指标最优

$$\min J(k) = J(\tilde{\boldsymbol{y}}_{PM}(k),\boldsymbol{u}_M(k),\boldsymbol{w}_P(k))$$

其中

$$\tilde{\boldsymbol{y}}_{PM}(k) = \begin{bmatrix} \tilde{\boldsymbol{y}}_p(k+1|k) \\ \vdots \\ \tilde{\boldsymbol{y}}_p(k+P|k) \end{bmatrix}, \quad \boldsymbol{u}_M(k) = \begin{bmatrix} \boldsymbol{u}(k) \\ \vdots \\ \boldsymbol{u}(k+M-1) \end{bmatrix}, \quad \boldsymbol{w}_P(k) = \begin{bmatrix} \boldsymbol{w}(k+1) \\ \vdots \\ \boldsymbol{w}(k+P) \end{bmatrix}$$

式中,$\boldsymbol{w}(k+i)$ 为 $k+i$ 时刻的期望输出,M、P 分别为控制时域与优化时域,注意 $\tilde{\boldsymbol{y}}_{PM}(k)$ 中的 $\tilde{\boldsymbol{y}}_p(k+i|k)$ 是在 $\boldsymbol{u}(k+i)=\boldsymbol{u}(k+M-1), i\geqslant M$ 的条件下,由式(7-2)或式(7-5)给出的模型输出经过式(7-8)反馈校正得到的。这样,在线优化问题就可完整地表达为

$$\begin{aligned} &\min_{\boldsymbol{u}_M(k)} J(k) = J(\tilde{\boldsymbol{y}}_{PM}(k),\boldsymbol{u}_M(k),\boldsymbol{w}_P(k)) \\ &\text{s.t.} \quad (7-2)\text{ 或}(7-5),(7-7),(7-8) \\ &\qquad \boldsymbol{u}(k+i) = \boldsymbol{u}(k+M-1), \quad i \geqslant M \end{aligned} \tag{7-9}$$

如果考虑对输入、输出或状态的约束,则这些约束也应加入到优化问题中一并考虑。由此求出最优的 $\boldsymbol{u}^*(k),\cdots,\boldsymbol{u}^*(k+M-1)$ 后,在 k 时刻实施 $\boldsymbol{u}^*(k)$,到下一采样时刻,检测系统实际输出进行误差校正后,又重复进行优化。这就是非线性系统预测控制问题的一般描述。

可以看出,非线性系统的预测控制在原理上与线性系统没有什么不同,但考虑其具体算法时,与线性系统相比出现了新的特点,主要表现在两方面。

① 非线性系统的预测模型(7-2)或(7-5)不能把 k 时刻的输出预测表达为该时刻已知信息和未来假设输入的简单函数关系,虽然在原理上可以通过逐项代入得到式(7-3)或式(7-6),但如前所述,由于函数 $\boldsymbol{f}(\cdot)$ 和 $\boldsymbol{g}(\cdot)$ 的非线性性质,这样的解析关系不但难以得到,即使得到也十分复杂,不利于优化问题求解,因此必须把优化时域中所有时刻的预测模型(7-2)或(7-5)都用于模型预测,并作

为优化问题(7-9)的约束。

② 非线性预测控制在线优化问题(7-9)的求解难度大大提高,即使在性能指标(7-9)取二次型且没有状态、输入和输出约束的情况下,由于预测模型是以非线性形式作为优化问题的约束,我们面临的仍是一个相当一般的非线性优化问题,而且由于优化变量出现在相互复合的预测模型中,应用参数优化概念直接求解 $\boldsymbol{u}(k),\cdots,\boldsymbol{u}(k+M-1)$ 存在着解析上的困难,其解只能通过数值优化算法得到而不可能以解析式给出。而把性能指标(7-9)结合模型约束(7-2)或(7-5)当作离散的非线性函数优化问题来解时,如果采用离散极大值原理写出一系列极值必要条件,因计算量十分庞大,也难以满足实时控制的需要。因此,如何实时有效地求解非线性滚动优化问题,成为非线性系统预测控制中需要解决的突出难点。

综上所述,非线性系统的预测控制问题虽然可以用明确的数学形式描述,但其求解仍存在着由非线性带来的本质困难。几十年来,人们在对线性系统预测控制理论和应用不断完善的同时,也对非线性系统的预测控制进行了大量研究,提出了不少有效方法,并在反应器、机器人等许多实际对象中得到了成功应用。这些方法的核心在于如何克服非线性滚动优化问题求解的困难。下面我们列举出一些主要的研究方法。

① 线性化方法,即把非线性模型线性化后,用线性系统预测控制的滚动优化方法设计控制器,同时保留了非线性模型用于预测。为了克服模型线性化带来的误差,可通过在线辨识不断修正线性化模型。

② 数值计算和解析相结合的方法,即利用非线性模型进行在线仿真,并通过对控制输入的摄动寻找改善解的梯度方向,用梯度法反复迭代求出非线性优化问题的解。

③ 分层优化方法,即通过反馈线性化把非线性系统预测控制问题转化为线性系统预测控制问题,或通过对非线性项的预估构成一个底层为线性系统预测控制、高层为迭代修正预估量的两级递阶算法。

④ 多模型方法,即在不同工作点将非线性模型线性化,得到多个线性模型,根据系统的实际状态确定所采用的预测模型,并采用线性系统预测控制的方法求解,或对上述多模型采用模糊控制结合线性系统预测控制的方法求解。

⑤ 神经网络方法,即用神经网络取代系统的非线性模型进行预测,并设计神经网络实现在线优化问题的求解。

⑥ 逼近方法,即用广义卷积模型或广义正交函数逼近非线性模型,并在截断后求解线性的或简单非线性的预测控制问题。

⑦ 特殊非线性系统,如哈默斯坦模型、双线性模型的预测控制算法。

在本章以下几节中,将简要介绍几种典型的非线性系统预测控制算法。需要指出的是,20 世纪 90 年代以来预测控制定性综合理论的长足发展,为非线性系统的预测控制开辟了新的视野,各种保证稳定性的设计方法也出现在非线性系统预测控制的研究中,但这些方法的要点在于保证所设计的预测控制系统是稳定的,预测控制在线优化问题的表述和求解方法都与上述经典方法有很大不同,这类非线性系统的预测控制问题将在第 9 章专门给予讨论。

7.2 分层预估迭代的非线性预测控制

鉴于非线性系统预测控制在线优化所遇到的计算上的困难,文献[32]借用了大系统理论中用递阶算法求解非线性最优控制的思想,通过对非线性部分的预估和协调,把非线性滚动优化问题转化为线性问题求解。

对于式(7-1)给出的非线性系统,考虑二次型的滚动优化性能指标

$$\min J(k)=\|\boldsymbol{w}(k)-\tilde{\boldsymbol{y}}_{PM}(k)\|_{\boldsymbol{Q}}^2+\|\boldsymbol{u}_M(k)\|_{\boldsymbol{R}}^2 \tag{7-10}$$

其中,$\boldsymbol{u}_M(k)=[\boldsymbol{u}^{\mathrm{T}}(k)\ \cdots\ \boldsymbol{u}^{\mathrm{T}}(k+M-1)]^{\mathrm{T}}$ 为优化变量。结合预测模型(7-2),可将这一优化问题归结为非线性优化问题,即使不考虑对状态、输入和输出的约束,它也不能像线性系统那样可导出解析解。

为了充分利用线性系统预测控制可导出解析解的优点,我们首先通过固定模型中的非线性因素,将其转化为线性模型,然后再通过协调来改进解。假定 $\boldsymbol{u}_0=\boldsymbol{0}$,$\boldsymbol{x}_0=\boldsymbol{0}$ 为非线性系统(7-1)的一个平衡点,即

$$\boldsymbol{f}(\boldsymbol{0},\boldsymbol{0})=\boldsymbol{0},\quad \boldsymbol{g}(\boldsymbol{0})=\boldsymbol{0}$$

若 $\boldsymbol{f}$、$\boldsymbol{g}$ 是连续可微的,则可将系统在平衡点$(\boldsymbol{0},\boldsymbol{0})$处线性化,把式(7-1)等价地写作

$$\begin{aligned}\boldsymbol{x}(k+1)&=\boldsymbol{A}\boldsymbol{x}(k)+\boldsymbol{B}\boldsymbol{u}(k)+\boldsymbol{D}(\boldsymbol{x}(k),\boldsymbol{u}(k))\\ \boldsymbol{y}(k)&=\boldsymbol{C}\boldsymbol{x}(k)+\boldsymbol{G}(\boldsymbol{x}(k))\end{aligned} \tag{7-11}$$

其中

$$\boldsymbol{A}=\left.\frac{\partial \boldsymbol{f}}{\partial \boldsymbol{x}}\right|_{\substack{x=0\\u=0}},\boldsymbol{B}=\left.\frac{\partial \boldsymbol{f}}{\partial \boldsymbol{u}}\right|_{\substack{x=0\\u=0}},\boldsymbol{C}=\left.\frac{\mathrm{d}\boldsymbol{g}}{\mathrm{d}\boldsymbol{x}}\right|_{x=0}$$

$$\boldsymbol{D}(\boldsymbol{x}(k),\boldsymbol{u}(k))=\boldsymbol{f}(\boldsymbol{x}(k),\boldsymbol{u}(k))-\boldsymbol{A}\boldsymbol{x}(k)-\boldsymbol{B}\boldsymbol{u}(k)$$

$$\boldsymbol{G}(\boldsymbol{x}(k))=\boldsymbol{g}(\boldsymbol{x}(k))-\boldsymbol{C}\boldsymbol{x}(k)$$

从 k 时刻起逐个时刻写出式(7-11),可得

$$\boldsymbol{x}(k+i)=\boldsymbol{A}\boldsymbol{x}(k+i-1)+\boldsymbol{B}\boldsymbol{u}(k+i-1)+\boldsymbol{D}(\boldsymbol{x}(k+i-1),\boldsymbol{u}(k+i-1))$$

$$\boldsymbol{y}(k+i)=\boldsymbol{C}\boldsymbol{x}(k+i)+\boldsymbol{G}(\boldsymbol{x}(k+i))$$

$$i = 1,2,\cdots \tag{7-12}$$

这是一个具有形式(7-2)的预测模型,为符号简洁起见,这里省略了预测记号。

为了克服基于上述非线性预测模型求解优化问题的困难,注意到式(7-12)中 $\boldsymbol{A},\boldsymbol{B},\boldsymbol{C}$ 均为常量,非线性只出现在 $\boldsymbol{D},\boldsymbol{G}$ 项中,故可通过适当手段固定 $\boldsymbol{D},\boldsymbol{G}$,使之变为线性模型。为此,引入附加的预估

$$\begin{aligned} \boldsymbol{u}(k+i) &= \boldsymbol{u}^0(k+i),\ i = 0,\cdots,M-1 \\ \boldsymbol{x}(k+i) &= \boldsymbol{x}^0(k+i),\ i = 1,\cdots,P \end{aligned} \tag{7-13}$$

其中,$\boldsymbol{u}^0$ 作为初始预估值可任意给定,$\boldsymbol{x}^0$ 可在 $\boldsymbol{x}(k)$ 和 $\boldsymbol{u}^0$ 已知的情况下由式(7-11)递推算出。把这些 $\boldsymbol{u}^0$、$\boldsymbol{x}^0$ 代入式(7-12)中的非线性项 $\boldsymbol{D},\boldsymbol{G}$,可以得到

$$\begin{aligned} \boldsymbol{x}(k+i) &= \boldsymbol{A}\boldsymbol{x}(k+i-1) + \boldsymbol{B}\boldsymbol{u}(k+i-1) + \boldsymbol{l}_i \\ \boldsymbol{y}(k+i) &= \boldsymbol{C}\boldsymbol{x}(k+i) + \boldsymbol{h}_i,\quad i = 1,\cdots,P \\ \boldsymbol{u}(k+i-1) &= \boldsymbol{u}(k+M-1),\quad i \geqslant M \end{aligned} \tag{7-14}$$

其中

$$\boldsymbol{l}_i = \begin{cases} \boldsymbol{D}(\boldsymbol{x}(k),\boldsymbol{u}^0(k)), & i = 1 \\ \boldsymbol{D}(\boldsymbol{x}^0(k+i-1),\boldsymbol{u}^0(k+i-1)), & M > i \geqslant 2 \\ \boldsymbol{D}(\boldsymbol{x}^0(k+i-1),\boldsymbol{u}^0(k+M-1)), & P \geqslant i \geqslant M \end{cases}$$

$$\boldsymbol{h}_i = \boldsymbol{G}(\boldsymbol{x}^0(k+i)),\ i = 1,\cdots,P$$

它们在已知 $\boldsymbol{x}(k)$ 且对 $\boldsymbol{u}$、$\boldsymbol{x}$ 预估后均为已知常量,故式(7-14)成为一个线性模型,对于它在性能指标(7-10)下的优化问题,采用通常的线性系统预测控制算法很容易得到其解析解,从而避免了直接求解非线性优化问题的困难。

然而,线性模型(7-14)是在预估了非线性模型(7-12)中的非线性项 $\boldsymbol{D}$、$\boldsymbol{G}$ 后得到的,它一般并不等价于原来的非线性模型,只有在解出的最优 $\boldsymbol{u}$、$\boldsymbol{x}$ 恰好就是 $\boldsymbol{u}$、$\boldsymbol{x}$ 的预估值时,这两个模型才是一致的,因此需要在预估时就已经知道预估后优化问题的最优解,这当然是不可能的。这一困难可以通过迭代加以解决,即在求出优化问题的最优解 $\boldsymbol{u}^*$、$\boldsymbol{x}^*$ 后,若其与初始预估值不一致,则将它们设置为新的预估值

$$\begin{aligned} \boldsymbol{u}^0(k+i) &= \boldsymbol{u}^*(k+i),\ i = 0,\cdots,M-1 \\ \boldsymbol{x}^0(k+i) &= \boldsymbol{x}^*(k+i),\ i = 1,\cdots,P \end{aligned} \tag{7-15}$$

并重新求解线性模型的优化问题。而为了加快迭代的收敛,可以把性能指标(7-10)修改为

$$\begin{aligned} \min J'(k) = {} & \|\boldsymbol{w}(k) - \tilde{\boldsymbol{y}}_{PM}(k)\|_{\boldsymbol{Q}}^2 + \|\boldsymbol{u}_M(k)\|_{\boldsymbol{R}}^2 + \\ & \|\boldsymbol{x}_P(k) - \boldsymbol{x}_P^0(k)\|_{S_x}^2 + \|\boldsymbol{u}_M(k) - \boldsymbol{u}_M^0(k)\|_{S_u}^2 \end{aligned}$$

式中,$\boldsymbol{u}_M(k)$、$\boldsymbol{x}_P(k)$分别是式(7-13)中M个$\boldsymbol{u}(k+i)$和P个$\boldsymbol{x}(k+i)$的组合。

在一定条件下,这一迭代过程是收敛的,最终可以达到最优解和预估值一致,这时得到的解就可作为实际解付诸实施。这样,就可以得到基于预估和迭代的非线性系统预测控制的分层算法。其中第1级是在对$\boldsymbol{u}$、$\boldsymbol{x}$预估的基础上,基于线性模型(7-14)求解性能指标为(7-10)的优化问题,它可归结为线性系统的预测控制问题,在不考虑状态、输入和输出约束时甚至可直接导出解析解。第2级则在第1级所算出解的基础上,按式(7-15)重新设置预估初值。两级运算过程需要反复迭代,直至满足预估精度条件。该算法由于在第1级充分利用了线性系统预测控制求解的相对简易性,第2级的协调计算又十分简单,因此即使在考虑状态、输入和输出约束的情况下,在线计算也能得到简化。

以上介绍的是这种控制策略的主要思路,在算法实现上还有一些技巧问题和理论问题需要探讨,在此不再详述,可参考文献[32]。

7.3 基于输入输出线性化的非线性预测控制

非线性系统控制理论已有了长足的发展,特别在反馈线性化方面的成果已被广泛应用于非线性系统控制中。反馈线性化是通过引入非线性状态反馈,使得闭环系统表现为线性的或近似线性的。因此可以在此基础上考虑非线性系统的分层控制策略,即首先按反馈线性化理论设计非线性状态反馈控制律,实现系统的线性化,然后再针对线性化的系统按线性控制理论设计所需要的控制器。非线性系统的预测控制也可以通过这种分层结构转化为线性系统的预测控制。以下我们以仿射非线性系统的输入输出线性化为例,来说明这种分层预测控制的策略[32]。

考虑多输入多输出的仿射非线性系统

$$\frac{\mathrm{d}\boldsymbol{x}}{\mathrm{d}t} = \boldsymbol{f}(\boldsymbol{x}) + \sum_{j=1}^{m} \boldsymbol{g}_j(\boldsymbol{x}) u_j$$

$$y_i = h_i(\boldsymbol{x}),\ i = 1,\cdots,m \tag{7-16}$$

其中,$\boldsymbol{f}=(f_1\cdots f_n)^{\mathrm{T}}$, $\boldsymbol{f},\boldsymbol{g}_j:\mathbb{R}^n\to\mathbb{R}^n$是$\mathbb{R}^n$上的光滑向量场,$h_i:\mathbb{R}^n\to\mathbb{R}$是$\mathbb{R}^n$上的光滑标量函数,$\boldsymbol{u}=(u_1\cdots u_m)^{\mathrm{T}}\in\mathbb{R}^m$, $\boldsymbol{y}=(y_1\cdots y_m)^{\mathrm{T}}\in\mathbb{R}^m$,即输入输出维数相等。

输入输出线性化的基本思想是对输出函数y_i逐次求导,直至出现输入u_j,然后设计状态反馈律来消去非线性项。为此,首先定义h_i对于$\boldsymbol{f}$的李(Lie)导数如下

$$L_f(h_i) = \langle \mathrm{d}h_i,\boldsymbol{f}\rangle = \frac{\partial h_i}{\partial x_1}f_1 + \cdots + \frac{\partial h_i}{\partial x_n}f_n \tag{7-17}$$

可见 $L_f(h_i)$ 就是 h_i 沿向量 $\boldsymbol{f}$ 的方向导数，它也是 $\mathbb{R}^n$ 上的标量函数。同样可定义高阶李导数，各阶李导数可以用递归式表达为

$$
\begin{aligned}
L_f^0(h_i) &= h_i \\
L_f^k(h_i) &= L_f(L_f^{k-1}(h_i)) = \langle \mathrm{d}L_f^{k-1}(h_i), \boldsymbol{f} \rangle, \ k = 1,2,\cdots
\end{aligned} \tag{7-18}
$$

对于多变量系统(7－16)的每一个输出分量 y_i 可定义其相对度(relative degree)r_i，它满足

$$
\begin{aligned}
&L_{g_j}(L_f^l(h_i)) = \langle \mathrm{d}L_f^l(h_i), \boldsymbol{g}_j \rangle = 0, \quad l = 0,1,\cdots,r_i-2, \ j = 1,\cdots,m \\
&L_{g_j}(L_f^{r_i-1}(h_i)) = \langle \mathrm{d}L_f^{r_i-1}(h_i), \boldsymbol{g}_j \rangle \neq 0, \quad \text{至少存在一} j \in (1,\cdots,m)
\end{aligned} \tag{7-19}
$$

根据式(7－16)，y_i 的一阶导数为

$$
\frac{\mathrm{d}y_i}{\mathrm{d}t} = \frac{\partial h_i}{\partial \boldsymbol{x}}(\boldsymbol{f}(\boldsymbol{x}) + \sum_{j=1}^m \boldsymbol{g}_j(\boldsymbol{x})u_j) = L_f(h_i) + \sum_{j=1}^m L_{g_j}(h_i)u_j
$$

如果 $L_{g_j}(h_i)=0, \ j=1,\cdots,m$，则$\frac{\mathrm{d}y_i}{\mathrm{d}t}=L_f(h_i)$与 u_j 无关。这时继续求 y_i 的二阶导数

$$
\begin{aligned}
\frac{\mathrm{d}^2 y_i}{\mathrm{d}t^2} &= \frac{\partial(L_f(h_i))}{\partial \boldsymbol{x}}(\boldsymbol{f}(\boldsymbol{x}) + \sum_{j=1}^m \boldsymbol{g}_j(\boldsymbol{x})\boldsymbol{u}_j) \\
&= \boldsymbol{L}_f^2(h_i) + \sum_{j=1}^m L_{g_j}(L_f(h_i))u_j
\end{aligned}
$$

如果 $L_{g_j}(L_f(h_i))=0, \ j=1,\cdots,m$，则$\frac{\mathrm{d}^2 y_i}{\mathrm{d}t^2}=L_f^2(h_i)$与 u_j 无关。如此进行下去，直至

$$
\frac{\mathrm{d}^{r_i} y_i}{\mathrm{d}t^{r_i}} = L_f^{r_i}(h_i) + \sum_{j=1}^m L_{g_j}(L_f^{r_i-1}(h_i))u_j
$$

根据相对度 r_i 的定义，可知上式右端第2项一般不为零，归纳上面各步结果，可以得到

$$
\begin{aligned}
\frac{\mathrm{d}^l y_i}{\mathrm{d}t^l} &= L_f^l(h_i), \quad l = 0,1,\cdots,r_i-1 \\
\frac{\mathrm{d}^{r_i} y_i}{\mathrm{d}t^{r_i}} &= L_f^{r_i}(h_i) + \sum_{j=1}^m L_{g_j}(L_f^{r_i-1}(h_i))u_j
\end{aligned} \tag{7-20}
$$

记 $\boldsymbol{v}=(v_1\cdots v_m)^{\mathrm{T}}$，其中

$$
v_i = \beta_{i0}^{-1}\sum_{l=0}^{r_i}\beta_{il}L_f^l(h_i) + \beta_{i0}^{-1}\beta_{ir_i}\sum_{j=1}^m L_{g_j}(L_f^{r_i-1}(h_i))u_j, \ i = 1,\cdots,m \tag{7-21}
$$

β_{il}为正数，可用来配置我们所希望的线性化后的系统动态。式(7－21)可写成

$$
\boldsymbol{v} = \boldsymbol{p}(\boldsymbol{x}) + \boldsymbol{F}(\boldsymbol{x})\boldsymbol{u}
$$

其中

$$
\boldsymbol{p}(\boldsymbol{x}) = \begin{bmatrix} \beta_{10}^{-1} \sum_{l=0}^{r_1} \beta_{1l} L_f^l(h_1) \\ \vdots \\ \beta_{m0}^{-1} \sum_{l=0}^{r_m} \beta_{ml} L_f^l(h_m) \end{bmatrix}
$$

$$
\boldsymbol{F}(\boldsymbol{x}) = \begin{bmatrix} \beta_{10}^{-1}\beta_{1r_1} L_{g_1}(L_f^{r_1-1}(h_1)) & \cdots & \beta_{10}^{-1}\beta_{1r_1} L_{g_m}(L_f^{r_1-1}(h_1)) \\ \vdots & & \vdots \\ \beta_{m0}^{-1}\beta_{mr_m} L_{g_1}(L_f^{r_m-1}(h_m)) & \cdots & \beta_{m0}^{-1}\beta_{mr_m} L_{g_m}(L_f^{r_m-1}(h_m)) \end{bmatrix}
$$

如果 $m \times m$ 维矩阵 $\boldsymbol{F}(\boldsymbol{x})$ 非奇异,则由上式可得状态反馈律

$$
\boldsymbol{u} = \boldsymbol{F}^{-1}(\boldsymbol{x})(\boldsymbol{v} - \boldsymbol{p}(\boldsymbol{x})) \tag{7-22}
$$

在上述反馈律作用下,结合式(7-20)和式(7-21)可得

$$
\sum_{l=0}^{r_i} \beta_{il} \frac{\mathrm{d}^l y_i}{\mathrm{d}t^l} = \beta_{i0} v_i, \qquad i = 1, \cdots, m \tag{7-23}
$$

这样,我们就把原非线性系统(7-16)转换成为以 v_i 为输入、y_i 为输出的 m 个解耦的单输入单输出线性系统(7-23)。

分层控制的第2层就是在第1层实现输入输出线性化的基础上,对解耦的 m 个单输入单输出线性系统分别设计预测控制器。对于第 i 个子系统(7-23),其传递函数为

$$
G_i(s) = \frac{y_i(s)}{v_i(s)} = \frac{\beta_{i0}}{\beta_{ir_i} s^{r_i} + \beta_{i,r_i-1} s^{r_i-1} + \cdots + \beta_{i0}}
$$

以采样周期 T 对其采样保持,可得到离散传递函数

$$
G_i(z) = \frac{y_i(z)}{v_i(z)} = \frac{b_{i,1} z^{-1} + \cdots b_{i,r_i} z^{-r_i}}{1 + a_{i,1} z^{-1} + \cdots a_{i,r_i} z^{-r_i}}
$$

这时可采用2.2节中的GPC算法实现模型预测、滚动优化和反馈校正,当然也可以由此离散传递函数求出该子系统 y_i 对 v_i 的阶跃响应系数,采用2.1节中的DMC算法进行预测控制。具体算法可参见第2章,在此不再赘述。

上面介绍的基于输入输出线性化的非线性系统预测控制策略可用图7-1所示的控制结构加以说明。

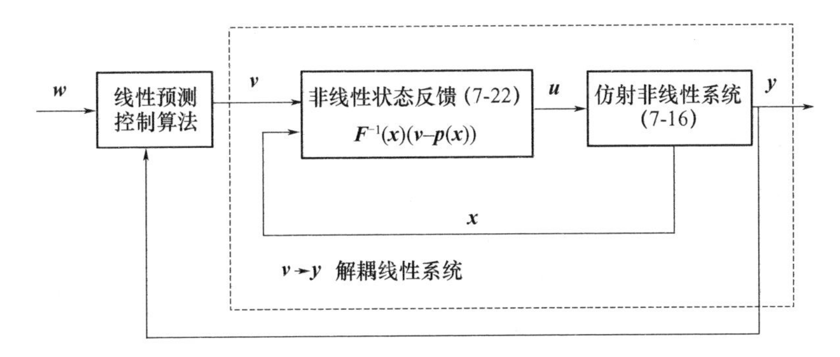

图 7-1　基于输入输出线性化的非线性系统预测控制算法结构

例 7.1[32]　考虑图 7-2 所示的平面两连杆机械臂。

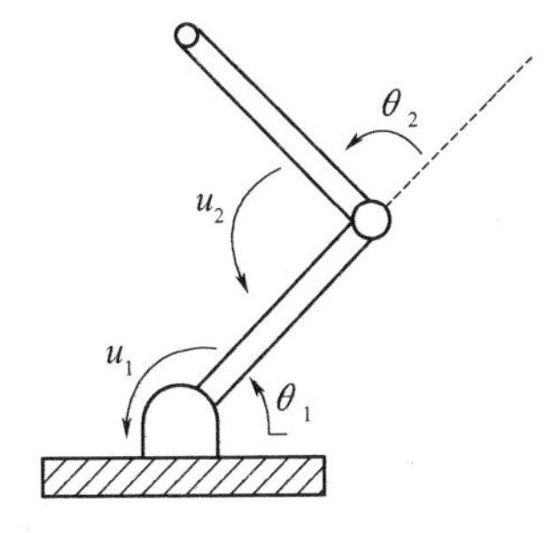

图 7-2　平面两连杆机械臂

假定每个连杆的质量都集中在其末端,长度和质量都为单位量,其运动方程为

$$u_1 = 3\ddot{\theta}_1 + \ddot{\theta}_2 + (2\ddot{\theta}_1 + \ddot{\theta}_2)\cos\theta_2 - \dot{\theta}_2^2\sin\theta_2 - 2\dot{\theta}_1\dot{\theta}_2\sin\theta_2 + g\cos(\theta_1 + \theta_2) + 2g\cos\theta_1$$

$$u_2 = \ddot{\theta}_1 + \ddot{\theta}_2 + \ddot{\theta}_1\cos\theta_2 + \dot{\theta}_1^2\sin\theta_2 + g\cos(\theta_1 + \theta_2)$$

其中:g 为重力加速度;u_1,u_2 为输入转矩;θ_1,θ_2 为输出转角。取 $\boldsymbol{x} = (\theta_1\ \dot{\theta}_1\ \theta_2\ \dot{\theta}_2)^{\mathrm{T}}$ 为状态变量,则经过一系列计算后,可以得到该非线性系统的仿射型表达式

$$\dot{\boldsymbol{x}} = \boldsymbol{f}(\boldsymbol{x}) + \boldsymbol{g}(\boldsymbol{x})\boldsymbol{u}$$
$$\boldsymbol{y} = \boldsymbol{h}(\boldsymbol{x})$$

这里

$$\boldsymbol{f}(\boldsymbol{x}) = \begin{bmatrix} x_2 \\ f_2(\boldsymbol{x}) \\ x_4 \\ f_4(\boldsymbol{x}) \end{bmatrix},\quad \boldsymbol{g}(\boldsymbol{x}) = (\boldsymbol{g}_1(\boldsymbol{x})\ \boldsymbol{g}_2(\boldsymbol{x})) = \begin{bmatrix} 0 & 0 \\ \dfrac{1}{1+\sin^2 x_3} & -\dfrac{1+\cos x_3}{1+\sin^2 x_3} \\ 0 & 0 \\ -\dfrac{1+\cos x_3}{1+\sin^2 x_3} & \dfrac{3+2\cos x_3}{1+\sin^2 x_3} \end{bmatrix}$$

$$\boldsymbol{h}(\boldsymbol{x}) = \begin{bmatrix} h_1(\boldsymbol{x}) \\ h_2(\boldsymbol{x}) \end{bmatrix} = \begin{bmatrix} x_1 \\ x_3 \end{bmatrix}, \quad \boldsymbol{u} = \begin{bmatrix} u_1 \\ u_2 \end{bmatrix}$$

其中

$$f_2(\boldsymbol{x}) = \frac{1}{1+\sin^2 x_3}\left\{(x_2+x_4)^2\sin x_3 + x_2^2\sin x_3\cos x_3 - g[\cos x_1 + \sin x_3\sin(x_1+x_3)]\right\}$$

$$f_4(\boldsymbol{x}) = \frac{1}{1+\sin^2 x_3}\left\{-(3x_2^2+2x_2x_4+x_4^2)\sin x_3 - (2x_2^2+2x_2x_4+x_4^2)\sin x_3\cos x_3 \right.$$
$$\left. + g[2\cos x_1 - \cos x_3\cos(x_1+x_3) + 2\sin x_1\sin x_3]\right\}$$

以下首先对该系统进行输入输出线性化。

对于 $h_1(\boldsymbol{x})$，可计算出

$$L_f^0(h_1) = h_1 = x_1$$
$$L_f^1(h_1) = L_f(L_f^0(h_1)) = \langle \mathrm{d}x_1, \boldsymbol{f}\rangle = x_2$$
$$L_f^2(h_1) = L_f(L_f^1(h_1)) = \langle \mathrm{d}x_2, \boldsymbol{f}\rangle = f_2(\boldsymbol{x})$$

$$L_{g_1}(L_f^0(h_1)) = \langle \mathrm{d}x_1, \boldsymbol{g}_1\rangle = 0, \quad L_{g_2}(L_f^0(h_1)) = \langle \mathrm{d}x_1, \boldsymbol{g}_2\rangle = 0$$

$$L_{g_1}(L_f^1(h_1)) = \langle \mathrm{d}x_2, \boldsymbol{g}_1\rangle = \frac{1}{1+\sin^2 x_3}, \quad L_{g_2}(L_f^1(h_1)) = \langle \mathrm{d}x_2, \boldsymbol{g}_2\rangle = -\frac{1+\cos x_3}{1+\sin^2 x_3}$$

由此可知，$r_1=2$。同理可求出

$$L_f^0(h_2) = h_2 = x_3$$
$$L_f^1(h_2) = L_f(L_f^0(h_2)) = \langle \mathrm{d}x_3, \boldsymbol{f}\rangle = x_4$$
$$L_f^2(h_2) = L_f(L_f^1(h_2)) = \langle \mathrm{d}x_4, \boldsymbol{f}\rangle = f_4(\boldsymbol{x})$$

$$L_{g_1}(L_f^0(h_2)) = \langle \mathrm{d}x_3, \boldsymbol{g}_1\rangle = 0, \quad L_{g_2}(L_f^0(h_2)) = \langle \mathrm{d}x_3, \boldsymbol{g}_2\rangle = 0$$

$$L_{g_1}(L_f^1(h_2)) = \langle \mathrm{d}x_4, \boldsymbol{g}_1\rangle = -\frac{1+\cos x_3}{1+\sin^2 x_3}, \quad L_{g_2}(L_f^1(h_2)) = \langle \mathrm{d}x_4, \boldsymbol{g}_2\rangle = \frac{3+2\cos x_3}{1+\sin^2 x_3}$$

并知 $r_2=2$。选择线性化后两个输入输出解耦的子系统参数为

$$\beta_{i2} = 1, \quad \beta_{i1} = 8, \beta_{i0} = 15, \quad i = 1,2$$

代入式(7-22)中，可得

$$\boldsymbol{p}(\boldsymbol{x}) = \frac{1}{15}\begin{bmatrix} 15x_1 + 8x_2 + f_2(\boldsymbol{x}) \\ 15x_3 + 8x_4 + f_4(\boldsymbol{x}) \end{bmatrix}, \quad \boldsymbol{F}(\boldsymbol{x}) = \frac{1}{15}\begin{bmatrix} \dfrac{1}{1+\sin^2 x_3} & -\dfrac{1+\cos x_3}{1+\sin^2 x_3} \\ -\dfrac{1+\cos x_3}{1+\sin^2 x_3} & \dfrac{3+2\cos x_3}{1+\sin^2 x_3} \end{bmatrix}$$

由此可计算出状态反馈律为

$$\begin{bmatrix} u_1 \\ u_2 \end{bmatrix} = \begin{bmatrix} 3+2\cos x_3 & 1+\cos x_3 \\ 1+\cos x_3 & 1 \end{bmatrix} \left\{ 15\begin{bmatrix} v_1 \\ v_2 \end{bmatrix} - \begin{bmatrix} 15x_1+8x_2+f_2(\boldsymbol{x}) \\ 15x_3+8x_4+f_4(\boldsymbol{x}) \end{bmatrix} \right\}$$

代入$f_2(\boldsymbol{x})$,$f_4(\boldsymbol{x})$的表达式经整理后可得

$$\begin{aligned} u_1 = {} & 15(3+2\cos x_3)v_1 + 15(1+\cos x_3)v_2 - (3+2\cos x_3)(15x_1+8x_2) \\ & -(1+\cos x_3)(15x_3+8x_4) - (2x_2+x_4)x_4\sin x_3 + g(2\cos x_1 + \cos(x_1+x_3)) \\ u_2 = {} & 15(1+\cos x_3)v_1 + 15v_2 - (1+\cos x_3)(15x_1+8x_2) - (15x_3+8x_4) \\ & + x_2^2\sin x_3 + g\cos(x_1+x_3) \end{aligned}$$

在上述状态反馈律的作用下,可以得到两个输入输出解耦的子系统

$$\ddot{y}_i + 8\dot{y}_i + 15y_i = 15v_i, \qquad i = 1,2$$

对它们以采样周期T离散化得到离散的输入输出模型

$$y_i(k) = -a_1y_i(k-1) - a_2y_i(k-2) + b_1v_i(k-1) + b_2v_i(k-2), \quad i = 1,2$$

其中

$$\begin{aligned} a_1 &= -\mathrm{e}^{-3T} - \mathrm{e}^{-5T},\ a_2 = \mathrm{e}^{-8T} \\ b_1 &= 1 - 2.5\mathrm{e}^{-3T} + 1.5\mathrm{e}^{-5T} \\ b_2 &= \mathrm{e}^{-8T} + 1.5\mathrm{e}^{-3T} - 2.5\mathrm{e}^{-5T} \end{aligned}$$

这样,经过反馈线性化后,原来的非线性系统预测控制问题就转化为用2.2节中的方法对两个输入输出解耦的单变量系统分别设计预测控制器。取$T=0.1$s,在GPC算法中取$N_1=1$,$N_2=4$,$NU=1$,$\lambda=0.05$,可得到控制结果如图7-3所示。

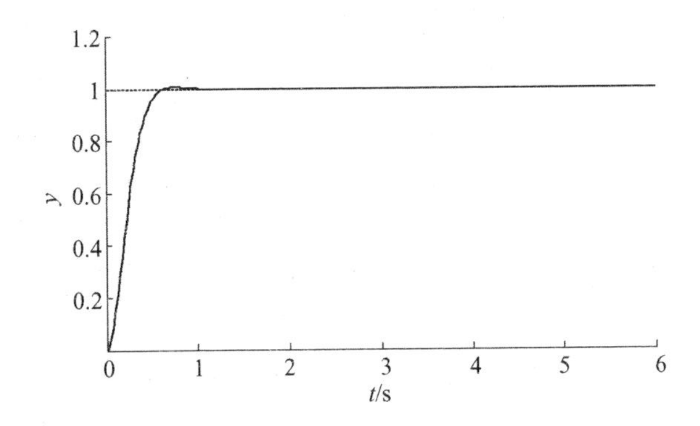

图7-3 例7.1经反馈线性化后应用GPC控制的结果

需要指出的是,以上我们仅以多变量仿射非线性系统的输入输出线性化为例说明了这类分层预测控制的基本思想。实际上,非线性系统的反馈线性化理论已发展得相当成熟,形成了输入—输出线性化、输入—状态线性化等各种不同方法,即使在输入—输出线性化方面还有适用于一般非线性对象的扩展线性化方法等,

它们原则上都可以用来把原来的非线性系统转换成为线性系统,而在此基础上就可应用线性系统预测控制来处理线性化后的系统。这种线性化方法与在平衡点通过级数展开的近似线性化完全不同,因为它不是简单的线性近似,而是通过严格的状态反馈和变换实现的。

7.4 基于模糊聚类的多模型预测控制

以上两节介绍的两种非线性系统预测控制方法,都是采用分层策略把非线性预测控制转化为线性系统预测控制,虽然它们都不是采用近似线性化的方法,能保持系统的非线性性质,但涉及的计算量很大。采用预估迭代的两级递阶算法需要反复迭代,在迭代的每一步都要重新求解线性预测控制问题,且迭代的收敛性需要一定条件保证,而基于反馈线性化的方法则要花费较大的代价用于反馈律的计算,且需要系统的状态全部可测。实际上,在非线性系统的控制中,采用近似线性化的方法是最简单的,但采用单一线性化模型难以准确描述非线性系统,因此需要考虑采用多个线性化模型来近似非线性系统。

多模型策略基于分解—合成(Divide-and-Conquer)原理,适用于具有强非线性、工况范围大的过程,它对各工况区间建立相应的局部线性模型或控制器,并通过它们之间的某种切换或融合来拟合并控制全局非线性系统。基于切换的多模型控制是根据系统当前状态选择一个最接近的局部模型/控制器,将其作为当前系统模型/控制器,研究的重点是切换的准则以及如何保证控制的全局稳定,但由于模型和控制器都是硬性切换的,控制的光滑性会受到一定影响。基于融合的多模型控制则根据系统当前状态属于各局部模型的模糊隶属度或概率,将各局部控制器进行对应的加权求和,以此得到系统的控制,它可以避免硬性切换引起的冲击。本节中,我们介绍这种基于融合的非线性系统多模型控制方法[33-34]。

在用多模型方法对非线性系统进行控制时,各局部模型可以根据非线性模型在相应工作点线性化得到。但究竟应该选择多少个局部模型,在控制过程中如何判断系统当前状态与各局部模型的关联度,都是多模型方法实际应用中必须考虑的问题。对于这些问题,模糊控制的发展已提供了强有力的工具。在模糊系统中的多模型通常是“融合”起来工作的。它应用了“分解—合成”策略,首先将系统广义输入空间“分解”为若干子空间,然后将全局系统在不同子空间内的表现形式通过加权“组合”起来,因而系统运行平稳,更重要的是,它可以直接从带有模糊性的数据出发建模。

1. 基于模糊聚类的多模型建模

Takagi-Sugeno(T-S)模型是模糊系统中最常用的多模型建模方法,它直接从数

据样本出发。具有 c 条规则的 T-S 模糊多模型的基本形式为

$$\begin{aligned} &R^i: \text{if } \boldsymbol{x} \text{ is } A_i \\ &\quad \text{then } M_i: y_i = p_{i0} + p_{i1}x_1 + \cdots + p_{id}x_d \end{aligned} \qquad i = 1,\cdots,c \tag{7-24}$$

其中,$\boldsymbol{x} = (x_1 \quad \cdots \quad x_d)^{\mathrm{T}}$ 是系统的输入变量,A_i 是输入变量的模糊集合,它可以是定性或定量的描述,M_i 表示第 i 条规则的子模型,其中 y_i 是该子模型的输出值,p_{ij} 是第 i 条规则的后件参数,则系统输出可通过子模型输出加权表示为

$$y = \sum_{i=1}^{c} \mu_i y_i / \sum_{i=1}^{c} \mu_i \tag{7-25}$$

其中 μ_i 为 $\boldsymbol{x}$ 对于模糊集合 A_i 的隶属度。

对 T-S 多模型结构的辨识通常是先对输入空间进行划分,再辨识结论部分的参数,其中主要步骤包括数据样本集的聚类(即按照某种聚类算法将数据集合 Z 划分为若干模糊子集)、聚类个数的确定(确定合适的聚类个数,即 T-S 模糊模型的规则数)和模糊规则的辨识(包括前提变量的隶属度函数,结论部分的参数等)。由于所采用的数据样本聚类方法和子模型表达方式不同,产生了形形色色的基于模糊聚类的 T-S 模型辨识方法。下面我们给出一种基于满意聚类的多模型建模方法。

考虑一多输入单输出(MISO)系统,其样本集由系统的输入输出数据组成,用 $\boldsymbol{z}_j = (\boldsymbol{\varphi}_j \; y_j)^{\mathrm{T}}$ 表示第 j 个样本,$j = 1,\cdots,N$,其中 $\boldsymbol{\varphi}_j$ 为影响系统输出的回归行向量,称为广义输入向量,一般由系统以往的输入输出作为其分量,维数为 d,y_j 为系统输出,N 为样本总数,则样本集可表示为 $Z = [\boldsymbol{z}_1,\cdots,\boldsymbol{z}_N]$,其中 $\boldsymbol{z}_j \in \mathbb{R}^{d+1}$。现要将样本集 Z 分成 c 个聚类 $\{Z_1,\cdots,Z_c\}$,对于每一个聚类 Z_i,其聚类中心为 $\boldsymbol{v}_i = [v_{i,1} \cdots v_{i,d+1}]^{\mathrm{T}} \in \mathbb{R}^{d+1}$,$i = 1,\cdots,c$。模糊聚类的结果可用隶属度矩阵 $\boldsymbol{U}$ 来表示:$\boldsymbol{U} = [\mu_{i,j}]_{c \times N}$,其中 $\mu_{i,j} \in [0,1]$,表示样本 $\boldsymbol{z}_j$ 属于第 i 个聚类中心 $\boldsymbol{v}_i$ 的程度,且需满足

$$\begin{cases} \sum_{i=1}^{c} \mu_{i,j} = 1, & j = 1,\cdots,N \\ 0 < \sum_{j=1}^{N} \mu_{i,j} < N, & i = 1,\cdots,c \end{cases} \tag{7-26}$$

Gustafson 和 Kessel 通过对聚类协方差矩阵采用自适应的距离度量进行模糊聚类,提出了一种有效的模糊聚类算法,即 GK 算法,其具体描述可见文献[35]或相关教科书。该算法对隶属度矩阵及聚类中心初始值不敏感,即不同的初始条件对聚类结果的影响不大;由于采用了基于自适应的距离度量,不必对样本数据进行归一化;此外它不局限于线性聚类,因此可以检测出聚类的不同形状。这些优点使它成为一种有效的聚类算法,并广泛应用于控制、图像处理等领域。但和大多数聚类

算法一样,GK 算法需要事先给定聚类个数 c,由于聚类个数本质上取决于系统的非线性程度,在缺乏足够先验知识的情况下,一般只能采用凑试比较的方法来逐步确定聚类个数,这无疑会增加计算负担。尽管聚类融合法能够一定程度上减小计算量,但其初始聚类个数仍需事先确定而且要足够大以覆盖整个系统。

为了解决这一问题,文献[34]提出了一种基于 GK 模糊聚类的满意聚类算法,它的基本思想是,首先从较少的初始聚类个数出发,例如令 $c=2$,在对系统进行初次聚类后,若聚类效果尚未令人满意,则从样本集中找出一个与各聚类中心点 $\boldsymbol{v}_1 \sim \boldsymbol{v}_c$ 最不相似的样本作为新的样本中心 $\boldsymbol{v}_{c+1}$,并将 $\boldsymbol{v}_1 \sim \boldsymbol{v}_{c+1}$ 作为初始聚类中心计算新的隶属度矩阵 $\boldsymbol{U}$,并用 GK 算法重新对系统进行 $c+1$ 类划分,根据性能指标的要求重复上述步骤,直到得出令人满意的指标要求。对于前面讨论的 MISO 系统,基于满意聚类的多模型建模的具体步骤如下。

算法 7-1 基于满意聚类的多模型建模算法[34]

Step1 令初始聚类个数 $c=2$。

Step2 从初始隶属度矩阵 $\boldsymbol{U}_0$ 出发,利用 GK 算法将样本集合 Z 分为 c 个子集,$\{Z_1,\cdots,Z_c\}$,并得到相应的隶属度矩阵 $\boldsymbol{U}=[\mu_{i,j}]_{c\times N}$。

Step3 对聚类后生成的每个子集,采用稳态 Kalman 滤波器迭代算法[36]辨识出各子模型模糊规则(7-24)中的参数,从而得到各子模型

$$\begin{aligned}
&R_1:\text{if } \boldsymbol{z}\in Z_1 \text{ then } M_1:y_1(\boldsymbol{\varphi}) = p_{10}+p_{11}\varphi(1)+\cdots+p_{1d}\varphi(d)\\
&R_2:\text{if } \boldsymbol{z}\in Z_2 \text{ then } M_2:y_2(\boldsymbol{\varphi}) = p_{20}+p_{21}\varphi(1)+\cdots+p_{2d}\varphi(d)\\
&\qquad\vdots\\
&R_c:\text{if } \boldsymbol{z}\in Z_c \text{ then } M_c:y_c(\boldsymbol{\varphi}) = p_{c0}+p_{c1}\varphi(1)+\cdots+p_{cd}\varphi(d)
\end{aligned}\tag{7-27}$$

Step4 对应于样本 $\boldsymbol{z}_j$,根据隶属度矩阵 $\boldsymbol{U}=[\mu_{i,j}]_{c\times N}$ 和式(7-25)计算出系统输出,注意到由 GK 算法 推得的隶属度矩阵满足 $\sum_{i=1}^{c}\mu_{ij}=1$,则对应样本 $\boldsymbol{z}_j$ 的系统输出为

$$\hat{y}(\boldsymbol{\varphi}_j) = \sum_{i=1}^{c}\mu_{i,j}y_i(\boldsymbol{\varphi}_j)\tag{7-28}$$

Step5 计算聚类后相关的聚类有效性指标 S_c,例如可用模型的均方根误差指标

$$\text{RMSE} = \sqrt{\frac{1}{N}\sum_{j=1}^{N}(\hat{y}(\boldsymbol{\varphi}_j)-y(\boldsymbol{\varphi}_j))^2}\tag{7-29}$$

来衡量模型的拟合效果,如果 $S_c \leqslant S_{TH}$,S_{TH} 为用户认为满意的性能指标阈值,则认为多模型建模结束;否则认为系统聚类不成功,转 Step6。

Step6 在样本集中,根据隶属度矩阵 $\boldsymbol{U}$ 找出一个最难以归类到各子集中去的

样本 z_n,其程度可按聚类算法中常用的公式定义和计算,例如可取

$$n = \arg\min_{n} \sum_{\substack{1\leqslant i,j\leqslant c \\ i\neq j}} \left|\mu_{i,n} - \mu_{j,n}\right| \tag{7-30}$$

Step7 以 $\boldsymbol{v}_1,\cdots,\boldsymbol{v}_c,\boldsymbol{z}_n$ 为新的聚类初始中心,按常用的隶属度函数粗略计算相应新的初始隶属度矩阵 $\boldsymbol{U}_0$,不必像一般比较法中通过重新初始化随机选取 $\boldsymbol{U}_0$。

Step8 令 $c=c+1,\boldsymbol{U}=\boldsymbol{U}_0$,转 Step2。

满意聚类算法避免了聚类融合方法中根据系统非线性特征确定 $c_{\max}$,而直接采用 $c=2$ 为初始化条件,使算法有了确定的初始聚类个数,而且除初次聚类外,以后聚类过程中的初始化参数,如隶属度矩阵,可根据上次聚类结果基本确定,不必再从随机量开始重新聚类,因此计算的收敛速度将明显加快,对于大样本量的数据集,快速性更为明显。

通过上面的满意聚类算法,可以根据数据样本离线确定聚类划分并得到式(7-27)描述的多模型,这样就实现了 MISO 系统的多模型建模。在此基础上,我们下面讨论非线性系统的多模型预测控制算法。

2. 基于模糊聚类的多模型预测控制算法

具有 r 维输出的多变量非线性系统可按其输出分解为 r 个 MISO 系统,对于第 l 个 MISO 系统,通过满意聚类建模,已将其划分为 c_l 个聚类,并得到了形如式(7-27)的 c_l 个子模型描述。为了使模型适合于 DMC、GPC 等以控制增量为变量的预测控制算法,通过简单的变形,可将式(7-27)中的子模型转化为增量形式,从而得到模糊规则

$$\begin{aligned} & R_i^l:\text{if } \boldsymbol{\varphi}^l \in \boldsymbol{v}_i^{lx} \\ & \qquad \text{then } M_i^l:\Delta y_i^l = p_{i1}^l\Delta\varphi^l(1) + \cdots + p_{id_l}^l\Delta\varphi^l(d_l) \\ & \qquad\qquad l=1,\cdots,r \qquad i=1,\cdots,c_l \end{aligned} \tag{7-31}$$

其中 $\boldsymbol{\varphi}^l$ 表示第 l 个 MISO 系统的广义输入向量,d_l 为其维数,y^l 为其输出,$\boldsymbol{v}_i^{lx}\in\mathbb{R}^{d_l}$是 y^l 的第 i 个聚类中心 $\boldsymbol{v}_i^l$ 在广义输入空间中的投影,即 $\boldsymbol{v}_i^l$ 除去输出分量后剩余的向量部分,p_{ih}^l表示第 i 个子模型中的第 h 个参数,y_i^l 表示第 i 个子模型对 $\boldsymbol{\varphi}^l$ 的输出参数。c_l、p_{ih}^l通过离线建模均已确定。上述增量形式的优点在于各线性模型中的常量 p_{i0}^l可以消去。

在线控制时,第 l 个 MISO 系统在每一采样时刻得到新的数据样本 $\boldsymbol{\varphi}^l$ 后,可通过下式计算它对于第 i 个聚类的隶属度

$$\mu_i^l(\boldsymbol{\varphi}^l) = \frac{(d(\boldsymbol{\varphi}^l,\boldsymbol{v}_i^{lx}))^{-2/(m-1)}}{\sum_{j=1}^{c}(d(\boldsymbol{\varphi}^l,\boldsymbol{v}_j^{lx}))^{-2/(m-1)}} \tag{7-32}$$

其中 μ_i^l 表示 $\boldsymbol{\varphi}^l$ 对 y^l 的第 i 个子模型 M_i^l 的隶属度，$d(\boldsymbol{\varphi}^l, \boldsymbol{v}_j^{lx})$ 为新输入向量 $\boldsymbol{\varphi}^l$ 与 $\boldsymbol{v}_i^{lx}$ 之间距离函数的测度，$m>1$ 是表征聚类模糊程度的可调参数，$\sum_{i=1}^{c_l}\mu_i^l = 1$。

对于广义输入向量 $\boldsymbol{\varphi}^l$ 按式(7-32)计算出它对于各子模型的隶属度后，即可按式(7-28)和式(7-31)融合为该 MISO 系统的全局模型

$$\text{if } \boldsymbol{\varphi}^l \text{ then } \Delta y^l = \left(\sum_{i=1}^{c_l}\mu_i^l p_{i1}^l\right)\Delta\varphi^l(1) + \cdots + \left(\sum_{i=1}^{c_l}\mu_i^l p_{id_l}^l\right)\Delta\varphi^l(d_l) \quad (7-33)$$

对 MIMO 系统的所有 MISO 子系统求出式(7-33)表达的模型后，可进一步得到

$$\boldsymbol{A}(z^{-1})\Delta\boldsymbol{y}(t) = \boldsymbol{B}(z^{-1})\Delta\boldsymbol{u}(t-1) \quad (7-34)$$

这样，就可以利用多变量 GPC 算法设计系统的多模型预测控制器。这一多模型预测控制算法的原理可见图 7-4。

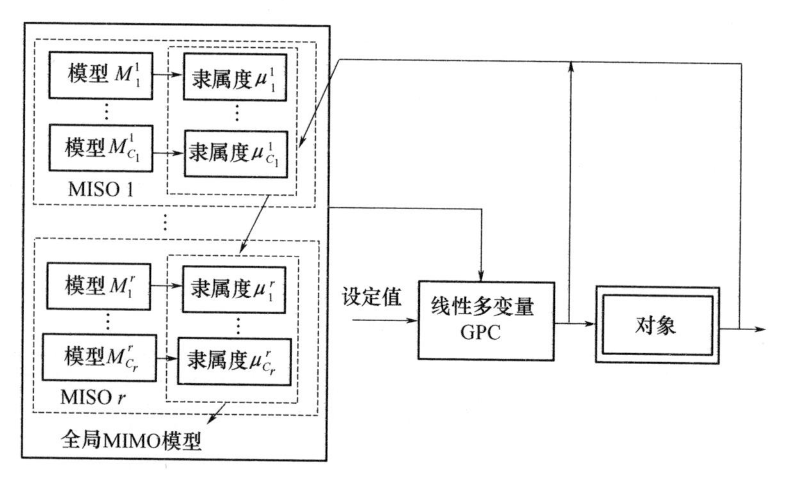

图 7-4　基于模糊聚类的多模型预测控制算法结构[33]

上述基于模糊聚类的非线性系统预测控制算法可归纳如下：首先是离线对数据样本采用满意聚类算法，得到各 MISO 子系统的多模型表达(7-31)，其中聚类数 c_l、聚类中心 $\boldsymbol{v}_i^{lx}$ 和各子模型参数 p_{ih}^l 均已确定，然后进行在线控制，在控制的每一步，检测各子系统广义输入 $\boldsymbol{\varphi}^l$，按式(7-32)计算出它对于相应各子模型的隶属度 μ_i^l，然后用式(7-33)和式(7-34)得到整个多变量系统的参数模型，再以该参数模型为预测模型应用常规的 GPC 算法进行预测控制。对于非线性系统和时变系统，由于每一步 $\boldsymbol{\varphi}^l$ 对于相应各子模型的隶属度 μ_i^l 都在变化，所得到的线性模型(7-34)的参数是不同的，因此每一步都需要重新计算输出预测公式，这与线性系统 GPC 算法的自适应模式相仿，是系统的非线性特征所决定的。

例7.2[34] 考虑图7-5所示的pH中和过程。该过程的输入物为HNO_3、$NaOH$和$NaHCO_3$,在搅拌器内经过中和后,要使搅拌器内的液体达到设定的pH值,并要保持搅拌器的液位在给定高度。如果把HNO_3、$NaOH$的流量F_a,F_b作为可控输入,$NaHCO_3$的流量F_{bf}看作系统的扰动,则该系统是一个带有扰动F_{bf}的两输入(F_a,F_b)两输出(h,pH)系统。

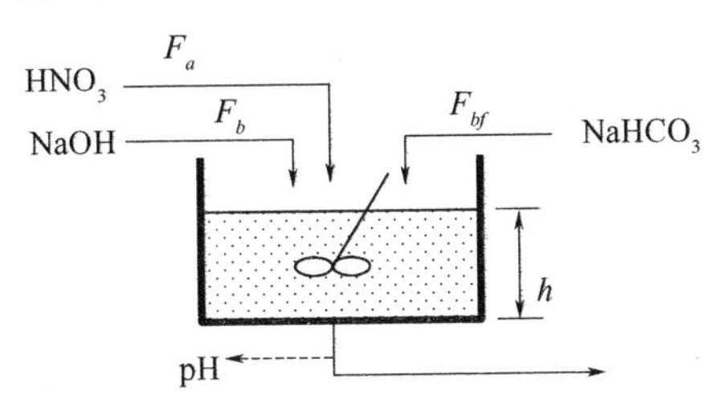

图7-5 pH中和过程[34]

由系统的静态滴定曲线可知,pH值的变化与输入存在着严重的非线性,并且扰动F_{bf}对非线性的变化有很大影响。

为方便辨识,定义系统输入输出关系如下:

$$\hat{y}_h(t) = \Psi_h(F_a(t-1), F_b(t-1), F_{bf}(t-1), y_h(t-2), y_h(t-1))$$
$$\hat{y}_{pH}(t) = \Psi_{pH}(F_a(t-1), F_b(t-1), F_{bf}(t-1), y_{pH}(t-2), y_{pH}(t-1))$$

首先令各反应物料的流量变化为

$$F_a(t) = 16 + 4\sin(2\pi t/15)$$
$$F_b(t) = 16 + 4\cos(2\pi t/25)$$
$$F_{bf}(t) = 0.55 + 0.055\sin(2\pi t/10)$$

由此产生数据样本集,并按算法7-1进行基于满意聚类的多模型建模。图7-6(a)和(b)分别给出了聚类个数为6时的两通道建模结果,可以看出对pH通道和h通道,模型均有较好的拟合程度,pH通道和h通道的均方根误差RMSE分别为0.209和0.0318,这表明模型很好的逼近了系统的非线性特征。

在离线得到两个MISO系统的局部模型(各有6个子模型,具体表达式可见文献[34])后,在线可根据式(7-32)到式(7-34)得到该多变量系统的全局模型。采用GPC控制时,选择设计参数为$N_1=1$,$N_2=5$,$NU=2$,$\boldsymbol{Q}=0.1\boldsymbol{I}$,$\boldsymbol{R}=0.01\boldsymbol{I}$。图7-7给出了系统存在恒值扰动$F_{bf}=0.55$ml/s时,无约束多变量GPC算法在跟踪pH(9→8→9→8)和h(15→17→16→18)时的控制输入和输出变量的变化情况。在不同的扰动幅值下,系统输出均表现出良好的跟踪性能。并且对恒值扰动无稳态误差。

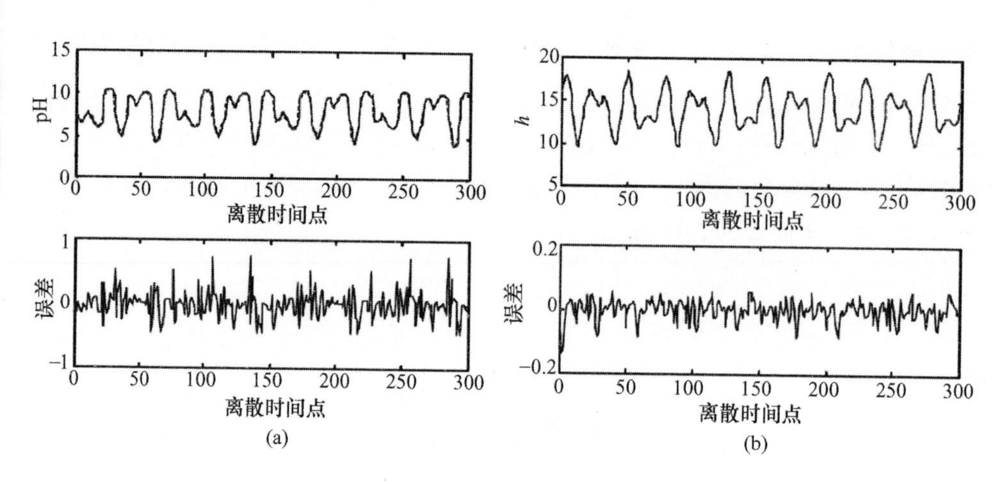

图 7-6　pH 中和过程的模糊建模[34]

(a) pH 通道；(b) h 通道。

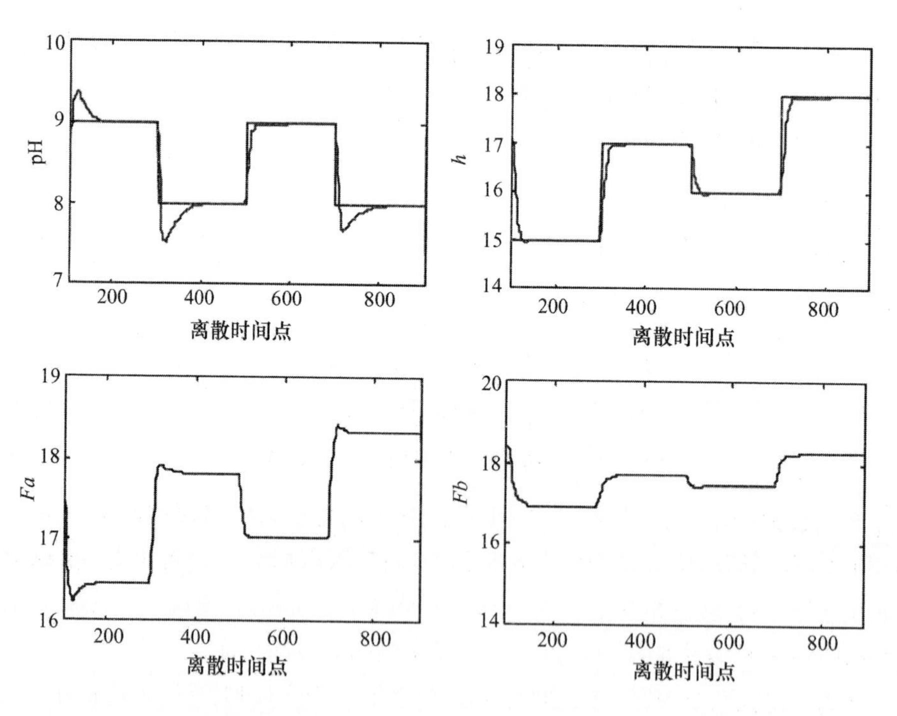

图 7-7　pH 中和过程多模型预测控制的结果(恒值扰动 $F_{bf}=0.55\mathrm{ml/s}$)[34]

以上介绍的基于模糊聚类的多模型预测控制算法，不需要给出系统的非线性模型，它可直接从实测的输入输出数据出发，通过模糊聚类和辨识把一个复杂非线性系统的辨识问题转化为求取一组简单的线性模型及其相应的由模糊边界定义的有效区间，并通过模糊加权组合得出系统全局模型，从而可将非线性系统的预测控制问题转化为线性系统的预测控制问题。其中预测控制不是根据系统的输入输出选择多模型中的某一个进行的,而是根据输入输出隶属于每一个模型的程度把多模型组合成系统的全局模型,并以此全局模型进行预测控制,因此它不存在在线切换问题。这种多模型预测控制方法在具体的聚类策略和模型形式上都有广阔的选择空间,相关算法及它们的有效应用可参考有关文献。

7.5 神经网络预测控制

人工神经网络自产生以来,已在许多领域得到了广泛应用。由于它为非线性系统的建模和控制提供了强有力的手段,从20世纪80年代以来,神经网络在控制领域的应用有了迅猛的发展,已有不少文献对此做了全面的综述。在这些综述中,神经网络预测控制就是其中典型的应用范例[37]。神经网络在预测控制中的应用包括非线性系统的神经网络建模和滚动优化问题的神经网络求解,在相关文献中,通常都采用神经网络建模,然后有两种途径实现预测控制,一是直接用神经网络进行滚动优化,二是通过神经网络模型辨识出系统的动态响应,继而采用参数优化方法进行在线滚动优化的求解。在本节中,我们简要介绍单输入单输出非线性系统直接应用神经网络建模和在线优化的预测控制算法[38]。

设非线性系统的输入输出模型可以表示为

$$y(k)=f(u(k-1),\cdots,u(k-n_b),y(k-1),\cdots,y(k-n_a)) \tag{7-35}$$

对于该非线性系统,由于上述模型的具体表达式未知,只能根据输入输出样本数据用神经网络对其建模。考虑常用的带有一层隐节点的反向传播网即BP(Back Propagation)网,它由3层节点组成,即输入节点层、隐节点层和输出节点层,并且只考虑在隐节点层有非线性变换。记输入节点的输出为$o_i,i=1,\cdots,n_a+n_b\triangleq n$,它们就是式(7-35)中右边括号内的变量,记隐节点i的输入为x_i,输出为$z_i,i=1,\cdots,m$,m为隐节点的数目,记输出节点的输出为$\hat{y}(k)$,则根据BP网的工作原理,可以得到

$$\begin{cases}x_i=w_{i0}+\sum\limits_{j=1}^{n}w_{ij}o_j\\ z_i=\varphi(x_i)\\ \hat{y}(k)=w_0+\sum\limits_{i=1}^{m}w_iz_i\end{cases} \tag{7-36}$$

其中w_{ij}为输入节点j到隐节点i的连接权系数,w_{i0}为隐节点i的输入偏移值,w_i为隐节点i到输出节点的连接权系数,w_0为输出节点的输入偏移值,$\varphi(\cdot)$为神经元

的作用函数,通常可取为 Sigmoid 函数

$$\varphi(x) = \frac{1}{1 + e^{-x}} \tag{7-37}$$

神经网络建模就是根据给定的数据样本集,确定与其最匹配的连接权系数和输入偏移值,这可以描述为以下优化问题

$$\min E = \frac{1}{2}\sum_{l=1}^{N}(\hat{y}_l(\boldsymbol{w}) - y_l)^2 \tag{7-38}$$

其中 N 为样本数,y_l 和 $\hat{y}_l$ 分别为第 l 组样本中的系统输出值和该样本通过式(7-36)计算得到的神经网络输出值,$\boldsymbol{w}$ 为包含所有连接权系数和输入偏移值的参数向量。

BP 网的权系数可通过如下学习算法获得。记

$$E_l = \frac{1}{2}(\hat{y}_l(\boldsymbol{w}) - y_l)^2, \quad e_l = \hat{y}_l(\boldsymbol{w}) - y_l$$

$$\delta_i = \frac{\partial E_l}{\partial z_i} = \frac{\partial E_l}{\partial \hat{y}_l}\frac{\partial \hat{y}_l}{\partial z_i} = e_l w_i$$

$$\xi_i = \frac{\partial E_l}{\partial x_i} = \frac{\partial E_l}{\partial z_i}\frac{\mathrm{d}z_i}{\mathrm{d}x_i} = \delta_i \dot{\varphi}(x_i) = \delta_i z_i(1 - z_i) \tag{7-39}$$

则

$$\frac{\partial E_l}{\partial w_0} = \frac{\partial E_l}{\partial \hat{y}_l}\frac{\partial \hat{y}_l}{\partial w_0} = e_l, \quad \frac{\partial E_l}{\partial w_i} = \frac{\partial E_l}{\partial \hat{y}}\frac{\partial \hat{y}}{\partial w_i} = e_l z_i$$

$$\frac{\partial E_l}{\partial w_{i0}} = \frac{\partial E_l}{\partial x_i}\frac{\partial x_i}{\partial w_{i0}} = \xi_i, \quad \frac{\partial E_l}{\partial w_{ij}} = \frac{\partial E_l}{\partial x_i}\frac{\partial x_i}{\partial w_{ij}} = \xi_i o_j \tag{7-40}$$

在设定初始参数 $\boldsymbol{w}$ 后,对每一样本可根据式(7-36)正向算出输入为 o_j 时的系统输出 $\hat{y}_l$,并与样本中的实际输出 y_l 进行比较,构成误差 e_l。然后从输出端开始,通过误差 e_l 的反向传播由式(7-39)和式(7-40)计算出 E_l 对于 w(泛指网络中上述参数)的偏导数,由此构成

$$\frac{\partial E}{\partial w} = \sum_{l=1}^{N}\frac{\partial E_l}{\partial w} \tag{7-41}$$

在此基础上再通过梯度法改进网络参数

$$w^{\text{new}} = w^{\text{old}} - \eta\frac{\partial E}{\partial w} \tag{7-42}$$

这一过程反复进行,直至性能指标(7-38)达到最小值,这时所得到的 BP 网是对数据样本集的最佳匹配,它隐含着建立了历史数据与当前输出间的非线性映射(7-35),可以用来进行模型预测。

在预测控制中,为了实现对未来输出的多步预测,可以对上述神经网络模型做进一步改造,在文献中已出现了多种方法,其中最简单的方法就是在预测步数为 P 时,按上述方式建立 P 个简单 BP 网,第 s 个 BP 网可根据式(7-36)表示为

$$\mathrm{BP}_s: x_i^s = w_{i0}^s + \sum_{j=1}^{n_b} w_{ij}^s u(k+s-j) + \sum_{j=1}^{n_a} w_{i,j+n_b}^s y(k+s-j)$$

$$z_i^s = \varphi(x_i^s)$$

$$\hat{y}(k+s) = w_0^s + \sum_{i=1}^{m} w_i^s z_i^s,\ s=1,\cdots,P \tag{7-43}$$

它们的工作原理相同,只是输入量在时间上相继移位,从而使网络输出反映未来不同时刻的输出预测值。由于这些 BP 网无论是学习过程或实时预测都可并行进行,因此是一种实用的有效方法。

在建立了非线性系统的神经网络模型后,下面我们讨论其预测控制问题。预测控制是以滚动方式实施的,在每一时刻的控制作用需要通过在线求解一个非线性优化问题得到。上面所建立的神经网络模型,不仅可用于预测,也可以用于在线优化,而且优化可以采取与模型参数辨识相似的梯度寻优过程实现。

设 k 时刻的优化性能指标 $J(k)$ 具有如下形式

$$\min J(k) = \frac{1}{2}\sum_{h=1}^{P}(\hat{y}(k+h) - y_r(k+h))^2 \tag{7-44}$$

其中 $\hat{y}(k+h)(h=1,\cdots,P)$ 是各个 BP 基本预测模型在未来输入为 $u(k+h-1)(h=1,\cdots,P)$ 时的输出值,$y_r(k+h)(h=1,\cdots,P)$ 是输出期望值。注意到

$$\frac{\partial J(k)}{\partial u(k+h-1)} = \sum_{s=1}^{P}\left\{\frac{\partial J(k)}{\partial \hat{y}(k+s)}\frac{\partial \hat{y}(k+s)}{\partial u(k+h-1)}\right\}$$

而由式(7-43)可知,当 $s<h$ 时 $\hat{y}(k+s)$ 与 $u(k+h-1)$ 无关,故上式可写为

$$\frac{\partial J(k)}{\partial u(k+h-1)} = \sum_{s=h}^{P}\frac{\partial J(k)}{\partial \hat{y}(k+s)}\frac{\partial \hat{y}(k+s)}{\partial u(k+h-1)} \tag{7-45}$$

其中

$$\frac{\partial \hat{y}(k+s)}{\partial u(k+h-1)} = \sum_{i=1}^{m}\frac{\partial \hat{y}(k+s)}{\partial z_i^s}\frac{\mathrm{d}z_i^s}{\mathrm{d}x_i^s}\frac{\partial x_i^s}{\partial u(k+h-1)} = \sum_{i=1}^{m} w_i^s z_i^s(1-z_i^s)w_{i,s-h+1}^s$$

此外,根据性能指标(7-44),可以得到

$$\frac{\partial J(k)}{\partial \hat{y}(k+s)} = \hat{y}(k+s) - y_r(k+s),\ s=1,\cdots,P$$

由上述式子可以得到

$$\frac{\partial J(k)}{\partial u(k+h-1)} = \sum_{s=h}^{P}\left\{(\hat{y}(k+h) - y_r(k+h))\sum_{i=1}^{m} w_i^s z_i^s(1-z_i^s)w_{i,s-h+1}^s\right\} \tag{7-46}$$

这样,可以初始设置一组控制量 $\boldsymbol{u}_M(k)$,利用模型(7-43)计算出 $\tilde{\boldsymbol{y}}_{PM}(k)$,然后代入性能指标(7-44)算出 $J(k)$ 中的 $\hat{y}-y_r$。在此基础上,用梯度法改进控制量

$$u^{\mathrm{new}}(k+h-1)=u^{\mathrm{old}}(k+h-1)-\alpha\frac{\partial J(k)}{\partial u(k+h-1)} \tag{7-47}$$

其中 α 为步长,梯度值可根据式(7-46)计算。这一迭代过程反复进行,直至 $J(k)$ 达到最小,这时的 $u(k)$ 便可以作为最优即时控制量作用到系统实施控制。

上述神经网络建模和在线优化的预测控制算法可见图 7-8 所示的内模控制结构,其中 M_{NN} 为神经网络一步预测模型,它根据当前控制,按照式(7-43)预测下一时刻的模型输出,并与实测输出构成输出误差,按常规方法进行反馈校正,图中的核心部分是神经网络在线优化控制器 C_{NN},它利用神经网络预测模型(7-43)和优化算法(7-46)、(7-47)迭代计算最优控制量并将当前控制量付诸实施,其中模型(7-43)的权系数已通过离线学习获得。

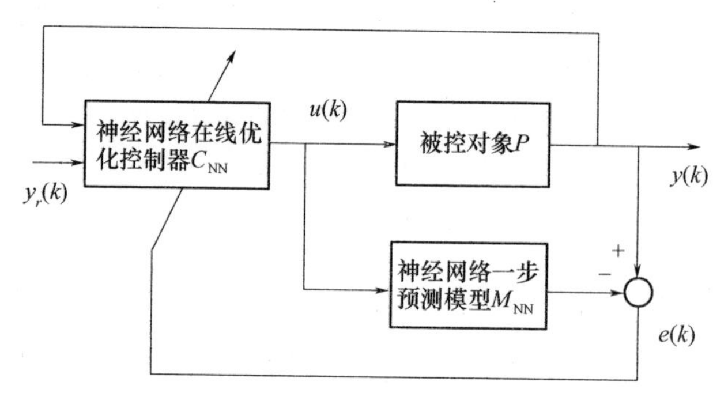

图 7-8　基于神经网络的非线性系统预测控制算法结构

上面介绍的只是神经网络预测控制算法的一种,实际上,无论是神经网络建模或是基于神经网络模型的预测控制都可采取不同的做法。例如可以采用 Hopfield 网络模型,在预测控制中也可以采用非二次型的一般非线性性能指标,并可考虑输入输出的约束,也可以在用神经网络建模后辨识系统的阶跃响应系数并采用参数模型预测控制的方法等等,对此可参阅众多的神经网络预测控制研究和应用文献。

7.6　基于广义卷积模型的非线性预测控制

在预测控制的早期研究中,人们注意到在一定条件下,非线性系统可以用具有不同特征的各种解析模型逼近(其中最典型的就是用正交函数或各种级数模型逼近),因此提出了多种采用解析模型近似非线性系统、并在此基础上实现预测控制的方法。在本节中,我们介绍一种经典的基于广义卷积模型的非线性预测控制方法。

如同线性系统的输入输出关系可以用卷积模型描述一样，非线性系统的输入输出关系也可以用不同形式的广义卷积模型描述。文献[39]讨论了采用维纳模型作为广义卷积模型的预测控制算法。这一模型的离散时间形式为

$$y(k+1)=h_0+\sum_{j=0}^{N}h_1(j)u(k-j)+\sum_{i=0}^{N}\sum_{j=0}^{N}h_2(i,j)u(k-i)u(k-j)+\cdots \tag{7-48}$$

其中，$h_l(l=0,1,\cdots)$称为l阶维纳核，N表示系统记忆的截断值，类似于脉冲响应模型中的模型时域。在实际应用时，通常采用该无穷级数的有限项来逼近实际系统。此处考虑其到二阶时截断，则可得到近似的维纳模型作为预测模型

$$y_M(k+1)=h_0+\sum_{j=0}^{N}h_1(j)u(k-j)+\sum_{i=0}^{N}\sum_{j=0}^{N}h_2(i,j)u(k-i)u(k-j) \tag{7-49}$$

式(7-48)中的维纳核参数h_l可通过用高斯白噪声扰动系统后由互相关函数求出，但这涉及到大量数据的统计平均，在实际上难以实现。由于截断后的维纳模型(7-49)只有较少的核参数，故可以用常规辨识方法求出它们。注意到式(7-49)可改写为

$$y_M(k+1)=\boldsymbol{\varphi}^{\mathrm{T}}(k)\boldsymbol{\theta} \tag{7-50}$$

其中

$$\boldsymbol{\varphi}^{\mathrm{T}}(k)=[1\quad u(k)\quad\cdots\quad u(k-N)\quad u^2(k)\quad u(k)u(k-1)\quad\cdots\quad u^2(k-N)]$$

$$\boldsymbol{\theta}=[h_0\quad h_1(0)\quad\cdots\quad h_1(N)\quad h_2(0,0)\quad h_2(0,1)\quad\cdots\quad h_2(N,N)]^{\mathrm{T}}$$

可见式(7-50)对于参数$\boldsymbol{\theta}$是线性的，故可用标准的线性参数估计算法求出维纳核参数。

为了对该非线性系统进行预测控制，考虑一步预测优化的性能指标

$$\min J(k)=(y_p(k+1)-y_r(k+1))^2$$

式中参考轨迹取为

$$y_r(k+i)=\alpha^i y(k)+(1-\alpha^i)c,\ i=1,2,\cdots$$

其中c为设定值，$0<\alpha<1$。采用闭环预测可以得到上述性能指标中的$y_p(k+1)$

$$y_p(k+1)=y_M(k+1)+(y(k)-y_M(k))$$

在无约束情况下优化，可以得到

$$(1-\alpha)(c-y(k))=y_M(k+1)-y_M(k)$$

以式(7-49)代入后，可把最优控制作用$u(k)$的计算归结为求解下述二次方程

$$au^2(k)+bu(k)+d=0 \tag{7-51}$$

其中

$$a = h_2(0,0)$$

$$b = h_1(0) + \sum_{j=1}^{N} [h_2(0,j) + h_2(j,0)]u(k-j)$$

$$d = \left[h_0 + \sum_{j=1}^{N} h_1(j)u(k-j) + \sum_{i=1}^{N}\sum_{j=1}^{N} h_2(i,j)u(k-i)u(k-j)\right] - y_M(k) - (1-\alpha)(c-y(k))$$

由此即可求出 $u(k)$。式中的维纳核参数可以在线估计,从而形成自适应算法,不但可以改进原始的粗略模型,而且在对象发生变化时可及时修改模型。

上述方法通过截断离散广义卷积模型,把对象输出近似表示为不同时刻输入及其乘积项的线性组合,其中式(7-49)只是一种用经典 Volterra 级数表示的维纳模型。当模型在第 n 阶被截断时,采用一步优化性能指标的无约束预测控制可归结为求解一元 n 次方程。n 越大,模型越精确,但所涉及的参数将急剧增加,在线解方程的次数也将增高。由于没有考虑约束以及采用一步优化的局限,这一算法只能适用于较简单的控制场合,这里只是从原理上说明如何用特殊的解析模型通过截断逼近非线性系统,并在此基础上实现预测控制。对于更为一般的正交扩展的维纳模型,以及采用正交函数逼近非线性系统、考虑多变量有约束和更为一般的优化性能指标等情况,可查阅相关文献,如文献[40]采用二阶 Volterra 模型近似非线性系统,在具有参数不确定性的情况下给出了预测控制鲁棒稳定的条件和参数选择的范围,并应用于化学反应器的控制。

7.7 哈默斯坦系统的非线性预测控制

许多系统的非线性是由输入环节引起的,如输入饱和、死区、滞环等,其中哈默斯坦模型是一种典型的输入非线性系统,它由一个静态非线性环节加上一个动态线性环节组成。由于 pH 中和、高纯度分离等一些非线性过程都可以用哈默斯坦模型来描述,所以这类系统的辨识和控制一直受到人们的广泛关注。哈默斯坦系统的控制策略大体上可分为两种,一是整体求解策略,即把输入非线性部分纳入目标函数,直接求解控制作用,其求解控制律的计算相当复杂;另一类是采用非线性分离策略,即首先对线性模型应用某种控制算法计算中间变量,然后再通过输入非线性反算实际的控制作用。这种策略充分利用了哈默斯坦模型的特殊结构,把控制器设计问题归结为线性控制问题,从而比整体求解简易得多。

早在 20 世纪 80 年代,就有人研究了单变量无约束哈默斯坦模型的预测控制问题。近年来,关于这类系统的预测控制研究日益深入,包括采用不同的线性模型和不同的预测控制律、考虑输入饱和约束和其它输入非线性、研究闭环系统稳定性等[41]。在本节中,我们只介绍一种哈默斯坦模型在考虑输入饱和约束时的两步法预测控制策略。

哈默斯坦模型由一无记忆静态非线性环节

$$v(k)=f(u(k)),f(0)=0 \tag{7-52}$$

和一动态线性环节

$$y(k)=\sum_{i=1}^{n_a}a_iy(k-i)+\sum_{j=1}^{n_b}b_jv(k-j) \tag{7-53}$$

组成,其中 n_a、n_b 为线性模型的相应阶数,a_i、b_j 为线性模型参数,u、y 分别为系统的控制输入和输出,v 为中间变量。

根据式(7-52)和式(7-53)给出的系统模型,可以发现控制输入 u 是通过中间变量 v 影响系统输出 y 的。虽然 u 与 y 之间的关系是非线性的,但 v 与 y 之间的关系却是线性的。因此可以把控制律计算分为两步进行,首先利用线性模型(7-53)和无约束预测控制算法计算期望的中间变量 $v(k)$,然后通过求解非线性代数方程(7-52)来得到控制作用 $u(k)$,并通过解饱和方法满足饱和约束。这种两步法预测控制策略,实际上是一种非线性分离策略,下面讨论其具体实施过程。

首先考虑对输入为 v、输出为 y 的线性模型(7-53)的预测控制问题,这是一个常规的单变量无约束预测控制问题,在 k 时刻的优化性能指标为

$$\min J(k)=\sum_{i=1}^{P}[y_r(k+i)-y_p(k+i)]^2+\lambda\sum_{j=1}^{M}\Delta v^2(k+j-1) \tag{7-54}$$

它与2.2节中GPC算法的优化性能指标(2-21)十分相似,其中 P 和 M 分别为优化时域和控制时域,λ 为权系数,y_r 为参考轨迹,y_p 为对未来输出的闭环预测。根据模型(7-53),我们不难用2.2节中的相关算法推导出未来输出的模型预测值 $y_M(k+i)$,并得到反馈校正后的闭环预测

$$y_p(k+i)=y_M(k+i)+(y(k)-y_M(k)),i=1,\cdots,P$$

在无约束时,可类似于式(2-25)得到优化问题(7-54)的解析解 $\Delta v^*(k)$,从而可方便地得到最优的中间变量 $v^*(k)$。算法的细节可参见2.2节,在此不再赘述。

在解出 $v(k)$ 后,第2步的任务就是根据模型(7-52)反解出控制量 $u(k)$,并使之满足对控制输入的饱和约束

$$|u(k)|\leqslant u_{\max}$$

为此,需首先求解非线性方程

$$f(u(k))=v^*(k)$$

其中 $v^*(k)$ 为已知。这一非线性方程可通过迭代法求解,例如,对于具有多项式形式的静态非线性环节

$$f(u(k)) = \sum_{i=1}^{l} r_i u^i(k) \tag{7-55}$$

其中 l 为模型阶数,r_i 为系数,就相当于求解一个一元 l 次方程。如果非线性方程有多个实数解,则可选择与 $u(k-1)$ 最接近的解。由此得到解 $\hat{u}(k)$ 后,再采用解饱和得到实际的控制作用

$$u(k) = \text{sat}\{\hat{u}(k)\}$$

其中

$$\text{sat}\{s\} = \text{sign}\{s\} \min\{|s|, u_{\max}\}$$

可以看出,针对式(7-52)和(7-53)所描述的哈默斯坦模型,采用动态和静态分离的思想,提出相应的优化性能指标,可将其预测控制问题分解为一个线性模型的动态优化问题和一个非线性模型的静态求解问题。在这种特殊的模型形式下,实际实现的不是基于非线性模型的滚动优化,而是一个通常基于线性模型的滚动优化问题。由输入引起的非线性,在这里不过是作为一个附加的静态环节来处理的。在本节中,我们只是以比较简单的情况说明由于该类模型结构的特殊性可以采取有针对性的控制策略,实际上,对于哈默斯坦模型乃至更一般的输入非线性模型,其预测控制的策略和理论已有相当丰富的研究成果。

7.8 小结

非线性系统的预测控制与线性系统在原理上是一致的,它同样包含了基于模型对系统未来动态行为的预测、在预测基础上在线求解非线性优化问题得到即时控制,以及利用系统实测信息对模型预测进行校正这些基本要素。但与线性系统的预测控制相比,由于非线性形式的复杂性和多样性以及不再具有比例和叠加性质,使得表达其模型预测的直接因果关系变得十分复杂,在求解在线优化问题时,需要把优化时域中的全部模型预测式列为优化问题的等式约束,即使在不考虑输入输出和状态约束时,也不能得到解析解,必须通过非线性规划算法迭代求解。因此,如何有效地解决非线性系统预测控制的在线优化问题是其面临的主要难点。

非线性系统预测控制的分层控制结构可以有效地利用线性系统预测控制的成熟技术,无论是通过预估把模型转化为线性模型的迭代求解算法,还是通过反馈线性化后再进行线性预测控制的算法,都着眼于把非线性预测控制问题转化为线性处理,这在处理无约束预测控制问题时特别有利。

模糊多模型方法和神经网络方法是处理非线性系统控制的常用方法,它们引入到预测控制中不但可以为非线性预测控制提供新的途径,而且表明预测控制除了建立在常规数学模型的基础上,还可直接从过程数据出发,通过建立神经网络模型或模糊模型进行预测与优化,这正是预测控制方法原理的具体体现。

非线性系统的描述远比线性系统复杂,利用非线性函数的特殊表达方式或针对特殊类型的非线性系统,可以导出一些具有实用性的快速算法,但一般只适用于简单的控制场合。

自预测控制产生以来,非线性系统的预测控制一直是人们关注的热点,针对其求解的复杂性已有很多解决方案和策略,本章所介绍的只是其中很少一部分。相比于线性预测控制理论和应用的成熟,非线性系统预测控制仍面临着不少问题有待解决,它仍是当前预测控制领域中最富有挑战性的课题。

第 8 章

预测控制算法和策略的多样化发展

本书第 2 章介绍的预测控制基础算法,从原理上为工业过程的优化控制提供了新的途径,但这并不意味着只依靠这些基础算法就可以满足复杂工业控制的种种要求。人们在实际应用中对预测控制的控制结构、优化命题、优化策略等开展了深入的研究,使预测控制的算法和策略呈现出丰富的多样性,相关的文献报道已不计其数。在本章中,我们将对这些发展作若干示例性的介绍。这些内容不仅有助于加深对预测控制基本原理的理解,而且展示了预测控制在实际应用中的灵活性,为在复杂的工业过程中应用预测控制提供了有益的参考。

8.1 具有前馈—反馈结构的预测控制

对象的输入通常可以分为两类,一类是可控输入,即控制量,另一类是不可控输入,它包含了可检测或可预知但无法加以改变的外部作用以及对象或环节中存在的未知干扰。控制的目的就是要不断调整可控输入,克服不可控输入量的影响,使对象输出具有期望的动态特性。对于无规律可循的未知干扰,这一调整只有在它反映到可检测量后才能进行,因而必须采用反馈的方法。但对于那些变化规律可知的不可控输入,由于其对输出的影响可加以预测,则可通过前馈预先加以补偿。这种前馈结合反馈的控制结构,已被普遍应用于工业过程控制中。

在前面介绍的预测控制算法(如 DMC)中,我们已经详细讨论了其中反馈校正这一重要环节,它利用实测信息与预测信息间的误差构成对未来输出误差的预测

$$\tilde{e}(k+i|k+1)=h_i e(k+1),i=1,\cdots,N \tag{8-1}$$

并用它校正对未来输出的预测值

$$\tilde{y}_{\text{cor}}(k+i|k+1)=\tilde{y}_{N1}(k+i|k)+\tilde{e}(k+i|k+1)$$

这一环节的主要作用是克服环境干扰、参数时变、模型失配等不可知因素的影响。这种反馈校正还可以用更一般的形式实现，例如代替式(8-1)可采用时间序列的预报公式

$$\tilde{e}(k+i|k+1)=E_i(e(k+1),e(k),\cdots,e(k-l+1)) \tag{8-2}$$

其中，$E_i(\cdot)$为线性或非线性函数，l为预报所用的历史数据的长度。注意无论是式(8-1)还是式(8-2)，未来误差的预测都只利用了其自身的历史信息，并未采用任何因果性的预报，这是由于对误差产生的原因一无所知所致。

然而，对于有规律的不可控输入，如果也把它当作不可知干扰用上述反馈方式加以校正，则是不合理的。这是因为反馈校正只有当误差反映到输出后才起作用，带有一定的滞后性，而且采用非因果的误差预报和校正，并未充分利用产生这部分误差的已知因果信息。在这种情况下，更合理的处理方式应是充分利用这部分输入的规律性及算法的预测功能，构成前馈控制，及时有效地补偿由这部分输入引起的误差。

我们以单变量DMC算法为例来讨论其前馈补偿问题。这里的关键问题是要把已知但不可控输入对系统输出的影响作为因果信息包含在模型预测中。为此，除了测定对象输出对可控输入u的阶跃响应序列$\{a_i\}$外，还应测定输出量对于规律已知的不可控输入量v的阶跃响应序列$\{b_i\}$。在每一采样时刻，对象输出值的变化是由控制量u和不可控输入量v共同引起的，因而可在预测模型(2-4)中补充不可控输入量的影响，改写为

$$\tilde{\boldsymbol{y}}_{PM}(k)=\tilde{\boldsymbol{y}}_{P0}(k)+\boldsymbol{A}\Delta\boldsymbol{u}_M(k)+\boldsymbol{B}\Delta\boldsymbol{v}_P(k) \tag{8-3}$$

其中

$$\boldsymbol{B}=\begin{bmatrix} b_1 & \cdots & 0 \\ \vdots & \ddots & \vdots \\ b_P & \cdots & b_1 \end{bmatrix},\quad \Delta\boldsymbol{v}_P(k)=\begin{bmatrix} \Delta v(k) \\ \vdots \\ \Delta v(k+P-1) \end{bmatrix}$$

这里$\Delta v(k)=v(k)-v(k-1)$是不可控输入v的增量。

此外，类似于式(2-10)，一步后的输出预测值可用向量形式表示为

$$\tilde{\boldsymbol{y}}_{N1}(k)=\tilde{\boldsymbol{y}}_{N0}(k)+\boldsymbol{a}\Delta u(k)+\boldsymbol{b}\Delta v(k) \tag{8-4}$$

其中$\boldsymbol{b}=(b_1\cdots b_N)^{\mathrm{T}}$。

采用同样的优化性能指标(2-5)，在不考虑约束的情况下，可得到最优控制向量

$$\Delta \boldsymbol{u}_M(k) = (\boldsymbol{A}^{\mathrm{T}}\boldsymbol{Q}\boldsymbol{A}+\boldsymbol{R})^{-1}\boldsymbol{A}^{\mathrm{T}}\boldsymbol{Q}[\boldsymbol{w}_P(k)-\tilde{\boldsymbol{y}}_{P0}(k)-\boldsymbol{B}\Delta\boldsymbol{v}_P(k)]$$

即时控制增量为

$$\Delta u(k) = \boldsymbol{d}^{\mathrm{T}}[\boldsymbol{w}_P(k)-\tilde{\boldsymbol{y}}_{P0}(k)-\boldsymbol{B}\Delta\boldsymbol{v}_P(k)] \quad (8-5)$$

其中 $\boldsymbol{d}^{\mathrm{T}}$ 同样可用式(2-8)表达并且可以一次离线算出。

与式(2-7)给出的控制律相比较可知，控制律(8-5)中多了一项 $\boldsymbol{B}\Delta\boldsymbol{v}_P(k)$，其物理含义是把规律已知但不可控的输入量在优化时域中对输出的影响从期望值中扣除，构成新的期望值

$$\boldsymbol{w}_P^*(k) = \boldsymbol{w}_P(k)-\boldsymbol{B}\Delta\boldsymbol{v}_P(k)$$

然后再考虑只有可控输入时的滚动优化问题。由图8-1可见，它具有前馈补偿的性质。

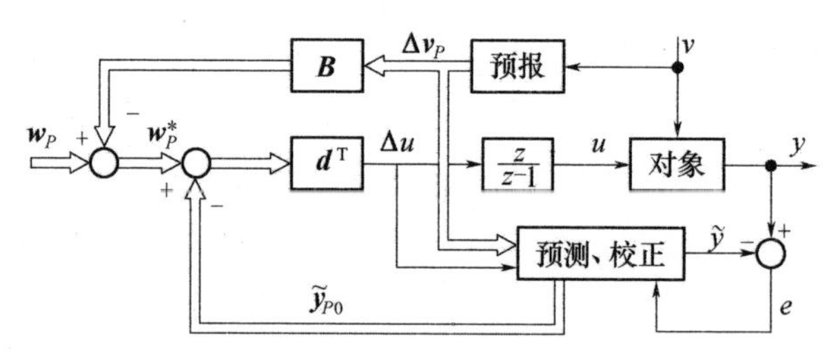

图8-1　带有前馈补偿的动态矩阵控制算法框图

上述控制结构和控制律是建立在 y 对 v 的动态响应 $\{b_i\}$ 完全已知且对 v 的变化完全可预知的基础上的，在这种情况下，控制律(8-5)将完全补偿不可控输入 v 对于输出 y 的影响。但在实际应用中，这一条件往往过于苛刻，相关公式需作一些变动，下面我们考虑常见的两种情况。

(1) 输出 y 对 v 的动态响应 $\{b_i\}$ 已知且 $v(k)$ 可测，但未来的 $v(k+i)$ 不可预知

这时，通过可测的 $v(k)$ 可得到 $\Delta v(k)$，但由于 $v(k+i)$ 未知，不能构成式(8-3)中的 $\Delta\boldsymbol{v}_P(k)$，因此，只能把预测模型(8-3)修改为

$$\tilde{\boldsymbol{y}}_{PM}(k) = \tilde{\boldsymbol{y}}_{P0}(k)+\boldsymbol{A}\Delta\boldsymbol{u}_M(k)+\boldsymbol{b}_P\Delta v(k) \quad (8-6)$$

其中 $\boldsymbol{b}_P=(b_1\cdots b_P)^{\mathrm{T}}$，相应得到的控制律为

$$\Delta u(k) = \boldsymbol{d}^{\mathrm{T}}[\boldsymbol{w}_P(k)-\tilde{\boldsymbol{y}}_{P0}(k)-\boldsymbol{b}_P\Delta v(k)]$$

显然，由于对 v 的未来值无先验信息，在预测时域 $P>1$ 时只能采用预测模型(8-6)取代(8-3)，这蕴含着在整个优化时域中假设 $v(k)$ 保持不变，与实际情况可能不符，因而建立在模型预测(8-6)基础上的上述控制律可能不是最优的。但由于其在优化中最大限度地利用了已知信息，所得到的控制律仍然要胜过完全不考虑前馈补偿的优化结果。另外需要指出的是，一旦算出即时控制量 $u(k)$ 并实

施时，对 $k+1$ 时刻的输出预测只涉及到已知的 $v(k)$，所以由式(8-4)算出的 $\tilde{y}_1(k+1|k)$ 以及而后构成的误差 $e(k+1)$ 都已完全地计入了 v 的影响，反馈校正中不再需要考虑 v 的因素。

(2) 对不可控输入量 v 的变化有预见，但缺乏其对输出影响的阶跃响应模型

这种情况的例子相当普遍，如在锅炉燃烧系统中，用户负荷作为不可控输入，可能具有已知的日统计规律，但很难测定负荷对被控参量影响的准确模型。这时，固然可以通过输入输出数据辨识得到 $\{b_i\}$ 后再用上述方法进行前馈补偿，但也可以通过数据分析导出 v 与 y 间关系的粗略模型或模糊模型，以避免复杂的辨识运算。这种模型较之阶跃响应模型虽然显得粗糙，但只要其反映了动态影响的主要趋势，在预测模型中加入其影响形成前馈部分，仍可在一定程度上补偿不可控输入 v 的影响。

上述前馈加反馈的 DMC 算法同样适用于多变量系统，其原理也适用于其它预测控制算法。可以看出，预测控制中的预测模型可以把不可控的已知输入包括在内，通过模型预测形成前馈去除其影响，反馈校正部分则针对未知干扰通过非因果预测去除其影响。因此，预测控制从原理上就是一种集前馈和反馈于一体的控制算法。它对不同的不可控输入采用了不同的预测策略，充分利用过程的已知因果信息最大限度地补偿不可控输入对过程动态的影响，因而能取得较好的优化控制效果。

应该指出，对不可控输入的模型预测，旨在尽可能提取它对过程动态影响的因果性信息，因此并不局限于基于精确数学模型的预测。结合预报技术和人工智能方法，可以在更广泛的意义上采用因果预测补偿不可控输入的影响。例如在分散预测控制系统中，如果可以得到各子系统间关联的简化模型或规则模型，则同样可在子系统的预测控制中构成前馈，以改善分散预测控制系统的性能。

8.2 串级预测控制

8.1 节已经指出，前馈控制只能用于处理规律性已知的不可控输入，而对于模型不清楚、变化不可知的无规则扰动，预测控制只能用反馈校正的方式进行补偿，即在干扰引起误差后，用非因果的误差预测予以校正。但是在用基础预测控制算法去解决抗干扰问题时，我们仍面临着一些困难。首先，抗干扰性要求对扰动做出快速反应，通常希望有较小的采样周期，而预测控制采用了非参数模型和在线优化，采样周期的减小会引起在线计算量的急剧增大，因此不可能把采样周期取得过小；其次，如 3.4 节中所讨论的，在采用加权方式对预测输出进行校正时，由于不能

分辨误差究竟是由模型失配还是由扰动引起的,校正参数 h_i 的选择模式往往难以同时兼顾鲁棒性和抗干扰性的要求;第三,反馈校正只有在扰动影响到过程输出并产生输出误差时才开始起作用,如果扰动到输出有较长的传递时间,则控制对扰动的反应必定难以及时。

在过程控制中,如果过程的某些中间变量可测,则可采用串级控制的结构来提高系统抗干扰的能力。串级控制把过程的中间变量反馈形成内回路,并且把过程输出按常规方式反馈形成外回路。由于作用在过程前端的二次干扰不必等传递到最终输出后再通过反馈予以抑制,而是在内回路反馈控制中就已及时抑制,因此可以显著改善系统的抗干扰能力。

借鉴串级控制的思想,把预测控制结合串级控制结构予以实现,形成串级预测控制,可有效地解决基础预测控制算法面临的上述困难。首先,把中间变量反馈形成内回路,可以避免对扰动反应的不及时;其次,由于串级控制是一种分层控制结构,可以在内回路和外回路分别采用不同的采样周期,并在其设计中分别考虑抗干扰性和鲁棒性的不同目标,从而解决了单层次预测控制面临的对于采样周期和校正策略的相互矛盾的要求。以下,我们以 DMC-PID 串级控制为例,来说明串级预测控制的设计思想。

首先,注意到密集采样的 PID 控制器对于扰动有良好的抑制作用,故可在对象最易发生扰动的部位后取出相应的可测中间变量构成 PID 闭环控制。这一层控制采用了比 DMC 控制高得多的频率,其目的在于快速有效地抑制突发性的扰动。这一控制回路和对象的剩余部分可视为一广义对象,在外层,再对这一广义对象实施通常的 DMC 控制。由于扰动的主要部分已在内回路中及时得到抑制,它在广义对象中的影响可视为模型略有失配,所以外层的 DMC 控制将以良好的动态性能和鲁棒性为设计目标。这种分层的 DMC-PID 控制具有串级控制的结构形式,见图 8-2,只是以 DMC 算法取代了外层通常的 PID 控制。它既能保持串级控制的结构优点,又能充分利用预测控制算法的性能优点。

根据上述分层控制的目的,在图 8-2 所示的串级控制结构中,内层(副回路)和外层(主回路)的设计要点分别如下:

(1) 副回路设计

副回路的设计应使副对象 $G_2(s)$ 包含系统的主要扰动,并有较小的纯滞后或时间常数。副回路采用较密集的数字 PID 控制,主要目的在于及时抑制进入对象的二次干扰。

由于副回路采用了准连续的数字 PID 控制,故可采用通常的工程整定方法,如临界比例法、响应曲线法等,结合经验公式确定 PID 控制参数。由于大量工业过程呈现为纯滞后加惯性的动态环节,而副对象 $G_2(s)$ 只包含了其中纯滞后和时间常数较小的部分,所以一般采用 P 调节器即可得到快速的响应。这不但有利于减小扰动引起的偏差幅值,而且也有利于主回路控制的设计。

(2) 主回路设计

主回路的被控对象是包括副回路和对象剩余部分 $G_1(s)$ 在内的广义对象(见图 8-2 中虚线所框部分)。主回路控制采用 DMC 算法,主要目的是获得良好的跟踪性能并对模型失配有较强的鲁棒性。

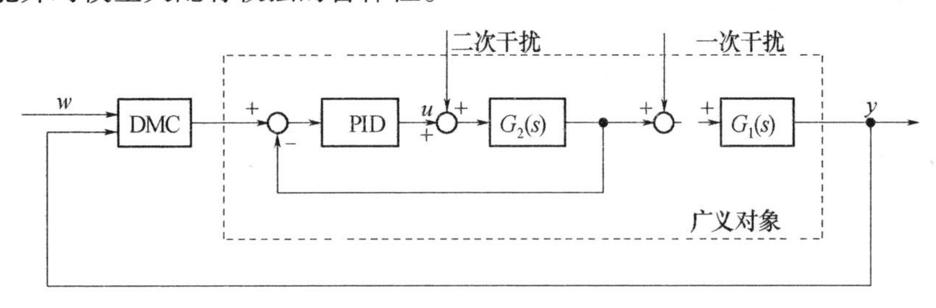

图 8-2 DMC-PID 串级控制结构

应该注意,在主回路的 DMC 控制中,阶跃响应模型应取自上述广义对象而不是原始对象。因此在测试时,单位阶跃应加在副回路的设定值处,而不是作用于对象的直接控制量。在整个广义对象中,由于副对象 $G_2(s)$ 与主对象 $G_1(s)$ 相比,本身已有相对小的时间常数,加之经内回路控制后,副回路的动态响应将更快,所以主要影响广义对象动态的是主对象 $G_1(s)$,也就是对象中包含较大纯滞后和时间常数的部分。因此采用具有预测功能的 DMC 控制显然要比 PID 控制更为有效。由于主要扰动的影响经副回路控制后已大为减弱,在主回路中可认为是广义对象的模型略有失配,因此主回路 DMC 算法中的校正策略将以增强鲁棒性为主。这样,就可以参照 5.1 节提供的设计要点对算法参数进行整定。特别当被控过程近似具有 5.2 节中所讨论的典型形式时,还可借助于定量分析的结果辅助 DMC 参数的设计。

上述 DMC-PID 串级控制算法充分利用了串级控制的结构优点,可以通过内回路密集的 PID 控制快速抑制进入对象的二次干扰。同时,它又发挥了预测控制的算法优点,在外回路可以有效地处理纯滞后,并有良好的跟踪性能和鲁棒性,因而它与单纯的 DMC 控制或 PID 串级控制相比都显现出更为优越的综合控制性能。由于采用了分层结构,不同的性能要求被划分到不同的层次分别予以处理,不但解决了单层次 DMC 控制难以解决的矛盾,而且提高了设计的冗余性,参数也易于整定,因而它在复杂的工业过程中有一定的吸引力和实用性。

例 8.1 某合成氨厂变换工段的串级预测控制。

变换工段是合成氨生产的重要环节,图8-3是其工艺流程简图。从压缩工段来的半水煤气经过饱和塔预热后,又在饱和塔出口管道处添加适量的水蒸气,达到合适的汽水比。半水煤气经汽水分离器后,再经过一系列换热装置(图中未画出)后升温到380℃左右进入变换炉,在变换炉中发生如下的变换反应

$$CO + H_2O(汽) \xrightleftharpoons{触煤} CO_2 + H_2 + Q(放热)$$

这样,既除掉了半水煤气中的无用气体CO,又获得了合成反应所需要的H_2。变换后的气体称为变换气,经冷却塔冷却后送下一工段碳化。为保证变换过程的效率,在工艺上要求变换气中残存的CO含量在3%以下。

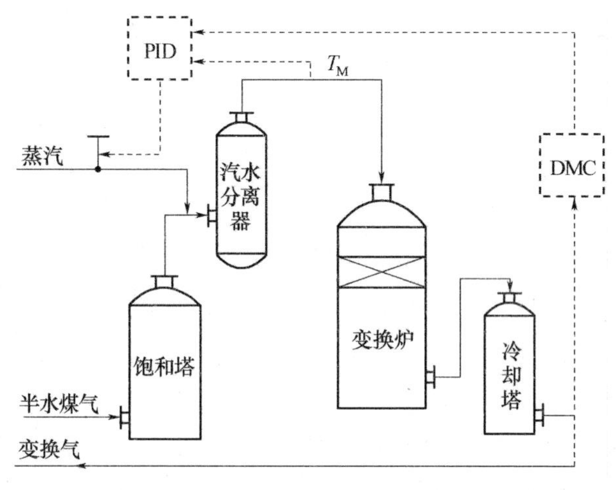

图8-3　合成氨变换工段的工艺流程和控制方案

在这一变换过程中,所加入的蒸汽流量是控制量,而化学反应的速度和平衡均受到压力、流量、催化剂等多种因素的影响,其中最主要的影响来自半水煤气混合造成蒸汽压力的不定变化,因此,我们选择DMC-PID串级控制结构,把汽水分离器出口的气体温度T_M作为内回路被调量,用以快速反映蒸汽压力这一主要干扰的影响,并通过内回路的P调节器迅速加以抑制,外回路则用DMC算法对变换气中的CO含量进行控制,克服因工况引起的、内回路又无法克服的模型失配。这一控制结构的方框图见图8-4。该控制方案在某合成氨厂变换工段试验后,取得了良好的效果。变换气中CO含量围绕设定值2%的波动比起PID串级控制有所减小,每天所用的蒸汽量明显节约,达到了提高控制性能、降低能耗的目的。

这种串级预测控制的策略还可以推广到多变量系统,其中内回路包含了多个单回路PID控制,其目的在于以密集的数字PID控制克服各回路中主要扰动的影响,而外回路则可对内部闭环后所得到的广义对象实现多变量DMC控制,它考虑了各回路之间的耦合,从整体上对系统实现以优化为目的的控制。

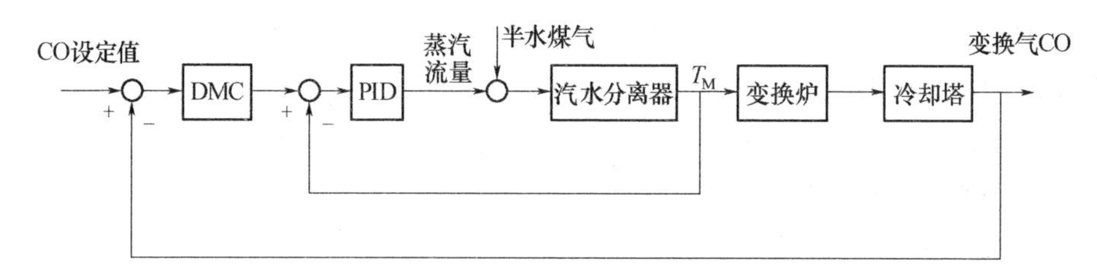

图8-4 变换工段DMC-PID串级控制结构框图

串级预测控制实现的前提是要有提前反映干扰影响的中间可测变量。如果过程从输入到输出由一系列动态环节组成,其中有多个中间变量可测,则可采用从输入到各中间量的多个模型预测和反馈校正,构成多反馈预测控制,见文献[42]。如果过程中间量不可测,则参照串级控制的分层原理,可把对象输出直接反馈构成内回路,以密集的PID控制尽快抑制扰动,对闭环后的系统,再在外回路用预测控制对内回路设定值进行优化控制,这就是文献[1]中所说的"透明控制(Transparent Control)"。这两种情况虽然都不同于上述串级预测控制,但分别体现了串级预测控制中及时有效利用过程中间可测信息和采用分层结构处理不同要求的原理。

8.3 无穷范数优化的预测控制

在大多数预测控制算法中,都采用了二次型的优化性能指标,它对应于预测偏差的二范数,反映了对输出值跟踪期望值的性能要求。但在某些工业过程中,控制的要求并不侧重于跟踪,而在于良好的镇定性能,即所有的输出值都应保持在设定值附近,不希望出现过大的偏差。在这种情况下,用以刻画控制要求的更直接的数学度量是要最小化所可能出现的最大偏差,即

$$\min_{\Delta \boldsymbol{u}_M(k)} \max_{l=1,\cdots,P} \max_{i=1,\cdots,p} \left| w_i(k+l) - \tilde{y}_i(k+l) \right| \tag{8-7}$$

它相当于用下面的无穷范数性能指标取代了通常的二次型性能指标

$$\min J(k) = \left\| \boldsymbol{w}(k) - \tilde{\boldsymbol{y}}_{PM}(k) \right\|_\infty \tag{8-8}$$

其中无穷范数定义为:对于向量 $\boldsymbol{x} = (x_1 \cdots x_n)^{\mathrm{T}}$, $\|\boldsymbol{x}\|_\infty = \max\limits_i |x_i|$。当式(8-8)中的无穷范数对空间(即全部输出量)和时间(即优化时域中的全部时刻)双重取值时,其具体表达式就是式(8-7)。显然,这一优化要使优化时域中所有输出值的最大可能偏差取极小,因而直接反映了良好镇定的物理要求。

由于性能指标(8-7)具有线性形式,如果对象模型和物理约束也是线性的,则这一优化问题可采用线性规划(LP)方法求解。但注意到式(8-7)涉及到极值和绝对值项,它与标准LP问题的形式尚有一定差别,因此还需要运用一些技巧把它

转化为标准 LP 问题。以下,我们参考文献[43]的思路,介绍无穷范数优化的 DMC 算法及参数不确定性时鲁棒预测控制器的设计方法。

在6.2节中,我们已经给出了有约束多变量系统 DMC 算法的在线优化表达式(6-18),把输入和输出不等式约束分别列出,并以无穷范数优化性能指标(8-8)取代其中的二次型性能指标,可以得到

$$\begin{aligned}&\min_{\Delta \boldsymbol{u}_M(k)} J(k)=\|\boldsymbol{w}(k)-\tilde{\boldsymbol{y}}_{PM}(k)\|_\infty\\ &\text{s.t.}\quad \tilde{\boldsymbol{y}}_{PM}(k)=\tilde{\boldsymbol{y}}_{P0}(k)+\boldsymbol{A}\Delta \boldsymbol{u}_M(k)\\ &\qquad \boldsymbol{\alpha}\leqslant \Delta \boldsymbol{u}_M(k)\leqslant \boldsymbol{\beta}\\ &\qquad \boldsymbol{y}_{\min}\leqslant \tilde{\boldsymbol{y}}_{P0}(k)+\boldsymbol{A}\Delta \boldsymbol{u}_M(k)\leqslant \boldsymbol{y}_{\max}\end{aligned}\tag{8-9}$$

以模型预测式代入性能指标项,并记

$$\boldsymbol{f}=\boldsymbol{w}(k)-\tilde{\boldsymbol{y}}_{P0}(k)-\boldsymbol{A}\Delta \boldsymbol{u}_M(k)\tag{8-10}$$

可将上式改写为

$$\begin{aligned}&\min_{\Delta \boldsymbol{u}_M(k)}\ \max_i |f_i|\\ &\text{s.t.}\quad \boldsymbol{\alpha}\leqslant \Delta \boldsymbol{u}_M(k)\leqslant \boldsymbol{\beta}\\ &\qquad \boldsymbol{\gamma}\leqslant \boldsymbol{f}\leqslant \boldsymbol{\delta}\end{aligned}$$

其中f_i是向量$\boldsymbol{f}$的各分量,$\boldsymbol{\gamma}=\boldsymbol{w}(k)-\boldsymbol{y}_{\max}$,$\boldsymbol{\delta}=\boldsymbol{w}(k)-\boldsymbol{y}_{\min}$。记

$$\mu=\max_i |f_i|$$

则可将优化问题(8-9)进一步转换为

$$\begin{aligned}&\min_{\Delta \boldsymbol{u}_M(k),\mu}\quad \mu\\ &\text{s.t.}\quad \boldsymbol{\alpha}\leqslant \Delta \boldsymbol{u}_M(k)\leqslant \boldsymbol{\beta}\\ &\qquad \boldsymbol{\gamma}\leqslant \boldsymbol{f}\leqslant \boldsymbol{\delta}\\ &\qquad -\boldsymbol{l}\mu\leqslant \boldsymbol{f}\leqslant \boldsymbol{l}\mu,\qquad \boldsymbol{l}=(1\cdots1)^{\mathrm{T}}\end{aligned}\tag{8-11}$$

结合式(8-10)中$\boldsymbol{f}$的表达式可知,优化问题(8-11)的性能指标和约束条件都是变量$\Delta \boldsymbol{u}_M(k)$和$\mu$的线性表达式,所以这是一个典型的 LP 问题,可方便地应用标准软件求解。注意到优化问题(8-11)中约束数远大于优化变量数,为减少计算量,还可首先求解其对偶 LP 问题,再根据互补松弛条件还原算出原问题的最优解,这些求解 LP 问题的方法和技巧可参考线性规划的相关文献,在此不再详述。

下面,我们利用无穷范数优化预测控制的算法和思路,进一步考虑有参数不确定性时鲁棒预测控制器的设计问题。为此,假定对象的阶跃响应模型$\boldsymbol{A}$依赖于参数$\boldsymbol{\theta}$,记为$\boldsymbol{A}(\boldsymbol{\theta})$。为简化计,设参数标称值$\boldsymbol{\theta}_0=\boldsymbol{0}$,并将参数的变化空间记作

$$\boldsymbol{\Omega}=\{\boldsymbol{\theta}\,|\,|\theta_j|<\varepsilon_j,j=1,\cdots,q\}$$

其中 q 为参数的数目。显然,$\boldsymbol{\Omega}$ 是 $\boldsymbol{\theta}$ 空间中以 $\boldsymbol{\theta}_0=\mathbf{0}$ 为中心的一个多面体。对于参数空间 $\boldsymbol{\Omega}$ 中的每一点 $\boldsymbol{\theta}$,都可得到相应的阶跃响应模型 $\boldsymbol{A}(\boldsymbol{\theta})$。这样,当参数 $\boldsymbol{\theta}$ 在 $\boldsymbol{\Omega}$ 中摄动时,对象模型也构成了一个模型族

$$\boldsymbol{\Pi}=\{\boldsymbol{A}(\boldsymbol{\theta})\mid\boldsymbol{\theta}\in\boldsymbol{\Omega}\}$$

由于参数空间 $\boldsymbol{\Omega}$ 有无穷多个点,这一模型集合 $\boldsymbol{\Pi}$ 是无穷维的,标称模型 $\boldsymbol{A}(\mathbf{0})$ 只是集合中的一个元素。所谓无穷范数优化的鲁棒预测控制,就是不但要使系统在标称模型 $\boldsymbol{A}(\mathbf{0})$ 下的最大输出偏差最小化,而且当 $\boldsymbol{\theta}$ 在参数空间 $\boldsymbol{\Omega}$ 中摄动时,要使所有可能的最大输出偏差最小化。这相当于无穷范数的取值不但要针对不同的输出变量和优化时域中的不同时刻,而且要针对不同参数 $\boldsymbol{\theta}$ 所导致的不同模型。因此,鲁棒预测控制的在线优化问题可表示为

$$\begin{aligned}
&\min_{\Delta \boldsymbol{u}_M(k)} J(k)=\|\boldsymbol{w}(k)-\tilde{\boldsymbol{y}}_{PM}(k)\|_\infty\\
&\text{s.t.}\quad \tilde{\boldsymbol{y}}_{PM}(k)=\tilde{\boldsymbol{y}}_{P0}(k)+\boldsymbol{A}(\boldsymbol{\theta})\Delta\boldsymbol{u}_M(k)\\
&\qquad\ \boldsymbol{\alpha}\leqslant\Delta\boldsymbol{u}_M(k)\leqslant\boldsymbol{\beta}\\
&\qquad\ \boldsymbol{y}_{\min}\leqslant\tilde{\boldsymbol{y}}_{P0}(k)+\boldsymbol{A}(\boldsymbol{\theta})\Delta\boldsymbol{u}_M(k)\leqslant\boldsymbol{y}_{\max},\boldsymbol{\theta}\in\boldsymbol{\Omega}
\end{aligned}\tag{8-12}$$

其中我们假定以往时刻的参数 $\boldsymbol{\theta}$ 已通过辨识知道,故 $\tilde{\boldsymbol{y}}_{P0}(k)$ 是确定的,但由于未来时刻参数 $\boldsymbol{\theta}$ 的变化有不确定性,故模型预测式和与之相关的约束条件均与 $\boldsymbol{\theta}$ 有关,无穷范数性能指标也应相应地改变为

$$\|\boldsymbol{w}(k)-\tilde{\boldsymbol{y}}_{PM}(k)\|_\infty=\max_{\boldsymbol{\theta}\in\boldsymbol{\Omega}}\max_{l=1,\cdots,P}\max_{i=1,\cdots,p}|w_i(k+l)-\tilde{y}_i(k+l)|$$

为了求解这一问题,类似于上面的做法,定义

$$\boldsymbol{f}(\boldsymbol{\theta})=\boldsymbol{w}(k)-\tilde{\boldsymbol{y}}_{P0}(k)-\boldsymbol{A}(\boldsymbol{\theta})\Delta\boldsymbol{u}_M(k)$$

可以把优化问题(8-12)改写为

$$\begin{aligned}
&\min_{\Delta \boldsymbol{u}_M(k)}\max_{\boldsymbol{\theta}\in\boldsymbol{\Omega}}\max_i|f_i(\boldsymbol{\theta})|\\
&\text{s.t.}\quad \boldsymbol{\alpha}\leqslant\Delta\boldsymbol{u}_M(k)\leqslant\boldsymbol{\beta}\\
&\qquad\ \boldsymbol{\gamma}\leqslant\boldsymbol{f}(\boldsymbol{\theta})\leqslant\boldsymbol{\delta}
\end{aligned}$$

同样记

$$\mu=\max_{\boldsymbol{\theta}\in\boldsymbol{\Omega}}\max_i|f_i(\boldsymbol{\theta})|$$

可以得到

$$\begin{aligned}
&\min_{\Delta \boldsymbol{u}_M(k),\mu}\mu\\
&\text{s.t.}\quad \left.\begin{aligned}\boldsymbol{\alpha}\leqslant\Delta\boldsymbol{u}_M(k)\leqslant\boldsymbol{\beta}\\ \boldsymbol{\gamma}\leqslant\boldsymbol{f}(\boldsymbol{\theta})\leqslant\boldsymbol{\delta}\\ -\boldsymbol{l}\mu\leqslant\boldsymbol{f}(\boldsymbol{\theta})\leqslant\boldsymbol{l}\mu\end{aligned}\right\},\quad \boldsymbol{\theta}\in\boldsymbol{\Omega}
\end{aligned}\tag{8-13}$$

它与优化问题(8-11)不同之处在于,由于$\boldsymbol{A}$与参数$\boldsymbol{\theta}$间的关系是以一般的形式给出的,并且$\boldsymbol{\theta}$可在参数空间$\boldsymbol{\Omega}$中任意取值,上述约束条件可以有无限多个,因此无法求解。但是,如果矩阵$\boldsymbol{A}(\boldsymbol{\theta})$是$\boldsymbol{\theta}$的仿射函数,则可推出$\boldsymbol{f}(\boldsymbol{\theta})$也是$\boldsymbol{\theta}$的仿射函数,此时可以证明,优化问题的解将出现在$\boldsymbol{\Omega}$的边界端点上,我们把这些边界端点的集合记作$\boldsymbol{S}$,它包含了多面体$\boldsymbol{\Omega}$的$2^q$个顶点。这时,上述有无限多个约束的优化问题可简化为有限约束的优化问题

$$
\min_{\Delta \boldsymbol{u}_M(k),\mu} \mu
$$
$$
\text{s.t.}\ \left.\begin{aligned} \boldsymbol{\alpha} \leqslant \Delta \boldsymbol{u}_M(k) \leqslant \boldsymbol{\beta} \\ \boldsymbol{\gamma} \leqslant \boldsymbol{f}(\boldsymbol{\theta}) \leqslant \boldsymbol{\delta} \\ -\boldsymbol{l}\mu \leqslant \boldsymbol{f}(\boldsymbol{\theta}) \leqslant \boldsymbol{l}\mu \end{aligned}\right\},\quad \boldsymbol{\theta} \in \boldsymbol{S} \tag{8-14}
$$

对$\boldsymbol{S}$的2^q个元素中的每一个写出约束的具体表达式,最后可把上述优化问题写成规范的LP问题。由于该问题的约束数量十分庞大,同样需要通过求解其对偶LP问题使之得到简化。

$\boldsymbol{A}(\boldsymbol{\theta})$是$\boldsymbol{\theta}$的仿射函数意味着$\boldsymbol{A}$是已知线性定常对象的阶跃响应矩阵通过$\boldsymbol{\theta}$加权的线性组合,例如,它可以取如下形式

$$
\boldsymbol{A}(\boldsymbol{\theta}) = \boldsymbol{A}(\boldsymbol{0}) + \sum_{j=1}^{q} \theta_j \boldsymbol{A}_j
$$

其中θ_j是$\boldsymbol{\theta}$的分量。由于θ_j为摄动参数,上式表示在标称响应$\boldsymbol{A}(\boldsymbol{0})$的基础上,考虑了其它未建模动态$\boldsymbol{A}_j$的扰动。按照上述方法设计的预测控制器,可以在有扰动的情况下保持良好的鲁棒性。

8.4 有约束多目标多自由度优化的满意控制

从8.3节无穷范数优化的预测控制算法可以看到,预测控制的滚动优化问题和性能指标并不是固定不变的,需根据应用所提出的实际要求加以规范。在复杂的工业环境中,预测控制的应用面临着约束类型和优化目标多样、用户对各种要求满足的关注度不同等特点,这时的优化问题与传统的优化命题有很大不同,文献[44]结合分析预测控制工业应用软件包IDCOM,提出了有约束多目标多自由度优化(Constrained Multi-objective Multi-degree of freedom Optimization, CMMO)的概念来描述这类特点的优化问题,并进一步提出满意控制(Satisfactory Control)的框架来概括预测控制在复杂工业环境中的应用。

前面介绍的预测控制算法都有一个约束和性能指标明确的优化命题,而且常常被表达为具有线性约束、二次型性能指标的QP问题。但在工业控制的实践中,优化

命题并不是现成的，它来源于过程操作者对优化控制的要求，这些要求是形式多样的，除了要求被控量控制在设定值这类常规表述外，也可以是把某些变量控制在一个区间内或保持在某些阈值之上（或下），传统的控制自由度在这类控制要求下也有了不同的含义。为了理解工业环境中针对不同要求的优化控制，首先看下面几个例子。

图8－5(a)显示了用一个操作变量 u 控制两个输出量 y_1、y_2 的情况，其中 y_1 要求控制在给定界域 $y_{1,\max}$ 以下，y_2 则要求控制到设定值 y_{2d}。由图可见在 $t<k$ 时，这一控制目标是可以实现的，即一个控制量就可以控制两个输出量达到给定的要求。然而当在 k 时刻降低 $y_{1,\max}$ 后，用单一的操作变量 u 已无法既把 y_1 控制到 $y_{1,\max}$ 以下，又把 y_2 控制到 y_{2d}。这时，控制的能力已不能适应实际的要求，如果不增加控制手段，操作者就只能在对 y_1 和 y_2 的要求间做出权衡，例如若要使 y_1 下降到 $y_{1,\max}$ 以下，则 y_2 对 y_{2d} 的偏离将会更大，见图8－5(b)。

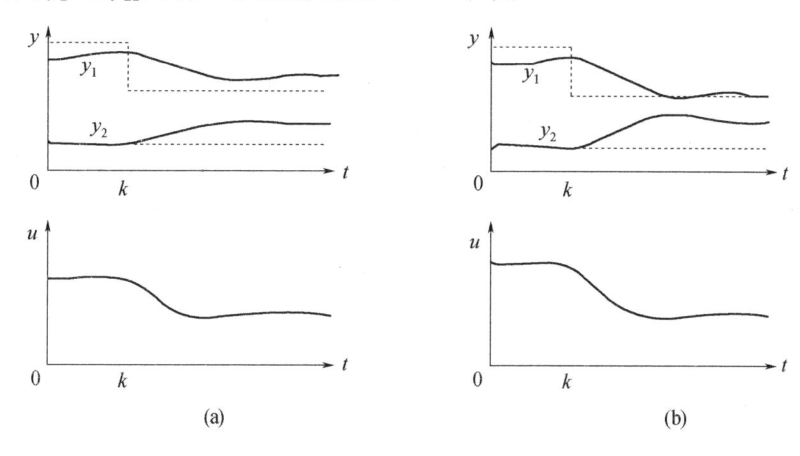

图8－5　一个操作变量控制两个输出量

(a) 控制目标改变后控制能力不能满足要求；(b) 控制能力不足时对控制要求的权衡。

图8－6给出了一个存在输入约束、性能指标和输出要求的例子，其中操作变量 u 除了控制被控量 y，还要满足控制能量最小即 $\min u^2$ 的要求。在 $t<k$ 时段，由于自由度的限制，u 只能保持 y 在其设定点而无法兼顾 $\min u^2$，但是如果放松对 y 的要求，将其由设定点控制松弛为控制到某一界域以下，则 u 可在满足 y 界域条件的同时逐步减小，以获得最小能量，如果进一步放宽对 y 的界域要求，则 u 还可进一步下降直至其自身的约束下界。

图8－7是用3个操作变量 u_1、u_2、u_3 控制2个被控量 y_1、y_2 的情况，其中对 y_1 实行设定点控制，对 y_2 实行（上限）界域控制，同时出于经济性考虑，希望 u_1、u_3 都接近其理想值（即图中对应的初始值虚线）。由图可见，在控制的起始阶段，u_1、u_3 都保持不变，相当于只用 u_2 来满足对 y_1、y_2 的控制要求。这与图8－5的情况相

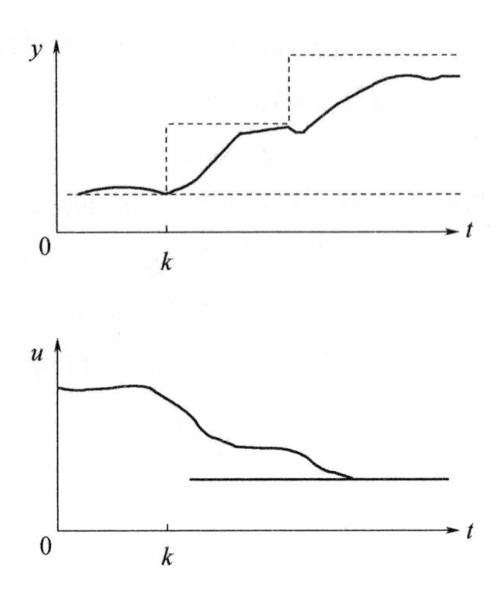

图 8-6 存在输入约束、性能指标和输出要求的控制

仿，一开始上述条件可完全满足，然而当在 k 时刻降低 y_2 的上限界域时，对 y_1、y_2 的控制要求已不能同时满足，这时必须释放 u_1、u_3 的部分自由度才能达到控制 y_1、y_2 的要求。如果我们在 u_1、u_3 中更希望 u_1 能保持在其理想值，就不得不使 u_3 偏离其理想值来换取其它条件的满足，但随着过程的进行，u_2 也在不断下降直至其约束下界，这时，由于 u_2 自由度的丧失，不得不再放弃 u_1 保持在其理想值，以此来换取 y_1、y_2 对所给要求的满足。

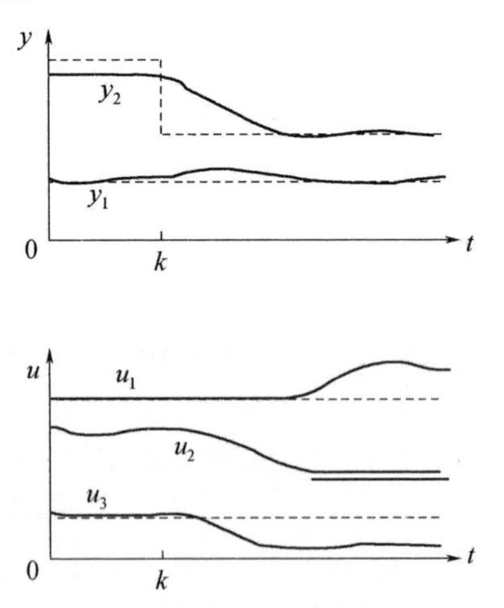

图 8-7 多个自由度结合多种要求的控制

上述例子表明，在复杂的工业环境中，由于存在着各种软硬约束和多种目标要求，其优化控制问题与传统的优化理论相比，出现了以下一些新的特征。

① 在传统的控制理论中，优化问题的性能指标和约束条件是给定的、界限分

明的，但在工业环境中，并不存在先验的优化命题，用户对性能指标和约束条件的区别有所淡化，例如性能指标的最小化可以理解为取其值为零的“软”约束，而各种约束也可视为控制必须满足或尽可能满足的目标。换句话说，性能和约束都可以广义地理解为优化问题的要求，所以，这类优化问题本质上是多目标、多要求的。

② 优化问题中所提出的各种要求并不是同等重要的，它们可以分为以下3 类：

第一，由于执行机构的物理性质和出于安全性的考虑，对被控变量和操作变量存在着各种硬约束，这些约束在整个控制过程中必须满足，否则是不能实现的或不允许的。

第二，为保证产品质量所提出的工艺要求，如被控量的设定点要求，应尽量得到满足，但存在着一定的柔性，例如可以取代设定点而允许将其控制在某一范围（区间）内，这是一种“软”约束，但如果超出了一定范围，这种“软”约束就转化为“硬”约束，破坏这一约束将会影响产品质量。

第三，出于经济性要求所附加的性能指标和对操作变量的期望，只有在上面两类要求得到满足的基础上才能进一步考虑。这是一种更“软”的约束。

③ 优化问题的求解是利用所有操作变量的自由度，按照从“硬”到“软”的优先级，逐步满足全部或部分要求的过程。这一过程以优先满足全部可能出现的硬约束作为系统可控的必要条件，其多余的自由度进一步用来满足工艺设定点要求，如不满足，可将其转化为不超出允许范围的界域要求，若还有多余自由度，可用来进一步满足更“软”的性能要求。

④ 在上述优化过程中，操作者需要通过良好的人机界面直接对各种要求进行权衡（如输出变量不能同时达到设定值时的权衡）或改变（如对某输出变量的设定点要求放宽为区间要求），所得到的解是反映用户对各种要求重视程度不同时的满意解。

复杂工业环境中具有上述特征的优化问题，可以看作是以所有具有完全自由度的操作变量为一方，以过程的所有要求，包括产生于物理、安全或工艺条件的必须满足的要求（称为约束）和产生于经济性或其它愿望的尽可能满足的要求（称为目标）为另一方，通过操作者的调整，以获得满意解的过程。我们把这样一类优化问题称为有约束多目标多自由度优化（CMMO），其原理见图 8－8。

把有约束多目标多自由度优化嵌入到预测控制的滚动优化中，同时加强操作者对过程的监督和介入，就可以形成图 8－9 所示的满意控制的框架，它由下面几部分组成：

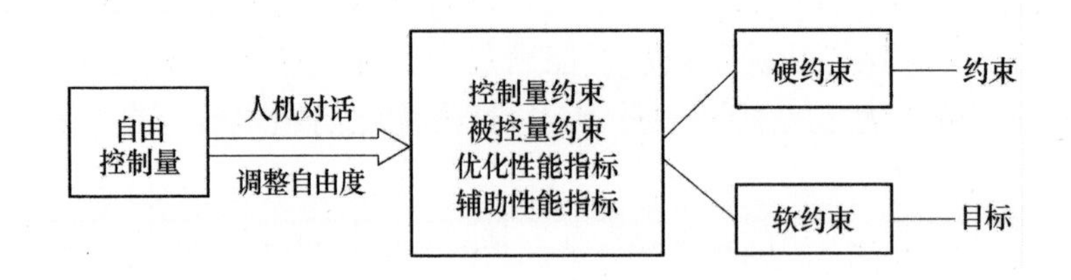

图 8-8　有约束多目标多自由度优化

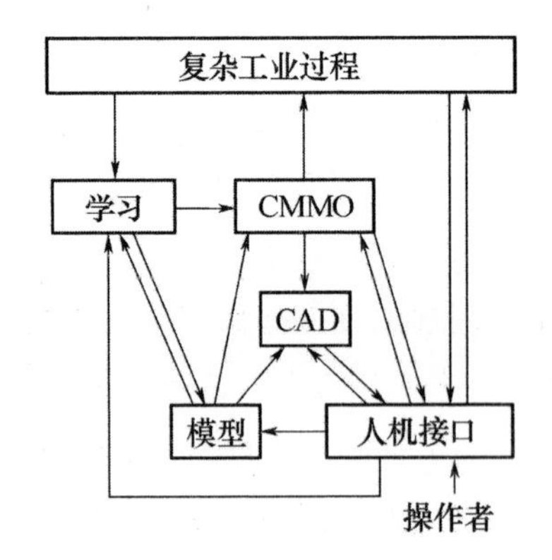

图 8-9　满意控制的原理框架

① 用于预报、优化、故障诊断等的过程模型;

② 在线进行的有约束多目标多自由度优化(CMMO);

③ 基于实时信息在线修正模型、预报、优化的学习机制;

④ 辅助操作者进行决策的 CAD 系统;

⑤ 便于操作者表达和修改要求的良好人机接口。

满意控制属于优化控制的范畴,我们称之为满意控制,是因为在控制中,我们更强调"满意"而不是"最优",具体表现如下:

① 控制中优化问题的确定不是一成不变的,而是操作者根据实际工况在线可改变的,优化控制不是实现对某一给定指标的优化,而是使操作者主观满意的优化,问题提出的本身就建立在使操作者满意的基础上;

② 在每一时刻的优化中,把约束、目标看作广义的要求,用有限的自由操作变量去满足这些要求,这在本质上是一个多目标优化问题,其解是根据操作者对不同要求的权衡得到的满意解;

③ 整个优化控制过程,是在线以滚动方式对有限时域的系统行为进行优化,

而不是对整个控制过程的优化,追求的不是全过程的最优,而是次优,但由于实际系统中存在的各种不确定性,这种滚动的次优控制反而可比一次确定的最优控制更为满意。

复杂工业过程的满意控制,是基于模型在线实现 CMMO,并由操作者参与决策的一种实用控制方法,它摒弃了传统的最优概念,面对过程的众多要求实现在实际条件下所能达到的最满意的控制。其中,通过实时数据采集和信息处理技术的建模减轻了用户在建模过程中的负担,过程模型的预报功能既为优化奠定了基础,又提供了过程实时监督和故障检测的可能;CMMO 则以多目标优化为指导思想,融约束、目标于一体,通过操作者的选择和调整寻求满意的控制;学习机制通过在线获取实时信息不断修正优化的基点,使每一时刻的开环 CMMO 在过程运行整体上形成闭环的优化;良好的人机界面则为过程操作者提供了控制器无法胜任的满足控制要求的 CMMO 命题和控制参数的调试。这样一种组合适应了复杂工业环境下多种约束的存在和多种性能指标的要求,对环境的变化有良好的鲁棒性,对故障有预见性并能应付故障情况下的优化,同时便于用户操作和直接表达其对控制的要求,因而它综合考虑了复杂工业控制对象的特点和用户的需求。通过预测控制工业应用软件包的功能分析可以看到,上述满意控制的框架正是预测控制在工业过程中的具体实现。

作为预测控制的发展,满意控制兼容了预测控制模型预测、滚动优化、反馈校正的基本原理,但它不是一种算法,而是从系统的角度提供了一种适合于复杂工业过程优化控制的新模式。它在集模型预测与过程监测于一体、以满意概念取代最优概念实现优化、用一般的学习机制取代基于误差预报的反馈校正,以及以人机系统取代计算机自主系统等方面,都提供了更切合于工业实践的框架和更广阔的技术发展空间。例如,针对满意控制中的核心技术 CMMO,目前在实际应用中,需要用户在软件提供的人机界面上输入对操作变量、被控变量的期望值、允许的上下界,并对各个变量满足期望要求的程度给出优先级,在期望值约束不能完全满足的情况下,通过放松某些软约束来得到满意的控制。但考虑到操作者在确定软约束放松程度时具有的模糊性,文献[45]提出了一种基于模糊目标和模糊约束的预测控制方法,运用模糊理论中隶属度的概念,建立反映软约束放松量与操作者主观要求关系的满意度函数,将软约束调整问题转化为在一定约束下使满意度最大的优化问题。对于 CMMO 规范的优化问题,文献[46]把一般用二次规划表示的满意优化问题转化为一个分两层进行的直接优先级优化的问题,基于宽容分层优化方法进行分层,用带有优先级要求的多目标优化算法进行每层的优化,最终得到满意解。关于 CMMO 和满意控制,此处只是介绍了它们的基本概念并说明其已体现在预测控制的工业应用中,进一步的研究内容可参考相关文献。

8.5 预测控制的输入参数化方法

预测控制采用了滚动进行的在线控制模式,在每一时刻都需求解一个非线性优化问题,通常需要经多次迭代才能完成,因此,在线计算量很大程度上取决于优化变量和约束的数目。为了减少在线优化变量的数目,提高控制的实时性,人们在预测控制的应用中提出了一些算法和优化策略,把在线优化问题中对不同时刻输入控制量的直接优化转化为对较少变量的优化,这在文献[4]中称为输入参数化(Input Parameterization)。在本节中,我们介绍在预测控制实际应用中广泛采纳的两种典型的输入参数化方法。

8.5.1 优化变量的分块策略

在预测控制中,分块策略(Blocking Technology)首先是由文献[47]提出的,而后文献[48]又对此做了进一步的发展。所谓分块,就是指在优化时域中把控制量的变化分成若干块,在每一块中控制量保持不变,变化只发生在块之间,一般地可描述为

$$\boldsymbol{u}(k+i)=\begin{cases}\boldsymbol{u}(k), & i=0,1,\cdots,l_1-1;\\ \boldsymbol{u}(k+l_1), & i=l_1,l_1+1,\cdots,l_1+l_2-1;\\ \quad\vdots & \\ \boldsymbol{u}(k+l_{s-1}), & i=l_1+\cdots+l_{s-1},\cdots,l_1+\cdots+l_s-1\end{cases} \tag{8-15}$$

其中 s 为分块数,l_i 是第 i 分块所含优化时刻数,其总和为优化时域长度,即 $l_1+\cdots+l_s=P$。这样,优化变量在时间上的变化数就可以从原来的优化时域数 P 减少为分块数 s。图 8-10(a)给出了这种分块策略的示意。

式(8-15)给出的优化变量分块技术包含了预测控制早期文献中的一些策略。如在预测控制产生之时,人们就提出了控制时域的概念,即把控制量的变化限制在优化区间的前半部分,$M\leqslant P$,以便在长时段优化的同时使优化变量数从 mP 降为 mM,减少在线计算的负担,这就相当于分块技术中取 $s=M$ 且 $l_1=\cdots=l_{s-1}=1$ 的情况。当取 $l_1=\cdots=l_s=l>1$ 时,即为文献[48]中"粗控制、细优化"的策略,它相当于在优化时,把控制周期增大为原来的 l 倍,而优化仍对优化时域中的每一个时刻进行。文献[48]在式(8-15)的基础上,针对预测控制滚动优化只实施当前控制量的特点,又提出了以下两种滚动优化的分块策略。

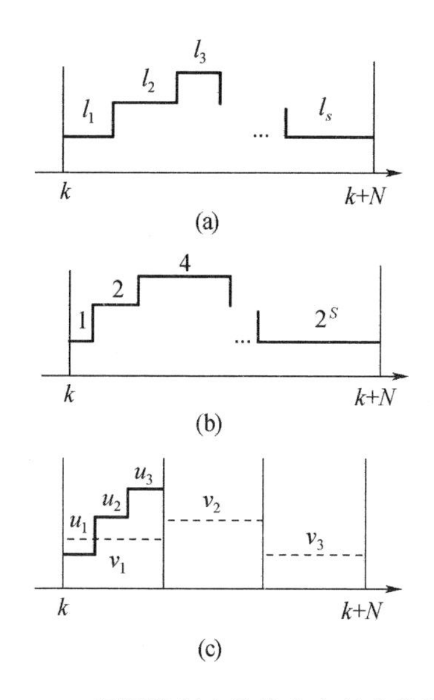

图 8－10　预测控制中的优化变量分块策略

(a) 一般的分块策略;(b) “近精确、远粗略”的水平分块策略;
(c) “长时段粗优化、短时段细优化”的分层分块策略。

(1) “近精确、远粗略”的水平分块策略

考虑到预测控制在每次滚动优化中只把当前控制量付诸实施,而其它控制量都将在以后时刻重算,所以在当前时刻的滚动优化中,可以比较精确地考虑靠近当前的控制量,而对离当前较远的控制量,可给予粗略的计算。这种想法可以通过在式(8－15)中以幂级数选取各分块的长度予以体现,即取 $l_i = q^{i-1}$, $i = 1, \cdots, s$, q 可取 2,3 等整数,见图 8－10(b)。以 $q = 2$ 为例,各分块的长度分别为 $1, 2, 4, \cdots$,这样,就可以把 $2^s - 1$ 个时刻的控制量变化数压缩到 s 个,如果 q 取得更大,则压缩得更多,从而可大大减少在线优化的变量数。

(2) “长时段粗优化、短时段细优化”的分层分块策略

在预测控制中,缩短优化时域长度同样能减少优化变量个数,但付出的代价是短的优化时域将导致控制性能下降。为了解决这一矛盾,可采取长时段粗优化和短时段细优化相结合的协调策略,见图 8－10(c)。首先按常规分块策略把整个优化时域按式(8－15)分成相等的 s 块,每一块包含的采样时刻为 l 个,即 $P = sl$,通过求解优化问题可得到第 1 个分块中的控制量 $\boldsymbol{v}_1$。这种粗优化可以在保持长的优化时域的同时,减少优化变量个数,提高计算效率,其缺点是在每一块中都用平均值代替了其中理应变化的控制量,所求出的 $\boldsymbol{v}_1$ 与所需当前控制量 $\boldsymbol{u}(k)$ 的最优解有一定差别。为了弥补这一缺陷,我们再对第 1 个分块中的控制量做细优化,即求解

优化问题

$$\min_{u(k)\cdots u(k+l-1)} \sum_{i=1}^{l} \|\boldsymbol{w}(k+i) - \tilde{\boldsymbol{y}}_p(k+i)\|^2 + \lambda \sum_{i=1}^{l} \|\boldsymbol{u}(k+i-1) - \boldsymbol{v}_1\|^2$$

细优化的优化时域已压缩到第 1 个分块,优化变量仅变化 l 次,性能指标中的第 1 项反映了这一细优化对控制量的精度要求,第 2 项则要求控制量尽可能接近长时段粗优化的结果,通过协调加权系数 λ,能达到兼顾全局性能和局部精度的要求。在这种分层策略中,分别需要求解控制量变化 s 次和 l 次的两个优化问题,与原来求解 $P=sl$ 次变化的问题相比,在线计算量可大为减少。

8.5.2 预测函数控制

预测函数控制(Predictive Functional Control,PFC)是在文献[49]中提出的一种适合于快速系统的预测控制算法。与传统的预测控制算法如 DMC、GPC 等不同,它对控制量的在线求解不是直接对控制量进行优化,而是通过对组成控制量的有限组合系数优化实现的。由于这些组合系数的数量很少且与优化时域长度无关,所以它能在长时段优化的同时,减少在线优化的计算量。

PFC 立足于对控制输入量的结构分析,认为在输入频谱有限的情况下,控制输入只能属于一组与设定轨线和对象性质有关的特定的函数族$\{f_n, n=1,\cdots,s\}$。以单变量线性系统为例,未来的控制作用可用这些函数的线性组合表示为

$$u(k+i) = \sum_{n=1}^{s} \mu_n(k) f_n(i),\ i = 0,\cdots,P-1 \tag{8-16}$$

其中$f_n(n=1,\cdots,s)$称为基函数,$f_n(i)$表示基函数f_n在$t=iT$时刻的值,P为预测控制中的优化时域长度。基函数的选取依赖于对象及期望轨线的性质,一般可取为阶跃、斜坡、指数函数等。对于已选定的基函数f_n,可离线算出在其作用下对象的输出响应值,记为$g_n(i)$。

在采样时刻 k,考虑对象在加入未来控制作用 $u(k+i)$后的输出预测,可以得到

$$y_M(k+i) = y_0(k+i) + y_f(k+i),\ i = 1,\cdots,P \tag{8-17}$$

其中,

$$y_0(k+i) = F(y(k),\cdots,y(k-n_a),u(k-1),\cdots,u(k-n_b)) \tag{8-18}$$

称为模型自由输出,$F(\cdot)$可取线性差分方程、卷积模型等不同形式,所谓"自由",是指这部分输出是在未考虑新加入控制作用时根据对象输入输出的历史信息预测的。而

$$y_f(k+i) = \sum_{n=1}^{s} \mu_n(k) g_n(i) \tag{8-19}$$

则称为模型函数输出,表示在 k 时刻起加入形为式(8-16)的控制作用 $u(k+i)$ 后所导致的输出响应。在这里和式(8-16)中,PFC 表现出了它与一般预测控制算法的不同之处。新加入的控制输入不是在时间上各自独立的量,而是基函数的线性组合,因此,其引起的输出变化不是不同时刻控制效应的叠加,而是不同基函数响应的叠加,控制的自由度从时间转化到了空间。由于各基函数及其响应的采样值均已离线算出,所未知的只是线性组合系数 $\mu_n(k)$。

在式(8-17)的基础上,可通过反馈校正得到输出的闭环预测

$$y_p(k+i) = y_M(k+i) + e(k+i),\ i = 1,\cdots,P \tag{8-20}$$

其中,

$$e(k+i) = h_i e(k),\ i = 1,\cdots,P$$

$$e(k) = y(k) - y_M(k)$$

给定期望输出的参考轨迹

$$y_r(k+i) = \alpha^i y(t) + (1-\alpha^i)c(k+i),\ i = 1,\cdots,P \tag{8-21}$$

其中 $c(k+i)$ 为未来 $k+i$ 时刻的期望输出,则可构成 k 时刻的在线优化问题

$$\min_{\mu_1,\cdots\mu_s} J(\boldsymbol{y}_r(k),\boldsymbol{y}_p(k)) \tag{8-22}$$

在通过优化求出 $\mu_1,\cdots,\mu_s$ 后,可根据式(8-16)计算出即时控制量

$$u(k) = \sum_{n=1}^{s}\mu_n(k)f_n(0) \tag{8-23}$$

并将该控制作用付诸实施。PFC 在每一时刻求取新加入控制作用的原理可见图8-11。

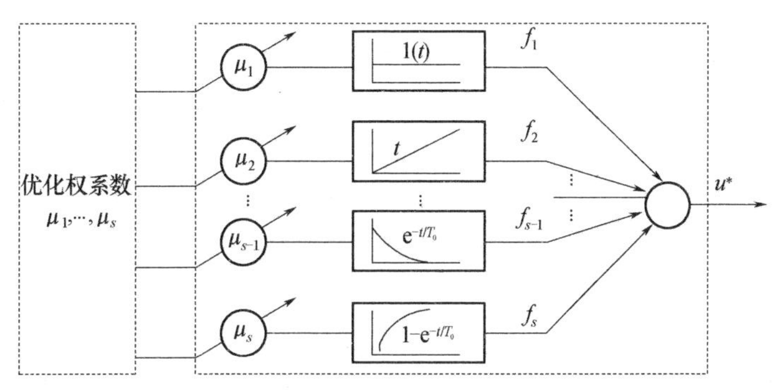

图8-11 PFC中利用基函数加权的优化

从上面的介绍可以看出,PFC 算法关于模型预测、反馈校正、滚动优化的原理都和一般预测控制算法相同,所不同的仅在于其控制输入被表示为已知基函数的线性组合,因此在优化求解中,优化变量不再是 $u(k),\cdots,u(k+P-1)$,而是组合系

数 $\mu_1(k),\cdots,\mu_s(k)$，由于通常 $s \ll P$，所以其在线优化计算量将大大低于一般的预测控制算法。

在 PFC 算法中，作为设计参数的是预测优化时域 P、反映参考轨迹时间常数的参数 α 和基函数 $f_1,\cdots,f_s$，它们影响着控制的精度、稳定性（鲁棒性）和动态响应。但这些设计参数对控制性能的影响恰好是各有侧重的。控制精度主要取决于基函数的选择，动态响应主要受参考轨迹的影响，而预测优化时域 P 则对控制的稳定性和鲁棒性起主要作用。这样，在控制系统设计时，可以根据性能要求很快地整定参数。这一算法已成功应用在 6 自由度工业机器人的高速高精度跟踪控制中[49]。

8.6 预测控制在线优化变量的集结

8.5 节介绍的两种输入参数化方法，分别从预测控制的优化策略和算法设计方面减少了在线优化变量的数目，两者的提出没有任何联系。近年来，文献[50－54]把大系统中集结的概念引入预测控制的在线优化求解，提出了预测控制在线优化变量集结的框架，给出了可把上述方法统一起来的更具一般性的输入参数化方法，并且进一步研究了在采用集结优化后的性能保证问题。以下将对此作简要介绍。

8.6.1 预测控制在线优化变量集结的一般框架

预测控制的在线优化通常涉及到对当前时刻起未来 P 步的输出及相关控制量的优化要求，并且可能还需考虑对未来输入、输出或状态量的约束，一般是一个以未来 P 步的控制量（或控制增量）$\boldsymbol{U}(k)=[\boldsymbol{u}^{\mathrm{T}}(k)\cdots\boldsymbol{u}^{\mathrm{T}}(k+P-1)]^{\mathrm{T}}$ 为优化变量的非线性优化问题。在多变量预测控制算法中，如果不引入控制时域，$\boldsymbol{U}(k)$ 是一个 mP 维向量，其中 m 为系统的输入数。由于不同的预测控制算法具有不同的模型预测方式和不同的优化性能指标，在这里不给出优化问题的具体表达式，但相同的一点是，为了得到较好的控制效果，优化时域 P 一般不应取得很小，但因此会导致较多的优化变量数目从而大大增加在线计算量。

为了减少在线优化变量的数目，我们考虑如下线性集结变换

$$\boldsymbol{U}(k)=\boldsymbol{H}\boldsymbol{V}(k) \tag{8-24}$$

其中 $\boldsymbol{V}(k)=[v_1(k)\cdots v_s(k)]^{\mathrm{T}}$ 是一个 s 维向量，称为集结变量。取 $s \ll mP$，则其维数比 $\boldsymbol{U}(k)$ 低得多。$\boldsymbol{H}$ 是一个 $mP\times s$ 常值矩阵，称为集结矩阵，可表示为

$$\boldsymbol{H}=\begin{bmatrix} h_{11} & \cdots & h_{1s} \\ \vdots & \ddots & \vdots \\ h_{mP,1} & \cdots & h_{mP,s} \end{bmatrix} \tag{8-25}$$

因此，如果把式(8－24)代入原优化问题，以 $\boldsymbol{V}(k)$ 作为新的优化变量取代原优化变量 $\boldsymbol{U}(k)$，在线优化问题的规模就可大大降低。例如，在6.2节讨论的约束多变量系统DMC算法中，虽然已引入控制时域 $M(M\leqslant P)$ 减少优化变量的个数(从 mP 减少为 mM)，但对作为优化变量的控制增量 $\Delta\boldsymbol{u}_M(k)$，可按上述原理继续进行集结。令

$$\Delta\boldsymbol{u}_M(k) = \boldsymbol{H}\boldsymbol{V}(k)$$

其中，

$$\boldsymbol{H} = \begin{bmatrix} h_{11} & \cdots & h_{1s} \\ \vdots & \ddots & \vdots \\ h_{mM,1} & \cdots & h_{mM,s} \end{bmatrix}, \qquad \boldsymbol{V}(k) = \begin{bmatrix} v_1(k) \\ \vdots \\ v_s(k) \end{bmatrix}$$

代入其在线优化表达式(6－18)，就可以得到以 $\boldsymbol{V}(k)$ 为优化变量的优化问题

$$\begin{aligned} &\min_{V(k)} J(k) = \|\boldsymbol{w}(k) - \tilde{\boldsymbol{y}}_{P0}(k) - \boldsymbol{A}\boldsymbol{H}\boldsymbol{V}(k)\|_{\boldsymbol{Q}}^2 + \|\boldsymbol{H}\boldsymbol{V}(k)\|_{\boldsymbol{R}}^2 \\ &\text{s.t.} \qquad \boldsymbol{C}\boldsymbol{H}\boldsymbol{V}(k) \leqslant \boldsymbol{l} \end{aligned}$$

由于优化变量的维数从原来的 mM 降低为 s，而 $s \ll mM$，故优化问题的求解可大大简化。

上述变换关系(8－24)实质上是一种具有降维性质的输入参数化变换，它给出了预测控制在线优化变量集结的一般框架，不但可以覆盖以上各种为减少预测控制在线优化变量数的优化和算法策略，而且可以由此发展新的优化策略。下面我们讨论几种主要的情况。

(1) 分块策略

在式(8－24)中取如下集结矩阵和集结变量时，可得到8.5.1节中的优化变量分块策略

$$\boldsymbol{H} = \underbrace{\begin{bmatrix} \boldsymbol{I}_m & \boldsymbol{0}_m & \cdots & \boldsymbol{0}_m \\ \vdots & \vdots & \ddots & \vdots \\ \boldsymbol{I}_m & \boldsymbol{0}_m & \cdots & \boldsymbol{0}_m \\ \vdots & \vdots & \cdots & \vdots \\ \boldsymbol{0}_m & \cdots & \boldsymbol{0}_m & \boldsymbol{I}_m \\ \vdots & \ddots & \vdots & \vdots \\ \boldsymbol{0}_m & \cdots & \boldsymbol{0}_m & \boldsymbol{I}_m \end{bmatrix}}_{ms} \begin{matrix} \left.\vphantom{\begin{matrix}a\\a\\a\end{matrix}}\right\} l_1 \\ \\ \left.\vphantom{\begin{matrix}a\\a\\a\end{matrix}}\right\} l_s \end{matrix}, \qquad \boldsymbol{V}(k) = \begin{bmatrix} \boldsymbol{u}(k) \\ \boldsymbol{u}(k+l_1) \\ \vdots \\ \boldsymbol{u}(k+l_{s-1}) \end{bmatrix}$$

其中 $\boldsymbol{I}_m$ 为 $m\times m$ 单位矩阵,$\boldsymbol{0}_m$ 为 $m\times m$ 零矩阵。

(2) 预测函数控制算法

在式(8-24)中取如下集结矩阵和集结变量时,可得到8.5.2节中的预测函数控制算法

$$\boldsymbol{H}=\begin{bmatrix} f_1(0) & \cdots & f_s(0) \\ \vdots & \ddots & \vdots \\ f_1(P-1) & \cdots & f_s(P-1) \end{bmatrix},\qquad \boldsymbol{V}(k)=\begin{bmatrix} \mu_1(k) \\ \vdots \\ \mu_s(k) \end{bmatrix}$$

这一关系从式(8-16)显而易见。

(3) 输入幅值衰减策略

在许多控制问题中都期望控制量光滑、平稳地趋于固定值,特别是对于调节问题,理想的控制输入应该是渐近地衰减到零,因此文献[51]在优化变量集结的一般框架下提出了输入幅值衰减的集结优化策略,即把未来时刻的控制量 $\boldsymbol{u}(k+1)$,$\cdots$,$\boldsymbol{u}(k+P-1)$ 规定为当前控制量 $\boldsymbol{u}(k)$ 的幅值衰减序列

$$\boldsymbol{u}(k+i)=\rho^i(k)\boldsymbol{u}(k),\ i=0,\cdots,P-1 \tag{8-26}$$

其中 $\rho(k)$ 为衰减系数,可事先选定。此时集结矩阵 $\boldsymbol{H}$ 的形式为

$$\boldsymbol{H}=[\boldsymbol{I}_m\quad \rho(k)\boldsymbol{I}_m\quad \cdots\quad \rho^{P-1}(k)\boldsymbol{I}_m]^{\mathrm{T}},\qquad \boldsymbol{V}(k)=\boldsymbol{u}(k)$$

经过这样的集结后,只需对 $\boldsymbol{u}(k)$ 进行优化,在线优化变量的维数从原来的 mP 降到了 m 维。

通过以上分析可以看到,预测控制的在线优化变量集结(8-24)从更广义的角度给出了可行的输入参数化策略,它不仅涵盖了常用的分块技术和PFC算法,而且可衍生出如输入幅值衰减这样的新的输入参数化策略。更重要的是,由于式(8-24)更侧重于输入参数化的数学形式而非物理含义,集结变量 $\boldsymbol{V}(k)$ 并不受到物理维数的约束,因而在其维数 s 的选择上有更大的自由度,这些自由度还可用来提高集结预测控制系统的性能。下面将讨论如何使预测控制系统在采用优化变量集结策略后仍能得到性能保证的问题。

8.6.2 具有性能保证的在线优化变量集结

预测控制在线优化变量的集结策略通过参数化方法把高维变量的优化问题转化为低维变量的优化问题,降低了在线求解优化问题的计算复杂度,特别在处理有约束预测控制问题时优点尤为显著。但优化变量集结也带来了相关的问题,特别是由于减少了自由变量的数目,优化性能一般会有所下降。但注意到预测控制的在线优化是滚动进行的,对实际控制有意义的只是全部优化变量中的当前控制量,

因此自然会提出这样一个问题，采用集结策略后，虽然整个最优控制序列 $\boldsymbol{U}(k)$ 在集结前后不再相等，但能否通过适当选取集结矩阵，使采用集结策略所解得的即时控制量 $\boldsymbol{u}(k)$ 等于未集结的原始解，从而使预测控制系统的性能不受到集结的影响而得到保持，我们把具有这种性质的集结称为等效集结[52-53]。下面，我们分 3 种情况进行讨论。

1. 无约束时预测控制的等效集结优化

考虑线性可控定常系统

$$\boldsymbol{x}(k+1) = \boldsymbol{A}\boldsymbol{x}(k) + \boldsymbol{B}\boldsymbol{u}(k) \tag{8-27}$$

其中 $\boldsymbol{A} \in \mathbb{R}^{n\times n}, \boldsymbol{B} \in \mathbb{R}^{n\times m}$。设系统当前状态 $\boldsymbol{x}(k)$ 已知，采用 2.3 节基于状态方程预测控制的多变量形式，并且把优化时域和控制时域统一记为 N，则其无约束时的在线优化问题可以表示为

$$\text{OP1}: \min_{\boldsymbol{U}(k)} J(k) = \boldsymbol{X}^{\mathrm{T}}(k)\boldsymbol{Q}\boldsymbol{X}(k) + \boldsymbol{U}^{\mathrm{T}}(k)\boldsymbol{R}\boldsymbol{U}(k) \tag{8-28}$$

$$\text{s.t.} \quad \boldsymbol{X}(k) = \boldsymbol{S}\boldsymbol{x}(k) + \boldsymbol{G}\boldsymbol{U}(k) \tag{8-29}$$

其中

$$\boldsymbol{X}(k) = \begin{bmatrix} \boldsymbol{x}(k+1|k) \\ \boldsymbol{x}(k+2|k) \\ \vdots \\ \boldsymbol{x}(k+N|k) \end{bmatrix}, \quad \boldsymbol{U}(k) = \begin{bmatrix} \boldsymbol{u}(k) \\ \boldsymbol{u}(k+1) \\ \vdots \\ \boldsymbol{u}(k+N-1) \end{bmatrix}$$

$$\boldsymbol{S} = \begin{bmatrix} \boldsymbol{A} \\ \boldsymbol{A}^2 \\ \vdots \\ \boldsymbol{A}^N \end{bmatrix}, \quad \boldsymbol{G} = \begin{bmatrix} \boldsymbol{B} & \boldsymbol{0} & \cdots & \boldsymbol{0} \\ \boldsymbol{A}\boldsymbol{B} & \boldsymbol{B} & \ddots & \vdots \\ \vdots & \ddots & \ddots & \boldsymbol{0} \\ \boldsymbol{A}^{N-1}\boldsymbol{B} & \cdots & \boldsymbol{A}\boldsymbol{B} & \boldsymbol{B} \end{bmatrix}$$

$\boldsymbol{Q}$ 和 $\boldsymbol{R}$ 分别是相应维数的状态和控制加权正定阵。

采用集结优化策略(8-24)后，集结预测控制的在线优化问题变为

$$\text{OPA1}: \quad \min_{\boldsymbol{V}(k)} J(k) = \boldsymbol{X}^{\mathrm{T}}(k)\boldsymbol{Q}\boldsymbol{X}(k) + \boldsymbol{U}^{\mathrm{T}}(k)\boldsymbol{R}\boldsymbol{U}(k) \tag{8-30}$$

$$\text{s.t.} \quad \boldsymbol{X}(k) = \boldsymbol{S}\boldsymbol{x}(k) + \boldsymbol{G}\boldsymbol{U}(k)$$

$$\boldsymbol{U}(k) = \boldsymbol{H}\boldsymbol{V}(k) \tag{8-31}$$

这里 $\boldsymbol{H} \in \mathbb{R}^{Nm\times s}$ 为待求的集结矩阵，s 为集结后优化变量的个数，$s < Nm$。

为了研究优化问题 OP1 和 OPA1 解的性质，首先不加证明地给出以下引理[53]。

引理 8.1 齐次线性方程组 $\boldsymbol{\Gamma}\boldsymbol{x} = \boldsymbol{0}, \boldsymbol{\Gamma} = [\boldsymbol{a}_1\ \boldsymbol{a}_2 \cdots\ \boldsymbol{a}_i \cdots \boldsymbol{a}_d] \in \mathbb{R}^{k\times d}$ 且 $k < d$，如果 $\boldsymbol{a}_i$ 与其它列向量线性无关，则方程组的解的第 i 个元素 x_i 恒等于0。

引理 8.2 矩阵 $\boldsymbol{W} \in \mathbb{R}^{Nm \times Nm}$,$\boldsymbol{H} \in \mathbb{R}^{Nm \times s}$ 且 $\mathrm{rank}(\boldsymbol{W}) = Nm$,$\mathrm{rank}(\boldsymbol{H}) = s$,将 $\boldsymbol{W}$ 按列分成两块 $[\boldsymbol{W}_1 \vdots \boldsymbol{W}_2]$,$\boldsymbol{W}_1 \in \mathbb{R}^{Nm \times m}$,$\boldsymbol{W}_2 \in \mathbb{R}^{Nm \times (Nm-m)}$,如果 $\mathrm{rank}(\boldsymbol{H}^{\mathrm{T}}\boldsymbol{W}_2) = s - m$,则 $\boldsymbol{H}^{\mathrm{T}}\boldsymbol{W}_1$ 中的列向量和 $\boldsymbol{H}^{\mathrm{T}}\boldsymbol{W}$ 中的其它列向量线性无关。

下面讨论在无约束时如何实现预测控制的等效集结。由于 OP1 和 OPA1 都是无约束优化问题,故在两个问题中分别令 $\partial J(k)/\partial \boldsymbol{U}(k) = \boldsymbol{0}$ 和 $\partial J(k)/\partial \boldsymbol{V}(k) = \boldsymbol{0}$,可直接求得

$$(\boldsymbol{G}^{\mathrm{T}}\boldsymbol{Q}\boldsymbol{G} + \boldsymbol{R})\boldsymbol{U}(k) = -\boldsymbol{G}^{\mathrm{T}}\boldsymbol{Q}\boldsymbol{S}\boldsymbol{x}(k)$$

$$[(\boldsymbol{G}\boldsymbol{H})^{\mathrm{T}}\boldsymbol{Q}(\boldsymbol{G}\boldsymbol{H}) + \boldsymbol{H}^{\mathrm{T}}\boldsymbol{R}\boldsymbol{H}]\boldsymbol{V}(k) = -(\boldsymbol{G}\boldsymbol{H})^{\mathrm{T}}\boldsymbol{Q}\boldsymbol{S}\boldsymbol{x}(k)$$

对第 1 式左乘 $\boldsymbol{H}^{\mathrm{T}}$ 后比较两式可以得到

$$\boldsymbol{H}^{\mathrm{T}}(\boldsymbol{G}^{\mathrm{T}}\boldsymbol{Q}\boldsymbol{G} + \boldsymbol{R})[\boldsymbol{H}\boldsymbol{V}(k) - \boldsymbol{U}(k)] = \boldsymbol{0} \tag{8-32}$$

由此得到下面的定理。

定理 8.1 对于系统输入维数为 m,控制时域为 N 的无约束预测控制,其在线优化问题 OP1 总存在一个集结变量数 $s \geqslant m$ 的等效集结矩阵。

[证明] 首先把式(8-32)改写为

$$\boldsymbol{H}^{\mathrm{T}}(\boldsymbol{G}^{\mathrm{T}}\boldsymbol{Q}\boldsymbol{G} + \boldsymbol{R})\boldsymbol{\xi} = \boldsymbol{0}, \quad \boldsymbol{\xi} = \boldsymbol{H}\boldsymbol{V}(k) - \boldsymbol{U}(k)$$

等效集结是指集结前 $\boldsymbol{U}(k)$ 中的当前控制量 $\boldsymbol{u}(k)$ 和集结后 $\widetilde{\boldsymbol{U}}(k) = \boldsymbol{H}\boldsymbol{V}(k)$ 中的当前控制量 $\tilde{\boldsymbol{u}}(k)$ 相等,即上式中 $\boldsymbol{\xi}$ 的前 m 个元素恒为零。由于 $\boldsymbol{Q}$ 和 $\boldsymbol{R}$ 均为正定阵,故 $(\boldsymbol{G}^{\mathrm{T}}\boldsymbol{Q}\boldsymbol{G} + \boldsymbol{R})$ 为一满秩阵。将 $(\boldsymbol{G}^{\mathrm{T}}\boldsymbol{Q}\boldsymbol{G} + \boldsymbol{R})$ 按列分成两块 $[\boldsymbol{W}_1 \vdots \boldsymbol{W}_2]$,$\boldsymbol{W}_1 \in \mathbb{R}^{Nm \times m}$, $\boldsymbol{W}_2 \in \mathbb{R}^{Nm \times (Nm-m)}$。由引理 8.1 和 8.2 可知,要达到等效集结就是要使 $\mathrm{rank}(\boldsymbol{H}^{\mathrm{T}}\boldsymbol{W}_2) = s - m$。

由于 $\boldsymbol{W}_2 = [\boldsymbol{\nu}_1\ \boldsymbol{\nu}_2 \cdots \boldsymbol{\nu}_{Nm}]^{\mathrm{T}}$ 是一 $Nm \times (Nm-m)$ 矩阵,其列满秩。所以 $\boldsymbol{W}_2$ 中一定存在 $Nm-m$ 个行向量线性无关,不妨设为 $\boldsymbol{\nu}_1^T, \boldsymbol{\nu}_2^{\mathrm{T}}, \cdots, \boldsymbol{\nu}_{Nm-m}^{\mathrm{T}}$,其余行 $\boldsymbol{\nu}_i$ 可表为它们的线性组合

$$\boldsymbol{\nu}_i^{\mathrm{T}} = \lambda_{i,1}\boldsymbol{\nu}_1^{\mathrm{T}} + \cdots + \lambda_{i,Nm-m}\boldsymbol{\nu}_{Nm-m}^{\mathrm{T}},\ i = Nm - m + 1, \cdots, Nm \tag{8-33}$$

$s \geqslant m$ 时,可把 $\boldsymbol{H}^{\mathrm{T}}$ 的 m 行分别取为 $[\lambda_{i,1}\quad \lambda_{i,2}\quad \cdots\quad \lambda_{i,Nm-m}\quad 0\ \cdots\ 0\quad -1\quad 0\ \cdots\ 0]$,其中 -1 出现在第 i 列,$i = Nm - m + 1, \cdots, Nm$,则 $\boldsymbol{H}^{\mathrm{T}}\boldsymbol{W}_2$ 的对应行为 $\lambda_{i,1}\boldsymbol{\nu}_1^{\mathrm{T}} + \cdots + \lambda_{i,Nm-m}\boldsymbol{\nu}_{Nm-m}^{\mathrm{T}} - \boldsymbol{\nu}_i^{\mathrm{T}} = \boldsymbol{0}$。此外,把 $\boldsymbol{H}^{\mathrm{T}}$ 除去这 m 行后的部分取为 $[\boldsymbol{I} \vdots \boldsymbol{0}]$,由于 $\boldsymbol{H}^{\mathrm{T}}\boldsymbol{W}_2 \in \mathbb{R}^{s \times (Nm-m)}$,且 $Nm - m \gg s$,则显见 $\mathrm{rank}(\boldsymbol{H}^{\mathrm{T}}\boldsymbol{W}_2) = s - m$,因此等效集结矩阵存在。证毕。

注释 8.1 上述定理表明,对于无约束预测控制的在线优化问题 OP1,如果采用集结策略(8-24),则只要集结变量的数目不低于输入维数,即 $s \geqslant m$,总可以找到合适的集结矩阵 $\boldsymbol{H}$,使得采用集结后求解在线优化问题得到的当前控制量与原问题解得的当前控制量完全相同,即实现等效集结。在 $s < m$ 的情况下,由于 rank

$(\boldsymbol{H}^{\mathrm{T}}(\boldsymbol{G}^{\mathrm{T}}\boldsymbol{Q}\boldsymbol{G}+\boldsymbol{R}))<m$，方程 $\boldsymbol{H}^{\mathrm{T}}(\boldsymbol{G}^{\mathrm{T}}\boldsymbol{Q}\boldsymbol{G}+\boldsymbol{R})\boldsymbol{\xi}=\boldsymbol{0}$ 解空间的维数大于 $Nm-m$，将不能保证 $\boldsymbol{\xi}$ 的前 m 个分量固定为零，也就不能保证等效集结。

定理8.1的证明过程实际上也给出了构造等效集结矩阵 $\boldsymbol{H}$ 的方法，它可用下面的算法来描述。

算法8.1 无约束预测控制等效集结矩阵的计算。

Step1 将 $\boldsymbol{W}=\boldsymbol{G}^{\mathrm{T}}\boldsymbol{Q}\boldsymbol{G}+\boldsymbol{R}$ 按列顺次分成两块 $[\boldsymbol{W}_1 \vdots \boldsymbol{W}_2]$，$\boldsymbol{W}_1\in\mathbb{R}^{Nm\times m}$，$\boldsymbol{W}_2\in\mathbb{R}^{Nm\times(Nm-m)}$。

Step2 记

$$\boldsymbol{W}_2=\begin{bmatrix}\boldsymbol{v}_1^{\mathrm{T}}\\ \boldsymbol{v}_2^{\mathrm{T}}\\ \vdots\\ \boldsymbol{v}_{Nm}^{\mathrm{T}}\end{bmatrix}_{(Nm\times(Nm-m))}$$

其中 $\boldsymbol{v}_i^{\mathrm{T}}$ 为 $Nm-m$ 维行向量，$i=1,\cdots,Nm$。在 $\boldsymbol{W}_2$ 中去除 m 个 $\boldsymbol{v}_i^{\mathrm{T}}$，即去除 W_2 中的第 $i_1,\cdots,i_m$ 行，使 $\boldsymbol{W}_2$ 的剩余部分组成的 $(Nm-m)\times(Nm-m)$ 矩阵满秩。

Step3 类似于式(8-33)，把每一个 $\boldsymbol{v}_i^{\mathrm{T}}, i\in\{i_1,\cdots,i_m\}$，表示成其它 $\boldsymbol{v}_j^{\mathrm{T}}$ 的线性组合，即

$$\boldsymbol{v}_i^{\mathrm{T}}=\sum_{\substack{j=1\\ j\neq i_1,\cdots,i_m}}^{Nm}\lambda_{i,j}\boldsymbol{v}_j^{\mathrm{T}},\quad i\in\{i_1,\cdots,i_m\}$$

求出线性组合的系数。

Step4 写出集结矩阵的转置 $s\times Nm$ 维矩阵 $\boldsymbol{H}^{\mathrm{T}}$，它的第 $i\in\{i_1,\cdots,i_m\}$ 行共有 Nm 个元素，其中第 i 个为 -1，第 $i_1,\cdots,i_m$ 个(第 i 个除外)为0，其它元素顺次为上面所求得的 $\boldsymbol{v}_i^{\mathrm{T}}$ 对应的 $Nm-m$ 个线性组合系数 $\lambda_{i,j}$，$j=1,\cdots,Nm$，$j\notin\{i_1,\cdots,i_m\}$。

Step5 如果 $s>m$，对于 $\boldsymbol{H}^{\mathrm{T}}$ 中其余的 $s-m$ 行，可任意设置，只需满足行满秩即可。得到全部 $\boldsymbol{H}^{\mathrm{T}}$ 后，转置即可得等效集结矩阵 $\boldsymbol{H}$。

2. 有终端零约束时预测控制的等效集结优化

以上讨论的是无约束预测控制的等效集结问题。在预测控制的理论研究中，为了保证控制系统的稳定性，即使在无物理约束的情况下，也需要加入某些人为约束，终端零约束就是其中的一种典型选择。加入终端零约束后的预测控制的在线优化问题具有形式

$$\text{OP2:}\quad \min_{\boldsymbol{U}(k)} J(k)=\boldsymbol{X}^{\mathrm{T}}(k)\boldsymbol{Q}\boldsymbol{X}(k)+\boldsymbol{U}^{\mathrm{T}}(k)\boldsymbol{R}\boldsymbol{U}(k)\qquad(8-34)$$

$$\text{s.t.}\quad \boldsymbol{X}(k)=\boldsymbol{S}\boldsymbol{x}(k)+\boldsymbol{G}\boldsymbol{U}(k)$$

$$\boldsymbol{x}(k+N)=\boldsymbol{0}\qquad(8-35)$$

与式(8-28)、(8-29)表示的无约束问题 OP1 相比,这里在式(8-35)中增加了一个终端状态为零的人为约束。

为了使 OP2 问题可以像 OP1 问题那样方便地得到解析解,首先需要化解所增加的终端零约束条件。注意到根据线性系统理论,该条件意味着

$$\boldsymbol{x}(k+N) = \boldsymbol{A}^N\boldsymbol{x}(k) + \boldsymbol{A}^{N-1}\boldsymbol{B}\boldsymbol{u}(k) + \cdots + \boldsymbol{B}\boldsymbol{u}(k+N-1) = \boldsymbol{0}$$

因此可得

$$\boldsymbol{W}_C\boldsymbol{U}(k) = -\boldsymbol{A}^N\boldsymbol{x}(k) \tag{8-36}$$

其中 $\boldsymbol{W}_C=[\boldsymbol{A}^{N-1}\boldsymbol{B} \quad \boldsymbol{A}^{N-2}\boldsymbol{B} \quad \cdots \quad \boldsymbol{B}]$ 为系统的可控性矩阵,由于系统可控,rank $\boldsymbol{W}_C=n$,因此 $\boldsymbol{W}_C$ 中有 n 个不相关的列向量组成 $\boldsymbol{W}_C$ 的基,不妨设它们是 $\boldsymbol{W}_C$ 的最后 n 列 $\boldsymbol{h}_1,\cdots,\boldsymbol{h}_n$,并记 $\boldsymbol{\Theta}_0=[\boldsymbol{h}_1 \cdots \boldsymbol{h}_n]$,$\boldsymbol{W}_C=[\boldsymbol{\Theta}_1 \quad \boldsymbol{\Theta}_0]$,则 $\boldsymbol{\Theta}_0 \in \mathbb{R}^{n\times n}$,$\boldsymbol{\Theta}_1 \in \mathbb{R}^{n\times(Nm-n)}$。由线性方程组理论可知,线性方程组(8-36)的解可以由 $\boldsymbol{W}_C$ 的零解空间和特解表示,即可以表示成形式

$$\boldsymbol{U}(k) = \boldsymbol{U}_0\boldsymbol{K} + \boldsymbol{U}^*(k) \tag{8-37}$$

其中 $\boldsymbol{U}^*(k)$ 为 Nm 维向量,是方程(8-36)的特解,满足 $\boldsymbol{W}_C\boldsymbol{U}^*(k) = -\boldsymbol{A}^N\boldsymbol{x}(k)$,且可知

$$\boldsymbol{U}^*(k) = \begin{bmatrix} \boldsymbol{0} \\ -\boldsymbol{\Theta}_0^{-1}\boldsymbol{A}^N\boldsymbol{x}(k) \end{bmatrix} \tag{8-38}$$

为该方程组的一个特解。$\boldsymbol{U}_0 \in \mathbb{R}^{Nm\times(Nm-n)}$ 为零解空间的基,满足 $\boldsymbol{W}_C\boldsymbol{U}_0 = [\boldsymbol{\Theta}_1 \quad \boldsymbol{\Theta}_0]\boldsymbol{U}_0=\boldsymbol{0}$。由于 $\boldsymbol{\Theta}_0$ 可逆,故可选择零解空间的基为

$$\boldsymbol{U}_0 = \begin{bmatrix} \boldsymbol{I} \\ -\boldsymbol{\Theta}_0^{-1}\boldsymbol{\Theta}_1 \end{bmatrix} \tag{8-39}$$

注意当系统确定时,$\boldsymbol{W}_C=[\boldsymbol{A}^{N-1}\boldsymbol{B} \quad \boldsymbol{A}^{N-2}\boldsymbol{B} \quad \cdots \quad \boldsymbol{B}]$ 是确定的,故 $\boldsymbol{U}_0$ 是确定的,$Nm-n$维向量 $\boldsymbol{K}$ 可自由选择,而 $\boldsymbol{U}^*(k)$ 取决于系统 k 时刻的状态。

用式(8-37)取代优化问题 OP2 中的终端零约束条件,则可把 OP2 问题改写为:

$$\text{OP2:} \quad \min_{\boldsymbol{K}} J(k) = \boldsymbol{X}^{\mathrm{T}}(k)\boldsymbol{Q}\boldsymbol{X}(k) + \boldsymbol{U}^{\mathrm{T}}(k)\boldsymbol{R}\boldsymbol{U}(k)$$

$$\text{s.t.} \quad \boldsymbol{U}(k) = \boldsymbol{U}_0\boldsymbol{K} + \boldsymbol{U}^*(k)$$

$$\boldsymbol{X}(k) = \boldsymbol{S}\boldsymbol{x}(k) + \boldsymbol{G}\boldsymbol{U}(k) = \boldsymbol{S}\boldsymbol{x}(k) + \boldsymbol{G}_1\boldsymbol{K} + \boldsymbol{G}\boldsymbol{U}^*(k)$$

其中 $\boldsymbol{G}_1=\boldsymbol{G}\boldsymbol{U}_0$。对上述问题可求得

$$-(\boldsymbol{G}_1^{\mathrm{T}}\boldsymbol{Q}\boldsymbol{G}_1 + \boldsymbol{U}_0^{\mathrm{T}}\boldsymbol{R}\boldsymbol{U}_0)\boldsymbol{K} = \boldsymbol{G}_1^{\mathrm{T}}\boldsymbol{Q}\boldsymbol{S}\boldsymbol{x}(k) + \boldsymbol{G}_1^{\mathrm{T}}\boldsymbol{Q}\boldsymbol{G}\boldsymbol{U}^*(k) + \boldsymbol{U}_0^{\mathrm{T}}\boldsymbol{R}\boldsymbol{U}^*(k) \tag{8-40}$$

同样的,加入终端零约束后的集结预测控制的在线优化问题具有形式

$$\text{OPA2:}\quad \min_{V(k)} J(k) = \boldsymbol{X}^{\mathrm{T}}(k)\boldsymbol{Q}\boldsymbol{X}(k) + \boldsymbol{U}^{\mathrm{T}}(k)\boldsymbol{R}\boldsymbol{U}(k) \tag{8-41}$$

$$\begin{aligned} \text{s.t.}\quad & \boldsymbol{X}(k) = \boldsymbol{S}\boldsymbol{x}(k) + \boldsymbol{G}\boldsymbol{U}(k) \\ & \boldsymbol{U}(k) = \boldsymbol{H}\boldsymbol{V}(k) \\ & \boldsymbol{x}(k+N) = \boldsymbol{0} \end{aligned} \tag{8-42}$$

当采用集结优化策略(8-24)后,系统的可控性矩阵变为 $n \times s$ 维矩阵 $\boldsymbol{W}_C\boldsymbol{H}$,为保证系统仍然可控并具有优化的自由度,取 $s > n$,并且取 $Nm \times s$ 维集结矩阵 $\boldsymbol{H}$ 为

$$\boldsymbol{H} = \begin{bmatrix} \boldsymbol{H}_1 & \boldsymbol{0} \\ \boldsymbol{0} & \boldsymbol{I} \end{bmatrix} \tag{8-43}$$

其中 $\boldsymbol{H}_1 \in \mathbb{R}^{(Nm-n)\times(s-n)}$, $\boldsymbol{I} \in \mathbb{R}^{n\times n}$,这时 $\boldsymbol{W}_C\boldsymbol{H} = [\boldsymbol{\Theta}_1\boldsymbol{H}_1 \quad \boldsymbol{\Theta}_0]$, $\mathrm{rank}(\boldsymbol{W}_C\boldsymbol{H}) = n$,系统仍然可控,且 $\boldsymbol{W}_C\boldsymbol{H}$ 的最后 n 列仍然是 $\boldsymbol{\Theta}_0 = [\boldsymbol{h}_1 \cdots \boldsymbol{h}_n]$。

优化问题 OPA2 的解应满足

$$\boldsymbol{W}_C\boldsymbol{H}\boldsymbol{V}(k) = -\boldsymbol{A}^N\boldsymbol{x}(k)$$

注意到矩阵 $\boldsymbol{W}_C\boldsymbol{H}$ 是 $n \times s$ 维的,且 $s > n$, $\boldsymbol{V}(k)$ 同样可表示为

$$\boldsymbol{V}(k) = \boldsymbol{V}_0\overline{\boldsymbol{K}} + \boldsymbol{V}^*(k) \tag{8-44}$$

其中 s 维向量 $\boldsymbol{V}^*(k)$ 为特解,满足 $\boldsymbol{W}_C\boldsymbol{H}\boldsymbol{V}^*(k) = -\boldsymbol{A}^N\boldsymbol{x}(k)$,因此 $\boldsymbol{H}\boldsymbol{V}^*(k) = \boldsymbol{U}^*(k)$,在 $\boldsymbol{U}^*(k)$ 取式(8-38)时,由式(8-43)给出的 $\boldsymbol{H}$ 的结构,可得

$$\boldsymbol{V}^*(k) = \begin{bmatrix} \boldsymbol{0} \\ -\boldsymbol{\Theta}_0^{-1}\boldsymbol{A}^N\boldsymbol{x}(k) \end{bmatrix} \tag{8-45}$$

$\boldsymbol{V}_0 \in \mathrm{R}^{s\times(s-n)}$ 为零解空间的基,满足 $\boldsymbol{W}_C\boldsymbol{H}\boldsymbol{V}_0 = [\boldsymbol{\Theta}_1\boldsymbol{H}_1 \quad \boldsymbol{\Theta}_0]\boldsymbol{V}_0 = \boldsymbol{0}$,因此可以取

$$\boldsymbol{V}_0 = \begin{bmatrix} \boldsymbol{I} \\ -\boldsymbol{\Theta}_0^{-1}\boldsymbol{\Theta}_1\boldsymbol{H}_1 \end{bmatrix} \tag{8-46}$$

而 $s-n$ 维向量 $\overline{\boldsymbol{K}}$ 可自由选择。

根据式(8-39)、式(8-43)及式(8-46)可得 $\boldsymbol{H}\boldsymbol{V}_0 = \boldsymbol{U}_0\boldsymbol{H}_1$,因此有

$$\boldsymbol{H}\boldsymbol{V}(k) = \boldsymbol{U}_0\boldsymbol{H}_1\overline{\boldsymbol{K}} + \boldsymbol{U}^*(k)$$

用式(8-44)取代优化问题 OPA2 中的终端零约束条件,并结合上式,可把 OPA2 问题改写为

$$\text{OPA2:}\quad \min_{\overline{\boldsymbol{K}}} J(k) = \boldsymbol{X}^{\mathrm{T}}(k)\boldsymbol{Q}\boldsymbol{X}(k) + \boldsymbol{U}^{\mathrm{T}}(k)\boldsymbol{R}\boldsymbol{U}(k)$$

$$\text{s.t.}\quad \boldsymbol{U}(k) = \boldsymbol{U}_0\boldsymbol{H}_1\overline{\boldsymbol{K}} + \boldsymbol{U}^*(k)$$

$$X(k) = Sx(k) + GU(k) = Sx(k) + G_1H_1\bar{K} + GU^*(k)$$

由此可解得

$$-H_1^{\mathrm{T}}(G_1^{\mathrm{T}}QG_1 + U_0^{\mathrm{T}}RU_0)H_1\bar{K} = H_1^{\mathrm{T}}(G_1^{\mathrm{T}}QSx(k) + G_1^{\mathrm{T}}QGU^*(k) + U_0^{\mathrm{T}}RU^*(k)) \tag{8-47}$$

式(8-40)两边左乘 H_1^{T} 后与式(8-47)对比可得

$$H_1^{\mathrm{T}}(G_1^{\mathrm{T}}QG_1 + U_0^{\mathrm{T}}RU_0)(H_1\bar{K} - K) = 0 \tag{8-48}$$

由此得到下面的定理。

定理8.2 对于系统维数为 n,输入维数为 m,控制时域为 N,有终端零约束的预测控制,其在线优化问题 OP2 总存在一个集结变量数 $s \geqslant n+m$ 的等效集结矩阵。

[证明] 注意到 $H_1 \in \mathbb{R}^{(Nm-n)\times(s-n)}$ 以及式(8-48)与式(8-32)的相似性,故由定理8.1可知,必定存在矩阵 H_1,当 $s-n \geqslant m$ 时,可使 $H_1\bar{K} - K$ 的前 m 个元素恒为零。而因为

$$\begin{aligned} HV(k) - U(k) &= U_0H_1\bar{K} + U^*(k) - U_0K - U^*(k) = U_0(H_1\bar{K} - K) \\ &= \begin{bmatrix} I \\ -\Theta_0^{-1}\Theta_1 \end{bmatrix}(H_1\bar{K} - K) = \begin{bmatrix} H_1\bar{K} - K \\ -\Theta_0^{-1}\Theta_1(H_1\bar{K} - K) \end{bmatrix} \end{aligned}$$

故在集结矩阵 H 取式(8-43)且 $s \geqslant n+m$ 时,必定存在相应的 H_1 实现等效集结。证毕。

下面给出有终端零约束预测控制等效集结矩阵 H 的求解算法。

算法8.2 有终端零约束时预测控制等效集结矩阵的计算。

Step1 在 $W_C = [A^{N-1}B \quad A^{N-2}B \quad \cdots \quad AB \quad B]$ 中找出互不相关的第 $i_1, \cdots, i_n$ 列(不包括 W_C 的前 m 列)组成 W_C 的基,把它们调整为 W_C 的最后 n 列,由式(8-39)求出 U_0。

Step2 对矩阵 $(G_1^{\mathrm{T}}QG_1 + U_0^{\mathrm{T}}RU_0)$,应用算法8.1,求出 $(Nm-n)\times(s-n)$ 维矩阵 H_1。

Step3 写出 $Nm \times s$ 维矩阵

$$\hat{H} \triangleq \begin{bmatrix} H_1 & 0 \\ 0 & I \end{bmatrix}$$

Step4 把 $\hat{H}$ 矩阵的最后 n 行调整为其第 $i_1, \cdots, i_n$ 行,最终得到的矩阵即为 H。

3. 存在输入和状态约束时预测控制的拟等效集结

前面对无约束和有终端零约束时预测控制等效集结的讨论,都是建立在这些情况下在线优化问题能得到解析解的基础上进行的,主要是为了说明由于预测控制采用了滚动优化策略,优化变量的集结未必导致控制性能的下降。但在可得到解析解的情况下,在线计算并不复杂,采用集结策略主要是为了解决因在线优化不能通过解析求解而引起的计算复杂性。在实际应用中,通常需要考虑控制输入和系统状态的约束,在预测控制的理论研究中,还往往人为加入诸如状态终端集一类约束以保证预测控制系统的稳定性。这些约束的加入使预测控制在线优化问题无法得到解析解,因而也无法精确地分析采用集结策略后的控制与原来是否等效。但这时的集结策略仍应着眼于使集结后预测控制的实际控制量尽可能接近原预测控制的控制量,我们把这种集结称为拟等效集结。

首先考虑有终端集约束的预测控制问题,其在线优化问题可以表示为

$$\text{OP3:} \quad \min_{\boldsymbol{U}(k)} J(k) = \boldsymbol{X}^{\mathrm{T}}(k)\boldsymbol{Q}\boldsymbol{X}(k) + \boldsymbol{U}^{\mathrm{T}}(k)\boldsymbol{R}\boldsymbol{U}(k) \tag{8-49}$$

$$\begin{aligned}\text{s.t.} \quad \boldsymbol{X}(k) &= \boldsymbol{S}\boldsymbol{x}(k) + \boldsymbol{G}\boldsymbol{U}(k)\\ \boldsymbol{x}(k+N) &\in \boldsymbol{X}_f\end{aligned} \tag{8-50}$$

其中 $\boldsymbol{X}_f$ 是一个包含原点的已知集合,如空间的椭球、多面体等。对于这一问题,设预测控制在集结前后所到达的终端状态分别为 $\boldsymbol{x}_1, \boldsymbol{x}_2 \in \boldsymbol{X}_f$,且 $\boldsymbol{x}_2 = \boldsymbol{x}_1 + \Delta\boldsymbol{x}$,则类似于前面所讨论的终端零约束的情况,在选择集结矩阵 $\boldsymbol{H}$ 为式(8-43)时,可得到与式(8-39)和式(8-46)相同的 $\boldsymbol{U}_0$ 和 $\boldsymbol{V}_0$,但不同于式(8-38)和式(8-45),对应的特解改变为

$$\boldsymbol{U}^*(k) = \begin{bmatrix} \boldsymbol{0} \\ \boldsymbol{\Theta}_0^{-1}(\boldsymbol{x}_1 - \boldsymbol{A}^N\boldsymbol{x}(k)) \end{bmatrix}; \quad \boldsymbol{V}^*(k) = \begin{bmatrix} \boldsymbol{0} \\ \boldsymbol{\Theta}_0^{-1}(\boldsymbol{x}_2 - \boldsymbol{A}^N\boldsymbol{x}(k)) \end{bmatrix}$$

若记

$$\boldsymbol{F} = \begin{bmatrix} \boldsymbol{0} \\ \boldsymbol{\Theta}_0^{-1} \end{bmatrix}$$

则有 $\boldsymbol{U}^*(k) - \boldsymbol{H}\boldsymbol{V}^*(k) = -\boldsymbol{F}\Delta\boldsymbol{x} \triangleq \Delta\boldsymbol{U}^*(k)$,经过与终端零约束情况相似的推导可得

$$\boldsymbol{H}_1^{\mathrm{T}}\boldsymbol{U}_0^{\mathrm{T}}(\boldsymbol{G}^{\mathrm{T}}\boldsymbol{Q}\boldsymbol{G} + \boldsymbol{R})(\boldsymbol{U}_0\boldsymbol{H}_1\overline{\boldsymbol{K}} - \boldsymbol{U}_0\boldsymbol{K} - \Delta\boldsymbol{U}^*(k)) = \boldsymbol{0}$$

上式中矩阵 $\boldsymbol{U}_0^{\mathrm{T}}(\boldsymbol{G}^{\mathrm{T}}\boldsymbol{Q}\boldsymbol{G} + \boldsymbol{R})$ 不是方阵,不能应用引理 8.2 得到相应的结论。但注意到若 $\Delta\boldsymbol{U}^*(k) = \boldsymbol{0}$,上式就是终端零约束时可实现等效集结的式(8-48),因此如果能使 $\Delta\boldsymbol{U}^*(k)$ 尽可能小以减少其对该方程解的影响,就能使其解接近等效集结的解,即实现拟等效集结。因此在 $\boldsymbol{W}_C$ 中选择基向量组成 $\boldsymbol{\Theta}_0$ 时,应使 $\|\boldsymbol{\Theta}_0^{-1}\|$ 尽可能小,从而使 $\Delta\boldsymbol{U}^*(k)$ 尽可能小,减小 $\Delta\boldsymbol{U}^*(k)$ 对 $\boldsymbol{H}_1\overline{\boldsymbol{K}} - \boldsymbol{K}$ 的影响。

对于控制输入和状态存在物理约束的情况,由于不等式约束的出现,原在线优化问题的解需通过 QP 或其它非线性规划算法求得,不具备解析分析的条件。但注意到在约束预测控制中,如果用无约束优化求出的解不违反约束,那么它与用规划算法求出的解是一致的,所以两者的区别仅体现在无约束优化解违反约束时,而这种约束超界的情况一般只出现在控制序列的前面几步。基于这样的考虑,在控制序列中可保留前若干步的控制量不被集结,而其它部分则按其在等效集结中的方式处理。这时,可根据优化问题的具体要求,首先按照前面所述的无约束、有终端零约束或有终端集约束时的集结策略求出等效或拟等效的 $Nm\times s$ 维集结矩阵 $\boldsymbol{H}_0$,并把它分成

$$\boldsymbol{H}_0=\begin{bmatrix}\boldsymbol{H}_{01}\\ \boldsymbol{H}_{02}\end{bmatrix}$$

其中 $\boldsymbol{H}_{01}$ 的行数 q 对应于拟保留的控制变量数,然后构成 $Nm\times(s+q)$ 维拟等效集结矩阵

$$\boldsymbol{H}=\begin{bmatrix}\boldsymbol{I}_{q\times q} & \boldsymbol{0}\\ \boldsymbol{0} & \boldsymbol{H}_{02}\end{bmatrix}$$

注意其中集结变量的数目已从原来的 s 增加为 $s+q$。

上述拟等效集结方法中,自由变量的个数 q 应在保证控制效果的前提下选得尽量小,以减少在线计算量。但通过仿真可以发现,对于不同的初始状态,能保证控制效果的 q 数是不同的,针对这一问题,文献[55]在仿真分析的基础上提出了以下设计算法。

算法 8.3 拟等效集结中确定自由变量个数算法。

Step1 选取一定长度的控制步数 L(使得至少在 L 步控制之后,系统所有约束均不再起作用)。取算法结束评判值为 α,$0<\alpha\ll 1$。

Step2 根据系统状态的实际分布范围,在状态空间中分散地选取 l 个初始可行点 $\boldsymbol{x}_i(0)$,$i=1,\cdots,l$。取拟等效集结策略中自由变量个数 $q=m$,令 $i=1$。

Step3 取 $\boldsymbol{x}_i(0)$ 为系统的初始点,应用无集结和拟等效集结策略的预测控制进行仿真,分别计算 P 步的性能指标 J_{Pi}^{o}(未集结)和 J_{Pi}^{a}(拟等效集结)。

Step4 如果 $|J_{Pi}^{a}-J_{Pi}^{o}|/J_{Pi}^{o}<\alpha$,即可认为集结后的控制性能已近似达到等效要求,否则取 $q=q+1$,返回 Step3。

Step5 如果 $i<l$,令 $i=i+1$,返回 Step3。

算法 8.3 通过离线计算确定拟等效集结中增加自由变量 q 的最少个数,目的是为了尽可能降低集结预测控制算法的在线计算量。在上述算法中,因为注意到 q 的取值与系统的初始状态有关,而实际上又不可能对状态空间中每个初始可行点进行

检验，所以选择了有限但分布相当离散的 l 个初始状态作为获得参数 q 的依据，通过大量仿真发现，只要这些初始状态选择得当，采用这种启发式方法设计的拟等效预测控制器对于状态空间中其它的系统初始状态也能近似达到等效的要求。

例 8.2[55] 考虑文献[56]中研究的非等温连续搅动水箱式反应器(Continuous Stirred Tank Reactor, CSTR)，选择在稳态工作点 $T_s = 394\text{K}$(反应器温度)、$C_{As} = 0.265\text{mol/L}$(反应器浓度)处线性化，并取采样时间为0.15min，可得到下面的离散状态方程

$$\boldsymbol{x}(k+1) = \begin{bmatrix} -0.2164 & -0.0123 \\ 98.1479 & 1.3210 \end{bmatrix} \boldsymbol{x}(k) + \begin{bmatrix} 0.0055 \\ -1.1434 \end{bmatrix} u(k)$$

其中控制量 $u(k)$ 为冷却剂流量，受到约束 $|u(k)| \leqslant 1\text{m}^3/\text{min}$。

在优化问题(8-49)中，取优化时域长度 $N = 20$，$\boldsymbol{Q} = \boldsymbol{I}$，$\boldsymbol{R} = \boldsymbol{I}$，为了保证控制系统的稳定性，加入终端约束 $\boldsymbol{x}^{\mathrm{T}}(k+20)\boldsymbol{x}(k+20) \leqslant 1$。在算法 8.3 中取 $L = 30$，$\alpha = 0.01$，经计算可确定拟等效集结中的自由变量数为 $q = 4$，集结后优化变量的维数从 $Nm = 20$ 降到 $n + m + q = 7$。图 8-12 中，分别从初始状态 $\boldsymbol{x}(0) = [0.05 \quad 2]^{\mathrm{T}}$ 和

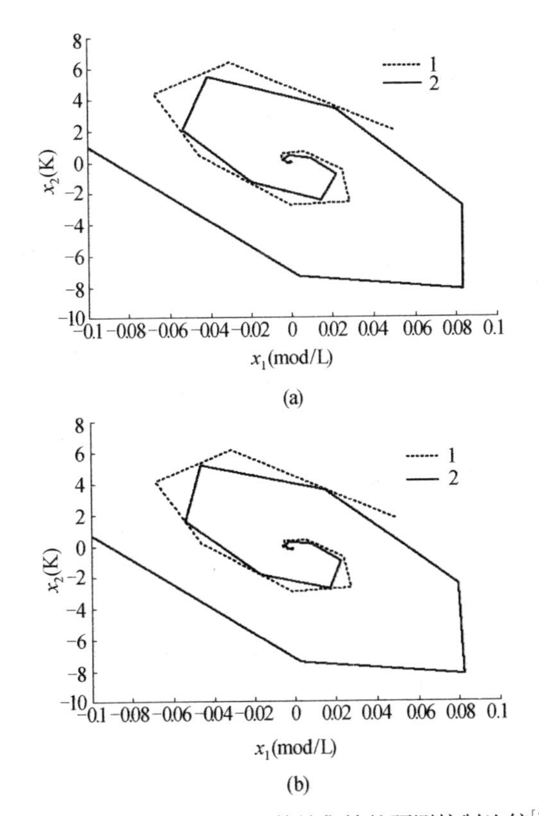

图 8-12 未集结和采用拟等效集结的预测控制比较[55]

(a) 原始未集结预测控制效果；(b) 采用拟等效集结预测控制效果。

$[-0.1 \quad 1]^T$出发对所设计控制器的等效性进行了验证,图中虚线与实线分别表示从上述不同初始点出发的状态轨迹,由图可见,采用了拟等效集结策略的预测控制器的控制性能与未采用集结策略相比基本相同,因此它在保证控制性能的同时大大降低了在线的计算量。

8.7 小结

在实际应用过程中,预测控制的控制结构、优化理念和方法都有了丰富的发展,使其算法和策略呈现出多样性,本章是一些示例性的介绍。

预测控制自身固有的前馈加反馈的控制结构以及串级预测控制结构从信息角度刻画了预测控制中处理因果信息和非因果信息的不同思路,在工业过程中有很强的实用价值。

基于无穷范数优化的预测控制说明了预测控制中的性能指标未必都要取为二次型,而应根据优化控制的实际要求灵活地选取,这种性能指标的多样性在满意控制中得到了更充分的体现,而把鲁棒控制的处理方法引入到预测控制,则是预测控制现代综合理论中研究鲁棒预测控制的常用方法。

满意控制是对预测控制工业应用软件包解读后提出的一种复杂工业过程优化控制的实用模式,针对工业过程约束类型和优化目标多样、用户对各种要求满足的关注度不同等特点所提出的有约束多目标多自由度优化(CMMO)问题是满意控制的核心,它显示了预测控制滚动优化问题的多样性,在工业控制以外的许多实际应用领域也有重要的参考价值。

本章中以较多篇幅讨论了预测控制的输入参数化和优化变量集结方法,这是因为在预测控制的实际应用中,在线实时计算的复杂性是一个必须要考虑的问题,这一问题从预测控制产生之时起就得到了关注,出现了若干启发式的输入参数化方法,但通过用预测控制优化变量集结的统一框架加以描述,不但可以发展出更丰富的输入参数化策略,而且可以通过解析分析使集结后的预测控制在降低在线优化计算复杂性的同时,控制系统的性能也能得到一定的保证。

第 9 章

预测控制的定性综合理论

预测控制自 20 世纪 70 年代问世以来,因其控制机理对复杂工业过程的适应性,在工业领域得到了广泛应用。与此同时,其理论研究也受到了工业界和学术界的广泛重视。纵观预测控制理论研究的进程,不难发现它经历了两个阶段[10]。

20 世纪 80 年代到 90 年代,预测控制的理论研究主要由工业界在实际应用中的需求所驱动。在这一阶段,各种预测控制算法如 MAC、DMC 和 GPC 等被相继提出并得到实际应用,工业界迫切需要相关的理论来指导实际应用中预测控制算法的参数调试问题。我们把因此而发展起来的预测控制理论称为(经典)预测控制的定量分析理论。这些研究通常从实际应用的预测控制算法出发,通过采用内模控制(IMC)框架在 Z 域内进行分析,或转化为 LQ 控制问题在状态空间内进行分析,要点是探索预测控制算法中的设计参数与闭环稳定性及动态特性之间的定量关系。前面第 3 章和第 4 章所讨论的预测控制系统的定量分析就属于这一范畴。但从这几章的介绍也可以看出,由于这些分析必须建立在闭环系统解析表达式的基础上,通常只能在无约束可导出解析解的情况下才能进行,而且因设计参数与闭环系统特征多项式系数之间没有简明直接的关系,除了在单变量情况下运用技巧可得到一些较好的结果外,对多变量系统的分析很难有实质性的进展。至于对实际工业过程中有约束的预测控制算法,因为解是通过非线性优化得出的,几乎不可能定量分析设计参数与系统性能的关系。因此,到了 90 年代后期,除了有少量修补性的研究结果外,这类定量分析的研究因其本质困难而逐步淡出。

鉴于上述定量研究存在的本质困难,20 世纪 90 年代中期以来,学术界开始转换预测控制理论研究的思路,从原来"研究算法的稳定性"转为"研究稳定性的算法”,从原来着眼于对已有算法的分析转为对新算法的综合设计,从而掀起了新一轮研究高潮,我们把这一阶段的理论称为(现代)预测控制的定性综合理论。很显然,它是由学术界对预测控制理论和研究方法的审视和反思所驱动的,其特点是不再局限于对已有预测控制算法的定量分析,而是从理论高度考虑如何设计预测控制算法使之具有稳定性或其他控制性能的保证。在预测控制理论研究的这一阶段,最优控制作为预测控制最重要的理论参照体系,李雅普诺夫稳定性分析方法作为其性能保证的基本方法,不变集、线性矩阵不等式(LMI)等作为其基本工具,具有滚动时域特点的性能分析作为其研究核心,构成了丰富的研究内容,呈现出学术的深刻性和方法的创新性。10 多年来,这方面的研究在国际控制主流刊物上出现了数以百计的论文,形成了当前预测控制理论研究的主流。

本章将通过解读预测控制定性综合理论的基本研究思路,介绍在这一领域中一些具有代表性的研究成果,为读者进一步深入研究提供基础知识。

9.1 预测控制定性综合理论的基本思路

在文献[9]中,Mayne 等深刻揭示了预测控制与传统最优控制的关系,并由此出发,总结和概括了预测控制稳定性分析与综合的基本思想。

9.1.1 预测控制与最优控制的关系

文献[9]指出,预测控制并不是一个全新的控制设计方法,除了采用有限时域代替最优控制中的无限时域外,它本质上解决的仍然是标准的最优控制问题,二者的不同之处仅仅在于:预测控制是在线根据系统当前状态求解最优控制问题,而不是离线确定一个对所有状态都能给出最优控制的反馈律。

从最优解的求取方式来看,我们注意到最优控制问题可以通过动态规划或极大值原理求解。动态规划给出了最优性的充分条件及确定最优反馈控制器 $\boldsymbol{u}(k)=\boldsymbol{K}(\boldsymbol{x}(k))$ 的构造性过程,所得到的控制律适用于任何时刻 k,但其需要求解 HJB (Hamilton-Jacobi-Bellman)微分或差分方程,这一般是十分困难的。而极大值原理则给出了最优性的必要条件,由此可对给定的初始状态 $\boldsymbol{x}(0)$ 计算出最优开环控制 $\boldsymbol{u}^0(\boldsymbol{x}(0))$,虽然它只需应用数学规划方法求解,其难度大大小于动态规划方法,但这个解依赖于初始状态 $\boldsymbol{x}(0)$,对任意时刻 k 不具有普适性。为了克服用上述两种方法求解最优控制问题的不足,注意到它们所得到的无穷时域最优控制是相同的,如果在每一时刻都把当时的系统状态 $\boldsymbol{x}(k)$ 作为初始状态 $\boldsymbol{x}(0)$ 求解开环最优控制问题,并得到当前的控制量 $\boldsymbol{u}(k)=\boldsymbol{u}^0(0,\boldsymbol{x}(k))$,那么这些依赖于状态 $\boldsymbol{x}(k)$ 逐步求得的开环最优解就构成了最优反馈控制律 $\boldsymbol{u}(k)=\boldsymbol{K}(\boldsymbol{x}(k))$。所以预测控制用滚动方式反复求解最优开环控制问题,得到的就是最优反馈控制律,它在本质上也是求解最优控制问题,只是采用了不同于传统最优控制的实现方式。

从最优解的稳定性保证来看,我们注意到最优性并不意味着稳定性,但在一定条件下,无穷时域的最优控制器是稳定的。对于无穷时域的最优控制问题,通常可取最优控制的值函数作为展示系统稳定的一个合适的李雅普诺夫函数。当用预测控制的滚动优化来代替无穷时域最优控制时,在每一步求解无穷时域的开环最优控制问题通常是不现实的,只能考虑相应的有限时域开环最优控制问题,但这样做的结果往往会失去稳定性保证。在预测控制产生之前,人们对线性系统的LQ最优控制等问题已有了相关的研究,例如Kwon等提出在滚动时域控制(Receding Horizon Control)中附加终端零约束 $\boldsymbol{x}(k+N)=\boldsymbol{0}$ 就可通过滚动求解有限时域的开环最优控制得到稳定的闭环控制律[8],但这些结果只适用于无约束的线性系统。因此,预测控制需要借鉴无穷时域最优控制的李雅普诺夫稳定性分析思路,来考虑和设计具有稳定性保证的约束系统预测控制。

上述预测控制与最优控制的关系给我们以下两点启示。

① 从实现的角度出发,预测控制在每一时刻的开环优化通常采用有限时域而非无穷时域,所解得的开环最优控制并不是真正意义上的无穷时域最优控制,因此有必要把预测控制在线进行的有限时域开环优化拓展成与无穷时域开环最优控制相近的形式。

② 最优控制的稳定性分析中,李雅普诺夫函数通常取为最优解的值函数,这一稳定性分析的基本思路可以借用到预测控制中。但由于采用滚动时域,预测控制在相邻时刻的优化问题是相互独立的,相应的局部性能指标(值函数)不具有关联性和可比性,这是其稳定性分析的难点所在,需要采用特殊的方法解决。

以下,我们就这两个问题给出进一步的说明。

9.1.2 在线开环优化的无穷时域近似

设系统状态方程为

$$\boldsymbol{x}(k+1)=\boldsymbol{f}(\boldsymbol{x}(k),\boldsymbol{u}(k)) \tag{9-1}$$

其中 $\boldsymbol{f}(\cdot)$ 为非线性函数,$\boldsymbol{f}(\boldsymbol{0},\boldsymbol{0})=\boldsymbol{0}$,系统输入和状态约束为 $\boldsymbol{x}\in\boldsymbol{\Omega}_x$,$\boldsymbol{u}\in\boldsymbol{\Omega}_u$,$\boldsymbol{0}\in\boldsymbol{\Omega}_x$,$\boldsymbol{0}\in\boldsymbol{\Omega}_u$。在任一时刻 k 从系统状态 $\boldsymbol{x}(k)$ 出发的无穷时域最优控制问题可以表示为

$$\text{IHO:}\quad \min_{\boldsymbol{u}(k+i|k)i\geqslant 0} J_\infty(k)=\sum_{i=0}^{\infty} l(\boldsymbol{x}(k+i|k),\boldsymbol{u}(k+i|k))$$

$$\text{s.t.}\quad \boldsymbol{x}(k+i+1 \mid k) = \boldsymbol{f}(\boldsymbol{x}(k+i \mid k), \boldsymbol{u}(k+i \mid k)),\ i = 0,1,\cdots$$
$$\boldsymbol{x}(k+i \mid k) \in \boldsymbol{\Omega}_x,\ \boldsymbol{u}(k+i \mid k) \in \boldsymbol{\Omega}_u,\ i = 0,1,\cdots$$
$$\boldsymbol{x}(k \mid k) = \boldsymbol{x}(k) \tag{9-2}$$

其中 l 为非线性性能函数,$l(\cdot,\cdot) \geqslant 0$ 当且仅当 $l(\boldsymbol{0},\boldsymbol{0}) = 0$。

由于实现条件的限制,预测控制通常只取有限时域进行优化, 在 k 时刻从系统状态 $\boldsymbol{x}(k)$ 出发的有限时域优化问题可以表示为

$$\text{FHO:}\quad \min_{\boldsymbol{u}(k+i \mid k),\, 0 \leqslant i \leqslant N-1} J_N(k) = \sum_{i=0}^{N-1} l(\boldsymbol{x}(k+i \mid k), \boldsymbol{u}(k+i \mid k))$$
$$\text{s.t.}\quad \boldsymbol{x}(k+i+1 \mid k) = \boldsymbol{f}(\boldsymbol{x}(k+i \mid k), \boldsymbol{u}(k+i \mid k)),\ i = 0,\cdots,N-1$$
$$\boldsymbol{u}(k+i \mid k) \in \boldsymbol{\Omega}_u,\ i = 0,\cdots,N-1$$
$$\boldsymbol{x}(k+i \mid k) \in \boldsymbol{\Omega}_x,\ i = 1,\cdots,N$$
$$\boldsymbol{x}(k \mid k) = \boldsymbol{x}(k) \tag{9-3}$$

比较优化问题(9-2)和(9-3)中的性能指标,可以得到

$$J_\infty(k) = J_N(k) + J_{N,\infty}(k) \tag{9-4}$$

其中

$$J_{N,\infty}(k) = \sum_{i=N}^{\infty} l(\boldsymbol{x}(k+i \mid k), \boldsymbol{u}(k+i \mid k)) \tag{9-5}$$

由式(9-5)可以看出,要把预测控制的有限时域优化问题(9-3)近似为无穷时域开环最优控制问题(9-2), 必须对其进行改造, 补偿有限时域后的无穷时域部分 $J_{N,\infty}(k)$。在预测控制综合理论中,常采取以下 3 种补偿策略。

(1) 终端零约束(也称为终端等式约束)

在有限时域优化问题(9-3)中,强制加入条件 $\boldsymbol{x}(k+N|k) = \boldsymbol{0}$,这时若 $\boldsymbol{u}(k+i|k) \equiv \boldsymbol{0}, i = N, N+1,\cdots$,则由式(9-1)及 $\boldsymbol{f}(\boldsymbol{0},\boldsymbol{0}) = \boldsymbol{0}$、$l(\boldsymbol{0},\boldsymbol{0}) = 0$ 可知 $J_{N,\infty}(k) = 0$,优化问题(9-3)可直接近似无穷时域优化问题(9-2)。

(2) 终端代价函数

如果把式(9-5)表示的 $J_{N,\infty}(k)$ 理解为是从 $k+N$ 时刻开始的优化问题的性能指标,则它应该是对应初始状态 $\boldsymbol{x}(k+N|k)$ 的函数。虽然在多数情况下不能得到该函数的准确形式,但若能选定某一已知终端代价函数 $F(\boldsymbol{x}(k+N|k))$ 为其上界, 则可在优化问题(9-3)中通过增加终端代价函数来近似无穷时域优化问题(9-2)。

(3) 终端集约束

在有限时域优化问题(9-3)中,强制加入条件 $\boldsymbol{x}(k+N|k) \in \boldsymbol{X}_f$,其中 $\boldsymbol{X}_f$ 称为终端约束集,并假设系统状态在进入 $\boldsymbol{X}_f$ 后采用简易的状态反馈律镇定系统,则可得到 $J_{N,\infty}(k)$ 的一个上界,从而将优化问题(9-3)近似转化为无穷时域优化问题。

以上3种把预测控制有限时域优化改造为无穷时域开环最优控制的策略可见图9-1。

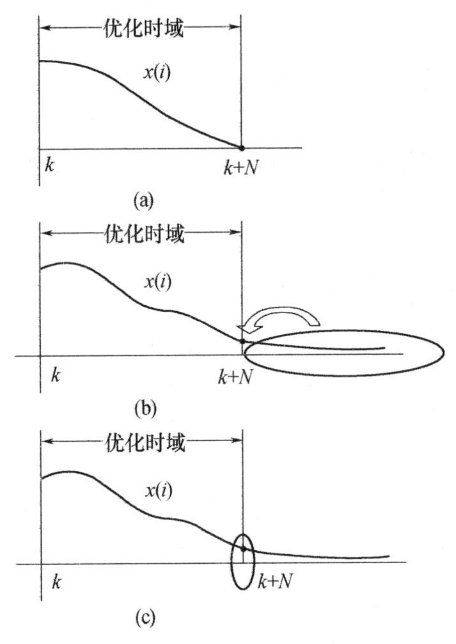

图9-1 预测控制的有限时域优化近似为无穷时域开环最优控制的几种方式

(a) 终端零约束; (b) 终端代价函数; (c) 终端集约束。

这3种策略(特别是终端代价函数和终端集约束)的配合使用,使预测控制的稳定性研究出现了一个飞跃,由此衍生出大量有意义的重要成果。2000年,Mayne等在文献[9]中总结了以往研究成果,把终端集、终端代价函数和局部控制器作为预测控制稳定设计的3大要素,概括了预测控制系统稳定性保证的基本途径。

9.1.3 滚动优化中相邻时刻性能指标的联系

预测控制的在线优化问题经改造后,在 k 时刻从系统状态 $\boldsymbol{x}(k)$ 出发的优化问题一般可表示为

$$
\begin{aligned}
\text{PC:}\ & \min_{\boldsymbol{u}(k+i|k),0\leqslant i\leqslant N-1} J_N(k) = \sum_{i=0}^{N-1} l(\boldsymbol{x}(k+i|k),\boldsymbol{u}(k+i|k)) + F(\boldsymbol{x}(k+N|k)) \\
\text{s.t.}\ & \boldsymbol{x}(k+i+1|k) = \boldsymbol{f}(\boldsymbol{x}(k+i|k),\boldsymbol{u}(k+i|k)),\ i=0,\cdots,N-1 \\
& \boldsymbol{u}(k+i|k) \in \boldsymbol{\Omega}_u,\ i=0,\cdots,N-1 \\
& \boldsymbol{x}(k+i|k) \in \boldsymbol{\Omega}_x,\ i=1,\cdots,N \\
& \boldsymbol{x}(k+N|k) \in \boldsymbol{X}_f \\
& \boldsymbol{x}(k|k) = \boldsymbol{x}(k)
\end{aligned}
\tag{9-6}
$$

在 k 时刻求出该问题的最优控制序列 $\boldsymbol{U}^*(k)=\{\boldsymbol{u}^*(k|k),\cdots,\boldsymbol{u}^*(k+N-1|k)\}$ 后,便可计算出对应的最优状态轨线 $\boldsymbol{X}^*(k)=\{\boldsymbol{x}^*(k+1|k),\cdots,\boldsymbol{x}^*(k+N|k)\}$,并得到性能指标的最优值 $J_N^*(k)$。由于预测控制的优化是滚动进行的,到 $k+1$时刻,再次求解优化问题(9-6),可得 $k+1$ 时刻的最优控制序列 $\boldsymbol{U}^*(k+1)=\{\boldsymbol{u}^*(k+1|k+1),\cdots,\boldsymbol{u}^*(k+N|k+1)\}$ 和最优状态轨线 $\boldsymbol{X}^*(k+1)=\{\boldsymbol{x}^*(k+2|k+1),\cdots,\boldsymbol{x}^*(k+N+1|k+1)\}$,并得到 $k+1$ 时刻性能指标的最优值 $J_N^*(k+1)$。

在无穷时域最优控制中,通常把最优控制的值函数取为李雅普诺夫函数来进行稳定性分析和设计,如果在预测控制中借助这一概念来设计稳定的预测控制器,则需要把每一步滚动优化的最优值函数 $J_N^*(k)$ 取为李雅普诺夫函数,并设法使其随 k 的增大递降或不增。但由于 $\boldsymbol{U}^*(k)$ 和 $\boldsymbol{U}^*(k+1)$ 分别是从 k 时刻和 $k+1$ 时刻的系统状态出发,针对各自的有限时域优化问题独立求解得到的,它们之间不存在任何关联,因此要直接分析作为李雅普诺夫函数的最优值函数 $J_N^*(k)$ 和 $J_N^*(k+1)$ 的关系是困难的,这正是预测控制稳定性分析的本质难点,也是预测控制因其滚动优化的特点所产生的不同于传统无穷时域最优控制的新问题。

对于这类具有滚动特点的优化控制问题,Keerthi 等在文献[57]分析滚动时域控制时提出了一个解决上述难点的巧妙思路,之后 Clarke 等在分析 GPC 的稳定性时(如文献[58]中)也用了这一思路,现已普遍用于稳定预测控制系统的综合。其要点是引入一个 $k+1$ 时刻的中间可行解 $\boldsymbol{U}(k+1)=\{\boldsymbol{u}(k+1|k+1),\cdots,\boldsymbol{u}(k+N|k+1)\}$ 作为 $\boldsymbol{U}^*(k)$ 和 $\boldsymbol{U}^*(k+1)$ 间过渡的桥梁,其前 $N-1$ 个分量由 $\boldsymbol{U}^*(k)$ 的元素移位得到,即 $\boldsymbol{u}(k+i|k+1)=\boldsymbol{u}^*(k+i|k),i=1,\cdots,N-1$,见图 9-2 中下方虚线所示。由 $\boldsymbol{U}(k+1)$ 所得到的 $k+1$ 时刻优化问题的性能指标值记为 $J_N(k+1)$。

由图可见,在这样选取 $\boldsymbol{U}(k+1)$ 后,一方面,如果 $\boldsymbol{U}(k+1)$ 是 $k+1$ 时刻优化问题的可行解,则不论该时刻的最优解 $\boldsymbol{U}^*(k+1)$ 是什么,都有 $J_N^*(k+1)\leqslant J_N(k+1)$;另一方面,除了 $\boldsymbol{U}^*(k)$ 的首项 $\boldsymbol{u}^*(k|k)$ 和 $\boldsymbol{U}(k+1)$ 的末项 $\boldsymbol{u}(k+N|k+1)$ 外,$\boldsymbol{U}^*(k)$ 和 $\boldsymbol{U}(k+1)$ 的其余项都相同,并且由它们所导致的状态轨线也相同,从而使 $J_N^*(k)$ 与 $J_N(k+1)$ 因为存在大量相同的项而易于比较,如果适当选取 $\boldsymbol{U}(k+1)$ 的末项 $\boldsymbol{u}(k+N|k+1)$,就有可能使 $J_N(k+1)\leqslant J_N^*(k)$。这样就可通过 $J_N(k+1)$ 建立起 $J_N^*(k)$ 和 $J_N^*(k+1)$ 之间的联系,当满足一定条件时,可得到 $J_N^*(k+1)\leqslant J_N(k+1)\leqslant J_N^*(k)$,并且当且仅当 $\boldsymbol{x}(k)=\boldsymbol{0}$、$\boldsymbol{u}(k|k)=\boldsymbol{0}$时等号成立,这样 $J_N^*(k)$ 作为李雅普诺夫函数便可保证闭环系统的稳定性。上述思路构成了预测控制系统稳定性综合的最基本也最常用的方法,其中中间解 $\boldsymbol{U}(k+1)$ 的构造起着至关重要的作用,它必须与 $\boldsymbol{U}^*(k)$ 具有可比性,且使 $J_N(k+1)\leqslant J_N^*(k)$,同时它又必须是 $k+1$ 时刻优化问题的可行解,以保证 $J_N^*(k+1)\leqslant J_N(k+1)$。这也是为什么在预测控制

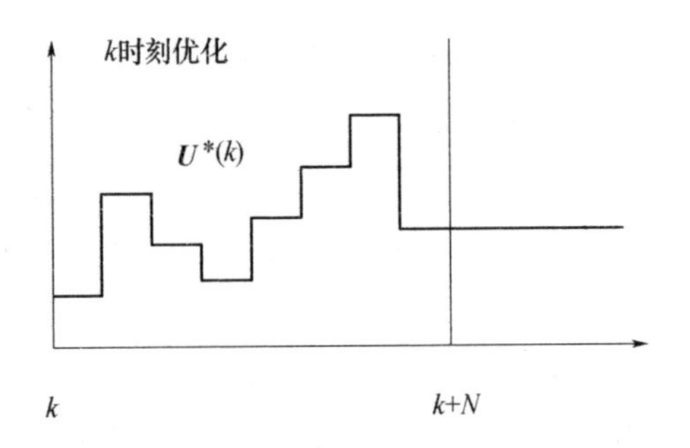

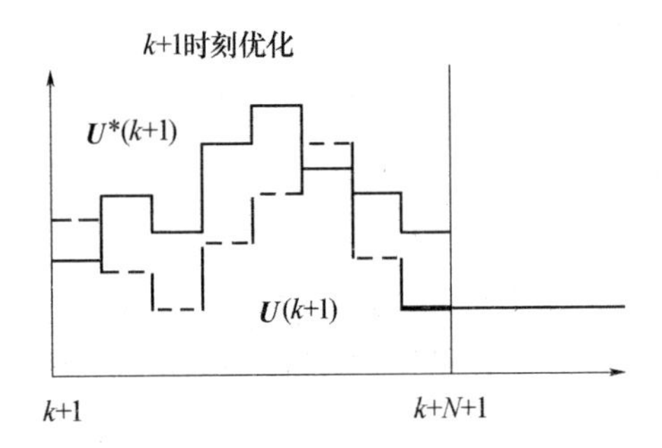

图 9-2 预测控制在 k 时刻和 $k+1$ 时刻的最优控制序列及过渡解

的稳定性综合中可行性成为一个重要关注点的原因。

9.1.4 不变集和线性矩阵不等式

为了方便后面的讨论,本小节简要介绍在预测控制定性综合理论中经常要用到的不变集(Invariant Set)和线性矩阵不等式(Linear Matrix Inequality,LMI)的概念。

1. 不变集[59]

对于自治系统

$$\boldsymbol{x}(k+1)=\boldsymbol{f}(\boldsymbol{x}(k))$$

如果 $\boldsymbol{x}(0)\in\boldsymbol{\Omega}$,有 $\boldsymbol{x}(k)\in\boldsymbol{\Omega},k=1,2,\cdots$,即如果在某一时刻系统状态属于集合 $\boldsymbol{\Omega}$,则其以后的状态仍然属于该集合,则称 $\boldsymbol{\Omega}$ 是系统的一个不变集。

对于受控系统

$$\boldsymbol{x}(k+1)=\boldsymbol{f}(\boldsymbol{x}(k),\boldsymbol{u}(k))$$

其中 $\boldsymbol{x}(k)\in\boldsymbol{\Omega}_x,\boldsymbol{u}(k)\in\boldsymbol{\Omega}_u$。如果存在反馈控制律 $\boldsymbol{u}(k)=\boldsymbol{g}(\boldsymbol{x}(k))$,使 $\boldsymbol{\Omega}$ 是闭环系统

$$\boldsymbol{x}(k+1)=\boldsymbol{f}(\boldsymbol{x}(k),\boldsymbol{g}(\boldsymbol{x}(k)))$$

的一个不变集并且 $\boldsymbol{u}(k)\in\boldsymbol{\Omega}_u$, $\forall\boldsymbol{x}(k)\in\boldsymbol{\Omega}$,则称 $\boldsymbol{\Omega}$ 是系统的一个控制不变集(Control Invariant Set)。显然,对于受控系统,如果系统状态在某一时刻位于控制不变集 $\boldsymbol{\Omega}$ 内,则在对应的反馈控制律作用下,其以后的状态仍然属于该集合。

不变集可以用多种数学形式加以描述,其中椭圆不变集是常用的一种,它定义为

$$\boldsymbol{\Omega}=\{\boldsymbol{x}\in\mathbb{R}^n \mid \boldsymbol{x}^{\mathrm{T}}\boldsymbol{P}\boldsymbol{x}\leqslant 1\} \tag{9-7}$$

其中 $\boldsymbol{P}$ 为 n 维对称正定阵,它表示了 n 维空间以原点为中心的一个椭球体。

对于线性自治系统

$$\boldsymbol{x}(k+1)=\boldsymbol{A}\boldsymbol{x}(k)$$

如果可以找到满足下式的对称正定阵 $\boldsymbol{P}$

$$\boldsymbol{A}^{\mathrm{T}}\boldsymbol{P}\boldsymbol{A}-\boldsymbol{P}\leqslant\boldsymbol{0} \tag{9-8}$$

则式(9-7)是系统的一个不变集,因为如果系统状态 $\boldsymbol{x}(k)\in\boldsymbol{\Omega}$,即 $\boldsymbol{x}^{\mathrm{T}}(k)\boldsymbol{P}\boldsymbol{x}(k)\leqslant 1$,可以得到 $\boldsymbol{x}^{\mathrm{T}}(k+1)\boldsymbol{P}\boldsymbol{x}(k+1)=\boldsymbol{x}^{\mathrm{T}}(k)\boldsymbol{A}^{\mathrm{T}}\boldsymbol{P}\boldsymbol{A}\boldsymbol{x}(k)\leqslant\boldsymbol{x}^{\mathrm{T}}(k)\boldsymbol{P}\boldsymbol{x}(k)\leqslant 1$,即 $\boldsymbol{x}(k+1)\in\boldsymbol{\Omega}$,因此 $\boldsymbol{\Omega}$ 是该线性系统的不变集。

对于线性受控系统

$$\boldsymbol{x}(k+1)=\boldsymbol{A}\boldsymbol{x}(k)+\boldsymbol{B}\boldsymbol{u}(k)$$

式(9-7)为其在反馈控制律 $\boldsymbol{u}(k)=\boldsymbol{K}\boldsymbol{x}(k)$ 下的控制不变集的条件是:可以找到满足下式的对称正定阵 $\boldsymbol{P}$

$$(\boldsymbol{A}+\boldsymbol{B}\boldsymbol{K})^{\mathrm{T}}\boldsymbol{P}(\boldsymbol{A}+\boldsymbol{B}\boldsymbol{K})-\boldsymbol{P}\leqslant\boldsymbol{0} \tag{9-9}$$

并且当 $\boldsymbol{x}(k)\in\boldsymbol{\Omega}$ 时,$\boldsymbol{u}(k)=\boldsymbol{K}\boldsymbol{x}(k)\in\boldsymbol{\Omega}_u$。因为若系统状态 $\boldsymbol{x}(k)\in\boldsymbol{\Omega}$,即 $\boldsymbol{x}^{\mathrm{T}}(k)\boldsymbol{P}\boldsymbol{x}(k)\leqslant 1$,则在满足控制约束的反馈控制 $\boldsymbol{u}(k)=\boldsymbol{K}\boldsymbol{x}(k)$ 作用下,有

$$\boldsymbol{x}^{\mathrm{T}}(k+1)\boldsymbol{P}\boldsymbol{x}(k+1)=\boldsymbol{x}^{\mathrm{T}}(k)(\boldsymbol{A}+\boldsymbol{B}\boldsymbol{K})^{\mathrm{T}}\boldsymbol{P}(\boldsymbol{A}+\boldsymbol{B}\boldsymbol{K})\boldsymbol{x}(k)\leqslant\boldsymbol{x}^{\mathrm{T}}(k)\boldsymbol{P}\boldsymbol{x}(k)\leqslant 1$$

即 $\boldsymbol{x}(k+1)\in\boldsymbol{\Omega}$。因此,系统状态一旦落在不变集 $\boldsymbol{\Omega}$ 内,则其在反馈控制 $\boldsymbol{u}(k)=\boldsymbol{K}\boldsymbol{x}(k)$ 下的状态轨迹将始终保留在该不变集内。

如果有两个椭圆不变集

$$\boldsymbol{\Omega}_1=\{\boldsymbol{x}\in\mathbb{R}^n \mid \boldsymbol{x}^{\mathrm{T}}\boldsymbol{P}_1\boldsymbol{x}\leqslant 1\}$$

$$\boldsymbol{\Omega}_2=\{\boldsymbol{x}\in\mathbb{R}^n \mid \boldsymbol{x}^{\mathrm{T}}\boldsymbol{P}_2\boldsymbol{x}\leqslant 1\}$$

且 $\boldsymbol{P}_1\geqslant\boldsymbol{P}_2$,则 $\boldsymbol{\Omega}_1\subseteq\boldsymbol{\Omega}_2$,因为在 $\boldsymbol{\Omega}_1$ 内的所有 $\boldsymbol{x}$ 均满足 $\boldsymbol{x}^{\mathrm{T}}\boldsymbol{P}_2\boldsymbol{x}\leqslant\boldsymbol{x}^{\mathrm{T}}\boldsymbol{P}_1\boldsymbol{x}\leqslant 1$,因此必定在 $\boldsymbol{\Omega}_2$ 内,反之不然。

2. 线性矩阵不等式[60]

线性矩阵不等式(LMI)是具有下述形式的矩阵不等式

$$F(x) = F_0 + \sum_{i=1}^{l} x_i F_i > 0$$

其中 $x_1, x_2, \cdots, x_l$ 为变量，$F_i \in \mathbb{R}^{n \times n}, i = 0, \cdots, l$，为给定的对称正定阵。对于多个 LMI 组成的线性矩阵不等式组，可以把它们作为块对角元素组合成单个的 LMI。

设对称矩阵 $Q(x)$、$R(x)$ 和矩阵 $S(x)$ 与 x 具有仿射关系，则线性矩阵不等式

$$\begin{bmatrix} Q(x) & S(x) \\ S^{\mathrm{T}}(x) & R(x) \end{bmatrix} > 0 \tag{9-10a}$$

等价于下述矩阵不等式

$$R(x) > 0,\ Q(x) - S(x)R^{-1}(x)S^{\mathrm{T}}(x) > 0 \tag{9-10b}$$

或

$$Q(x) > 0,\ R(x) - S^{\mathrm{T}}(x)Q^{-1}(x)S(x) > 0 \tag{9-10c}$$

上面的等价关系称为 Schur 补性质，它常常可用来把各种矩阵不等式转化为 LMI 表达式。

如果 $x(k)$ 在式(9-7)表示的椭圆不变集内，则应用 Schur 补，可得到 LMI 表达式

$$\begin{bmatrix} 1 & x^{\mathrm{T}}(k) \\ x(k) & Q \end{bmatrix} \geqslant 0 \tag{9-11}$$

其中 $Q = P^{-1}$。

下面再来讨论当 $x(k) \in \Omega$ 时，满足 $u(k) = Kx(k) \in \Omega_u$ 的条件。设 $u \in \Omega_u$ 具体表达为

$$\| u(k) \|_2 \leqslant u_{\max}$$

记 $Q = P^{-1}, K = YQ^{-1}$，在 $x(k) \in \Omega$，即 $x^{\mathrm{T}}(k)Px(k) \leqslant 1$ 时，为了保证

$$\| u(k) \|_2^2 = \| YQ^{-1/2}P^{1/2}x(k) \|_2^2 = x^{\mathrm{T}}(k)P^{1/2}(Q^{-1/2}Y^{\mathrm{T}}YQ^{-1/2})P^{1/2}x(k) \leqslant u_{\max}^2$$

只需下述条件成立即可

$$Q^{-1/2}Y^{\mathrm{T}}YQ^{-1/2} \leqslant u_{\max}^2 I$$

上述条件可改写为

$$Q - Y^{\mathrm{T}}\frac{1}{u_{\max}^2}Y \geqslant 0$$

应用 Schur 补，可得到 Y 和 Q 的 LMI

$$\begin{bmatrix} u_{\max}^2 I & Y \\ Y^{\mathrm{T}} & Q \end{bmatrix} \geqslant 0 \tag{9-12}$$

如果 $u \in \Omega_u$ 的具体表达式是对每一个控制分量都有不同的幅值约束，即

$$|u_j(k)| \leqslant u_{j,\max}, \quad j = 1,\cdots,n_u$$

则类似地可得到当 $\boldsymbol{x}(k) \in \boldsymbol{\Omega}$ 时，$\boldsymbol{u}(k) = \boldsymbol{K}\boldsymbol{x}(k) \in \boldsymbol{\Omega}_u$ 的一个充分条件是

$$\|(\boldsymbol{Y}\boldsymbol{Q}^{-1/2})_j\|_2^2 = (\boldsymbol{Y}\boldsymbol{Q}^{-1}\boldsymbol{Y}^{\mathrm{T}})_{jj} \leqslant u_{j,\max}^2, \quad j = 1,\cdots,n_u$$

因此如果存在对称阵 $\boldsymbol{X}$ 使得

$$\begin{bmatrix} \boldsymbol{X} & \boldsymbol{Y} \\ \boldsymbol{Y}^{\mathrm{T}} & \boldsymbol{Q} \end{bmatrix} \geqslant \boldsymbol{0}, \text{其中 } \boldsymbol{X}_{jj} \leqslant u_{j,\max}^2, \quad j = 1,\cdots,n_u \tag{9-13}$$

则可保证控制约束满足。式(9－13)是一组 $\boldsymbol{X}$、$\boldsymbol{Y}$ 和 $\boldsymbol{Q}$ 的 LMI。

由于求解 LMI 已有现成的高效计算工具(如 MATLAB 中的 LMI-Tools)，所以预测控制中的在线优化问题常常可通过转化为 LMI 表达式得到有效求解。

9.2 稳定预测控制器的综合

根据 9.1 节介绍的预测控制稳定性分析和综合的基本思路，预测控制的理论研究得到了迅速发展，出现了大量针对不同问题、采用不同技巧的预测控制系统稳定性综合方法。在本节中，我们通过介绍一些典型的方法，进一步说明 9.1 节中所介绍的基本思路如何具体体现和应用。

9.2.1 终端零约束预测控制

终端零约束最早是由 Kwon 等为保证 LQ 问题滚动时域控制的稳定性提出的，之后该方法被应用到 GPC 系统，出现了终端零状态约束和终端零输出约束的 GPC 算法，并进而应用于一般约束非线性系统的预测控制。终端零约束预测控制在 k 时刻的优化问题可表示为

$$\begin{aligned}
\text{PC1:} \quad & \min_{\boldsymbol{u}(k+i|k),0\leqslant i\leqslant N-1} J_N(k) = \sum_{i=0}^{N-1} l(\boldsymbol{x}(k+i|k),\boldsymbol{u}(k+i|k)) \\
\text{s.t.} \quad & \boldsymbol{x}(k+i+1|k) = \boldsymbol{f}(\boldsymbol{x}(k+i|k),\boldsymbol{u}(k+i|k)),\ i = 0,\cdots,N-1 \\
& \boldsymbol{u}(k+i|k) \in \boldsymbol{\Omega}_u, \quad i = 0,\cdots,N-1 \\
& \boldsymbol{x}(k+i|k) \in \boldsymbol{\Omega}_x, \quad i = 1,\cdots,N \\
& \boldsymbol{x}(k+N|k) = \boldsymbol{0} \\
& \boldsymbol{x}(k|k) = \boldsymbol{x}(k)
\end{aligned} \tag{9-14}$$

假设 k 时刻优化问题的最优解为 $\boldsymbol{U}^*(k) = \{\boldsymbol{u}^*(k|k),\cdots,\boldsymbol{u}^*(k+N-1|k)\}$，对应的系统状态轨线为 $\boldsymbol{X}^*(k) = \{\boldsymbol{x}^*(k+1|k),\cdots,\boldsymbol{x}^*(k+N|k)\}$，所得到的性能指标最优值为

$$J_N^*(k) = \sum_{i=0}^{N-1} l(\boldsymbol{x}^*(k+i|k),\boldsymbol{u}^*(k+i|k))$$

显然,$\boldsymbol{U}^*(k)$和$\boldsymbol{X}^*(k)$的所有分量都满足问题(9-14)中的约束条件,且$\boldsymbol{x}^*(k+N|k)=\boldsymbol{0}$。

在$k+1$时刻,构造解$\boldsymbol{U}(k+1)=\{\boldsymbol{u}(k+1|k+1),\cdots,\boldsymbol{u}(k+N-1|k+1),\boldsymbol{0}\}$,其中

$$\boldsymbol{u}(k+i|k+1)=\boldsymbol{u}^*(k+i|k),\ i=1,\cdots,N-1$$

则由这组$\boldsymbol{U}(k+1)$导致的系统状态$\boldsymbol{X}(k+1)=\{\boldsymbol{x}(k+2|k+1),\cdots,\boldsymbol{x}(k+N+1|k+1)\}$中,有

$$\boldsymbol{x}(k+i+1|k+1)=\boldsymbol{x}^*(k+i+1|k),\ i=1,\cdots,N-1$$

且注意到$\boldsymbol{U}(k+1)$中的$\boldsymbol{u}(k+N|k+1)=\boldsymbol{0}$,以及$\boldsymbol{x}^*(k+N|k)=\boldsymbol{0}$,可知

$$\begin{aligned}\boldsymbol{x}(k+N+1|k+1)&=\boldsymbol{f}(\boldsymbol{x}(k+N|k+1),\boldsymbol{u}(k+N|k+1))\\&=\boldsymbol{f}(\boldsymbol{x}^*(k+N|k),\boldsymbol{0})\\&=\boldsymbol{0}\end{aligned}$$

由此可知,$\boldsymbol{U}(k+1)$和$\boldsymbol{X}(k+1)$的元素满足$k+1$时刻优化问题(9-14)中的所有约束条件,包括对控制量和状态量的约束条件以及终端约束条件,因此$\boldsymbol{U}(k+1)$是$k+1$时刻优化问题的一个可行解,有

$$J_N^*(k+1)\leqslant J_N(k+1)$$

进一步可以得到,对应于$\boldsymbol{U}(k+1)$的优化性能指标值为

$$\begin{aligned}J_N(k+1)&=\sum_{i=0}^{N-1}l(\boldsymbol{x}(k+i+1|k+1),\boldsymbol{u}(k+i+1|k+1))\\&=\sum_{i=0}^{N-2}l(\boldsymbol{x}^*(k+i+1|k),\boldsymbol{u}^*(k+i+1|k))\\&\quad+l(\boldsymbol{x}(k+N|k+1),\boldsymbol{u}(k+N|k+1))\\&=J_N^*(k)-l(\boldsymbol{x}^*(k|k),\boldsymbol{u}^*(k|k))\leqslant J_N^*(k)\end{aligned}$$

由此可知

$$J_N^*(k+1)\leqslant J_N^*(k)$$

且等号当且仅当$\boldsymbol{x}(k)=\boldsymbol{0}$、$\boldsymbol{u}^*(k|k)=\boldsymbol{0}$时成立,故$J_N^*(k)$作为李雅普诺夫函数可保证预测控制系统稳定。

上述采用终端零约束综合稳定预测控制器的方法虽然十分简单,但它对无穷时域的近似是比较保守的,而且终端零约束条件过于苛刻,尤其是对于受扰系统,很难保证终端状态能到达零点,往往会造成优化问题无解,因此在实际中常需要对终端零约束进行松弛,这就导致了采用终端代价函数或(和)终端集约束的综合方法。

9.2.2 带有终端代价函数的预测控制

终端代价函数是对终端零约束的一种扩展。由式(9-14)可知,终端零约束是

在有限时域优化问题 FHO 即式(9-3)中增加了一个约束条件 $\boldsymbol{x}(k+N|k)=\boldsymbol{0}$,这个约束条件也可以等价地转换为在性能指标中加入一个权矩阵为无穷大的终端状态惩罚项。终端代价函数的策略就是在这一理解的基础上把终端状态惩罚项中的权矩阵由无穷大松弛为有限的,以此来降低终端零约束的保守性。该方法最初是针对无约束线性系统的预测控制提出的,而后又推广到有约束和非线性系统的预测控制。

1. 线性无约束情况

考虑线性无约束系统

$$\boldsymbol{x}(k+1)=\boldsymbol{A}\boldsymbol{x}(k)+\boldsymbol{B}\boldsymbol{u}(k) \tag{9-15}$$

其中 $\boldsymbol{x}(k)\in\mathbb{R}^n,\boldsymbol{u}(k)\in\mathbb{R}^m$,其带有终端代价函数的预测控制在线优化问题可以表示为

$$\begin{aligned}
\text{PC2}\quad &\min_{\boldsymbol{u}(k+i|k),0\leqslant i\leqslant N-1} J_N(k)=\sum_{i=0}^{N-1}\left[\|\boldsymbol{x}(k+i|k)\|_{\boldsymbol{Q}}^2+\|\boldsymbol{u}(k+i|k)\|_{\boldsymbol{R}}^2\right]+F(\boldsymbol{x}(k+N|k))\\
\text{s.t.}\quad &\boldsymbol{x}(k+i+1|k)=\boldsymbol{A}\boldsymbol{x}(k+i|k)+\boldsymbol{B}\boldsymbol{u}(k+i|k),\ i=0,\cdots,N-1\\
&\boldsymbol{x}(k|k)=\boldsymbol{x}(k)
\end{aligned} \tag{9-16}$$

式中权矩阵 $\boldsymbol{Q}>\boldsymbol{0},\boldsymbol{R}>\boldsymbol{0}$。注意到根据式(9-4)和式(9-5),为了使优化问题(9-16)近似为无穷时域最优控制,式(9-16)中的代价函数 $F(\boldsymbol{x}(k+N|k))$ 应该是下面有限时域后的无穷时域部分 $J_{N,\infty}(k)$ 的近似

$$J_{N,\infty}(k)=\sum_{i=N}^{\infty}\left[\|\boldsymbol{x}(k+i|k)\|_{\boldsymbol{Q}}^2+\|\boldsymbol{u}(k+i|k)\|_{\boldsymbol{R}}^2\right]$$

显然取 $F(\boldsymbol{x}(k+N|k))$ 为 $J_{N,\infty}(k)$ 的近似与 N 步后的控制策略有关。

文献[61]假设在 N 步后的控制量全部取为零,即 $\boldsymbol{u}(k+i|k)=\boldsymbol{0},i\geqslant N$,这时系统方程(9-15)在 N 步后变为

$$\boldsymbol{x}(k+i+1|k)=\boldsymbol{A}\boldsymbol{x}(k+i|k),\ i\geqslant N$$

可以得到

$$J_{N,\infty}(k)=\sum_{i=N}^{\infty}\|\boldsymbol{x}(k+i|k)\|_{\boldsymbol{Q}}^2=\sum_{i=0}^{\infty}\boldsymbol{x}^{\mathrm{T}}(k+N|k)(\boldsymbol{A}^{\mathrm{T}})^i\boldsymbol{Q}\boldsymbol{A}^i\boldsymbol{x}(k+N|k)$$

因此文献[61]中建议取终端代价函数

$$F(\boldsymbol{x}(k+N|k))=\|\boldsymbol{x}(k+N|k)\|_{\boldsymbol{P}}^2,\quad \boldsymbol{P}=\sum_{i=0}^{\infty}(\boldsymbol{A}^{\mathrm{T}})^i\bar{\boldsymbol{Q}}\boldsymbol{A}^i \tag{9-17}$$

作为 $J_{N,\infty}(k)$ 的近似,其中 $\bar{\boldsymbol{Q}}\geqslant\boldsymbol{Q}$。这时,只要优化问题(9-16)在 $k=0$ 时的最优解是可行的,即 $J_N^*(0)$ 有界,则可以证明该预测控制系统是渐近稳定的。

设 k 时刻优化问题的最优解及其对应的最优状态轨线为 $\boldsymbol{U}^*(k)$ 和 $\boldsymbol{X}^*(k)$，在 $k+1$ 时刻构造解 $\boldsymbol{U}(k+1)=\{\boldsymbol{u}^*(k+1|k),\cdots,\boldsymbol{u}^*(k+N-1|k),\boldsymbol{0}\}$，则可得

$$J_N^*(k) = \sum_{i=0}^{N-1}\left[\|\boldsymbol{x}^*(k+i|k)\|_{\boldsymbol{Q}}^2 + \|\boldsymbol{u}^*(k+i|k)\|_{\boldsymbol{R}}^2\right] + \|\boldsymbol{x}^*(k+N|k)\|_{\boldsymbol{P}}^2$$

$$\begin{aligned} J_N(k+1) &= \sum_{i=1}^{N}\left[\|\boldsymbol{x}(k+i|k+1)\|_{\boldsymbol{Q}}^2 + \|\boldsymbol{u}(k+i|k+1)\|_{\boldsymbol{R}}^2\right] \\ &\quad + \|\boldsymbol{x}(k+N+1|k+1)\|_{\boldsymbol{P}}^2 \\ &= \sum_{i=1}^{N-1}\left[\|\boldsymbol{x}^*(k+i|k)\|_{\boldsymbol{Q}}^2 + \|\boldsymbol{u}^*(k+i|k)\|_{\boldsymbol{R}}^2\right] \\ &\quad + \|\boldsymbol{x}^*(k+N|k)\|_{\boldsymbol{Q}+\boldsymbol{A}^{\mathrm{T}}\boldsymbol{P}\boldsymbol{A}}^2 \end{aligned}$$

因此有

$$\begin{aligned} &J_N^*(k) - J_N(k+1) \\ &= \|\boldsymbol{x}^*(k|k)\|_{\boldsymbol{Q}}^2 + \|\boldsymbol{u}^*(k|k)\|_{\boldsymbol{R}}^2 + \|\boldsymbol{x}^*(k+N|k)\|_{\boldsymbol{P}-\boldsymbol{Q}-\boldsymbol{A}^{\mathrm{T}}\boldsymbol{P}\boldsymbol{A}}^2 \geqslant 0 \end{aligned}$$

由于 $J_N^*(0)<\infty$，故可知 $J_N(1)<\infty$，以此类推 $J_N(k+1)<\infty$，即 $\boldsymbol{U}(k+1)$ 是可行解，由此即可得到

$$J_N^*(k+1) \leqslant J_N^*(k)$$

即预测控制系统渐近稳定。

文献[62]则在 N 步后采用初始状态 $\boldsymbol{x}(k+N|k)$ 出发的 LQ 控制律 $\boldsymbol{u}(k)=\boldsymbol{H}\boldsymbol{x}(k)$，根据最优控制理论，这时无穷时域控制的最优值函数是 $\boldsymbol{x}(k+N|k)$ 的二次型，正好可作为近似 $J_{N,\infty}(k)$ 的终端代价函数，因此，该文取

$$F(\boldsymbol{x}(k+N|k)) = \|\boldsymbol{x}(k+N|k)\|_{\boldsymbol{P}}^2 \tag{9-18}$$

其中 $\boldsymbol{P}>0$ 并对 $\boldsymbol{H}\in\mathbb{R}^{m\times n}$ 满足

$$(\boldsymbol{A}+\boldsymbol{B}\boldsymbol{H})^{\mathrm{T}}\boldsymbol{P}(\boldsymbol{A}+\boldsymbol{B}\boldsymbol{H}) + \boldsymbol{Q} + \boldsymbol{H}^{\mathrm{T}}\boldsymbol{R}\boldsymbol{H} < \boldsymbol{P} \tag{9-19}$$

这时，设 k 时刻优化问题的最优解和对应的系统状态轨线分别为 $\boldsymbol{U}^*(k)$ 和 $\boldsymbol{X}^*(k)$，则对应的性能指标最优值为

$$J_N^*(k) = \sum_{i=0}^{N-1}\left[\|\boldsymbol{x}^*(k+i|k)\|_{\boldsymbol{Q}}^2 + \|\boldsymbol{u}^*(k+i|k)\|_{\boldsymbol{R}}^2\right] + \|\boldsymbol{x}^*(k+N|k)\|_{\boldsymbol{P}}^2$$

在 $k+1$ 时刻，取 $\boldsymbol{U}(k+1)=\{\boldsymbol{u}^*(k+1|k),\cdots,\boldsymbol{u}^*(k+N-1|k),\boldsymbol{H}\boldsymbol{x}^*(k+N|k)\}$，由其导致的性能指标为

$$\begin{aligned} J_N(k+1) &= \sum_{i=0}^{N-1}\left[\|\boldsymbol{x}(k+i+1|k+1)\|_{\boldsymbol{Q}}^2 + \|\boldsymbol{u}(k+i+1|k+1)\|_{\boldsymbol{R}}^2\right] \\ &\quad + \|\boldsymbol{x}(k+N+1|k+1)\|_{\boldsymbol{P}}^2 \end{aligned}$$

$$= \sum_{i=0}^{N-2} [\|x^*(k+i+1|k)\|_Q^2 + \|u^*(k+i+1|k)\|_R^2]$$

$$+ \|x^*(k+N|k)\|_Q^2 + \|Hx^*(k+N|k)\|_R^2$$

$$+ \|(A+BH)x^*(k+N|k)\|_P^2$$

两者相比较,可得

$$\begin{aligned} J_N(k+1) &= J_N^*(k) + \|x^*(k+N|k)\|_Q^2 + \|Hx^*(k+N|k)\|_R^2 \\ &\quad - \|x^*(k|k)\|_Q^2 - \|u^*(k|k)\|_R^2 \\ &\quad + \|(A+BH)x^*(k+N|k)\|_P^2 - \|x^*(k+N|k)\|_P^2 \\ &= J_N^*(k) - \|x^*(k|k)\|_Q^2 - \|u^*(k|k)\|_R^2 \\ &\quad + \|x^*(k+N|k)\|_{Q+H^TRH+(A+BH)^TP(A+BH)-P}^2 \\ &\leqslant J_N^*(k) \end{aligned}$$

另一方面,对于无约束优化,这组解总是可行解,故 $J_N^*(k+1) \leqslant J_N(k+1)$,因此可得

$$J_N^*(k+1) \leqslant J_N^*(k)$$

即 $J_N^*(k)$ 作为李雅普诺夫函数可保证预测控制系统稳定。

上面两种情况都是直接从对有限时域后的无穷时域部分 $J_{N,\infty}(k)$ 近似来设计代价函数的,在引入代价函数后,预测控制的有限时域优化实际上转变为输入结构受限的无穷时域优化,前者相当于取 $U(k)=\{u(k|k),\cdots,u(k+N-1|k),0,0,\cdots\}$,后者相当于取 $U(k)=\{u(k|k),\cdots,u(k+N-1|k),Hx(k+N|k),Hx(k+N+1|k),\cdots\}$,这些控制律不是严格意义上的无穷时域最优控制律,而只是一种近似,但预测控制系统的稳定性可以得到保证。由于这里讨论的是线性无约束系统,稳定性条件和证明过程都比较简单,但它们都表明终端代价函数的选取与预测控制有限优化时域后采取的控制策略(虽然在预测控制的有限时域优化中没有出现)有密切关联。

2. 非线性有约束情况

考虑一般非线性系统

$$x(k+1) = f(x(k),u(k),k) \tag{9-20}$$

其中 $x(k) \in \mathbb{R}^n$,$u(k) \in \mathbb{R}^m$,该系统存在状态和控制约束

$$x \in \Omega_x,\ u \in \Omega_u \tag{9-21}$$

它在 k 时刻带有终端代价函数的预测控制在线优化问题可以表示为

$$\text{PC3}:\ \min_{u(k+i|k),0\leqslant i\leqslant N-1} J_N(k) = \sum_{i=0}^{N-1} l(x(k+i|k),u(k+i|k)) + F(x(k+N|k))$$

$$\text{s.t.}\quad \begin{aligned} & \boldsymbol{x}(k+i+1 \mid k) = \boldsymbol{f}(\boldsymbol{x}(k+i \mid k), \boldsymbol{u}(k+i \mid k), k+i),\ i = 0,\cdots,N-1 \\ & \boldsymbol{u}(k+i \mid k) \in \boldsymbol{\Omega}_u,\ i = 0,\cdots,N-1 \\ & \boldsymbol{x}(k+i \mid k) \in \boldsymbol{\Omega}_x,\ i = 1,\cdots,N \\ & \boldsymbol{x}(k \mid k) = \boldsymbol{x}(k) \end{aligned} \tag{9-22}$$

针对这类相当一般的问题，De Nicolao 等在文献[63]中提出了先找出系统指数稳定反馈控制律的可行范围，然后由此确定终端代价函数的方法。对于系统(9-20)，其围绕平衡点 $\boldsymbol{x}=\boldsymbol{0}, \boldsymbol{u}=\boldsymbol{0}$ 的线性化系统可表示为

$$\boldsymbol{x}(k+1) = \boldsymbol{A}(k)\boldsymbol{x}(k) + \boldsymbol{B}(k)\boldsymbol{u}(k) \tag{9-23}$$

其中

$$\boldsymbol{A}(k) = \partial \boldsymbol{f}(\boldsymbol{x},\boldsymbol{u},k)/\partial \boldsymbol{x} \mid_{\boldsymbol{x}=\boldsymbol{0},\boldsymbol{u}=\boldsymbol{0}},\ \boldsymbol{B}(k) = \partial \boldsymbol{f}(\boldsymbol{x},\boldsymbol{u},k)/\partial \boldsymbol{u} \mid_{\boldsymbol{x}=\boldsymbol{0},\boldsymbol{u}=\boldsymbol{0}}$$

在一定条件下，存在反馈阵 $\boldsymbol{H}(k)$ 使 $\boldsymbol{A}(k)+\boldsymbol{B}(k)\boldsymbol{H}(k)$ 指数稳定，且把该线性反馈控制律作用于系统(9-20)时，可得到原点为指数稳定平衡点的闭环非线性系统

$$\boldsymbol{x}(k+1) = \boldsymbol{f}(\boldsymbol{x}(k), \boldsymbol{H}(k)\boldsymbol{x}(k), k) \tag{9-24}$$

在 k 时刻优化问题(9-22)中，记终端状态 $\boldsymbol{x}_N \triangleq \boldsymbol{x}(k+N|k)$，并记 $\boldsymbol{X}_{\boldsymbol{H}}(k+N)$ 为这样一个集合，若 $\boldsymbol{x}_N \in \boldsymbol{X}_{\boldsymbol{H}}(k+N)$，则当 $k+N$ 时刻由 $\boldsymbol{x}_N$ 出发，并采用反馈控制律 $\boldsymbol{u}(\cdot)=\boldsymbol{H}(\cdot)\boldsymbol{x}(\cdot)$ 后，$k+i(i \geqslant N)$ 时由方程(9-24)得到的状态轨线 $\boldsymbol{x}_C(k+i,\boldsymbol{x}_N)$ 和控制序列 $\boldsymbol{H}(k+i)\boldsymbol{x}_C(k+i,\boldsymbol{x}_N)$ 始终满足约束条件(9-21)，且闭环系统(9-24)指数稳定。

文献[63]在此基础上提出采用下式作为优化问题(9-22)中的终端代价函数

$$F(\boldsymbol{x}_N) = \begin{cases} \sum_{i=N}^{\infty} l(\boldsymbol{x}_C(k+i,\boldsymbol{x}_N), \boldsymbol{H}(k+i)\boldsymbol{x}_C(k+i,\boldsymbol{x}_N), k+i), & \boldsymbol{x}_N \in \boldsymbol{X}_{\boldsymbol{H}}(k+N) \\ \infty, & \boldsymbol{x}_N \notin \boldsymbol{X}_{\boldsymbol{H}}(k+N) \end{cases} \tag{9-25}$$

这样一种形式的终端代价函数，对于证明最优值函数递减是十分方便的。记 k 时刻优化问题的最优解为 $\boldsymbol{U}_N^*(k) = \{\boldsymbol{u}^*(k|k),\cdots,\boldsymbol{u}^*(k+N-1|k)\}$，若把 k 时刻的优化时域增加为 $N+1$，并取

$$\boldsymbol{U}_{N+1}(k) = \{\boldsymbol{u}^*(k \mid k),\cdots,\boldsymbol{u}^*(k+N-1 \mid k), \boldsymbol{H}(k+N)\boldsymbol{x}(k+N \mid k)\}$$

易知它是 k 时刻优化时域为 $N+1$ 的优化问题的可行解，且它们的值函数有关系

$$J_N^*(k) = J_{N+1}(k)$$

在 $k+1$ 时刻，把 $\boldsymbol{U}_{N+1}(k)$ 中的后 N 项作为此时优化问题的解，即

$$\boldsymbol{U}_N(k+1) = \{\boldsymbol{u}^*(k+1 \mid k),\cdots,\boldsymbol{u}^*(k+N-1 \mid k), \boldsymbol{H}(k+N)\boldsymbol{x}(k+N \mid k)\}$$

显然它是对应优化问题的可行解，因此有

$$J_N^*(k+1) \leqslant J_N(k+1) = J_{N+1}(k) - l(\boldsymbol{x}(k|k),\boldsymbol{u}(k|k)) \leqslant J_{N+1}(k) = J_N^*(k)$$

从而可知闭环系统稳定。

对于终端代价函数(9－25)中出现的求和项，原则上可以从 $\boldsymbol{x}_N$ 即 $\boldsymbol{x}(k+N|k)$ 出发应用式(9－24)递推求出系统的状态和反馈控制量，计算到足够多的项即可。如果线性化系统(9－23)是定常的，并且在优化问题(9－22)中采用二次型性能指标

$$J_N(k) = \sum_{i=0}^{N-1} [\|\boldsymbol{x}(k+i|k)\|_{\boldsymbol{Q}}^2 + \|\boldsymbol{u}(k+i|k)\|_{\boldsymbol{R}}^2] + F(\boldsymbol{x}(k+N|k))$$

则可首先计算出线性化系统(9－23)的 LQ 反馈增益

$$\boldsymbol{H} = -(\boldsymbol{R}+\boldsymbol{B}^{\mathrm{T}}\boldsymbol{P}\boldsymbol{B})^{-1}\boldsymbol{B}^{\mathrm{T}}\boldsymbol{P}\boldsymbol{A}$$

其中 $\boldsymbol{P}$ 是下面的代数黎卡提方程的唯一正定解

$$\boldsymbol{P} = \boldsymbol{A}^{\mathrm{T}}\boldsymbol{P}\boldsymbol{A} + \boldsymbol{Q} - \boldsymbol{A}^{\mathrm{T}}\boldsymbol{P}\boldsymbol{B}(\boldsymbol{R}+\boldsymbol{B}^{\mathrm{T}}\boldsymbol{P}\boldsymbol{B})^{-1}\boldsymbol{B}^{\mathrm{T}}\boldsymbol{P}\boldsymbol{A}$$

这时，式(9－25)中的终端代价函数可以近似为

$$F(\boldsymbol{x}_N) = \sum_{i=N}^{M-1} [\|\boldsymbol{x}(k+i|k)\|_{\boldsymbol{Q}}^2 + \|\boldsymbol{H}\boldsymbol{x}(k+i|k)\|_{\boldsymbol{R}}^2] + \|\boldsymbol{x}(k+M|k)\|_{\boldsymbol{P}}^2$$

其中 $M>N$。这意味着在 k 时刻的优化问题中，假设 $k+N$ 时刻以后实施对应线性化系统的 LQ 最优控制律 $\boldsymbol{u}(\cdot)=\boldsymbol{H}\boldsymbol{x}(\cdot)$，以此构成终端代价函数 $F(\boldsymbol{x}_N)$ 来近似无穷时域最优控制，并且为了避免无穷项计算，注意到在 $k+M$ 时刻后，系统状态已被驱动到原点的一个充分小的邻域内，其动态行为已接近线性，故此后的优化可视为从初始状态 $\boldsymbol{x}(k+M|k)$ 出发的标准 LQ 问题，其无穷时域优化的值函数可近似用上式中最后一项来代替。

从上面的讨论可以看到，在选择终端代价函数时，因为要用它来近似 $k+N$ 时刻以后的优化问题的性能指标，所以需要考虑优化时域之后的控制策略，这一策略虽然并不具体实施，但将蕴含在终端代价函数的表达式中，并对稳定性的保证产生影响。这样一种思路，在下面的终端集约束方法中体现得更为直接和明显。

9.2.3 带有终端集约束的预测控制

终端集约束是对终端零约束的另一种扩展，它直接把终端零约束预测控制在线优化问题 PC1，即式(9－14)中的约束条件 $\boldsymbol{x}(k+N|k)=\boldsymbol{0}$ 松弛为 $\boldsymbol{x}(k+N|k)\in \boldsymbol{X}_f$，其中 $\boldsymbol{X}_f$ 称为终端集。一般而言，将系统状态驱动到一个集合内要比驱动到一个点容易，所以终端集约束比终端零约束的保守性低。这个方法是伴随着双模控制(Dual Mode Control)由 Michalska 等[64]提出的，他们针对一类有约束非线性对象

的预测控制，采用了两种控制模式，首先是在有限时域内，用自由控制变量将系统状态控制到原点的一个邻域集合即终端集 $\boldsymbol{X}_f$ 内，当系统的状态进入该集合后，则设计局部线性反馈控制律镇定系统，其原理可见图9－3。

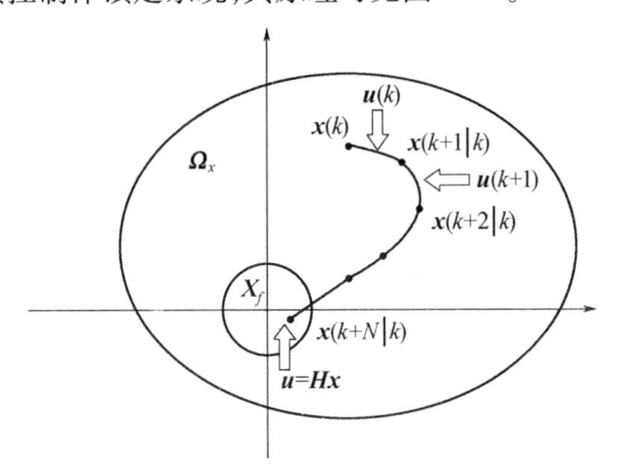

图9－3　双模控制原理[64]

这种采用终端集约束的双模控制策略已被广泛地应用在预测控制的理论研究中，人们还常常把终端集约束和终端代价函数结合起来，作为对无穷时域优化的一种较好的近似。下面就以线性系统二次性能指标的约束预测控制为例，来进行采用终端集约束和终端代价函数的预测控制系统稳定性分析[62]。

考虑线性系统

$$\boldsymbol{x}(k+1)=\boldsymbol{A}\boldsymbol{x}(k)+\boldsymbol{B}\boldsymbol{u}(k) \tag{9-26}$$

其中 $\boldsymbol{x}(k)\in\mathbb{R}^n$，$\boldsymbol{u}(k)\in\mathbb{R}^m$，且存在输入和状态约束

$$\begin{aligned}&|u_j|\leqslant u_{j,\max},\ j=1,\cdots,m\\&|(\boldsymbol{G}\boldsymbol{x})_j|\leqslant g_{j,\max},\ j=1,\cdots,p\end{aligned} \tag{9-27}$$

其中 $\boldsymbol{G}\in\mathbb{R}^{p\times n}$，其带有终端代价函数和终端集约束的预测控制在线优化问题可以表示为

$$\begin{aligned}\text{PC4}\quad&\min_{\boldsymbol{u}(k+i|k),0\leqslant i\leqslant N-1}J_N(k)=\sum_{i=0}^{N-1}\left[\|\boldsymbol{x}(k+i|k)\|_{\boldsymbol{Q}}^2+\|\boldsymbol{u}(k+i|k)\|_{\boldsymbol{R}}^2\right]+\|\boldsymbol{x}(k+N|k)\|_{\boldsymbol{P}}^2\\\text{s.t.}\quad&\boldsymbol{x}(k+i+1|k)=\boldsymbol{A}\boldsymbol{x}(k+i|k)+\boldsymbol{B}\boldsymbol{u}(k+i|k),\ i=0,\cdots,N-1\\&|(\boldsymbol{u}(k+i|k))_j|\leqslant u_{j,\max},\ i=0,\cdots,N-1,\ j=1,\cdots,m\\&|(\boldsymbol{G}\boldsymbol{x}(k+i|k))_j|\leqslant g_{j,\max},\ i=0,\cdots,N,\ j=1,\cdots,p\\&\boldsymbol{x}(k+N|k)\in\boldsymbol{\Omega}=\{\boldsymbol{x}\in\mathbb{R}^n|\ \boldsymbol{x}^{\mathrm{T}}\boldsymbol{P}\boldsymbol{x}\leqslant 1\}\\&\boldsymbol{x}(k|k)=\boldsymbol{x}(k)\end{aligned} \tag{9-28}$$

对上述优化问题采用双模控制模式，即先用自由控制变量 $\boldsymbol{u}(k+i|k), i=0, \cdots, N-1$ 将系统状态控制到终端集 $\boldsymbol{\Omega}$ 内，当系统的状态进入 $\boldsymbol{\Omega}$ 后，再用局部线性反馈控制律 $\boldsymbol{u}=\boldsymbol{Hx}$ 镇定系统。下面我们分析在什么条件下可保证预测控制系统渐近稳定。

设 k 时刻优化问题(9-28)有最优解 $\boldsymbol{U}^*(k)$，对应的系统状态轨线为 $\boldsymbol{X}^*(k)$，对应的性能指标最优值为

$$J_N^*(k)=\sum_{i=0}^{N-1}\left[\|\boldsymbol{x}^*(k+i|k)\|_{\boldsymbol{Q}}^2+\|\boldsymbol{u}^*(k+i|k)\|_{\boldsymbol{R}}^2\right]+\|\boldsymbol{x}^*(k+N|k)\|_{\boldsymbol{P}}^2$$

在 $k+1$ 时刻，取 $\boldsymbol{U}(k+1)=\{\boldsymbol{u}^*(k+1|k), \cdots, \boldsymbol{u}^*(k+N-1|k), \boldsymbol{Hx}^*(k+N|k)\}$，按照预测控制稳定性分析的思路，我们需要观察在什么条件下，$\boldsymbol{U}(k+1)$ 是 $k+1$ 时刻优化问题(9-28)的可行解，以及在什么条件下可以保证 $J_N(k+1)<J_N^*(k)$。

首先，由于 $\boldsymbol{U}^*(k)$ 和 $\boldsymbol{X}^*(k)$ 是 k 时刻优化问题(9-28)的最优解和最优状态轨线，$\boldsymbol{U}(k+1)$ 中的 $\boldsymbol{u}^*(k+1|k), \cdots, \boldsymbol{u}^*(k+N-1|k)$ 和对应的 $\boldsymbol{x}^*(k+1|k), \cdots, \boldsymbol{x}^*(k+N|k)$ 必定满足式(9-28)中的输入和状态约束，且 $\boldsymbol{x}^*(k+N|k)\in\boldsymbol{\Omega}$，因此只需考虑如何保证 $\boldsymbol{U}(k+1)$ 中的最后一项 $\boldsymbol{Hx}^*(k+N|k)$ 满足输入约束，且由它导致的 $\boldsymbol{x}(k+N+1|k+1)$ 满足状态约束并落在终端集 $\boldsymbol{\Omega}$ 内。

如果记 $\boldsymbol{S}=\boldsymbol{P}^{-1}, \boldsymbol{H}=\boldsymbol{YS}^{-1}$，在 $\boldsymbol{x}^*(k+N|k)\in\boldsymbol{\Omega}$ 时，要使

$$|(\boldsymbol{Hx}^*(k+N|k))_j|\leqslant u_{j,\max}, \ j=1,\cdots,m$$

根据式(9-13)，只需存在对称阵 $\boldsymbol{X}$ 使得

$$\begin{bmatrix}\boldsymbol{X} & \boldsymbol{Y}\\ \boldsymbol{Y}^{\mathrm{T}} & \boldsymbol{S}\end{bmatrix}\geqslant\boldsymbol{0}, \text{其中 } \boldsymbol{X}_{jj}\leqslant u_{j,\max}^2, \ j=1,\cdots,m \tag{9-29}$$

下面再考虑在 $\boldsymbol{x}^*(k+N|k)\in\boldsymbol{\Omega}$ 时，使

$$|(\boldsymbol{Gx}(k+N+1|k+1))_j|\leqslant g_{j,\max}, \ j=1,\cdots,p$$

的条件。注意到 $\boldsymbol{x}(k+N+1|k+1)=(\boldsymbol{A}+\boldsymbol{BH})\boldsymbol{x}^*(k+N|k)$，上式等价于

$$|(\boldsymbol{G}(\boldsymbol{A}+\boldsymbol{BYS}^{-1})\boldsymbol{x}^*(k+N|k))_j|\leqslant g_{j,\max}, \ j=1,\cdots,p$$

同样可以知道，如果存在对称阵 $\boldsymbol{Z}$，使得

$$\begin{bmatrix}\boldsymbol{Z} & \boldsymbol{G}(\boldsymbol{AS}+\boldsymbol{BY})\\ (\boldsymbol{AS}+\boldsymbol{BY})^{\mathrm{T}}\boldsymbol{G}^{\mathrm{T}} & \boldsymbol{S}\end{bmatrix}\geqslant\boldsymbol{0}, \text{其中 } \boldsymbol{Z}_{jj}\leqslant g_{j,\max}^2, \ j=1,\cdots,p \tag{9-30}$$

则状态约束可以满足。

而 $\boldsymbol{x}(k+N+1|k+1)$ 落在终端集 $\boldsymbol{\Omega}$ 内则可由终端集为不变集的条件得到保证

$$(A+BH)^{\mathrm{T}}P(A+BH)-P<0 \tag{9-31}$$

通过上述分析可知，如果条件(9－29)～(9－31)满足，则$\boldsymbol{U}(k+1)$是$k+1$时刻优化问题(9－28)的可行解，其对应的性能指标为

$$\begin{aligned}
J_N(k+1) = &\sum_{i=0}^{N-2}\left[\|\boldsymbol{x}^*(k+i+1\mid k)\|_Q^2+\|\boldsymbol{u}^*(k+i+1\mid k)\|_R^2\right]\\
&+\|\boldsymbol{x}^*(k+N\mid k)\|_Q^2+\|\boldsymbol{H}\boldsymbol{x}^*(k+N\mid k)\|_R^2\\
&+\|(\boldsymbol{A}+\boldsymbol{B}\boldsymbol{H})\boldsymbol{x}^*(k+N\mid k)\|_P^2\\
&=J_N^*(k)-\|\boldsymbol{x}^*(k\mid k)\|_Q^2-\|\boldsymbol{u}^*(k\mid k)\|_R^2\\
&+\|\boldsymbol{x}^*(k+N\mid k)\|_{Q+H^{\mathrm{T}}RH+(A+BH)^{\mathrm{T}}P(A+BH)-P}^2
\end{aligned}$$

因此，只要下述条件满足，就有$J_N(k+1)<J_N^*(k)$，进而有$J_N^*(k+1)<J_N^*(k)$

$$\boldsymbol{Q}+\boldsymbol{H}^{\mathrm{T}}\boldsymbol{R}\boldsymbol{H}+(\boldsymbol{A}+\boldsymbol{B}\boldsymbol{H})^{\mathrm{T}}\boldsymbol{P}(\boldsymbol{A}+\boldsymbol{B}\boldsymbol{H})-\boldsymbol{P}<0 \tag{9-32}$$

由于条件(9－32)可以覆盖条件(9－31)，故可知，如果设计终端代价函数和终端约束集中的矩阵$\boldsymbol{P}$和反馈控制律中的矩阵$\boldsymbol{H}$满足式(9－29)、式(9－30)和式(9－32)，并且优化问题(9－28)在$k=0$时有解，则所得到的预测控制系统是渐近稳定的。

为了求得$\boldsymbol{P}$和$\boldsymbol{H}$，注意到$\boldsymbol{S}=\boldsymbol{P}^{-1}$，$\boldsymbol{H}=\boldsymbol{Y}\boldsymbol{S}^{-1}$，可将式(9－32)改写为

$$\boldsymbol{S}-\boldsymbol{S}^{\mathrm{T}}\boldsymbol{Q}\boldsymbol{S}-\boldsymbol{Y}^{\mathrm{T}}\boldsymbol{R}\boldsymbol{Y}-(\boldsymbol{A}\boldsymbol{S}+\boldsymbol{B}\boldsymbol{Y})^{\mathrm{T}}\boldsymbol{S}^{-1}(\boldsymbol{A}\boldsymbol{S}+\boldsymbol{B}\boldsymbol{Y})>0$$

利用式(9－10)，记其中的

$$\boldsymbol{Q}(\boldsymbol{x})=\boldsymbol{S},\ \boldsymbol{S}(\boldsymbol{x})=\begin{bmatrix}\boldsymbol{A}\boldsymbol{S}+\boldsymbol{B}\boldsymbol{Y}\\ \boldsymbol{Q}^{1/2}\boldsymbol{S}\\ \boldsymbol{R}^{1/2}\boldsymbol{Y}\end{bmatrix}^{\mathrm{T}},\ \boldsymbol{R}(\boldsymbol{x})=\begin{bmatrix}\boldsymbol{S}&\boldsymbol{0}&\boldsymbol{0}\\ \boldsymbol{0}&\boldsymbol{I}&\boldsymbol{0}\\ \boldsymbol{0}&\boldsymbol{0}&\boldsymbol{I}\end{bmatrix}$$

则可将上式改写为LMI形式

$$\begin{bmatrix}\boldsymbol{S}&(\boldsymbol{A}\boldsymbol{S}+\boldsymbol{B}\boldsymbol{Y})^{\mathrm{T}}&(\boldsymbol{Q}^{1/2}\boldsymbol{S})^{\mathrm{T}}&(\boldsymbol{R}^{1/2}\boldsymbol{Y})^{\mathrm{T}}\\ \boldsymbol{A}\boldsymbol{S}+\boldsymbol{B}\boldsymbol{Y}&\boldsymbol{S}&\boldsymbol{0}&\boldsymbol{0}\\ \boldsymbol{Q}^{1/2}\boldsymbol{S}&\boldsymbol{0}&\boldsymbol{I}&\boldsymbol{0}\\ \boldsymbol{R}^{1/2}\boldsymbol{Y}&\boldsymbol{0}&\boldsymbol{0}&\boldsymbol{I}\end{bmatrix}>0,\ \boldsymbol{S}>0 \tag{9-33}$$

这样，可通过求解线性矩阵不等式(9－29)、(9－30)和(9－33)中的$\boldsymbol{S}$和$\boldsymbol{Y}$，得到$\boldsymbol{P}$和$\boldsymbol{H}$。

上述采用终端代价函数和终端约束集的稳定预测控制设计方法采用了双模控制模式，由其设计过程可以看出，终端代价函数和终端约束集的选择与系统状态进入终端集后采用的控制策略密切相关。在这里的双模控制中，优化时域即自由控制变量的数目是固定的(N个)，但文献中也有采用变时域的做法，如在Michalska

等提出的双模控制原始文献[64]中,就是逐步减小优化时域,并当状态进入终端集后,不再进行滚动优化,而改为实施反馈控制。

9.2.4 预测控制稳定性一般条件与次优性分析

以上介绍的稳定预测控制器的设计方法,体现出终端集,终端代价函数和局部控制器是预测控制稳定设计的3大要素。2000年,Mayne等在文献[9]中总结了以往研究成果,以一般的形式给出了预测控制系统稳定性保证的基本条件。

考虑一般的预测控制在线优化问题(9-6)

$$\text{PC}:\ \min_{\boldsymbol{u}(k+i|k),0\leqslant i\leqslant N-1} J_N(k) = \sum_{i=0}^{N-1} l(\boldsymbol{x}(k+i|k),\boldsymbol{u}(k+i|k)) + F(\boldsymbol{x}(k+N|k))$$

$$\begin{aligned}\text{s.t.}\quad & \boldsymbol{x}(k+i+1|k) = \boldsymbol{f}(\boldsymbol{x}(k+i|k),\boldsymbol{u}(k+i|k)),\ i=0,\cdots,N-1\\ & \boldsymbol{u}(k+i|k) \in \boldsymbol{\Omega}_u,\ i=0,\cdots,N-1\\ & \boldsymbol{x}(k+i|k) \in \boldsymbol{\Omega}_x,\ i=1,\cdots,N\\ & \boldsymbol{x}(k+N|k) \in \boldsymbol{X}_f\\ & \boldsymbol{x}(k|k) = \boldsymbol{x}(k)\end{aligned}$$

其中 $F(\boldsymbol{x}(k+N))$ 是终端代价函数,$\boldsymbol{X}_f$ 是终端集。假定系统状态进入终端集 $\boldsymbol{X}_f$ 后,再用局部线性反馈控制律 $\boldsymbol{u}=\boldsymbol{H}(\boldsymbol{x})$ 镇定系统,则下述条件可保证预测控制系统闭环渐近稳定。

A1: $\boldsymbol{X}_f \subset \boldsymbol{\Omega}_x$,$\boldsymbol{X}_f$ 是包含原点 $\boldsymbol{x}=\boldsymbol{0}$ 的闭集(在 $\boldsymbol{X}_f$ 内满足状态约束)

A2: $\boldsymbol{H}(\boldsymbol{x}) \subset \boldsymbol{\Omega}_u$, $\forall \boldsymbol{x} \subset \boldsymbol{X}_f$(在 $\boldsymbol{X}_f$ 内满足控制约束)

A3: $\boldsymbol{f}(\boldsymbol{x},\boldsymbol{H}(\boldsymbol{x})) \subset \boldsymbol{X}_f$, $\forall \boldsymbol{x} \subset \boldsymbol{X}_f$($\boldsymbol{X}_f$ 是 $\boldsymbol{H}(\boldsymbol{x})$ 作用下的正不变集)

A4: $F(\boldsymbol{f}(\boldsymbol{x},\boldsymbol{H}(\boldsymbol{x}))) - F(\boldsymbol{x}) + l(\boldsymbol{x},\boldsymbol{H}(\boldsymbol{x})) \leqslant 0$, $\forall \boldsymbol{x} \subset \boldsymbol{X}_f$

($F(\cdot)$ 是一个局部李雅普诺夫函数) (9-34)

式(9-34)的4个条件在保证预测控制系统稳定性方面的作用可以说明如下。

在 k 时刻求解优化问题(9-6),可得到最优控制序列 $\boldsymbol{U}^*(k)=\{\boldsymbol{u}^*(k|k),\cdots \boldsymbol{u}^*(k+N-1|k)\}$,计算出对应的最优状态轨线 $\boldsymbol{X}^*(k)=\{\boldsymbol{x}^*(k+1|k),\cdots,\boldsymbol{x}^*(k+N|k)\}$,并得到性能指标的最优值 $J_N^*(k)$。显然它们满足

$$\begin{aligned}& \boldsymbol{u}^*(k+i|k) \in \boldsymbol{\Omega}_u,\ i=0,\cdots,N-1\\ & \boldsymbol{x}^*(k+i|k) \in \boldsymbol{\Omega}_x,\ i=1,\cdots,N\\ & \boldsymbol{x}^*(k+N|k) \in \boldsymbol{X}_f\\ & J_N^*(k) = \sum_{i=0}^{N-1} l(\boldsymbol{x}^*(k+i|k),\boldsymbol{u}^*(k+i|k)) + F(\boldsymbol{x}^*(k+N|k))\end{aligned}$$

到 $k+1$ 时刻，构造控制序列 $\boldsymbol{U}(k+1)$，其前 $N-1$ 个分量由 $\boldsymbol{U}^*(k)$ 中的元素移位得到，即 $\boldsymbol{u}(k+i|k+1)=\boldsymbol{u}^*(k+i|k)$，$i=1,\cdots,N-1$，而 $\boldsymbol{u}(k+N|k+1)=\boldsymbol{H}(\boldsymbol{x}^*(k+N|k))$，即 $\boldsymbol{U}(k+1)=\{\boldsymbol{u}^*(k+1|k),\cdots,\boldsymbol{u}^*(k+N-1|k),\boldsymbol{H}(\boldsymbol{x}^*(k+N|k))\}$，在其控制下的状态轨线为 $\boldsymbol{X}(k+1)=\{\boldsymbol{x}^*(k+2|k),\cdots,\boldsymbol{x}^*(k+N|k),\boldsymbol{f}(\boldsymbol{x}^*(k+N|k),\boldsymbol{H}(\boldsymbol{x}^*(k+N|k)))\}$。根据 k 时刻控制和状态分量满足的式子以及条件 **A 1 – A 3**，可知 $\boldsymbol{U}(k+1)$ 和 $\boldsymbol{X}(k+1)$ 满足 $k+1$ 时刻优化问题(9－6)的所有控制约束、状态约束和终端约束，所以 $\boldsymbol{U}(k+1)$ 是 $k+1$ 时刻优化问题(9－6)的可行解。由于 $\boldsymbol{U}(k+1)$ 对应的性能指标 $J_N(k+1)$ 是该时刻最优性能指标值 $J_N^*(k+1)$ 的上界，故根据条件 **A4**

$$\begin{aligned}
J_N^*(k+1) &\leqslant J_N(k+1)\\
&= J_N^*(k) - l(\boldsymbol{x}(k|k),\boldsymbol{u}^*(k|k)) - F(\boldsymbol{x}^*(k+N|k))\\
&\quad + F(\boldsymbol{f}(\boldsymbol{x}^*(k+N|k),\boldsymbol{H}(\boldsymbol{x}^*(k+N|k))))\\
&\quad + l(\boldsymbol{x}^*(k+N|k),\boldsymbol{H}(\boldsymbol{x}^*(k+N|k)))\\
&\leqslant J_N^*(k) - l(\boldsymbol{x}(k|k),\boldsymbol{u}^*(k|k))
\end{aligned}$$

可知如果取最优值函数 $J_N^*(k)$ 为李雅普诺夫函数，则只要 $\boldsymbol{x}(k)$、$\boldsymbol{u}^*(k|k)$ 不同时为零，$J_N^*(k)$ 递降，因此能保证闭环系统渐近稳定。

从上面关于预测控制系统稳定性一般条件的分析与推导，还可以得到下面的结果。

1. 最优值函数随优化时域 N 的单调性与稳定性的关系[65]

预测控制在 k 时刻从 $\boldsymbol{x}(k)$ 出发求解时域长度为 N 的优化问题，得到的最优解对应的最优值函数为 $J_N^*(k)$。根据最优性原理

$$J_N^*(\boldsymbol{x}(k)) = J_{N-1}^*(\boldsymbol{x}^*(k+1|k)) + l(\boldsymbol{x}(k|k),\boldsymbol{u}^*(k|k))$$

其中 $J_{N-1}^*(\boldsymbol{x}^*(k+1|k))$ 表示从 $\boldsymbol{x}^*(k+1|k)$ 出发求解时域长度为 $N-1$ 的优化问题所得到的最优值函数。而在 $k+1$ 时刻，从 $\boldsymbol{x}(k+1)=\boldsymbol{x}^*(k+1|k)$ 出发求解时域长度为 N 的优化问题所得到的最优值函数为 $J_N^*(\boldsymbol{x}(k+1))$。由此可以得到

$$\begin{aligned}
J_N^*(\boldsymbol{x}(k+1)) - J_N^*(\boldsymbol{x}(k)) &= J_N^*(\boldsymbol{x}(k+1)) - J_{N-1}^*(\boldsymbol{x}(k+1))\\
&\quad - l(\boldsymbol{x}(k|k),\boldsymbol{u}^*(k|k))
\end{aligned}$$

如果在任何时刻 k，从 $\boldsymbol{x}(k)$ 出发求解优化问题(9－6)时，都能保证

$$J_N^*(\cdot) \leqslant J_{N-1}^*(\cdot) \tag{9-35}$$

即最优值函数随优化时域 N 递降，那么由上式就可以得到

$$J_N^*(\boldsymbol{x}(k+1)) \leqslant J_N^*(\boldsymbol{x}(k))$$

即最优值函数 $J_N^*(\boldsymbol{x}(k))$ 作为李雅普诺夫函数递降，则预测控制系统闭环渐近稳

定。

用最优值函数随优化时域 N 递降的条件(9－35)来保证预测控制系统闭环稳定的方法在文献[9]中被称为“单调性”方法,是区别于条件 **A1－A4**(称为“直接方法”)的另一种方法。该条件的导出十分直接自然,但作为一种间接方法,它并没有指出式(9－35)如何才能满足。从直观来看,由于在性能指标 J 中所有的项都是非负的,如果采用同样的控制序列 $\boldsymbol{U}$,因为 $J_N(\cdot)$ 比 $J_{N-1}(\cdot)$ 有更多的项,似乎不可能得到式(9－35)。但注意到式(9－35)中比较的是最优值函数,对于优化时域分别为 N 和 $N-1$ 的优化问题,得到的是不同的最优控制序列,如果选择合适的优化策略,由它们分别导致的最优 $J_N^*(\cdot)$ 和 $J_{N-1}^*(\cdot)$ 就有可能满足式(9－35)。事实上,这一条件与“直接方法”存在着密切的联系。下面的分析表明,如果采用推导条件(9－34)时的优化策略并且条件 **A1－A4** 均满足,就可以得到式(9－35)。

在 k 时刻求解优化问题(9－6)得到的最优值函数为

$$J_N^*(k) = \sum_{i=0}^{N-1} l(\boldsymbol{x}^*(k+i\mid k),\boldsymbol{u}^*(k+i\mid k)) + F(\boldsymbol{x}^*(k+N\mid k))$$

在 k 时刻,如果求解优化时域为 $N+1$ 的优化问题(9－6),根据推导式(9－34)的优化策略,取 $\boldsymbol{U}_{N+1}(k)=\{\boldsymbol{u}^*(k|k),\boldsymbol{u}^*(k+1|k),\cdots,\boldsymbol{u}^*(k+N-1|k),\boldsymbol{H}(\boldsymbol{x}^*(k+N|k))\}$,条件 **A1－A3** 保证了它为可行解,它对应的值函数为 $J_{N+1}(k)$,则根据条件 **A4**,有

$$\begin{aligned}
J_{N+1}(k) = & \sum_{i=0}^{N-1} l(\boldsymbol{x}^*(k+i\mid k),\boldsymbol{u}^*(k+i\mid k)) \\
& + l(\boldsymbol{x}^*(k+N\mid k),\boldsymbol{H}(\boldsymbol{x}^*(k+N\mid k))) \\
& + F(\boldsymbol{f}(\boldsymbol{x}^*(k+N\mid k),\boldsymbol{H}(\boldsymbol{x}^*(k+N\mid k)))) \\
& = J_N^*(k) - F(\boldsymbol{x}^*(k+N\mid k)) + l(\boldsymbol{x}^*(k+N\mid k),\boldsymbol{H}(\boldsymbol{x}^*(k+N\mid k)) \\
& + F(\boldsymbol{f}(\boldsymbol{x}^*(k+N\mid k),\boldsymbol{H}(\boldsymbol{x}^*(k+N\mid k)))) \leqslant J_N^*(k)
\end{aligned}$$

由于 $\boldsymbol{U}_{N+1}(k)$ 并不是最优控制序列,记 k 时刻求解优化时域为 $N+1$ 的优化问题(9－6)得到的最优值函数为 $J_{N+1}^*(k)$,则有

$$J_{N+1}^*(k) - J_N^*(k) \leqslant J_{N+1}(k) - J_N^*(k) \leqslant 0$$

由此可见,如果采用推导式(9－34)的优化策略并且条件 **A1－A4** 均满足,“单调性”条件(9－35)满足,可以保证预测控制系统闭环渐近稳定。

从上面推导 $J_{N+1}(k)$ 的式子也可看到,同样从 $\boldsymbol{x}(k)$ 出发进行优化,虽然优化时域为 $N+1$ 的优化性能指标比优化时域为 N 时多了一项,但同时也增加了一个控制的自由度,只要控制策略选择合适,即使不是最优策略,所得到的 $N+1$ 项的性能指标 $J_{N+1}(k)$ 也可以优于优化时域为 N 时的最优性能指标 $J_N^*(k)$。

2. 预测控制求解最优控制的次优性分析[66]

考虑非线性系统(9-1),在初始状态 $\boldsymbol{x}(0)$ 下求解无穷时域最优控制问题

$$\begin{aligned}\text{IHC}:\ &\min_{\boldsymbol{u}(k+i|k)} J_\infty(k) = \sum_{i=0}^{\infty} l(\boldsymbol{x}(k+i|k),\boldsymbol{u}(k+i|k))\\ &\text{s.t.}\quad \boldsymbol{x}(k+i+1|k) = \boldsymbol{f}(\boldsymbol{x}(k+i|k),\boldsymbol{u}(k+i|k)),\ i=0,1,\cdots\\ &\qquad\ \ \boldsymbol{u}(k+i|k)\in\boldsymbol{\Omega}_u,\ i=0,1,\cdots\\ &\qquad\ \ \boldsymbol{x}(k+i|k)\in\boldsymbol{\Omega}_x,\ i=1,2,\cdots\end{aligned} \tag{9-36}$$

可以得到整个控制时域上的全局最优值 $J_\infty^*(\boldsymbol{x}(0))$。但对预测控制而言,它把对系统的全局最优控制通过滚动优化的方式来实现,在每一时刻 k 从 $\boldsymbol{x}(k)$ 出发求解一个有限时域的优化问题(9-6),所得到的最优解 $\boldsymbol{U}^*(k)$ 并未完全实施,其中只有当前时刻的控制作用 $\boldsymbol{u}^*(k|k)$ 才真正予以实施,所以预测控制所导致的全局性能值应该是

$$J_\infty^P(\boldsymbol{x}(0)) = \sum_{k=0}^{\infty} l(\boldsymbol{x}(k|k),\boldsymbol{u}^*(k|k)) \tag{9-37}$$

即预测控制对应于最优控制的全局性能指标是由每一时刻的状态 $\boldsymbol{x}(k)$ 和求解优化问题(9-6)所得到的 $\boldsymbol{u}^*(k|k)$ 构成的性能值累积而成的。显然,式(9-37)表示的预测控制全局性能值一般不是全局最优值 $J_\infty^*(\boldsymbol{x}(0))$,为了评估其次优性,假设预测控制系统已满足式(9-34)给出的条件闭环渐近稳定,在前面推导过程中已经得到

$$J_N^*(k) - J_N^*(k+1) \geqslant l(\boldsymbol{x}(k|k),\boldsymbol{u}^*(k|k)) \tag{9-38}$$

把上式从 $k=0$ 到 $k=\infty$ 累加,可以得到

$$J_N^*(0) - J_N^*(\infty) \geqslant \sum_{k=0}^{\infty} l(\boldsymbol{x}(k|k),\boldsymbol{u}^*(k|k)) = J_\infty^P(\boldsymbol{x}(0))$$

由于系统渐近稳定,$J_N^*(\infty)=0$,由上式并考虑到 $J_\infty^*(\boldsymbol{x}(0))$ 为全局最优值可得

$$J_\infty^*(\boldsymbol{x}(0)) \leqslant J_\infty^P(\boldsymbol{x}(0)) \leqslant J_N^*(0) \tag{9-39}$$

即预测控制滚动优化得到的控制律在全局性能意义上不是最优的,其全局性能值存在一个上界,该上界可由第1步滚动优化的有限时域最优性能指标 $J_N^*(0)$ 给出。

如果根据式(9-38)进行更细致的分析,可以逐步得到

$$\begin{aligned}J_N^*(0) &\geqslant J_N^*(1) + l(\boldsymbol{x}(0|0),\boldsymbol{u}^*(0|0))\\ &\geqslant \cdots \geqslant J_N^*(k) + \sum_{i=0}^{k-1} l(\boldsymbol{x}(k|k),\boldsymbol{u}^*(k|k))\\ &\geqslant \cdots \geqslant \sum_{k=0}^{\infty} l(\boldsymbol{x}(k|k),\boldsymbol{u}^*(k|k)) = J_\infty^P(\boldsymbol{x}(0))\end{aligned}$$

由此可得如下结论来描述预测控制全局性能指标的次优性。

① 预测控制在每一步的有限时域优化问题(9-6)中,通过引入终端代价函数、终端集等试图把(9-6)近似为无穷时域最优控制问题,但在优化时域后采用确定状态反馈控制律的做法限制了无穷时域控制的自由度,使它不能等同于真正的无穷时域最优控制,其导致的全局性能指标是次优的。

② 当优化时域向前推移时,重新求解优化问题(9-6)意味着与前一时刻相比,释放了一个新的控制自由度,所以对全局而言可以取得比上一时刻更好的全局控制效果。

③ 在每一时刻 k,预测控制全局性能指标的次优性可由已实际发生的性能指标值与该时刻有限时域最优性能指标之和来评估,次优性上界将随着滚动优化过程不断得到改善。

9.3 鲁棒预测控制器的综合

9.2 节介绍的预测控制稳定性综合方法都是针对系统模型准确且无扰动的情况进行的,但由于实际系统存在着模型不精确或时变、未知扰动等各种不确定性,从 20 世纪 90 年代以来,针对不确定性系统的鲁棒预测控制综合方法因其实用意义而迅速成为预测控制理论研究的热点,并取得了丰富的研究成果。本节将简要介绍若干具有代表性的研究工作。

9.3.1 多胞描述不确定性系统的鲁棒预测控制

实际中的许多不确定系统可以用下面的线性时变模型描述

$$\begin{aligned}&\boldsymbol{x}(k+1)=\boldsymbol{A}(k)\boldsymbol{x}(k)+\boldsymbol{B}(k)\boldsymbol{u}(k)\\&\boldsymbol{y}(k)=\boldsymbol{C}\boldsymbol{x}(k)\\&[\boldsymbol{A}(k)\ \ \boldsymbol{B}(k)]\in\boldsymbol{\Pi}\end{aligned}\tag{9-40}$$

其中

$$\boldsymbol{\Pi}=\mathrm{Co}\{[\boldsymbol{A}_1\quad\boldsymbol{B}_1],\cdots,[\boldsymbol{A}_L\quad\boldsymbol{B}_L]\}\tag{9-41}$$

式中的 Co 表示凸包,即对于任何时变的 $\boldsymbol{A}(k)$ 和 $\boldsymbol{B}(k)$,$[\boldsymbol{A}(k),\boldsymbol{B}(k)]\in\boldsymbol{\Pi}$ 表示存在一组非负参数 $\lambda_i(k)$,$i=1,\cdots,L$,满足

$$[\boldsymbol{A}(k)\ \ \boldsymbol{B}(k)]=\sum_{i=1}^{L}\lambda_i(k)[\boldsymbol{A}_i\quad\boldsymbol{B}_i],\ \sum_{i=1}^{L}\lambda_i(k)=1,\ \lambda_i(k)\geqslant0,i=1,\cdots,L\tag{9-42}$$

上述模型(9-40)的模型参数 $\boldsymbol{A}(k)$ 和 $\boldsymbol{B}(k)$ 虽然是未知时变的,但其变化范

围是有限的，不论何时都落在以 L 个顶点$[\boldsymbol{A}_i\ \boldsymbol{B}_i]$所组成的凸包 $\boldsymbol{\Pi}$ 内，而顶点$[\boldsymbol{A}_i\ \boldsymbol{B}_i]$是给定的，可用以刻画模型参数不确定的范围。由式(9-40)到式(9-42)表达的模型称为用多胞(Polytopic)描述的线性时变不确定系统。这类模型在工程系统中有广泛的实际应用背景，例如非线性系统在不同工作点线性化就可以用这类模型描述。

进一步考虑对系统(9-40)控制变量和输出变量的约束

$$\|\boldsymbol{u}(i)\|_2 \leqslant u_{\max},\ i \geqslant 0 \tag{9-43}$$

$$\|\boldsymbol{y}(i)\|_2 \leqslant y_{\max},\ i \geqslant 1 \tag{9-44}$$

对于这类不确定系统的鲁棒预测控制器设计，可借助线性鲁棒控制理论，在 k 时刻提出求解以下的无穷时域“极小-极大”问题

$$\min_{\boldsymbol{u}(k+i|k),i\geqslant 0}\ \max_{[\boldsymbol{A}(k+i)\boldsymbol{B}(k+i)]\subset\boldsymbol{\Pi},i\geqslant 0} J_\infty(k)$$

$$J_\infty(k) = \sum_{i=0}^{\infty}[\boldsymbol{x}^{\mathrm{T}}(k+i|k)\boldsymbol{Q}_1\boldsymbol{x}(k+i|k)+\boldsymbol{u}^{\mathrm{T}}(k+i|k)\boldsymbol{R}\boldsymbol{u}(k+i|k)]$$

$$\begin{aligned}
\text{s.t.}\quad & \boldsymbol{x}(k+i+1|k) = \boldsymbol{A}(k+i)\boldsymbol{x}(k+i|k)+\boldsymbol{B}(k+i)\boldsymbol{u}(k+i|k),\ k,i\geqslant 0\\
& \boldsymbol{y}(k+i|k) = \boldsymbol{C}\boldsymbol{x}(k+i|k),\ k,i\geqslant 0\\
& \|\boldsymbol{u}(k+i|k)\|_2 \leqslant u_{\max},\ k,i\geqslant 0\\
& \|\boldsymbol{y}(k+i|k)\|_2 \leqslant y_{\max},\ k\geqslant 0,i\geqslant 1\\
& \boldsymbol{x}(k|k) = \boldsymbol{x}(k)
\end{aligned} \tag{9-45}$$

它表示预测控制在 k 时刻进行滚动优化时，应使模型参数在 $\boldsymbol{\Pi}$ 内任意变化时对应于“最坏”情况的无穷时域性能指标最优。这与8.3节讨论的无穷范数优化的鲁棒预测控制十分相似。以下我们参照文献[67]，介绍这类鲁棒预测控制器的综合方法。

首先不考虑上述问题中对控制变量和输出变量的约束。由于优化问题(9-45)涉及到求解未来无穷多时刻的控制变量 $\boldsymbol{u}(k+i|k)$，$i\geqslant 0$，用常规优化理论显然是无法处理的，但可通过下面步骤将该问题转化为可处理。

第1步：给出极大问题的上界，将“极小-极大”问题转化为单纯的极小化问题。

对于系统(9-40)，考虑 $\boldsymbol{x}$ 的二次函数 $V(\boldsymbol{x})=\boldsymbol{x}^{\mathrm{T}}\boldsymbol{P}\boldsymbol{x}$，其中 $\boldsymbol{P}>\boldsymbol{0}$。对于一切满足式(9-40)到式(9-42)的 $\boldsymbol{x}$ 和 $\boldsymbol{u}$，强制其对应的 V 满足

$$\begin{aligned}
&V(\boldsymbol{x}(k+i+1|k)) - V(\boldsymbol{x}(k+i|k))\\
&\quad \leqslant -[\boldsymbol{x}^{\mathrm{T}}(k+i|k)\boldsymbol{Q}_1\boldsymbol{x}(k+i|k)+\boldsymbol{u}^{\mathrm{T}}(k+i|k)\boldsymbol{R}\boldsymbol{u}(k+i|k)]
\end{aligned} \tag{9-46}$$

如果要求系统闭环渐近稳定，则必须有 $\boldsymbol{x}(\infty|k)=0$，即 $V(\boldsymbol{x}(\infty|k))=0$。这时把

上式从 $i=0$ 累加到 $i=\infty$，可以得到

$$-V(\boldsymbol{x}(k|k)) \leqslant -J_{\infty}(k)$$

从而可以得到极大问题的上界

$$\max_{[\boldsymbol{A}(k+i)\boldsymbol{B}(k+i)]\subset\boldsymbol{\Pi},i\geqslant 0} J_{\infty}(k) \leqslant V(\boldsymbol{x}(k|k)) \triangleq \alpha \tag{9-47}$$

第2步：采用单一状态反馈控制律，把系统状态保持在一个不变集内。

为了解决控制变量数目无穷的问题，在预测控制中可以采用如下状态反馈控制律

$$\boldsymbol{u}(k+i|k) = \boldsymbol{F}\boldsymbol{x}(k+i|k),\ i\geqslant 0 \tag{9-48}$$

同时假定 k 时刻的状态 $\boldsymbol{x}(k|k)=\boldsymbol{x}(k)\in\boldsymbol{\Omega}$，其中

$$\boldsymbol{\Omega} = \{\boldsymbol{x}\in\mathbb{R}^n | \boldsymbol{x}^{\mathrm{T}}\boldsymbol{Q}^{-1}\boldsymbol{x}\leqslant 1\},\ \boldsymbol{Q}>\boldsymbol{0} \tag{9-49}$$

是系统(9-40)在反馈控制律(9-48)下的控制不变集，这意味着只要 $\boldsymbol{x}(k|k)\in\boldsymbol{\Omega}$，就有 $\boldsymbol{x}(k+1|k)\in\boldsymbol{\Omega}$，即

$$[(\boldsymbol{A}(k)+\boldsymbol{B}(k)\boldsymbol{F})\boldsymbol{x}(k)]^{\mathrm{T}}\boldsymbol{Q}^{-1}[(\boldsymbol{A}(k)+\boldsymbol{B}(k)\boldsymbol{F})\boldsymbol{x}(k)]\leqslant 1$$

因此只要下面的条件成立，上式就可得到保证

$$(\boldsymbol{A}(k)+\boldsymbol{B}(k)\boldsymbol{F})^{\mathrm{T}}\boldsymbol{Q}^{-1}(\boldsymbol{A}(k)+\boldsymbol{B}(k)\boldsymbol{F})\leqslant\boldsymbol{Q}^{-1} \tag{9-50}$$

通过以上两个步骤的转化，解决了“极小-极大”优化问题和控制变量数目无穷的问题，对转化过程中所做的假设进行整理，并且令 $\boldsymbol{P}=\gamma\boldsymbol{Q}^{-1}$，记 $\boldsymbol{F}=\boldsymbol{Y}\boldsymbol{Q}^{-1}$，利用LMI表达式的Schur补性质(9-10)以及多胞描述的凸包性质(9-42)，可以得到

① $\boldsymbol{x}(k)$ 在不变集 $\boldsymbol{\Omega}$ 内的条件(9-49)。

$$\begin{bmatrix} 1 & \boldsymbol{x}^{\mathrm{T}}(k) \\ \boldsymbol{x}(k) & \boldsymbol{Q} \end{bmatrix}\geqslant\boldsymbol{0} \tag{9-51}$$

② 强制 $V(\boldsymbol{x}(k+i|k))$ 递减且满足式(9-46)的条件。

$$\begin{aligned}&\boldsymbol{x}^{\mathrm{T}}(k+i|k)[(\boldsymbol{A}(k+i)+\boldsymbol{B}(k+i)\boldsymbol{F})^{\mathrm{T}}\boldsymbol{P}(\boldsymbol{A}(k+i)\\&\quad+\boldsymbol{B}(k+i)\boldsymbol{F})-\boldsymbol{P}]\boldsymbol{x}(k+i|k)\\&\quad\leqslant-[\boldsymbol{x}^{\mathrm{T}}(k+i|k)(\boldsymbol{Q}_1+\boldsymbol{F}^{\mathrm{T}}\boldsymbol{R}\boldsymbol{F})\boldsymbol{x}(k+i|k)]\end{aligned}$$

注意到 $\boldsymbol{P}=\gamma\boldsymbol{Q}^{-1}$，$\boldsymbol{F}=\boldsymbol{Y}\boldsymbol{Q}^{-1}$，上述条件可写为

$$\begin{aligned}&\gamma[(\boldsymbol{A}(k+i)\boldsymbol{Q}+\boldsymbol{B}(k+i)\boldsymbol{Y})^{\mathrm{T}}\boldsymbol{Q}^{-1}(\boldsymbol{A}(k+i)\boldsymbol{Q}\\&\quad+\boldsymbol{B}(k+i)\boldsymbol{Y})-\boldsymbol{Q}]\leqslant-(\boldsymbol{Q}\boldsymbol{Q}_1\boldsymbol{Q}+\boldsymbol{Y}^{\mathrm{T}}\boldsymbol{R}\boldsymbol{Y})\end{aligned} \tag{9-52}$$

记式(9-10b)中

$$\boldsymbol{Q}(\boldsymbol{x})=\boldsymbol{Q},\ \boldsymbol{S}(\boldsymbol{x})=\begin{bmatrix}\boldsymbol{A}(k+i)\boldsymbol{Q}+\boldsymbol{B}(k+i)\boldsymbol{Y}\\ \boldsymbol{Q}_1^{1/2}\boldsymbol{Q}\\ \boldsymbol{R}^{1/2}\boldsymbol{Y}\end{bmatrix}^{\mathrm{T}},\ \boldsymbol{R}(\boldsymbol{x})=\begin{bmatrix}\boldsymbol{Q}&\boldsymbol{0}&\boldsymbol{0}\\ \boldsymbol{0}&\gamma\boldsymbol{I}&\boldsymbol{0}\\ \boldsymbol{0}&\boldsymbol{0}&\gamma\boldsymbol{I}\end{bmatrix}$$

根据式(9－10a)可将式(9－52)写为 LMI 形式

$$\begin{bmatrix}\boldsymbol{Q}&\boldsymbol{Q}\boldsymbol{A}^{\mathrm{T}}(k+i)+\boldsymbol{Y}^{\mathrm{T}}\boldsymbol{B}^{\mathrm{T}}(k+i)&\boldsymbol{Q}\boldsymbol{Q}_1^{1/2}&\boldsymbol{Y}^{\mathrm{T}}\boldsymbol{R}^{1/2}\\ \boldsymbol{A}(k+i)\boldsymbol{Q}+\boldsymbol{B}(k+i)\boldsymbol{Y}&\boldsymbol{Q}&\boldsymbol{0}&\boldsymbol{0}\\ \boldsymbol{Q}_1^{1/2}\boldsymbol{Q}&\boldsymbol{0}&\gamma\boldsymbol{I}&\boldsymbol{0}\\ \boldsymbol{R}^{1/2}\boldsymbol{Y}&\boldsymbol{0}&\boldsymbol{0}&\gamma\boldsymbol{I}\end{bmatrix}\geqslant\boldsymbol{0}$$

由于不确定参数 $\boldsymbol{A}(k+i)$、$\boldsymbol{B}(k+i)$ 满足多胞条件(9－42)，是多胞模型各顶点参数 $\boldsymbol{A}_i$、$\boldsymbol{B}_i$ 的线性组合，故上述条件可归结为各顶点参数 $\boldsymbol{A}_i$、$\boldsymbol{B}_i$ 应满足的条件

$$\begin{bmatrix}\boldsymbol{Q}&\boldsymbol{Q}\boldsymbol{A}_i^{\mathrm{T}}+\boldsymbol{Y}^{\mathrm{T}}\boldsymbol{B}_i^{\mathrm{T}}&\boldsymbol{Q}\boldsymbol{Q}_1^{1/2}&\boldsymbol{Y}^{\mathrm{T}}\boldsymbol{R}^{1/2}\\ \boldsymbol{A}_i\boldsymbol{Q}+\boldsymbol{B}_i\boldsymbol{Y}&\boldsymbol{Q}&\boldsymbol{0}&\boldsymbol{0}\\ \boldsymbol{Q}_1^{1/2}\boldsymbol{Q}&\boldsymbol{0}&\gamma\boldsymbol{I}&\boldsymbol{0}\\ \boldsymbol{R}^{1/2}\boldsymbol{Y}&\boldsymbol{0}&\boldsymbol{0}&\gamma\boldsymbol{I}\end{bmatrix}\geqslant\boldsymbol{0},\ i=1,\cdots,L \quad (9-53)$$

③ $\boldsymbol{\Omega}$ 是系统(9－40)在反馈控制律(9－48)下的控制不变集的条件(9－50)。

$$(\boldsymbol{A}(k)+\boldsymbol{B}(k)\boldsymbol{Y}\boldsymbol{Q}^{-1})^{\mathrm{T}}\boldsymbol{Q}^{-1}(\boldsymbol{A}(k)+\boldsymbol{B}(k)\boldsymbol{Y}\boldsymbol{Q}^{-1})\leqslant\boldsymbol{Q}^{-1}$$

注意到式(9－52)成立时该式必然成立，故该条件已包含在式(9－53)内。

④ 目标函数极大值的上界(9－47)。

注意到 $\boldsymbol{P}=\gamma\boldsymbol{Q}^{-1}$ 以及 $\boldsymbol{x}(k)\in\boldsymbol{\Omega}$，由式(9－47)可得

$$\max_{[\boldsymbol{A}(k+i)\boldsymbol{B}(k+i)]\subset\boldsymbol{\Pi},i\geqslant0}J_\infty(k)\leqslant\alpha=V(\boldsymbol{x}(k\mid k))=\boldsymbol{x}^{\mathrm{T}}(k)\boldsymbol{P}\boldsymbol{x}(k)\leqslant\gamma$$

下面进一步讨论控制变量和输出变量存在约束的情况。

⑤ 满足控制约束(9－43)的条件。

与9.1.4节推导式(9－12)相类似，当 $\boldsymbol{x}(k+i|k)\in\boldsymbol{\Omega}$ 时，$\boldsymbol{u}(k+i|k)=\boldsymbol{F}\boldsymbol{x}(k+i|k)$ 要满足约束(9－43)，只需

$$\begin{bmatrix}u_{\max}^2\boldsymbol{I}&\boldsymbol{Y}\\ \boldsymbol{Y}^{\mathrm{T}}&\boldsymbol{Q}\end{bmatrix}\geqslant\boldsymbol{0} \quad (9-54)$$

⑥ 满足输出约束(9－44)的条件。

根据式(9－44)

$$\begin{aligned}\max_{i\geqslant1}\|\boldsymbol{y}(k+i\mid k)\|_2^2&=\max_{i\geqslant0}\|\boldsymbol{C}[\boldsymbol{A}(k+i)+\boldsymbol{B}(k+i)\boldsymbol{Y}\boldsymbol{Q}^{-1}]\boldsymbol{x}(k+i\mid k)\|_2^2\\&=\max_{i\geqslant0}\|\boldsymbol{C}[\boldsymbol{A}(k+i)\boldsymbol{Q}+\boldsymbol{B}(k+i)\boldsymbol{Y}]\boldsymbol{Q}^{-1/2}\boldsymbol{Q}^{-1/2}\boldsymbol{x}(k+i\mid k)\|_2^2\leqslant y_{\max}^2\end{aligned}$$

当 $\boldsymbol{x}(k+i|k)\in\boldsymbol{\Omega}$ 时，上式成立的条件为

$$Q^{-1/2}[A(k+i)Q+B(k+i)Y]^{\mathrm{T}}C^{\mathrm{T}}C[A(k+i)Q+B(k+i)Y]Q^{-1/2}\leqslant y_{\max}^{2}I$$

通过左、右各乘以 $Q^{1/2}$ 并整理后可得

$$Q-[A(k+i)Q+B(k+i)Y]^{\mathrm{T}}C^{\mathrm{T}}(y_{\max}^{2}I)^{-1}C[A(k+i)Q+B(k+i)Y]\geqslant 0$$

上式转化为 LMI 形式后，利用多胞条件（9－42）可归结为模型顶点参数 A_i、B_i 的 LMI

$$\begin{bmatrix} Q & (A_iQ+B_iY)^{\mathrm{T}}C^{\mathrm{T}} \\ C(A_iQ+B_iY) & y_{\max}^{2}I \end{bmatrix}\geqslant 0,\ i=1,\cdots,L \tag{9-55}$$

经过以上分析和推导，k 时刻求解无穷时域“极小-极大”问题（9－45）就可以转化为求解以下的优化问题

$$\begin{aligned} &\min_{\gamma,Q,Y}\gamma \\ &\text{s.t. } (9-51),(9-53),(9-54),(9-55) \end{aligned} \tag{9-56}$$

由此求出 Q、Y，即可得到 $F=YQ^{-1}$ 及该时刻的控制作用 $u(k)=Fx(k)$。注意，在严格意义上，k 时刻求解(9－56)得到的 γ、Q、Y，应记为 $\gamma(k)$、$Q(k)$、$Y(k)$。只要系统初始状态 $x(0)\in\Omega=\{x\in\mathbb{R}^n \mid x^{\mathrm{T}}Q^{-1}x\leqslant 1\}$，可以证明，由上述预测控制律得到的闭环系统渐近稳定。

关于以上介绍的鲁棒预测控制综合方法，应该注意以下几点。

（1）鲁棒预测控制的性能指标

由于模型参数存在时变不确定性(9－41)、(9－42)，鲁棒预测控制的在线优化问题可以用“极小-极大”问题(9－45)来描述，即在每一时刻要寻找最优控制作用，使得在参数变化的“最坏”情况下无穷时域性能指标最优。通过引入李雅普诺夫函数并强制其递减，可以得到“最坏”情况下性能指标的一个上界，从而把原来的“极小-极大”问题近似地转化为一个极小化该上界的优化问题。

（2）鲁棒预测控制的策略

规定在整个无穷时域中采用线性反馈控制律(9－48)，因此不存在一般预测控制有限时域内的自由控制变量，需要优化的是反馈控制律的反馈矩阵 F。同时，还规定系统状态从一开始就落在与此控制律相对应的控制不变集 Ω 中，见式(9－49)，蕴含着系统状态在任意时刻都将保持在 Ω 中。

（3）鲁棒预测控制的稳定性和可行性

文献[67]证明了上述算法的递归可行性及闭环系统的鲁棒稳定性。需要注意的是，由于 k 时刻和 $k+1$ 时刻求出的 P 是不同的，强制 $V(i,k)$ 随 i 严格递降的条件(9－46)，并不是保证闭环系统稳定的李雅普诺夫函数递降条件。由于采用滚动优化，在 $k+1$ 时刻，$V(i,k)$ 将重新定义为 $V(i+1,k+1)$ 并重新计算，如果要作为

全局的李雅普诺夫函数,需要证明 $V(i+1,k+1)$ 与 $V(i,k)$ 相比严格递降,具体可参见文献[67]。

(4) 鲁棒预测控制的模型不确定性处理

保证李雅普诺夫函数递减和约束满足的条件可以转化为与不确定模型参数 $\boldsymbol{A}(k)$ 和 $\boldsymbol{B}(k)$ 相关的一系列 LMI, 由于参数不确定性的多胞描述具有凸性质(9-41)和(9-42),这些 LMI 可归结为已知凸包顶点 $\boldsymbol{A}_i$ 和 $\boldsymbol{B}_i$ 的 LMI, 见式(9-53)和(9-55), 从而在问题求解中消除了不确定性。

9.3.2 鲁棒预测控制器综合的难点与解决方案

9.3.1 节介绍的文献[67]中鲁棒预测控制器的综合方法同样可应用于带有结构不确定性的系统,文中也同时讨论了一类具有结构化不确定性的系统,通过将其转化为用多胞不确定性描述的系统,并行地导出了与 9.3.1 节思路相同、LMI 具体表达式有所不同的结果。该文的鲁棒预测控制器设计方法和处理约束的技巧对鲁棒预测控制的后续研究产生了重要影响。但文中所提出的设计方法仍存在较大的局限性。主要表现为:

① 该方法在理论上保证闭环系统鲁棒稳定的一个必要条件是系统的初始状态落在控制不变集 $\boldsymbol{\Omega}$ 中,即 $\boldsymbol{x}(0)\in\boldsymbol{\Omega}$,我们把能保证预测控制算法鲁棒稳定的系统初始状态的集合称为“初始可行域”,从算法的适用范围来看,自然希望初始可行域越大越好,但其显然受到了 $\boldsymbol{\Omega}$ 的限制;

② 该算法需要在线求解优化问题(9-56),求解问题的规模随系统维数和模型顶点数的增大而迅速增大,导致在线计算量很大,难以满足实时计算的需要,从而难以实用;

③ 为了便于得到较简单的结果,该综合方法采用了单一的状态反馈控制律和单一的李雅普诺夫函数,所得到的一系列用 LMI 表达的约束都是满足控制要求的充分条件,因而存在较大的保守性,导致控制系统性能的下降。

上述鲁棒预测控制综合方法的局限性,反映了在综合稳定和鲁棒预测控制器时初始可行域(反映了所设计预测控制器的理论保证范围)、在线计算量(反映了所设计的算法能否实时应用)和控制性能(反映了所设计预测控制器的优化效果)三者之间的矛盾。为了说明这一点,考虑稳定和鲁棒预测控制器综合时所采用的一般方法,在滚动优化的每一步,预测控制策略通常是从系统的初始状态出发,采用优化时域中 N 个自由控制变量将系统状态驱动到系统终端约束集内,在终端约束集内再采用固定的反馈控制律将系统状态驱动到零。

根据 9.2.3 节,终端集约束是对终端零约束的一种松弛,由于将系统状态驱动到一个集合内要比驱动到一个点容易，所以终端集约束比终端零约束易于实现，但同时也要注意到，终端零约束意味着系统到达终端后状态将保持为零，而终端集约束则意味着当系统状态进入终端集时并不为零，还需要采用固定状态反馈律使状态渐近趋于零。在这个意义上，采用终端集对应的控制系统性能显然不如采用终端零约束，而且终端集越大，控制性能越差。从提高控制系统性能的角度出发，自然是希望终端集越小越好。

在采取上述一般的控制策略时，预测控制需要在线求解进入终端集前的 N 个自由控制量和进入终端集后的反馈控制律，N 越大，在线计算负担就越重，因此，从减轻在线计算量的角度出发，N 应该越小越好。

预测控制的初始可行域表示从其中任意初始状态出发，在理论上都能保证闭环系统稳定或鲁棒稳定，而从初始可行域以外的初始状态出发，虽然在实践上也可能导致稳定的结果，但缺乏理论的保证。从所设计的预测控制器的适用范围角度出发，初始可行域应该越大越好。

然而，上述3方面的要求在一个具体的预测控制综合算法中却常常是矛盾的，由图9-4可见，增大初始可行域可通过增大终端集或增大优化时域 N 达到，但这将导致控制系统性能下降或在线计算量增加；为提高控制性能减小终端集，将导致初始可行域减小，如果希望初始可行域保持不变，则必须增大优化时域 N 增加计算负担；为减少在线计算量减小优化时域 N，则在保持终端集不变即控制性能不变时，初始可行域将减小，而要保持初始可行域不变，则必须放大终端集牺牲控制性能。

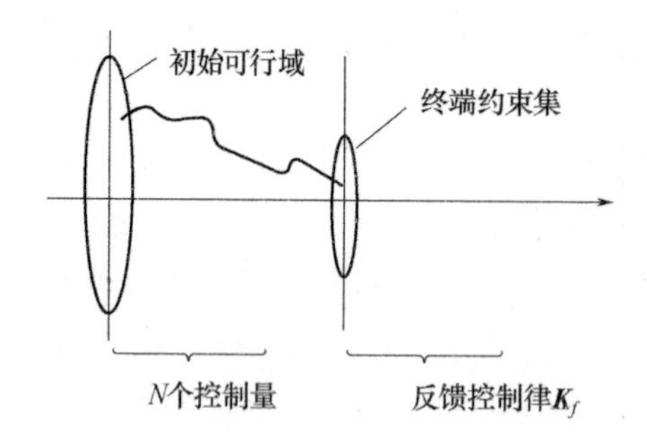

图9-4　预测控制综合算法中的自由控制量、初始可行域和终端约束集

上面提到的初始可行域、在线计算量和控制性能三者之间的矛盾，是预测控制综合算法普遍面临的难点问题，特别是在综合鲁棒预测控制器时更为突出。近10年来，鲁棒预测控制理论的研究几乎都集中在解决这一问题。下面我们简要地介绍一些这方面的研究结果。

1. 采用“离线设计、在线综合”的方法,降低在线计算量

9.3.1节介绍的鲁棒预测控制中的优化问题(9-56)需要根据系统的实际状态$\boldsymbol{x}(k)$在线求解,通过改变控制不变集及对应的控制律,使最优性能的上界递减以保证闭环系统渐近稳定。由于在每一时刻都需求解一个具有线性矩阵不等式约束的半定规划(SDP)问题,在线计算量大,难以实际应用。针对这一问题,Wan等在文献[68]中提出了一种“离线设计、在线综合”的方法。其核心思想就是离线构造一组逐个包含的椭圆不变集,并计算出它们各自对应的反馈控制律,在线时根据系统的实际状态,确定其对应的椭圆不变集和反馈控制律,计算出所需的控制作用。该算法的具体描述如下。

(1) 离线设计

Step 1 选择一初始可行解$\boldsymbol{x}_1$,把它当做9.3.1节中的$\boldsymbol{x}(k)$,求解优化问题(9-56),得到解γ_1、$\boldsymbol{Q}_1$、$\boldsymbol{Y}_1$,这表示当$\boldsymbol{x}_1$位于控制不变集$\boldsymbol{\Omega}_1=\{\boldsymbol{x}_1\in\mathbb{R}^n\mid\boldsymbol{x}_1^{\mathrm{T}}\boldsymbol{Q}_1^{-1}\boldsymbol{x}_1\leqslant1\}$时,采用反馈控制律$\boldsymbol{u}(k)=\boldsymbol{F}_1\boldsymbol{x}(k)$,其中$\boldsymbol{F}_1=\boldsymbol{Y}_1\boldsymbol{Q}_1^{-1}$,可以得到最优的性能指标上界$\gamma_1$。

Step 2 从$i=2$到$i=N$,在上一控制不变集$\boldsymbol{\Omega}_{i-1}$中选择状态$\boldsymbol{x}_i$,即$\boldsymbol{x}_i^{\mathrm{T}}\boldsymbol{Q}_{i-1}^{-1}\boldsymbol{x}_i\leqslant1$,以$\boldsymbol{x}_i$为9.3.1节中的$\boldsymbol{x}(k)$,增加约束条件$\boldsymbol{Q}_{i-1}>\boldsymbol{Q}_i$,求解优化问题(9-56),得到解$\gamma_i$、$\boldsymbol{Q}_i$、$\boldsymbol{Y}_i$,计算出$\boldsymbol{F}_i=\boldsymbol{Y}_i\boldsymbol{Q}_i^{-1}$。由于增加了约束条件$\boldsymbol{Q}_{i-1}>\boldsymbol{Q}_i$,由离线设计得到的椭圆不变集是逐个包含的,见图9-5。

Step 3 把$\boldsymbol{Q}_i^{-1}$、$\boldsymbol{Y}_i$、$\boldsymbol{F}_i$,$i=1,\cdots,N$存在表中。

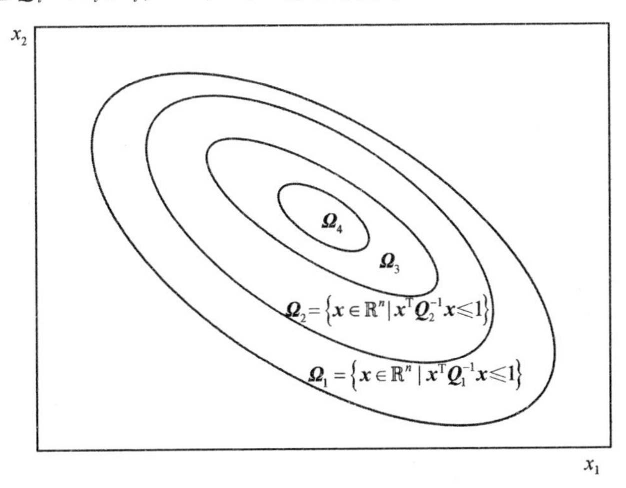

图9-5 离线设计逐个包含的椭圆不变集

(2) 在线综合

对于系统状态 $\boldsymbol{x}(k)$,通过查表找到满足 $\boldsymbol{x}^{\mathrm{T}}(k)\boldsymbol{Q}_i^{-1}\boldsymbol{x}(k)\leqslant 1$ 的最大 i,即 $\boldsymbol{x}(k)$ 所属的最小控制不变集 $\boldsymbol{\Omega}_i$。如果 $i\neq N$,求解 $\boldsymbol{x}^{\mathrm{T}}(k)[\alpha_i\boldsymbol{Q}_i^{-1}+(1-\alpha_i)\boldsymbol{Q}_{i+1}^{-1}]\boldsymbol{x}(k)=1$,得到 α_i,采用控制律 $\boldsymbol{u}(k)=[\alpha_i\boldsymbol{F}_i+(1-\alpha_i)\boldsymbol{F}_{i+1}]\boldsymbol{x}(k)$;如果 $i=N$,采用控制律 $\boldsymbol{u}(k)=\boldsymbol{F}_N\boldsymbol{x}(k)$。

文献[68]证明了这种"离线设计、在线综合"算法的鲁棒稳定性,并指出,为了便于选择 $\boldsymbol{x}_i,i=1,\cdots,N$,可以令 $\boldsymbol{x}_i=\beta_i\boldsymbol{x}^{\max}$,其中 $\boldsymbol{x}^{\max}$ 是一个远离原点的可行解,而 $1\geqslant\beta_1>\beta_2>\cdots>\beta_N>0$,这表示 $\boldsymbol{x}_i$ 可以取为离开原点从远到近的一系列状态,其中 β_i 可以按对数标度取值,这样就可以用有限的离散点覆盖很大的状态空间。

从整个算法过程可以看出,它与 9.3.1 节的在线算法有同样的思路,都是通过在线根据系统实际状态改变控制不变集及对应的反馈控制律,使优化问题的性能指标不断下降,以此保证闭环系统的稳定性并提高控制的最优性。但这里的算法利用反馈矩阵 $\boldsymbol{F}$ 是状态 $\boldsymbol{x}$ 的连续函数,把本来需要在线连续进行的计算转化为离线进行有限的计算加上在线进行简单的综合,这样就大大地降低了在线计算量。这种"离线设计、在线综合"的思路,以后也广泛出现在鲁棒预测控制的研究中。

2. 采用多个李雅普诺夫函数,提高控制性能

文献[69-70]等针对 9.3.1 节讨论的多胞不确定系统(9-40),根据多面体的多个顶点相应地设计多个李雅普诺夫函数(也称参数依赖李雅普诺夫函数),降低了原设计的保守性,提高了控制性能。该方法的设计过程与 9.3.1 节的方法基本相同,所不同的是取代原来单一的李雅普诺夫函数 $V(\boldsymbol{x})=\boldsymbol{x}^{\mathrm{T}}\boldsymbol{P}\boldsymbol{x}$,代之以

$$V(i,k)=\boldsymbol{x}^{\mathrm{T}}(k+i\mid k)\boldsymbol{P}(i,k)\boldsymbol{x}(k+i\mid k) \tag{9-57}$$

以下我们着重分析采用式(9-57)后在鲁棒稳定性设计中遇到的新问题。

首先,目标函数极大值的上界可以类似地推出为

$$\max_{[\boldsymbol{A}(k+i)\boldsymbol{B}(k+i)]\subset\boldsymbol{\Pi},i\geqslant 0} J_{\infty}(k)\leqslant V(0,k)=\boldsymbol{x}^{\mathrm{T}}(k|k)\boldsymbol{P}(0,k)\boldsymbol{x}(k|k)\leqslant\gamma \tag{9-58}$$

其次,强制 $V(i,k)$ 递减且满足式(9-46)的条件这时需写为

$$\begin{aligned}&\boldsymbol{x}^{\mathrm{T}}(k+i\mid k)[(\boldsymbol{A}(k+i)+\boldsymbol{B}(k+i)\boldsymbol{F})^{\mathrm{T}}\boldsymbol{P}(i+1,k)(\boldsymbol{A}(k+i)\\&\quad+\boldsymbol{B}(k+i)\boldsymbol{F})-\boldsymbol{P}(i,k)]\boldsymbol{x}(k+i\mid k)\\&\leqslant-[\boldsymbol{x}^{\mathrm{T}}(k+i\mid k)(\boldsymbol{Q}_1+\boldsymbol{F}^{\mathrm{T}}\boldsymbol{R}\boldsymbol{F})\boldsymbol{x}(k+i\mid k)]\end{aligned} \tag{9-59}$$

记 $\boldsymbol{P}(i,k)=\gamma\boldsymbol{Q}^{-1}(i,k)$,则上述两式可分别转换为 LMI 形式

$$\begin{bmatrix} 1 & \boldsymbol{x}^{\mathrm{T}}(k|k) \\ \boldsymbol{x}(k|k) & \boldsymbol{Q}(0,k) \end{bmatrix} \geqslant \boldsymbol{0} \tag{9-60}$$

$$\begin{bmatrix} \boldsymbol{Q}^{-1}(i,k) & [\boldsymbol{A}(k+i)+\boldsymbol{B}(k+i)\boldsymbol{F}]^{\mathrm{T}} & \boldsymbol{Q}_1^{1/2} & \boldsymbol{F}^{\mathrm{T}}\boldsymbol{R}^{1/2} \\ \boldsymbol{A}(k+i)+\boldsymbol{B}(k+i)\boldsymbol{F} & \boldsymbol{Q}(i+1,k) & \boldsymbol{0} & \boldsymbol{0} \\ \boldsymbol{Q}_1^{1/2} & \boldsymbol{0} & \gamma\boldsymbol{I} & \boldsymbol{0} \\ \boldsymbol{R}^{1/2}\boldsymbol{F} & \boldsymbol{0} & \boldsymbol{0} & \gamma\boldsymbol{I} \end{bmatrix} \geqslant \boldsymbol{0} \tag{9-61}$$

为了消除条件(9-60)和(9-61)中的不确定性,进一步考虑把它们转化为由与多胞顶点相关的参数表示的LMI。对于式(9-60),根据式(9-42)

$$[\boldsymbol{A}(k)\ \boldsymbol{B}(k)] = \sum_{j=1}^{L}\lambda_j(k)[\boldsymbol{A}_j\ \boldsymbol{B}_j],\ \sum_{j=1}^{L}\lambda_j(k)=1,\ \lambda_j(k)\geqslant 0, j=1,\cdots,L$$

以同样的$\lambda_j(k)$组成$\boldsymbol{Q}(0,k)=\sum_{j=1}^{L}\lambda_j(k)\boldsymbol{Q}_j$,这时只要下式成立即保证条件(9-60)成立:

$$\begin{bmatrix} 1 & \boldsymbol{x}^{\mathrm{T}}(k|k) \\ \boldsymbol{x}(k|k) & \boldsymbol{Q}_j \end{bmatrix} \geqslant \boldsymbol{0}, \quad j=1,\cdots,L \tag{9-62}$$

对于式(9-61),我们希望借鉴9.3.1节推出式(9-53)的思路,把它表示成用多胞顶点参数$\boldsymbol{A}_l$、$\boldsymbol{B}_l$描述的LMI,但由于这里$\boldsymbol{Q}(i,k)$是时变量,在推导过程中出现了两个新问题。

首先,对于式(9-61)中出现的(1,1)块$\boldsymbol{Q}^{-1}(i,k)$,如果按照9.3.1节中的处理方法消除逆项,相当于在该式左右边均乘以block-diag($\boldsymbol{Q}(i,k),\boldsymbol{I},\boldsymbol{I},\boldsymbol{I}$),其结果将导致新的矩阵中出现$\boldsymbol{A}(k+i)\boldsymbol{Q}(i,k)$(例如在矩阵(2,1)块中)等时变量的乘积项,这时就不能简单归结为由多胞顶点参数$\boldsymbol{A}_l$、$\boldsymbol{B}_l$表达的LMI。为了解决这一问题,可取常值可逆阵$\boldsymbol{G}$代替$\boldsymbol{Q}(i,k)$进行变换,即对式(9-61)左乘矩阵block-diag($\boldsymbol{G}^{\mathrm{T}},\boldsymbol{I},\boldsymbol{I},\boldsymbol{I}$),右乘矩阵block-diag($\boldsymbol{G},\boldsymbol{I},\boldsymbol{I},\boldsymbol{I}$),这样经过变换后的矩阵中不会出现时变量的乘积项,而对于变换后的(1,1)块$\boldsymbol{G}^{\mathrm{T}}\boldsymbol{Q}^{-1}(i,k)\boldsymbol{G}$,由$(\boldsymbol{G}-\boldsymbol{Q}(i,k))^{\mathrm{T}}\boldsymbol{Q}^{-1}(i,k)(\boldsymbol{G}-\boldsymbol{Q}(i,k))\geqslant 0$,知$\boldsymbol{G}^{\mathrm{T}}\boldsymbol{Q}^{-1}(i,k)\boldsymbol{G}\geqslant\boldsymbol{G}+\boldsymbol{G}^{\mathrm{T}}-\boldsymbol{Q}(i,k)$,故可得到如下条件成立时式(9-61)成立

$$\begin{bmatrix} \boldsymbol{G}+\boldsymbol{G}^{\mathrm{T}}-\boldsymbol{Q}(i,k) & \boldsymbol{G}^{\mathrm{T}}[\boldsymbol{A}(k+i)+\boldsymbol{B}(k+i)\boldsymbol{F}]^{\mathrm{T}} & \boldsymbol{G}^{\mathrm{T}}\boldsymbol{Q}_1^{1/2} & \boldsymbol{G}^{\mathrm{T}}\boldsymbol{F}^{\mathrm{T}}\boldsymbol{R}^{1/2} \\ [\boldsymbol{A}(k+i)+\boldsymbol{B}(k+i)\boldsymbol{F}]\boldsymbol{G} & \boldsymbol{Q}(i+1,k) & \boldsymbol{0} & \boldsymbol{0} \\ \boldsymbol{Q}_1^{1/2}\boldsymbol{G} & \boldsymbol{0} & \gamma\boldsymbol{I} & \boldsymbol{0} \\ \boldsymbol{R}^{1/2}\boldsymbol{F}\boldsymbol{G} & \boldsymbol{0} & \boldsymbol{0} & \gamma\boldsymbol{I} \end{bmatrix} \geqslant \boldsymbol{0} \tag{9-63}$$

其次，对于式(9－63)中的时变项，同样根据式(9－42)，有

$$[\boldsymbol{A}(k+i)\ \boldsymbol{B}(k+i)] = \sum_{j=1}^{L}\lambda_j(k+i)[\boldsymbol{A}_j\ \boldsymbol{B}_j]$$

其中

$$\sum_{i=1}^{L}\lambda_j(k+i) = 1,\ \lambda_j(k+i) \geqslant 0,\ j = 1,\cdots,L$$

则可取 $\boldsymbol{Q}(i,k) = \sum_{j=1}^{L}\lambda_j(k+i)\boldsymbol{Q}_j$，$\boldsymbol{Q}(i+1,k) = \sum_{l=1}^{L}\lambda_l(k+i+1)\boldsymbol{Q}_l$，并且记 $\boldsymbol{Y} = \boldsymbol{F}(k)\boldsymbol{G}$，注意到不确定参数 $\lambda_j(k+i)$ 与 $\lambda_l(k+i+1)$ 是不同的，因此式(9－63)成立需要下式成立

$$\begin{bmatrix} \boldsymbol{G}+\boldsymbol{G}^{\mathrm{T}}-\boldsymbol{Q}_j & [\boldsymbol{A}_j\boldsymbol{G}+\boldsymbol{B}_j\boldsymbol{Y}]^{\mathrm{T}} & \boldsymbol{G}^{\mathrm{T}}\boldsymbol{Q}_1^{1/2} & \boldsymbol{Y}^{\mathrm{T}}\boldsymbol{R}^{1/2} \\ \boldsymbol{A}_j\boldsymbol{G}+\boldsymbol{B}_j\boldsymbol{Y} & \boldsymbol{Q}_l & \boldsymbol{0} & \boldsymbol{0} \\ \boldsymbol{Q}_1^{1/2}\boldsymbol{G} & \boldsymbol{0} & \gamma\boldsymbol{I} & \boldsymbol{0} \\ \boldsymbol{R}^{1/2}\boldsymbol{Y} & \boldsymbol{0} & \boldsymbol{0} & \gamma\boldsymbol{I} \end{bmatrix} \geqslant \boldsymbol{0}$$

$$j = 1,\cdots,L \qquad l = 1,\cdots,L \tag{9-64}$$

如果再考虑控制变量的约束(9－43)，则注意到控制反馈阵变为 $\boldsymbol{F}(k) = \boldsymbol{Y}\boldsymbol{G}^{-1}$，由

$$\begin{aligned}\|\boldsymbol{u}(k+i\mid k)\|_2^2 &= \|\boldsymbol{F}\boldsymbol{x}(k+i\mid k)\|_2^2 \\ &= \boldsymbol{x}^{\mathrm{T}}(k+i\mid k)(\boldsymbol{G}^{-1})^{\mathrm{T}}\boldsymbol{Y}^{\mathrm{T}}\boldsymbol{Y}\boldsymbol{G}^{-1}\boldsymbol{x}(k+i\mid k) \leqslant u_{\max}^2\end{aligned}$$

结合 $\boldsymbol{x}^{\mathrm{T}}(k+i|k)\boldsymbol{Q}^{-1}(i,k)\boldsymbol{x}(k+i|k) \leqslant 1$，$\boldsymbol{Q}(i,k)$ 的多胞表示，以及 $\boldsymbol{G}+\boldsymbol{G}^{\mathrm{T}}-\boldsymbol{Q}_j \leqslant \boldsymbol{G}^{\mathrm{T}}\boldsymbol{Q}_j^{-1}\boldsymbol{G}$，可知下列条件可保证上述输入约束成立：

$$\boldsymbol{Y}^{\mathrm{T}}\boldsymbol{Y}/u_{\max}^2 \leqslant \boldsymbol{G}+\boldsymbol{G}^{\mathrm{T}}-\boldsymbol{Q}_j,\ j = 1,\cdots,L$$

或写成 LMI 形式

$$\begin{bmatrix} u_{\max}^2\boldsymbol{I} & \boldsymbol{Y} \\ \boldsymbol{Y}^{\mathrm{T}} & \boldsymbol{G}+\boldsymbol{G}^{\mathrm{T}}-\boldsymbol{Q}_j \end{bmatrix} \geqslant \boldsymbol{0}, \qquad j = 1,\cdots,L \tag{9-65}$$

同样的，对输出变量的约束(9－44)，可类似地推出

$$\begin{bmatrix} \boldsymbol{G}+\boldsymbol{G}^{\mathrm{T}}-\boldsymbol{Q}_j & (\boldsymbol{A}_j\boldsymbol{G}+\boldsymbol{B}_j\boldsymbol{Y})^{\mathrm{T}}\boldsymbol{C}^{\mathrm{T}} \\ \boldsymbol{C}(\boldsymbol{A}_j\boldsymbol{G}+\boldsymbol{B}_j\boldsymbol{Y}) & y_{\max}^2\boldsymbol{I} \end{bmatrix} \geqslant \boldsymbol{0},\ j = 1,\cdots,L \tag{9-66}$$

综合上述条件，该算法最后可归结为在线求解优化问题

$$\begin{aligned}&\min_{\gamma,\boldsymbol{Q}_j,\boldsymbol{Y},\boldsymbol{G}}\gamma \\ &\text{s.t. } (9-62),(9-64),(9-65),(9-66)\end{aligned} \tag{9-67}$$

由解出的 $\boldsymbol{Y}$、$\boldsymbol{G}$ 计算出 $\boldsymbol{F}(k) = \boldsymbol{Y}\boldsymbol{G}^{-1}$，可得到控制量 $\boldsymbol{u}(k) = \boldsymbol{F}(k)\boldsymbol{x}(k)$。

这种采用多个李雅普诺夫函数的鲁棒预测控制方法比起 9.3.1 节的单一李雅

普诺夫函数方法增加了设计的自由度,因此能获得更好的控制性能,对参数不确定的允许范围也有所增加,特别当取所有 $\boldsymbol{Q}_j=\boldsymbol{Q}$ 且 $\boldsymbol{G}=\boldsymbol{Q}$ 时,得到的就是9.3.1节中的结果。但因为增加了约束中的线性矩阵不等式的数量,其在线计算量更大。

3. 在固定状态反馈律前加入 N 个自由控制作用,改进初始可行域,提高控制性能

9.3.1节的鲁棒预测控制器综合要求系统状态从一开始就在控制不变集 $\boldsymbol{\Omega}$ 中,这个 $\boldsymbol{\Omega}$ 既是终端不变集,又是初始可行域,因此在扩大初始可行域与减小终端集方面有直接的矛盾。解决这一矛盾的直观思路是首先加入 N 个自由控制作用把系统状态引入到一个控制不变集 $\boldsymbol{\Omega}$ 中,在 $\boldsymbol{\Omega}$ 内再采用相应的固定状态反馈律。Bloemen等在文献[71]中针对线性定常系统采用这一思想设计了稳定预测控制器,而后文献[72]将这一策略与文献[69]中采用多个李雅普诺夫函数的思想相结合,通过在线设计终端加权矩阵,即在线设计终端约束集,降低了原设计的保守性,有效地扩大了系统初始可行域,并改善了控制性能。在此,我们对无穷时域"极小-极大"优化问题(9-45),不考虑其中对控制量和输出量的约束,重点介绍加入自由控制系列后推导系统鲁棒稳定的条件发生了什么新的变化。

在一开始 N 步,我们采用自由控制变量构成的序列

$$\boldsymbol{U}(k)=[\boldsymbol{u}^{\mathrm{T}}(k\mid k)\quad \boldsymbol{u}^{\mathrm{T}}(k+1\mid k)\cdots\boldsymbol{u}^{\mathrm{T}}(k+N-1\mid k)]^{\mathrm{T}} \tag{9-68a}$$

而在此后采用单一状态反馈控制律(9-48)

$$\boldsymbol{u}(k+i\mid k)=\boldsymbol{F}(k)\boldsymbol{x}(k+i\mid k),\ i\geqslant N \tag{9-68b}$$

定义时变李雅普诺夫函数 $V(i,k)=\boldsymbol{x}^{\mathrm{T}}(k+i|k)\boldsymbol{P}(i,k)\boldsymbol{x}(k+i|k)$,通过强制其满足

$$\begin{aligned}&V(\boldsymbol{x}(k+i+1\mid k))-V(\boldsymbol{x}(k+i\mid k))\\&\leqslant-[\boldsymbol{x}^{\mathrm{T}}(k+i\mid k)\boldsymbol{Q}_1\boldsymbol{x}(k+i\mid k)+\boldsymbol{u}^{\mathrm{T}}(k+i\mid k)\boldsymbol{R}\boldsymbol{u}(k+i\mid k)]\end{aligned} \tag{9-69}$$

从 $i=N$ 累加到 $i=\infty$,可以得到极大问题的上界

$$\max_{[\boldsymbol{A}(k+i)\boldsymbol{B}(k+i)]\subset\boldsymbol{\Pi},i\geqslant0}J_{\infty}(k)\leqslant\sum_{i=0}^{N-1}[\|\boldsymbol{x}(k+i\mid k)\|_{\boldsymbol{Q}_1}^2+\|\boldsymbol{u}(k+i\mid k)\|_{\boldsymbol{R}}^2]+V(N,k)$$

根据 $V(N,k)$ 的表达式,可以把该上界看成是带有终端代价函数的有限时域性能指标

$$\bar{J}(k)=\sum_{i=0}^{N-1}[\|\boldsymbol{x}(k+i\mid k)\|_{\boldsymbol{Q}_1}^2+\|\boldsymbol{u}(k+i\mid k)\|_{\boldsymbol{R}}^2]+\|\boldsymbol{x}(k+N\mid k)\|_{\boldsymbol{P}(N,k)}^2 \tag{9-70}$$

这样,原无穷时域"极小-极大"优化问题(9-45)就转化为上述性能指标的极小化问题。

在9.2.2节中,对于这类带有终端代价函数的预测控制设计,已经给出了闭环系统稳定的条件(9-19)。但此处讨论的鲁棒预测控制设计必须考虑系统参数具

有多胞不确定性,因此可以借鉴文献[73]的结果,取参数依赖李雅普诺夫函数为

$$\boldsymbol{P}(i,k) = \sum_{l=1}^{L} \omega(k+i)\boldsymbol{P}_l, \quad i \geqslant N$$

其中 $\boldsymbol{P}_l, l=1,\cdots,L$ 是对称正定阵,$\omega(k+i)$ 为时变参数,得到强制 $V(i,k)$ 递减并满足式(9-69)的条件为

$$(\boldsymbol{A}_j + \boldsymbol{B}_j\boldsymbol{F}(k))^{\mathrm{T}}\boldsymbol{P}_l(\boldsymbol{A}_j + \boldsymbol{B}_j\boldsymbol{F}(k)) + \boldsymbol{Q}_1 + \boldsymbol{F}^{\mathrm{T}}(k)\boldsymbol{R}\boldsymbol{F}(k) - \boldsymbol{P}_j \leqslant \boldsymbol{0}$$

$$j = 1,\cdots,L, \qquad l = 1,\cdots,L \tag{9-71}$$

在 k 时刻,状态 $\boldsymbol{x}(k|k)=\boldsymbol{x}(k)$ 已知,由式(9-45)中的状态方程,不难推出对未来状态的预测式

$$\begin{bmatrix} \boldsymbol{X}(k) \\ \boldsymbol{x}(k+N \mid k) \end{bmatrix} = \begin{bmatrix} \widetilde{\boldsymbol{A}} \\ \widetilde{\boldsymbol{A}}_N \end{bmatrix}\boldsymbol{x}(k) + \begin{bmatrix} \widetilde{\boldsymbol{B}} \\ \widetilde{\boldsymbol{B}}_N \end{bmatrix}\boldsymbol{U}(k) \tag{9-72}$$

其中 $\boldsymbol{X}(k)=[\boldsymbol{x}^{\mathrm{T}}(k+1|k) \ \cdots \ \boldsymbol{x}^{\mathrm{T}}(k+N-1 \mid k)]^{\mathrm{T}}$,$\widetilde{\boldsymbol{A}}$、$\widetilde{\boldsymbol{A}}_N$、$\widetilde{\boldsymbol{B}}$、$\widetilde{\boldsymbol{B}}_N$ 均为由 $\boldsymbol{A}(k+i)$、$\boldsymbol{B}(k+i)$ 组成的矩阵。式(9-70)可以改写为

$$\begin{aligned}\bar{J}(k) = {} & \| \boldsymbol{x}(k) \|_{\boldsymbol{Q}_1}^2 + \| \widetilde{\boldsymbol{A}}\boldsymbol{x}(k) + \widetilde{\boldsymbol{B}}\boldsymbol{U}(k) \|_{\widetilde{\boldsymbol{Q}}_1}^2 + \\ & \| \boldsymbol{U}(k) \|_{\widetilde{\boldsymbol{R}}}^2 + \| \widetilde{\boldsymbol{A}}_N\boldsymbol{x}(k) + \widetilde{\boldsymbol{B}}_N\boldsymbol{U}(k) \|_{\boldsymbol{P}(N,k)}^2\end{aligned}$$

其中 $\widetilde{\boldsymbol{Q}}_1$、$\widetilde{\boldsymbol{R}}$ 分别是由 $\boldsymbol{Q}_1$、$\boldsymbol{R}$ 组成的块对角阵。记

$$\gamma_1 \geqslant \| \widetilde{\boldsymbol{A}}\boldsymbol{x}(k) + \widetilde{\boldsymbol{B}}\boldsymbol{U}(k) \|_{\widetilde{\boldsymbol{Q}}_1}^2 + \| \boldsymbol{U}(k) \|_{\widetilde{\boldsymbol{R}}}^2 \tag{9-73}$$

$$\gamma_2 \geqslant \| \widetilde{\boldsymbol{A}}_N\boldsymbol{x}(k) + \widetilde{\boldsymbol{B}}_N\boldsymbol{U}(k) \|_{\boldsymbol{P}(N,k)}^2 \tag{9-74}$$

这样,原无穷时域"极小-极大"优化问题(9-45)在不考虑对控制量和输出量约束时可转化为下列优化问题

$$\begin{aligned} & \min_{\gamma_1,\gamma_2,\boldsymbol{U}(k),\boldsymbol{F}(k),\boldsymbol{P}_l} \| \boldsymbol{x}(k) \|_{\boldsymbol{Q}_1}^2 + \gamma_1 + \gamma_2 \\ & \text{s.t.} \quad (9-71),(9-73),(9-74) \end{aligned} \tag{9-75}$$

对于条件(9-71),类似于前面的推导,令 $\boldsymbol{Q}_l=\gamma_2\boldsymbol{P}_l^{-1}, l=1,\cdots,L, \boldsymbol{F}(k)=\boldsymbol{Y}\boldsymbol{G}^{-1}$,可以转化为 LMI 形式

$$\begin{bmatrix} \boldsymbol{G}+\boldsymbol{G}^{\mathrm{T}}-\boldsymbol{Q}_j & [\boldsymbol{A}_j\boldsymbol{G}+\boldsymbol{B}_j\boldsymbol{Y}]^{\mathrm{T}} & \boldsymbol{G}^{\mathrm{T}}\boldsymbol{Q}_1^{1/2} & \boldsymbol{Y}^{\mathrm{T}}\boldsymbol{R}^{1/2} \\ \boldsymbol{A}_j\boldsymbol{G}+\boldsymbol{B}_j\boldsymbol{Y} & \boldsymbol{Q}_l & \boldsymbol{0} & \boldsymbol{0} \\ \boldsymbol{Q}_1^{1/2}\boldsymbol{G} & \boldsymbol{0} & \gamma_2\boldsymbol{I} & 0 \\ \boldsymbol{R}^{1/2}\boldsymbol{Y} & \boldsymbol{0} & \boldsymbol{0} & \gamma_2\boldsymbol{I} \end{bmatrix} \geqslant \boldsymbol{0}$$

$$j = 1,\cdots,L,\ l = 1,\cdots,L \tag{9-76}$$

对于条件(9-73),注意到其中矩阵$\widetilde{\boldsymbol{A}}$、$\widetilde{\boldsymbol{B}}$的系数都是由$\boldsymbol{A}(k+i)$、$\boldsymbol{B}(k+i)$组成的,我们可以用一个新的多胞来描述$\widetilde{\boldsymbol{A}}$、$\widetilde{\boldsymbol{B}}$的不确定性,即定义

$$[\widetilde{\boldsymbol{A}}(k) \mid \widetilde{\boldsymbol{B}}(k) \mid] \in \boldsymbol{\Pi}_1 = \mathrm{Co}\{[\widetilde{\boldsymbol{A}}_1 \mid \widetilde{\boldsymbol{B}}_1],\cdots,[\widetilde{\boldsymbol{A}}_{L_1} \mid \widetilde{\boldsymbol{B}}_{L_1}]\}$$

$$[\widetilde{\boldsymbol{A}}(k) \mid \widetilde{\boldsymbol{B}}(k)] = \sum_{l_1=1}^{L_1} \xi_{l_1}(k)[\widetilde{\boldsymbol{A}}_{l_1} \mid \widetilde{\boldsymbol{B}}_{l_1}]$$

$$\sum_{l_1=1}^{L_1} \xi_{l_1}(k) = 1,\ \xi_{l_1}(k) \geqslant 0,\ l_1 = 1,\cdots,L_1 \tag{9-77}$$

其中$[\widetilde{\boldsymbol{A}}_{l_1} | \widetilde{\boldsymbol{B}}_{l_1}]$是多胞$\boldsymbol{\Pi}_1$的第$l_1$个顶点,这样的顶点共有$L_1$个。这样,条件(9-73)可以用多胞$\boldsymbol{\Pi}_1$顶点参数的LMI来表示

$$\begin{bmatrix} \widetilde{\boldsymbol{Q}}_1^{-1} & \boldsymbol{0} & \widetilde{\boldsymbol{A}}_{l_1}\boldsymbol{x}(k) + \widetilde{\boldsymbol{B}}_{l_1}\boldsymbol{U}(k) \\ \boldsymbol{0} & \widetilde{\boldsymbol{R}}^{-1} & \boldsymbol{U}(k) \\ \boldsymbol{x}^{\mathrm{T}}(k)\widetilde{\boldsymbol{A}}_{l_1}^{\mathrm{T}} + \boldsymbol{U}^{\mathrm{T}}(k)\widetilde{\boldsymbol{B}}_{l_1}^{\mathrm{T}} & \boldsymbol{U}^{\mathrm{T}}(k) & \gamma_1 \boldsymbol{I} \end{bmatrix} \geqslant \boldsymbol{0},\ l_1 = 1,\cdots,L_1 \tag{9-78}$$

同样对于条件(9-74),可以通过定义描述$\widetilde{\boldsymbol{A}}_N$、$\widetilde{\boldsymbol{B}}_N$不确定性的多胞$\boldsymbol{\Pi}_2$,转化为由$\boldsymbol{\Pi}_2$顶点参数描述的LMI

$$\begin{bmatrix} 1 & \boldsymbol{x}^{\mathrm{T}}(k)\widetilde{\boldsymbol{A}}_{N,l_2}^{\mathrm{T}} + \boldsymbol{U}^{\mathrm{T}}(k)\widetilde{\boldsymbol{B}}_{N,l_2}^{\mathrm{T}} \\ \widetilde{\boldsymbol{A}}_{N,l_2}\boldsymbol{x}(k) + \widetilde{\boldsymbol{B}}_{N,l_2}\boldsymbol{U}(k) & \boldsymbol{Q}_l \end{bmatrix} \geqslant \boldsymbol{0}$$

$$l_2 = 1,\cdots,L_2,\ l = 1,\cdots,L \tag{9-79}$$

其中$\widetilde{\boldsymbol{A}}_{N,l_2}$、$\widetilde{\boldsymbol{B}}_{N,l_2}$是$\boldsymbol{\Pi}_2$的顶点参数,$L_2$是$\boldsymbol{\Pi}_2$的顶点数。这样,优化问题(9-75)最终可以归结为求解下述问题

$$\begin{aligned} &\min_{\gamma_1,\gamma_2,\boldsymbol{U}(k),\boldsymbol{Y},\boldsymbol{G},\boldsymbol{Q}_l} \|\boldsymbol{x}(k)\|_{\boldsymbol{Q}_1}^2 + \gamma_1 + \gamma_2 \\ &\text{s.t.}\quad (9-76),(9-78),(9-79) \end{aligned} \tag{9-80}$$

可以看出,以上算法在采用时变李雅普诺夫函数的基础上,进一步增加自由控制序列,其结果对前面的算法有覆盖性,例如当取$N=0$时即无自由控制变量时,$\boldsymbol{U}(k)$和性能指标中的γ_1不再出现,不需要条件(9-73)(即后面的式(9-78)),

而条件(9-74)也只需对 $\boldsymbol{x}(k)$ 成立(式(9-79)可简化),这时的优化问题(9-80)即退化为上面讲的文献[69]中的算法。该算法在提高控制性能和扩大初始可行域方面有较好的效果,但付出的代价是进一步增加了计算复杂度。此外,系统的不确定性往往会带来其可行性无法保证,文献[74]针对这一问题进行了分析,并提出了解决办法。

4. 采用固定控制律附加摄动量的"离线设计、在线综合"方法

为了扩大初始可行域并减少在线计算量,Kouvaritakis 等在文献[75]中提出了一种有效鲁棒预测控制算法(Efficient Robust Predictive Control,ERPC)。其基本思想是首先离线设计一个满足输入约束且能鲁棒镇定系统的固定反馈控制律,然后引入附加的控制自由度,离线求解一个增广系统的不变集,并使该不变集在原状态空间内的投影最大。在线时则通过优化附加控制量来得到较优的控制性能。其具体做法如下。

对于具有多胞不确定性的系统(9-40),仅考虑如下输入约束:

$$|u_j(k)| \leqslant u_{j,\max}, \quad j=1,\cdots,m \tag{9-81}$$

其中 $u_j(k)$ 表示 m 维控制量 $\boldsymbol{u}(k)$ 的第 j 个分量。其鲁棒预测控制问题是要在 k 时刻求解以下无穷时域优化问题

$$\min J(k) = \sum_{i=0}^{\infty}\left[\|\boldsymbol{x}(k+i+1)\|_{\boldsymbol{Q}}^2 + \|\boldsymbol{u}(k+i)\|_{\boldsymbol{R}}^2\right] \tag{9-82}$$

由于模型存在多胞不确定性,该性能指标实际上就是式(9-45)中的"极小-极大"指标。

首先,在不考虑输入约束时,设计一个能镇定(9-40)中所有模型的固定状态反馈律 $\boldsymbol{u}(k)=\boldsymbol{K}\boldsymbol{x}(k)$,如果定义系统(9-40)在此控制律下的控制不变集为

$$\boldsymbol{\Omega}_x = \{\boldsymbol{x}\in\mathbb{R}^n \mid \boldsymbol{x}^{\mathrm{T}}\boldsymbol{Q}_x^{-1}\boldsymbol{x}\leqslant 1\},\ \boldsymbol{Q}_x^{-1} > \boldsymbol{0} \tag{9-83}$$

记 $\boldsymbol{\Phi}(k)=\boldsymbol{A}(k)+\boldsymbol{B}(k)\boldsymbol{K}$,则根据 9.1.4 节的式(9-9),应该有

$$\boldsymbol{\Phi}^{\mathrm{T}}(k)\boldsymbol{Q}_x^{-1}\boldsymbol{\Phi}(k) - \boldsymbol{Q}_x^{-1} \leqslant \boldsymbol{0}$$

根据不确定性的多胞形式,记 $\boldsymbol{\Phi}_j=\boldsymbol{A}_j+\boldsymbol{B}_j\boldsymbol{K}$,上式可表示为

$$\boldsymbol{\Phi}_j^{\mathrm{T}}\boldsymbol{Q}_x^{-1}\boldsymbol{\Phi}_j - \boldsymbol{Q}_x^{-1} \leqslant \boldsymbol{0}, \quad j=1,\cdots,L \tag{9-84}$$

在此反馈律下,输入约束(9-81)可以写为

$$|\boldsymbol{k}_j^{\mathrm{T}}\boldsymbol{x}(k)| \leqslant u_{j,\max}, \quad j=1,\cdots,m$$

其中 $\boldsymbol{k}_j^{\mathrm{T}}$ 是 $\boldsymbol{K}$ 的第 j 行。由于 $\boldsymbol{x}(k)$ 落在不变集 $\boldsymbol{\Omega}_x$ 内,有

$$\begin{aligned}|\boldsymbol{k}_j^{\mathrm{T}}\boldsymbol{x}(k)| &= |\boldsymbol{k}_j^{\mathrm{T}}\boldsymbol{Q}_x^{1/2}\boldsymbol{Q}_x^{-1/2}\boldsymbol{x}(k)| \leqslant \|\boldsymbol{k}_j^{\mathrm{T}}\boldsymbol{Q}_x^{1/2}\|\,\|\boldsymbol{Q}_x^{-1/2}\boldsymbol{x}(k)\| \\ &\leqslant \|\boldsymbol{k}_j^{\mathrm{T}}\boldsymbol{Q}_x^{1/2}\|,\ j=1,\cdots,m\end{aligned}$$

因此可以得到

$$\| \boldsymbol{k}_j^{\mathrm{T}} \boldsymbol{Q}_x^{1/2} \| \leqslant u_{j,\max} \text{ 即 } u_{j,\max}^2 - \boldsymbol{k}_j^{\mathrm{T}} \boldsymbol{Q}_x \boldsymbol{k}_j \geqslant 0, \quad j = 1,\cdots,m \tag{9-85}$$

这样,基于式(9-84)和(9-85)并按照9.3.1节的方法设计 $V(\boldsymbol{x})$,可得到 $\boldsymbol{K}$ 和 $\boldsymbol{Q}_x$,使系统(9-40)鲁棒镇定且满足输入约束(9-81),这就是文献[67]的做法。

为了扩大初始可行域并改善控制性能,文献[75]提出在原固定反馈控制律的基础上附加一摄动量,采用如下的控制律:

$$\boldsymbol{u}(k+i) = \boldsymbol{K}\boldsymbol{x}(k+i) + \boldsymbol{c}(k+i) \tag{9-86}$$

其中 $\boldsymbol{c}(k+i) = \boldsymbol{0}, i \geqslant n_c$,即通过引入 $\boldsymbol{c}(k+i), i = 0,\cdots,n_c - 1$ 来增加设计自由度。这时闭环系统成为

$$\boldsymbol{x}(k+1) = \boldsymbol{\Phi}(k)\boldsymbol{x}(k) + \boldsymbol{B}(k)\boldsymbol{c}(k)$$

引进增广状态

$$\boldsymbol{z}(k) = \begin{bmatrix} \boldsymbol{x}(k) \\ \boldsymbol{f}(k) \end{bmatrix} \in \mathbb{R}^{n+mn_c}, \quad \boldsymbol{f}(k) = \begin{bmatrix} \boldsymbol{c}(k) \\ \boldsymbol{c}(k+1) \\ \vdots \\ \boldsymbol{c}(k+n_c-1) \end{bmatrix} \tag{9-87}$$

可以把闭环系统写成自治形式

$$\boldsymbol{z}(k+1) = \boldsymbol{\Psi}(k)\boldsymbol{z}(k) \tag{9-88}$$

其中

$$\boldsymbol{\Psi}(k) = \begin{bmatrix} \boldsymbol{\Phi}(k) & \boldsymbol{B}(k) & \boldsymbol{0} & \boldsymbol{0} & \cdots & \boldsymbol{0} \\ \boldsymbol{0} & \boldsymbol{0} & \boldsymbol{I} & \boldsymbol{0} & \cdots & \boldsymbol{0} \\ \boldsymbol{0} & \boldsymbol{0} & \boldsymbol{0} & \boldsymbol{I} & \cdots & \boldsymbol{0} \\ \vdots & \vdots & \vdots & \boldsymbol{0} & \ddots & \vdots \\ & & & \vdots & \ddots & \boldsymbol{I} \\ \boldsymbol{0} & \boldsymbol{0} & \boldsymbol{0} & \boldsymbol{0} & \cdots & \boldsymbol{0} \end{bmatrix}$$

对于自治系统(9-88),类似于上面的分析,若其状态 $\boldsymbol{z}(k)$ 落在不变集

$$\boldsymbol{\Omega}_z = \{ \boldsymbol{z} \in \mathbb{R}^{n+mn_c} \mid \boldsymbol{z}^{\mathrm{T}} \boldsymbol{Q}_z^{-1} \boldsymbol{z} \leqslant 1 \}, \ \boldsymbol{Q}_z^{-1} > \boldsymbol{0} \tag{9-89}$$

内,则下述条件满足

$$\boldsymbol{\Psi}_j^{\mathrm{T}} \boldsymbol{Q}_z^{-1} \boldsymbol{\Psi}_j - \boldsymbol{Q}_z^{-1} \leqslant \boldsymbol{0} \text{ 即} \begin{bmatrix} \boldsymbol{Q}_z & \boldsymbol{Q}_z \boldsymbol{\Psi}_j^{\mathrm{T}} \\ \boldsymbol{\Psi}_j \boldsymbol{Q}_z & \boldsymbol{Q}_z \end{bmatrix} \geqslant \boldsymbol{0}, \ j = 1,\cdots,L \tag{9-90}$$

对于输入约束(9-81),注意到控制律已改变为式(9-86),即

$$u(k) = Kx(k) + c(k) = [K \quad I \quad 0 \quad \cdots \quad 0]z(k)$$

则相应于式(9－85),满足输入约束的条件为

$$\| [k_j^{\mathrm{T}} \quad e_j^{\mathrm{T}} \quad 0 \quad \cdots \quad 0]Q_z^{1/2} \| \leqslant u_{j,\max}$$

$$即\ u_{j,\max}^2 - [k_j^{\mathrm{T}} \quad e_j^{\mathrm{T}} \quad 0 \quad \cdots \quad 0]Q_z[k_j^{\mathrm{T}} \quad e_j^{\mathrm{T}} \quad 0 \quad \cdots \quad 0]^{\mathrm{T}} \geqslant 0,\ j = 1,\cdots,m \tag{9-91}$$

其中 e_j^{T} 为 m 维单位阵的第 j 行。

我们首先来分析增加摄动量对扩大初始可行域的作用。对于式(9－89)中的 Q_z^{-1},可以根据其与 x 和 f 的对应关系把它写成由 $\hat{Q}_{11}$、$\hat{Q}_{12}$、$\hat{Q}_{21}$、$\hat{Q}_{22}$ 分块组成的矩阵,$\hat{Q}_{12}^{\mathrm{T}} = \hat{Q}_{21}$,则由式(9－89)可得

$$x^{\mathrm{T}}\hat{Q}_{11}x \leqslant 1 - 2f^{\mathrm{T}}\hat{Q}_{21}x - f^{\mathrm{T}}\hat{Q}_{22}f$$

如果取 $\hat{Q}_{11} = Q_x^{-1}$,则对于所有 $z = [x^{\mathrm{T}} \quad 0]^{\mathrm{T}}$,上式就退化为未加摄动量时 x 所在不变集 Ω_x 的条件(9－83)。但利用非零量 f 的自由度,可获得比 Ω_x 更大的椭圆不变集,例如,当取 $f = -\hat{Q}_{22}^{-1}\hat{Q}_{21}x$ 时,由上式可得 Ω_z 在 x 空间的投影

$$\Omega_{xz} = \{x \in \mathbb{R}^n \mid x^{\mathrm{T}}Q_{xz}^{-1}x \leqslant 1\},\ Q_{xz}^{-1} = \hat{Q}_{11} - \hat{Q}_{12}\hat{Q}_{22}^{-1}\hat{Q}_{21}$$

因为 $Q_{xz}^{-1} \leqslant \hat{Q}_{11}$,所以取 $\hat{Q}_{11} = Q_x^{-1}$ 就意味着 $\Omega_x \subseteq \Omega_{xz}$,即通过附加摄动量可以扩大 x 的不变集。图9－6给出了状态空间增广后扩大 x 不变集的示例。

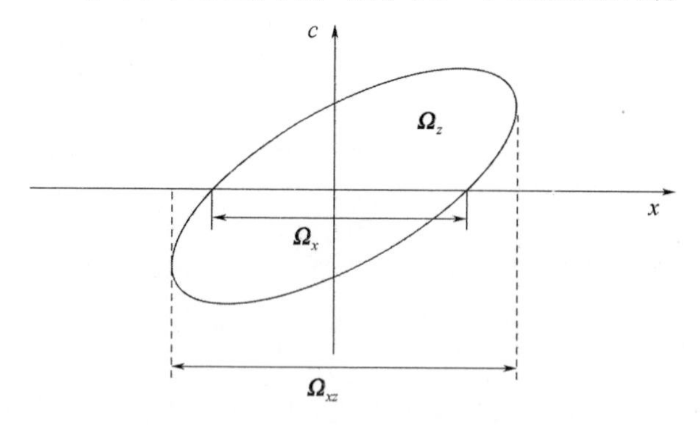

图9－6　不变集 Ω_x、Ω_{xz}和 Ω_z

为了表示扩大 x 不变集的一般形式,记 z 空间椭圆不变集(9－89)在 x 空间的投影为

$$\Omega_{xz} = \{x \in \mathbb{R}^n \mid x^{\mathrm{T}}Q_{xz}^{-1}x \leqslant 1\},\ Q_{xz}^{-1} > 0 \tag{9-92}$$

记 $x = Tz$,对式(9－89)的 LMI 形式做如下运算

$$\begin{bmatrix} \boldsymbol{T} & \boldsymbol{0} \\ \boldsymbol{0} & \boldsymbol{I} \end{bmatrix}\begin{bmatrix} \boldsymbol{Q}_z & \boldsymbol{z} \\ \boldsymbol{z}^{\mathrm{T}} & 1 \end{bmatrix}\begin{bmatrix} \boldsymbol{T}^{\mathrm{T}} & \boldsymbol{0} \\ \boldsymbol{0} & \boldsymbol{I} \end{bmatrix} \geqslant \boldsymbol{0} \text{ 即} \begin{bmatrix} \boldsymbol{T}\boldsymbol{Q}_z\boldsymbol{T}^{\mathrm{T}} & \boldsymbol{x} \\ \boldsymbol{x}^{\mathrm{T}} & 1 \end{bmatrix} \geqslant \boldsymbol{0}$$

可知式(9－92)中的$\boldsymbol{Q}_{xz}=\boldsymbol{T}\boldsymbol{Q}_z\boldsymbol{T}^{\mathrm{T}}$。因此,如果利用$\boldsymbol{Q}_z$的自由度选择$\boldsymbol{Q}_{xz}\geqslant\boldsymbol{Q}_x$,就有望得到比式(9－83)更大的控制不变集(即初始可行域)。

这样,在引入摄动量$\boldsymbol{f}$后,鲁棒预测控制的设计问题就可归结为:

① 设计无约束时的最优鲁棒镇定反馈控制律$\boldsymbol{K}$;

② 根据$\boldsymbol{K}$构成增广自治系统(9－88),设计其不变集$\boldsymbol{\Omega}_z$使其在$\boldsymbol{x}$空间的投影$\boldsymbol{\Omega}_{xz}$尽可能大,$\boldsymbol{Q}_z$应满足自治系统不变性条件(9－90)和输入约束条件(9－91);

③ 系统当前状态$\boldsymbol{z}(k)$应落在不变集$\boldsymbol{\Omega}_z$中,即满足式(9－89);

④ $\boldsymbol{f}$的自由度用于优化系统性能,鉴于$\boldsymbol{K}$已经是无约束时的最优反馈控制律,故$\boldsymbol{f}$只是加在该控制律上的摄动,其作用是微调控制以确保有约束时的可行性,因此不必在每一时刻反复优化全局性能指标(9－82),只需优化$\|\boldsymbol{f}\|^2$。

注意到①和②都与系统实际状态$\boldsymbol{x}(k)$无关,故可离线求解,从而降低在线计算的负担。这样就可得到以下“离线设计、在线综合”的算法。

(1) 离线设计

Step 1　设计无约束时的最优鲁棒镇定反馈控制律$\boldsymbol{K}$。

Step 2　对此反馈律求解$\boldsymbol{Q}_z$,使椭圆不变集$\boldsymbol{\Omega}_{xz}$(9－92)的体积$\det(\boldsymbol{T}\boldsymbol{Q}_z\boldsymbol{T}^{\mathrm{T}})$最大,这可以转化为下面的凸问题求解(文献[60]p12):

$$\begin{aligned} &\min \log \det(\boldsymbol{T}\boldsymbol{Q}_z\boldsymbol{T}^{\mathrm{T}})^{-1} \\ &\text{s.t.} \quad (9-90),(9-91) \end{aligned} \tag{9-93}$$

Step 3　如果在实际问题中知道状态$\boldsymbol{x}$初值的范围$\boldsymbol{X}_0$,而$\boldsymbol{X}_0\notin\boldsymbol{\Omega}_{xz}$,则增大$n_c$,返回Step 2重新求解$\boldsymbol{Q}_z$,直至$\boldsymbol{X}_0\in\boldsymbol{\Omega}_{xz}$满足。

(2) 在线综合

在每一采样时刻,求解

$$\begin{aligned} &\min_{\boldsymbol{f}(k)} \boldsymbol{f}^{\mathrm{T}}(k)\boldsymbol{f}(k) \\ &\text{s.t.} \quad \boldsymbol{z}^{\mathrm{T}}(k)\boldsymbol{Q}_z^{-1}\boldsymbol{z}(k) \leqslant 1 \end{aligned} \tag{9-94}$$

得到最优的$\boldsymbol{f}(k)$,以其首项元素$\boldsymbol{c}(k)$代入式(9－86)中得到当前控制量$\boldsymbol{u}(k)$,实施控制。

这种鲁棒预测控制器的设计方法通过引入附加的摄动量,增加了设计自由度,一方面可以通过状态空间增广扩大初始可行域,另一方面可以利用增加的自由度优化控制性能,此外还可采用“离线设计、在线综合”降低在线计算复杂度,因此有效地解决了初始可行域、在线计算量和控制性能三者之间的矛盾。

5. 采用多步控制集的反馈鲁棒预测控制

前面已经介绍过在固定状态反馈律前加入 N 个自由控制作用,改进初始可行域,提高控制性能的鲁棒预测控制器设计方法,这种把控制变量直接作为优化变量的策略称为开环预测控制策略,系统的不确定性往往会带来其可行性无法保证,进而不能保证其稳定性。文献[9]指出,闭环鲁棒预测控制器可以有效地保证系统的可行性。作为闭环鲁棒预测控制的一种具体实现,文献[76]提出了多步控制集的概念,采用不同的反馈控制律来代替自由控制变量,在扩大初始可行域和提高控制性能方面可以取得很好的效果,并且通过“离线设计、在线综合”,有效地解决了在线计算量增加的矛盾。以下重点介绍多步控制集的概念及基于多步控制集的鲁棒预测控制设计思想。

多步控制集是指这样一组椭圆集 $S_i=\{\boldsymbol{x}\mid\boldsymbol{x}^{\mathrm{T}}\boldsymbol{Q}_i^{-1}\boldsymbol{x}\leqslant 1\}$, $i=0,\cdots,s-1$,当系统状态 $\boldsymbol{x}$ 在椭圆集 S_{i-1} 内时,通过满足输入约束和状态约束的容许反馈控制律 $\boldsymbol{K}_{i-1}$,可以把状态 x 转移到椭圆集 S_i 内,并且其最后一个椭圆集 $S_{s-1}=\{\boldsymbol{x}\mid\boldsymbol{x}^{\mathrm{T}}\boldsymbol{Q}_{s-1}^{-1}\boldsymbol{x}\leqslant 1\}$ 就是传统意义上的以 $\boldsymbol{K}_{s-1}$ 为反馈律的控制不变集。这样,系统状态可以通过多步控制集引入到最后的控制不变集中,这与前面所述的通过一组自由控制量把系统状态引入控制不变集的思想是相同的,所不同的是用反馈控制律取代了自由控制量。

考虑多胞不确定系统(9-40)的在线优化问题(9-45),首先,由于在 k 时刻系统当前状态 $\boldsymbol{x}(k)$ 是已知的,故可把性能指标改写为

$$J(k)=\boldsymbol{u}^{\mathrm{T}}(k)\boldsymbol{R}\boldsymbol{u}(k)+\sum_{i=1}^{\infty}\left[\boldsymbol{x}^{\mathrm{T}}(k+i\mid k)\overline{\boldsymbol{Q}}\boldsymbol{x}(k+i\mid k)+\boldsymbol{u}^{\mathrm{T}}(k+i\mid k)\boldsymbol{R}\boldsymbol{u}(k+i\mid k)\right] \tag{9-95}$$

注意到为避免符号混淆,性能指标中的状态加权阵 $\boldsymbol{Q}_1$ 已改写为 $\overline{\boldsymbol{Q}}$。应用多步控制集的概念,采取以下控制策略:

$$\boldsymbol{u}(k+i)=\begin{cases}\boldsymbol{u}(k), & i=0\\ \boldsymbol{K}_i\boldsymbol{x}(k+i), & 0<i<N\\ \boldsymbol{K}_N\boldsymbol{x}(k+i), & i\geqslant N\end{cases} \tag{9-96}$$

其中 $\boldsymbol{K}_i$ 是多步控制集 $S_i=\{\boldsymbol{x}\mid\boldsymbol{x}^{\mathrm{T}}\boldsymbol{Q}_i^{-1}\boldsymbol{x}\leqslant 1\}$, $i=1,\cdots,N$ 对应的反馈控制律。针对 $\boldsymbol{K}_i$ 取李雅普诺夫函数 $V(k+i)=\boldsymbol{x}^{\mathrm{T}}(k+i)\boldsymbol{P}_i\boldsymbol{x}(k+i)$, $0<i<N$,而当 $i\geqslant N$ 时,取 $\boldsymbol{P}_i=\boldsymbol{P}_N$。采取与9.3.1节相似的思路,可以得到如下条件。

① 把当前状态 $\boldsymbol{x}(k)$ 通过 $\boldsymbol{u}(k)$ 引入到椭圆集 $S_1=\{\boldsymbol{x}\mid\boldsymbol{x}^{\mathrm{T}}\boldsymbol{Q}_1^{-1}\boldsymbol{x}\leqslant 1\}$ 内的条件:

$$\|\boldsymbol{u}(k)\|_2\leqslant u_{\max} \tag{9-97a}$$

$$\| \boldsymbol{y}(k+1) \|_2 \leqslant y_{\max} \tag{9-97b}$$

$$(\boldsymbol{A}(k)\boldsymbol{x}(k)+\boldsymbol{B}(k)\boldsymbol{u}(k))^{\mathrm{T}}\boldsymbol{Q}_1^{-1}(\boldsymbol{A}(k)\boldsymbol{x}(k)+\boldsymbol{B}(k)\boldsymbol{u}(k)) \leqslant 1 \tag{9-98}$$

② 系统状态经多步控制集引入到控制不变集 $S_N=\{\boldsymbol{x} \mid \boldsymbol{x}^{\mathrm{T}}\boldsymbol{Q}_N^{-1}\boldsymbol{x}\leqslant 1\}$的条件:

$$\| (\boldsymbol{A}(k+i)+\boldsymbol{B}(k+i)\boldsymbol{K}_i)\boldsymbol{x}(k+i) \|_{\boldsymbol{Q}_{i+1}^{-1}}^2 \leqslant 1,\ i=1,\cdots,N-1 \tag{9-99a}$$

$$\| (\boldsymbol{A}(k+i)+\boldsymbol{B}(k+i)\boldsymbol{K}_N)\boldsymbol{x}(k+i) \|_{\boldsymbol{Q}_N^{-1}}^2 \leqslant 1,\ i\geqslant N \tag{9-99b}$$

$$\| \boldsymbol{u}(k+i \mid k) \|_2^2 = \| \boldsymbol{K}_i\boldsymbol{x}(k+i \mid k) \|_2^2 \leqslant u_{\max}^2,\ i=1,\cdots,N \tag{9-100}$$

$$\begin{aligned}\| \boldsymbol{y}(k+i+1 \mid k) \|_2^2 &= \| \boldsymbol{C}[\boldsymbol{A}(k+i)+\boldsymbol{B}(k+i)\boldsymbol{K}_i]\boldsymbol{x}(k+i \mid k) \|_2^2 \\ &\leqslant y_{\max}^2,\ i=1,\cdots,N\end{aligned} \tag{9-101}$$

③ 强制 V 函数递减并满足的条件:

$$\begin{aligned}V(k+i+1)-V(k+i) &= \| (\boldsymbol{A}(k+i)+\boldsymbol{B}(k+i)\boldsymbol{K}_i)\boldsymbol{x}(k+i) \|_{\boldsymbol{P}_{i+1}}^2 \\ &\quad - \| \boldsymbol{x}(k+i) \|_{\boldsymbol{P}_i}^2 \\ &< -\boldsymbol{x}^{\mathrm{T}}(k+i)\,\overline{\boldsymbol{Q}}\boldsymbol{x}(k+i)-\boldsymbol{u}^{\mathrm{T}}(k+i)\boldsymbol{R}\boldsymbol{u}(k+i) \\ &\qquad i=1,2,\cdots\end{aligned} \tag{9-102}$$

④ 目标函数极大值的上界:

$$\max_{[\boldsymbol{A}(k+i)\boldsymbol{B}(k+i)]\subset \boldsymbol{\Pi},i\geqslant 0} J(k) \leqslant \gamma_0+\gamma \tag{9-103}$$

此处

$$\gamma_0 \geqslant \boldsymbol{u}^{\mathrm{T}}(k)\boldsymbol{R}\boldsymbol{u}(k) \tag{9-104}$$

$$\begin{aligned}\gamma \geqslant V(k+1) &= (\boldsymbol{A}(k)\boldsymbol{x}(k)+\boldsymbol{B}(k)\boldsymbol{u}(k))^{\mathrm{T}}\boldsymbol{P}_1(\boldsymbol{A}(k)\boldsymbol{x}(k) \\ &\quad +\boldsymbol{B}(k)\boldsymbol{u}(k))\end{aligned} \tag{9-105}$$

取 $\boldsymbol{K}_i=\boldsymbol{Y}_i\boldsymbol{Q}_i^{-1}$,$\boldsymbol{P}_i=\gamma\boldsymbol{Q}_i^{-1}$,将上述各式用 LMI 表示,并且注意到系统参数的多胞不确定性,经整理可得

$$\begin{bmatrix} u_{\max}^2 & \boldsymbol{u}^{\mathrm{T}}(k) \\ \boldsymbol{u}(k) & \boldsymbol{I} \end{bmatrix} \geqslant \boldsymbol{0} \tag{9-106a}$$

$$\begin{bmatrix} \boldsymbol{Q}_1 & \boldsymbol{Q}_1\boldsymbol{C}^{\mathrm{T}} \\ \boldsymbol{C}\boldsymbol{Q}_1 & y_{\max}^2\boldsymbol{I} \end{bmatrix} \geqslant \boldsymbol{0} \tag{9-106b}$$

$$\begin{bmatrix} \gamma_0 & \boldsymbol{u}^{\mathrm{T}}(k) \\ \boldsymbol{u}(k) & \boldsymbol{R}^{-1} \end{bmatrix} \geqslant \boldsymbol{0} \tag{9-107}$$

$$\begin{bmatrix} 1 & (\boldsymbol{A}_j\boldsymbol{x}(k)+\boldsymbol{B}_j\boldsymbol{u}(k))^{\mathrm{T}} \\ \boldsymbol{A}_j\boldsymbol{x}(k)+\boldsymbol{B}_j\boldsymbol{u}(k) & \boldsymbol{Q}_1 \end{bmatrix} \geqslant \boldsymbol{0},\ j=1,\cdots,L \tag{9-108}$$

$$\begin{bmatrix} \boldsymbol{Q}_i & \boldsymbol{Q}_i\boldsymbol{A}_j^{\mathrm{T}}+\boldsymbol{Y}_i^{\mathrm{T}}\boldsymbol{B}_j^{\mathrm{T}} & \boldsymbol{Q}_i(\overline{\boldsymbol{Q}})^{1/2} & \boldsymbol{Y}_i^{\mathrm{T}}\boldsymbol{R}^{1/2} \\ \boldsymbol{A}_j\boldsymbol{Q}_i+\boldsymbol{B}_j\boldsymbol{Y}_i & \boldsymbol{Q}_{i+1} & \boldsymbol{0} & \boldsymbol{0} \\ (\overline{\boldsymbol{Q}})^{1/2}\boldsymbol{Q}_i & \boldsymbol{0} & \gamma\boldsymbol{I} & \boldsymbol{0} \\ \boldsymbol{R}^{1/2}\boldsymbol{Y}_i & \boldsymbol{0} & \boldsymbol{0} & \gamma\boldsymbol{I} \end{bmatrix} \geqslant \boldsymbol{0},\ i=1,\cdots,N-1,\ j=1,\cdots,L \tag{9-109}$$

$$\begin{bmatrix} \boldsymbol{Q}_N & \boldsymbol{Q}_N\boldsymbol{A}_j^{\mathrm{T}}+\boldsymbol{Y}_N^{\mathrm{T}}\boldsymbol{B}_j^{\mathrm{T}} & \boldsymbol{Q}_N(\overline{\boldsymbol{Q}})^{1/2} & \boldsymbol{Y}_N^{\mathrm{T}}\boldsymbol{R}^{1/2} \\ \boldsymbol{A}_j\boldsymbol{Q}_N+\boldsymbol{B}_j\boldsymbol{Y}_N & \boldsymbol{Q}_N & \boldsymbol{0} & \boldsymbol{0} \\ (\overline{\boldsymbol{Q}})^{1/2}\boldsymbol{Q}_N & \boldsymbol{0} & \gamma\boldsymbol{I} & \boldsymbol{0} \\ \boldsymbol{R}^{1/2}\boldsymbol{Y}_N & \boldsymbol{0} & \boldsymbol{0} & \gamma\boldsymbol{I} \end{bmatrix} \geqslant \boldsymbol{0},\ j=1,\cdots,L \tag{9-110}$$

$$\begin{bmatrix} u_{\max}^2\boldsymbol{I} & \boldsymbol{Y}_i \\ \boldsymbol{Y}_i^{\mathrm{T}} & \boldsymbol{Q}_i \end{bmatrix} \geqslant \boldsymbol{0},\ i=1,\cdots,N \tag{9-111}$$

$$\begin{bmatrix} \boldsymbol{Q}_i & (\boldsymbol{A}_j\boldsymbol{Q}_i+\boldsymbol{B}_j\boldsymbol{Y}_i)^{\mathrm{T}}\boldsymbol{C}^{\mathrm{T}} \\ \boldsymbol{C}(\boldsymbol{A}_j\boldsymbol{Q}_i+\boldsymbol{B}_j\boldsymbol{Y}_i) & y_{\max}^2\boldsymbol{I} \end{bmatrix} \geqslant \boldsymbol{0},\ i=1,\cdots,N,\ j=1,\cdots,L \tag{9-112}$$

其中式(9－106a)、(9－107)分别保证条件(9－97a)、(9－104)成立,式(9－108)即为条件(9－98)及(9－105),式(9－106b)是在考虑条件(9－98)成立时的条件(9－97b),式(9－109)和(9－110)保证了 V 函数递降条件(9－102)成立,同时包含了多步控制集条件(9－99),式(9－111)和(9－112)则分别保证了系统输入输出约束条件(9－100)、(9－101)成立。这样,采用多步控制集的反馈鲁棒预测控制算法可以归结为求解下述优化问题:

$$\begin{aligned} &\min_{\gamma_0,\gamma,\boldsymbol{u}(k),\boldsymbol{Q}_i,\boldsymbol{Y}_i} \gamma_0+\gamma \\ &\text{s.t.}\quad (9-106)\sim(9-112) \end{aligned} \tag{9-113}$$

由此解出的 $\boldsymbol{u}(k)$ 作为当前控制量付诸实施。

这种采用多步控制集的反馈预测控制算法虽然看起来比采用自由控制量的开环算法更为复杂,但其鲁棒稳定性很容易得到证明,而且注意到式(9－109)至(9－112)的状态无关性,文献[76]在分析多步控制集性质的基础上,提出利用它们先离线设计 $\boldsymbol{\gamma}$、$\boldsymbol{Q}_i$ 和 $\boldsymbol{Y}_i$,在线时再优化 $\boldsymbol{\gamma}_0$、$\boldsymbol{u}(k)$ 和一些组合系数,这样的"离线设计、在线综合"算法不但具有稳定性的理论保证,而且在扩大初始可行域、提高控制性能和降低在线计算量方面都能取得比较好的效果。

以上介绍的几种方法反映了人们在解决鲁棒预测控制难点时所提出的一些思路,有一定的特色和代表性,但远不能覆盖鲁棒预测控制研究的丰富成果。21世纪以来,预测控制定性综合理论的研究几乎都转向带有不确定性的系统,除了本章重点讨论的多胞不确定性系统外,受扰系统的鲁棒预测控制也有很多研究成果,即使是对多胞不确定系统,从不同的前提条件和解决思路出发,也有很多这里未提及的方法,例如采用多面体不变集的鲁棒预测控制算法等,有兴趣的读者可参考相关文献。

9.4 小结

预测控制理论的成熟是以20世纪90年代发展起来的预测控制定性综合理论为标志的。与经典的预测控制定量分析理论针对已有的预测控制算法获取具有局部意义的理论成果不同,它把预测控制纳入最优控制的框架,突破已有算法的束缚,从具有性能保证出发来综合各种具有预测控制运行特征的新算法,从而开拓了一个全新的研究体系,出现了很多思想深刻、方法创新的研究成果。

预测控制定性综合理论重点解决如何综合适合于预测控制滚动优化特点的具有稳定性保证的算法,本章通过解读预测控制定性综合理论的基本理念,分析了解决预测控制稳定性保证的关键难点,并通过介绍若干具有代表性的稳定预测控制综合方法,说明了这些难点如何具体得到解决。在此基础上,介绍了在这些综合方法中所蕴含的预测控制稳定性综合要素及一般条件,并由此进一步分析了预测控制次优性随着滚动实施不断改善的特点。

鲁棒预测控制的研究是预测控制定性综合理论的重要组成部分,特别在21世纪以来已成为该领域研究的主流。鲁棒预测控制的研究汲取了预测控制稳定性综合和鲁棒控制的丰富成果,涉及到模型不确定性系统、不确定受扰系统等宽广范围,不同的问题和各种解决方法构成了极为丰富的研究内容。本章重点介绍了这一领域中堪称经典、研究也相当集中的具有多胞不确定性系统的鲁棒预测控制。除了详细介绍典型问题系统综合的思路和算法的导出外,还指出了鲁棒预测控制综合的难点。针对这些难点,简要介绍了若干具有代表性的鲁棒预测控制综合方法,重点指出各种方法在解决某些难点问题方面的特色。鉴于鲁棒预测控制是一个内容丰富并且还在不断发展的研究领域,本章的介绍只是为读者提供基本的思路,更多的内容可参考相关的文献。

第 10 章

预测控制的应用及发展前景

预测控制的产生并非由控制理论的发展所驱动,而是源于复杂工业过程对优化控制的需要,因此它从诞生之日起就作为一种新型控制技术出现在工业领域中。从 20 世纪 70 年代问世以来,预测控制首先在炼油、化工、电力等领域的过程控制中获得了成功应用,显现出其在处理复杂约束优化控制问题时的卓越能力。30 多年来,随着预测控制商品化软件的不断完善和有力推广,预测控制已在全球数千大型工业装置上获得成功应用,得到了工业过程控制领域的广泛认同,被认为是唯一能以系统和直观的方式处理多变量约束优化的控制技术,并成为先进过程控制(Advanced Process Control,APC)的核心。进入 21 世纪以来,随着人们对复杂系统的约束优化控制提出越来越高的要求,预测控制的应用也迅速扩展到先进制造、航天、航空、能源、环境、医疗等许多领域。本章将重点介绍预测控制在工业过程中的应用概况和实现技术,给出它在工业和其它领域的若干应用案例并指出其原理的普适性及推广潜力。最后通过分析现有预测控制理论和应用技术存在的不足,指出其面临的挑战问题及发展前景。

10.1 预测控制在工业过程中的应用

10.1.1 预测控制的工业应用及软件发展概况

预测控制是一类新型计算机控制算法,虽然它以滚动方式实施优化控制的原理在早些时候就已经提出,但目前普遍都把 20 世纪 70 年代工业控制领域中预测控制的成功应用作为其产生的标志,其代表性工作是 Richalet 等提出的模型预测启发控制(MPHC)和 Cutler 等提出的动态矩阵控制(DMC)。Richalet 等于 1976 年在 IFAC 第 4 届辨识与系统参数估计会议上首先报道了 MPHC 的原理及 IDCOM (Identification-Command)预测控制软件包的工业应用,1978 年又在 Automatica 上发表了关于预测控制的首篇期刊论文[1]。与此同时,美国 Shell 公司在 20 世纪 70 年代早期就开始独立地研发自己的预测控制技术 DMC,并在 1973 年得到初步应用。Cutler 等在 1979 年的美国 AIChE 会议及 1980 年的美国控制联合会议(JACC)上公开报道了 DMC 的原理及其在炼油催化裂化装置上的应用[3]。正是在这些获得成功工业应用的先进技术基础上,预测控制作为一类新型的优化控制技术开始出现在工业过程控制领域中。

30 多年来,预测控制在工业过程中得到了广泛应用,其商品化软件包也不断完善发展。在涉及预测控制工业应用的诸多文献中,除了大量关于算法和应用案例的报道外,还有一些对预测控制工业应用环境和应用状况进行全面深入介绍的综述性论文,如文献[1]、[4]、[77]、[78]、[79]等,其中,文献[4]详细地回顾了工业预测控制技术的发展历史,综述了工业预测控制软件的发展和应用,总结了预测控制工业应用的技术,并指出了现有技术的局限性和预测控制技术的发展方向,它是了解预测控制工业应用技术的经典之作。

根据文献[4]的报道,仅根据 Aspen Technology 等 5 家厂商提供的数据,到 1999 年中,线性 MPC 技术的应用已有 4542 例,遍及炼油、石化、化工、聚合、制气、制浆与造纸、冶炼、食品加工、窑炉、航空航天与国防、汽车制造等领域,其中应用最多的几个领域分别是:炼油 1985 例、石化 550 例、化工 144 例。在统计过程中,由于厂商对应用案例的理解不同,有些可能把 MPC 技术应用于整个工厂作为一个案例统计,有些则可能把 MPC 应用于某一类设备作为一个案例,而实际上同样的技术可能已作为商品出售并应用于数千同类设备,所以上述数据是相当保守的。此外,上述数据还只统计了这些厂商直接参与实施的应用项目,不包括购买了它们的产品和专利后自行实施的大量工业应用,也不包括其它自行研发的 MPC 技术的应用,因此,这远远不是预测控制工业应用的全部数字。即便如此,该统计数字与 5 年前相比已翻了一倍多,而且还在不断迅速增长。从应用规模来看,Aspen Technology 采用一揽子 MPC 技术来解决大型控制问题,规模最大的应用案例达到了 603 个输出量和 283 个输入量,而其它厂商通过分解为子过程处理整个系统的控制,问题规模相对要小一些。与线性 MPC 技术相比,非线性 MPC 技术的成熟度较低,作为商品化软件的品种十分有限,应用案例的统计数字远远低于线性 MPC。这些对预测控制主要软件产品应用情况的统计,虽然只是预测控制工业应用之部分,而且统计时间也较早,但在一定程度上反映了预测控制在工业过程中的广泛应用及不断增长的趋势。

除了上述以预测控制商品化软件为标志的行业性推广应用外,从各种学术刊物、学位论文和公司及研究部门的技术报告中还可以发现大量 MPC 技术在工业领域应用的案例,它们针对具体的应用对象,分析优化控制问题的具体要求和特点,提出相应的 MPC 技术克服面临的难点,并大多伴有实施效果的报道和分析。这些应用虽然多为个例,没有形成通用产品并涉及推广问题,但量大面广,在处理对象形式的多样性、提高控制算法的有效性、扩展应用的范围和类型等方面,都为预测控制的工业应用提供了丰富的、多样化的示例。在今天,由于线性 MPC 技术已广为过程控制界所掌握,其工业应用可以从单个变量的控制到整个工业装置的系统控制,可以从购买大公司的商品化软件到采用小公司研发的商品化软件或者自行研发,所以要准确地统计预测控制的工业应用案例已几乎不可能。

在我国,预测控制的工业应用同样受到高度重视,早在 20 世纪 80 年代,预测控制技术就已用于炼油厂催化裂化装置的反应温度和反应深度控制,之后又扩展到炼油、石化、化工等行业的许多过程和装置,并进一步延伸到电力、冶金、造纸、水泥等行业。从 80 年代到 90 年代,一方面,一些行业通过引进国外 MPC 商品化软件进行先进过程控制改造,加快了 MPC 技术在大型工业装置上的规模应用,另一方面,国家把工业 MPC 技术列入国家科技攻关,支持研发国产 MPC 商品化软件,浙江大学、上海交通大学等高校都研发了相关软件,部分已形成产品推广应用。

在预测控制的工业应用中,一些专业软件厂商根据行业优化控制的需要,研发了以 MPC 为核心的商品化软件,提出了大工业过程先进过程控制的系统解决方案,通过以点带面加速预测控制技术在行业中的推广。这种行业的规模化应用构成了预测控制工业应用的主流,而相应的商品化软件则代表着工业预测控制技术的发展水平。文献[4]详细描述了预测控制软件厂商和产品的演变过程,并把预测控制商品化软件的发展分为 4 个阶段,指出它们随着应用的需要和实践的过程也在不断发展与完善。

第一代工业 MPC 软件是指在 20 世纪 70 年代伴随着 MPHC 和 DMC 算法出现的 IDCOM 和 DMC,它们分别采用了脉冲响应和阶跃响应模型,在线都是要优化一个有限时域的二次型性能指标,虽然两者在实施细节上有所不同,例如 IDCOM 采用参考轨迹而 DMC 不用,IDCOM 考虑输入输出约束但需通过启发式迭代算法求解,而 DMC 不考虑约束可用最小二乘法求解,但两者都体现出预测控制的原理思想,它们的出现标志着预测控制技术的问世,对工业过程控制产生了巨大影响。

第二代工业 MPC 软件以 20 世纪 80 年代中出现的 QDMC(Quadratic Dynamic

Matrix Control)为标志,它克服了原始IDCOM和DMC启发式处理约束或不考虑约束的不足,通过把输入输出约束显式加入到DMC算法中,转化为一个二次规划问题可用标准程序求解,从而提供了处理输入输出约束的系统途径。工业界报道了该软件成功应用于裂解炉及其它过程装置的案例。

第三代工业MPC软件产生于1990年前后,以Set Point公司的IDCOM-M(IDCOM的多变量版本)和SMCA(Setpoint Multivariable Control Architecture,集辨识、仿真、组态与控制于一体的集成软件)、Adersa公司的HIECON(Hierarchical Constrained Control,递阶约束控制)、Shell Research in France的SMOC(Shell Multivariable Optimizing Controller)等为代表。这一代软件产品根据工业应用实践的需要对MPC技术做出了多方面的改进,例如,把约束分为具有不同优先级的硬约束和软约束,在优化问题不可行时具有恢复可行的机制,考虑了控制结构实时变化引起的问题,提供了不同的反馈选择,以及允许采用不同类型的模型和控制器等等,从而弥补了原有技术的不足。

第四代工业MPC软件是20世纪90年代中期在软件厂商经过一系列兼并组合后推出的,其代表性产品是Aspen Technology公司的DMC-plus和Honeywell公司的RMPCT(Robust Model Predictive Control Technology)。这些产品具有如下特点:

· 基于Windows的用户图形接口;
· 考虑具有优先级控制目标的多重优化;
· 具有附加的灵活性,可处理包括二次规划和经济指标在内的稳态目标优化;
· 直接考虑了模型不确定性进行鲁棒控制设计;
· 基于预测误差方法和子空间方法改进了辨识技术。

除了上述软件产品外,还有Adersa公司的PFC(Predictive Functional Control)和GLIDE(辨识包)、Shell Global Solutions的SMOC-II、Invensys公司的Connoisseur等,它们构成了当前工业MPC技术的主要产品市场。文献[4]还对这些产品的应用领域进行了分析,根据统计数据可以看出,Aspen Technology和Honeywell主要致力于炼油和石化领域,Adersa和Invensys在食品加工、冶炼、航天航空和汽车制造领域有较多的应用,Adersa的嵌入式PFC还大量应用于各领域,而Shell Global Solutions则在Shell内部大量应用SMOC,主要也是在炼油和石化领域。

作为实现先进过程控制的全面解决方案,这些软件厂商提供的不仅仅是MPC的控制算法,而是包括系统组态、模型辨识、系统仿真、多变量约束控制、稳态优化、过程监控、人机交互等功能在内的系统软件,而且有一支专业性强、熟悉工艺、经验丰富的技术队伍协助用户进行现场实施,完成技术培训和售后服务。关于这些软件产品的形成、特点以及它们具体采用的模型、建模与辨识方法、控制技术等的详细介绍，可参见文献[4]。

10.1.2 预测控制在工业过程优化中的定位及实施

Richalet 等在最早提出预测控制的文献[1]中，清楚地介绍了预测控制技术在工业生产过程中的地位，而后在包括文献[4]的一些论文中，又对此作了进一步分析。综合这些文献的提法，现代大工业过程的优化控制通常可以采用图 10－1 所示的多层递阶结构，其中从顶到底各层次的功能可描述如下：

第 3 层　全局经济优化层。通过生产全过程优化向各生产单元指派生产任务，提出最优的生产条件。决策周期一般为“天”。

第 2 层　局部经济优化层。根据上层的决策，各生产单元以更细化的单元模型和更高的频率计算单元经济指标最优的稳态工况，传送到下一层具体实现。一般由单元计算机完成，其周期在“小时”数量级。

第 1 层　动态约束控制层。在受到状态和结构不确定扰动的情况下，对多变量系统进行动态约束控制，使系统运行在优化层所要求的稳态工况下，减少状态超界的概率。传统控制结构中常采用 PID 控制算法、超前/滞后补偿与高低选择逻辑的组合，而在先进过程控制系统中则以 MPC 技术取代了传统组合。其周期在“分”

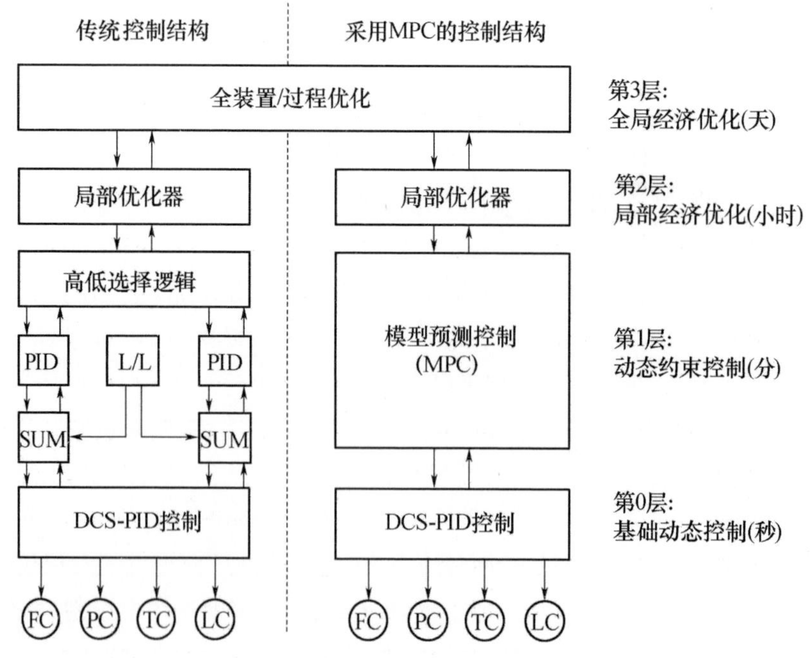

图 10－1　典型工业装置的递阶控制结构[4]

（左侧采用传统结构，右侧采用 MPC 的结构。）

的数量级。

第0层 基础动态控制层。主要通过实现辅助系统(如随动阀)的闭环控制,使上一层的控制指令通过执行机构快速实现。通常是在DCS系统的底层采用PID控制算法,周期一般为"秒"的数量级。

文献[1]指出,在这一多层递阶结构中,由第0层和第1层获得的直接经济效益是微不足道的。与此相反,第2层的优化却能显著地提高经济效益。但这并不意味着前两层的控制不重要。事实上,要使第2层的优化真正得到满意的结果,其必要条件是第0层和第1层必须首先优化。我们可以用图10-2来说明这个道理。图中给出了优化层确定的系统稳态工作点q与经济优化性能指标(已转化为最小化指标)J的关系曲线$J(q)$,J越小,经济效益越高。但由于工作点q受到约束,理想的情况就是把稳态工作点设置在约束边界q_0处,即所谓"卡边"控制,这时可在不违反约束的情况下得到最小的J即最大的经济效益。但是这种理想的"卡边"控制在状态和结构受到不确定扰动的工业环境中并不现实,这时动态控制不可能保证工作点严格保持在设定值,系统的实际状态由于不确定扰动的影响将分布在设定值周边的一定范围内。从生产安全、保证产品质量等要求出发,状态超出约束界域的概率必须低于某一阈值,在这一前提下,如果动态控制层的控制质量很差,实际值对设定值的方差分布很广,如图中曲线Ⅰ所示,则优化层就不得不把稳态工作点q_1设置在离约束边界较远处,从而只能得到较差的经济优化指标J_1。相反,如果动态控制层能实现严格的动态控制,控制偏差很小,如图中的曲线Ⅱ,则优化层可以把稳态工作点q_2设置得临近其约束边界,近似地实现"卡边"控制,在保证安全生产和产品质量的前提下,以性能指标J_2获得更高的经济效益。

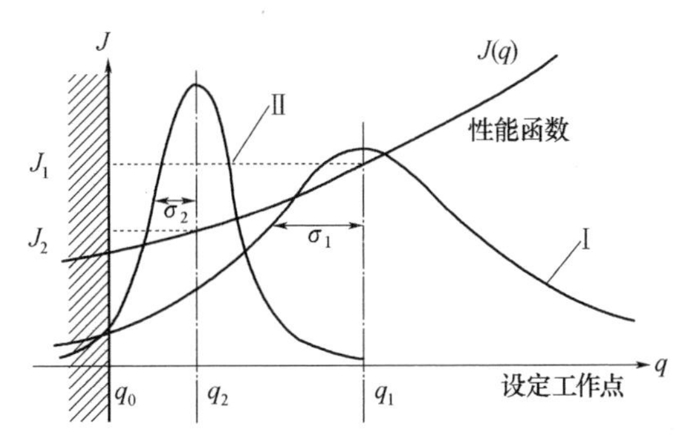

图10-2 动态控制质量对实现"卡边"控制的影响[1]

由此可见,动态约束控制层的控制质量对于工业生产过程经济效益的提高起着间接但重要的保证作用。由于预测控制通常采用输出方差最小化的优化性能指标,基于模型的预测可在优化中把各种实际约束考虑在内,滚动实施加实时反馈的机制又有很强的鲁棒性和抗干扰性,因此很适宜用来作为上面所需要的动态控制算法。预测控制在动态控制层的应用,一般可采取下面两种方式[1]。

① 直接数字控制,即预测控制器的输出串联到第0层经模拟PID辅助控制后的对象直接实施控制,这时预测控制器的输出是第0层PID控制回路的设定值,预测模型是辅助回路闭环后的第0层模拟对象。

② 透明控制(Transparent Control),即在第1层首先用模拟PID控制器控制第0层对象使之有鲁棒的动态响应,然后再对已构成的控制回路进行预测控制以获得高质量的动态控制。这时预测控制器给出的是PID控制回路的设定值,预测模型不再是第0层对象的模型,而是第1层PID控制器与第0层对象组成的闭环系统,预测模型的输入也不是对象的直接控制量,而是PID闭环系统的设定值。这种情况可以理解为预测控制对PID控制回路进一步实施动态设定值控制。

不论采取哪一种控制方式,预测控制在动态控制层的作用都是为了实现严格的动态控制,通过减少被控变量偏离设定值的方差,使第2层的操作优化建立在更好的基础上,更接近理想的"卡边"控制。预测控制在工业过程中的出现,就是以上述功能定位和应用的。

在预测控制的工业应用中,对象的输入控制量通常称为操作变量(Manipulated Variable,MV),输出量称为被控变量(Controlled Variable,CV),可测扰动量记为DV(Disturbance Variable)。预测控制面临的对象根据CV和MV数目的不同,可分为MV数小于CV数的"瘦"系统、MV数等于CV数的"方"系统和MV数大于CV数的"胖"系统。从传统意义上说,这些不同的系统分别对应着欠自由度、等自由度和过自由度的情况,对于"瘦"系统,甚至不能实现传统意义上的设定值控制。但正如我们在8.4节的满意控制中所指出的,在复杂的工业环境中,由于存在着各种软硬约束和多种目标要求,其优化控制问题具有与传统控制不同的特征,可以用有约束多目标多自由度优化的思想对它们实施预测控制。一般来说,预测控制器的任务就是从上级优化层接受到最优稳态目标后,驱动过程从当前稳态工作点过渡到所要求的稳态工作点,在这一过程中,对预测控制器的要求按重要性次序分别为:

① 防止偏离输入输出约束;

② 驱动CV到其稳态最优值(动态输出优化);

③ 利用剩余自由度驱动MV到其稳态最优值(动态输入优化);

④ 防止MV的过度变动;

⑤ 当信号或执行器失效时,尽可能控制系统。

预测控制在工业过程中的实施并不仅仅是算法的实现,而是包括系统分析、模

型辨识、优化问题规范、约束处理、参数调试等在内的完整过程。预测控制工业应用软件的共同特点可以归纳为:

① 面向多变量、有约束、多目标的控制问题;

② 定位于动态约束控制层,其控制量常为底层控制回路的设定值;

③ 大多采用脉冲响应或阶跃响应作为预测模型,不需建立解析的数学模型;

④ 脉冲响应或阶跃响应的获得需要进行较大代价的离线测试和分析验证;

⑤ 在线优化通常采用 LP、QP、NLP 等数学规划方法,但各有诀窍(Know How);

⑥ 软件具有模型辨识、离线仿真与整定、在线实施3大功能;

⑦ 用户界面友好,便于用户修改约束与调整优先级;

⑧ 体现了满意控制的思想,灵活处理具有不同重要性的约束和目标。

以下我们参照文献[4]的介绍,对预测控制工业应用的一些关键技术作进一步的说明。

1. 预测模型的辨识技术

预测控制是基于模型的控制,首先需要离线建立合适的预测模型。在上面所述的直接数字控制和透明控制模式下,预测模型的 MV 就是对象或广义对象的输入(即 PID 控制回路的设定值),CV 就是对象的输出。

预测模型可以通过机理建模或现场实验数据建模获得。但在预测控制的工业应用实践中,目前针对线性或近似线性对象使用最为普遍的是通过实验数据得到的脉冲响应或阶跃响应模型。根据文献[4]的介绍,为了得到过程的输入输出数据来辨识过程模型,需要在稳态工况下对 MV 施加测试信号来激励 CV 的变化。通常采用的测试信号有伪随机二进制信号(PRBS)以及具有随机幅值或类 PRBS 的阶跃信号。大部分工业辨识软件包都是通过逐一对单个 MV 加上测试信号同时保持其它 MV 不变来获得所有 CV 对 MV 变化的响应数据。为了保证充分激励和减少噪声影响,在测试中一般需对每一 MV 做出 8 ~ 15 次阶跃变化,CV 与噪声的信噪比应高于6,对不同测试区间所获得的数据还需进一步整合,剔除那些因扰动严重而被破坏的数据。工业界把这一测试过程看成是预测控制有效实施的重要前提,它需要在工程师监控下持续进行,时间可达 5 ~ 15 天。在测试过程中,为了保持模型的确定性,不允许改变回路中 PID 的结构或调整其设定值,操作者的干预也只限于出现紧急情况时。

在经过对象测试获得输入输出数据后,对于采用 PRBS 信号的测试方法,可以用相关分析法得到系统的脉冲响应参数,并进而得到系统的阶跃响应;对于采用阶跃信号的测试方法,可通过最小二乘法辨识出增量形式的有限脉冲响应(Finite Impulse Response,FIR)模型,并进一步得到系统的有限阶跃响应(Finite Step Response,FSR)模型,模型的维数一般取为30~120。由于增量形式对高频噪声十分敏感,在辨识前通常还需要对数据进行平滑。

2. 预测控制的实时实施技术

在每一控制周期,预测控制的典型计算包括以下步骤。

(1) 读取实时数据

通过过程检测得到输入(MV 和 DV)和输出(CV)的实时数据,除了获取其数值之外,还要检查传感器是否工作在正常状态,每一 MV 还要检查与之相关的底层控制或阀门的状态,如果发生饱和则 MV 只允许向单方向移动。如果 MV 不允许变动而失去控制作用,则该 MV 不能再用作为控制量,需作为扰动量(DV)处理。

(2) 输出反馈:把当前的预测与优化建立在过程实时信息的基础上

工业预测控制技术不涉及状态概念,不能采用状态空间中状态估计与控制分离设计的方法,除了少量产品采用 Kalman 滤波技术进行输出反馈外,多数通过启发式偏置的方式来插入反馈。对于稳定系统,常通过实测输出与预测输出的比较得到反馈的依据,两者之间的误差被用来校正未来的输出预测值,这就是 2.1 节 DMC 算法中所述的反馈校正环节。反馈校正策略是启发式的,取决于对预测误差建立什么样的扰动模型,例如当把误差的产生归结为在对象输出端有一持续保持的阶跃扰动作用时,采用等值校正可得到很好的效果,但当阶跃扰动实际出现在输入端时却会导致扰动抑制缓慢。对不同的扰动模型及相应的反馈校正策略的讨论可见本书 3.4.1 节及相关文献。

(3) 确定控制的子过程:针对过程实际情况定义当前控制问题的变量和约束

在系统分析过程中,需要确定被控过程的 MV、DV 和 CV。虽然有些变量并不是过程的被控量,如底层控制的输出(如阀门位置)等,但由于约束的存在,在应用中常需把它们增列为控制问题的附加 CV。对这些 CV 并非实行设定值控制,而是范围或区域控制,控制的目的是使底层控制器偏离其约束边界,否则会危及其性能。

通过系统分析确定的过程变量,在实时运行中可能发生变化,例如当底层控制器达到上界或下界饱和时,就需要临时增加一个硬约束以防止 MV 向不可行的方向变动,而当底层控制器失效时,相应的 MV 不再能用于控制,必须转化为 DV 作为扰动处理。所以在每一控制执行期都要通过检查系统的工作状态,定义一个控制的子过程。

当某一 CV 的测量出现误差时,如果误差不严重,控制可以继续进行,只是在控制问题中直接取输出的预测值而不再取反馈值,如果这种误差持续到一定时间,控制的子问题中可以把该 CV 从目标函数中除去。

(4) 移除弱条件:消除难以控制的情况

如果两个被控输出对于有效输入几乎有相同的响应,这时要独立对它们控制就需要过度的控制作用(如在精馏塔中独立控制相邻塔板的温度,或在催化裂化装置中同时控制再生器和旋风分离器的温度等),这种情况称为弱条件过程。这种过程的增益矩阵具有很高的条件数(Conditional Number),意味着控制器出现小的误差就会导致大的 MV 变化。

虽然这一问题在系统设计阶段就已作了检验,但不可能对在运行中可能遇到的所有子过程都进行检验,所以在每一控制执行期中通过上一步骤确定了控制子过程后,有必要检验该子过程的条件数,并尽可能移去模型中的弱条件。目前的工业预测控制技术常采用奇异值阈值法或输入变动抑制法来移除弱条件。前者丢弃低于给定阈值的较小奇异值(它们反映了过程中即使 MV 变化很大也难以移动的方向),然后重新组合出一个用于控制的低条件数模型,后者通过增大在最小二乘求解时求逆矩阵对角元素的值来降低条件数。

(5) 局部稳态优化:根据当前过程实际情况确定最接近期望目标值的可行稳态目标值

在每一控制执行期内,由于回路中出现扰动或操作者重新定义控制问题,原来由上层给出的输入、输出的稳态目标有可能变为不可行,有必要对系统输入、输出的目标值进行重新计算。该问题可表述为在不违反输入、输出约束的前提下使稳态输入、输出的目标值尽可能接近由上层局部经济优化层所确定的稳态目标值。局部稳态优化采用一个稳态模型,通过反馈测得的常值扰动应包括在模型中,以便消除它的影响。稳态优化中常用的算法是 LP 和 QP。例如在 DMC-plus 中采用序列 LP 和 QP 来求解局部稳态优化,它把 CV 按优先级排列,首先对优先级最高的那些 CV 在受到其软、硬约束及所有输入硬约束的条件下进行优化,然后把优化所得到的这些 CV 的未来轨线作为等式约束加到后面的 CV 的优化问题中,这样逐步进行。对于输入量同样也按优先级排列后根据自由度的多少将它们逐步移到最优值。

在局部稳态优化中,对于输入量一般总能找到满足输入约束的可行的稳态目标值,但对输出量而言,如果出现了大扰动,不一定能通过有效的控制完全消除扰动对稳态值的影响。因此,在稳态优化中需要引入输出的软约束,在优化问题中允许输出约束有所偏离,但通过目标函数使偏离的程度达到最小。

(6) 动态优化:针对已确定的子过程优化问题求解最优 MV

当控制的子过程和稳态目标值确定后,动态优化主要求解 MV 的变化量使它们在不违反约束的情况下把过程驱动到期望的稳态工作点,这通常可归结为在模型等式约束和其它不等式约束下求解一个二次优化问题。其目标函数可以包括对4部分误差的惩罚:未来输出偏离期望输出轨线、输出偏离其约束、未来输入偏离其期望稳态值、输入增量过大(即输入快速变化),其重要性可通过设置不同的权矩阵来控制。大多数工业预测控制算法采用二次性能指标,并用标准软件求解QP问题。但对规模大的问题或快速系统,可采用快速的次优算法,例如在DMC-plus中,如果预测到一个输入量超出其约束上界或下界,则可把它取为边界值并从优化问题中去除这个变量后重新求解。在PFC中则先求出无约束解,如果某些输入超出约束边界,则直接取其边界值。这些方法可以防止硬约束的偏离,但性能有所下降。

对于如何实现动态优化,不同的工业预测控制算法有不同的处理方法。如DMC-plus只对最后一个输入增量加很大的权,其效果相当于终端状态约束;其它一些算法采用输出参考轨迹来防止输入增量过大,而在目标函数中不直接引入输入增量的二次惩罚项。为了处理多目标的矛盾,在HIECON中不是通过选择不同的权矩阵,而是认为输出误差比输入误差更重要,首先只对输出误差求解二次优化问题,这样对于瘦系统和方系统就可得到唯一解,而对于胖系统尚有多余自由度,再分离地求解一个输入偏离其期望值最小的二次优化问题,其中把未来输出满足期望值要求作为等式约束加入。

(7) 实施控制:把求出的MV施加于过程

3. 优化问题中的相关技术

在预测控制每一时刻的优化问题中,工业预测控制算法通常还涉及到下面的技术。

(1) 约束规范

在预测控制技术中用到了3种约束形式:硬约束、软约束和设定值近似。硬约束是不能违反的,必须作为优化问题的约束条件。软约束允许有一定程度的偏离,通常可在目标函数中增加二次惩罚项来使偏离最小化。对于输出的软约束还可用设定值近似的方法处理,即对每个软约束规定相应的边界设定值,并在目标函数中增加对CV偏离这些设定值的惩罚项,这一附加惩罚项与目标函数中原有的要求CV偏离稳态目标最小的惩罚项是相互矛盾的,它只应该在CV接近约束边界时才起作用,这可以通过动态调整该附加惩罚项的权值来实现。在正常情况下CV落在约束界域内时,该附加惩罚项的权值很小,不起作用,目标函数中起主要作用的是对CV偏离其稳态目标值的惩罚项,而当预测出CV将要超出界域时,可充分加大该附加惩罚项的权值,使得该惩罚项在目标函数中起主要作用,从而使控制把CV拉回到其约束界域内。

（2）输出轨迹

工业预测控制技术提供了4种基本选择来规范未来CV的动态行为:设定值、区域、参考轨迹、漏斗。区域控制是指把CV控制在一个由上下边界定义的区域内,它可以通过把上下边界定义为软约束或者采用对软约束的设定值近似方法来实现。参考轨迹是指从当前CV出发到达设定值的一条一阶或二阶曲线,其时间常数决定了动态响应的速度,在优化目标函数中改为对CV偏离参考轨迹(而不是设定值)进行惩罚。漏斗控制综合了上面两种思路,当CV超出规定的区域范围时,规定一个上下界变动且逐步收缩的漏斗形区域,使CV回到其允许的区域范围内,漏斗的斜度可根据其回到允许区域的时间要求来设定。

（3）输入输出时域与输入参数化

在工业预测控制算法的在线优化问题中,普遍采用了预测时域(或称优化时域)P和控制时域M的概念。前者是指从当前时刻起需要对未来多长时域内的CV行为进行预测与优化,后者是指从当前时刻起允许未来多长时域内MV发生变化。一般应该有$M \leq P$。它们都是预测控制器的基本调试参数。

预测时域P一般应设置得足够大以包含所有未来输入变化所产生的稳态影响。在目标函数中,对未来输出偏离设定值的二次惩罚项通常是对预测时域中所有时间点计算的,但也允许只选择预测时域中的部分时间点计算,特别当不同CV的动态响应差别较大时,可以对它们分别选择合适的时间点子集构成目标函数中的相关项。

控制时域M决定了优化问题中优化变量MV的数目,它与在线优化的计算量有密切关系。为了降低优化计算的负担,在工业预测控制算法中,可对输入采取3种参数化方法:分块(blocking)方法可以指定控制时域中哪些时刻的输入变化不需计算,从而降低优化问题的计算量,但付出的代价是控制性能可能退化;采用未来输入单次变化的方法可看作是分块的特殊情况,计算量可大大降低,但应用场合有限;还有就是如PFC算法中采用的一组多项式基函数的方法,它可以用少量未知参数来刻画较长控制时域内相对复杂的输入动态变化,把对较多MV的优化转化为对少数未知参数的优化。8.5节已经对这些方法做了详细的介绍与讨论。

以上介绍了预测控制在工业应用中的具体实施技术。预测控制基于模型的预测和优化功能、对多变量系统实现整体优化的能力、把约束直接显式地归入到优化问题中求解的特点,使其在应用于多变量、大时滞、有约束的复杂工业过程时,与传统控制结构中采用的以PID控制为主的回路控制相比,具有明显的优势。在大工业生产过程中,以预测控制作为动态约束控制层的首选算法,已成为工业过程控制界的共识。除此之外，预测控制的工业应用还大量出现在对一些单元过程或装置的独立控制中，这时预测控制以其多变量约束优化控制的特色可获得比常规 PID 控制更好的效果。近年来，预测控制在大工业生产中还进一步向优化层扩展，结合到过程实时优化（Real Time Optimization，RTO）中，使生产过程在复杂多变的工业环境下始终保持优化。这些均可参考相关的文献。

10.1.3 炼油厂加氢裂化单元的动态矩阵控制

在对预测控制的工业应用技术进行一般介绍后，本节将以文献[80]介绍的壳牌石油公司加拿大 Scotford 炼油厂在加氢裂化单元中应用动态矩阵控制的例子，来说明预测控制在大工业生产中的应用。

在石油加工工业中，加氢裂化是对产品生成有重要影响的关键过程。从 20 世纪 70 年代后期起，美国、加拿大等国的许多石油公司，都先后采用预测控制技术对其进行多变量优化控制。Scotford 炼油厂原油加工的核心部分是两组并行的加氢裂化单元，每一单元包含两个多床反应器，即第 1 级的预处理塔和第 2 级的裂化塔。第 1 级主要用来去氮，裂化反应则主要在第 2 级发生。新鲜原油和循环料的馈入以及产品分馏则为两组单元所共有。整个过程的简化流程图可见图 10－3。

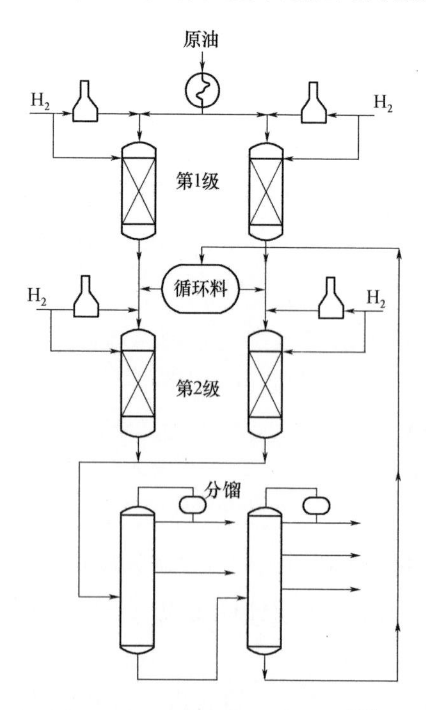

图 10－3　加氢裂化过程简图[80]

在图10-3所示的过程中,由附近工厂提供的高纯度氢气在经过预热炉加热后,与高压馈入的烃料混合,然后经过多层催化床发生裂化反应,把原料中的硫和氮转化为硫化氢和氨气,并使未饱和的烃类饱和。由于该过程为放热反应,为使反应保持在正常温度下进行,每一反应床顶部都引入了未加热的氢气直接作为冷却剂。经两级反应后的烃料送入分馏塔分馏出不同的原油产品,其中最重的烃料将循环送回第2级反应器进一步裂化。

在该炼油厂中,采用了FOXBOLO SPECTRUM分布式计算机系统(DCS)实现工艺设定点的基础控制。主要包括:① 通过调节对预热炉加热的燃料气体流量,控制被加热氢气的温度,以此控制反应器入口的温度;② 通过调整冷却氢气进入每一反应床顶部的阀门开度,控制各反应床顶部的温度。配有数据采集计算和动态矩阵控制软件的上位监控计算机则进一步对各反应器实现动态优化控制,其主要任务是:通过对基础控制回路设定值的动态调整,保证各反应器的DCS系统得到严格和安全的控制。鉴于4个反应器的控制策略都是相同的,以下我们仅以图10-4所示的第1级反应器为例,来说明其预测控制技术的实现。

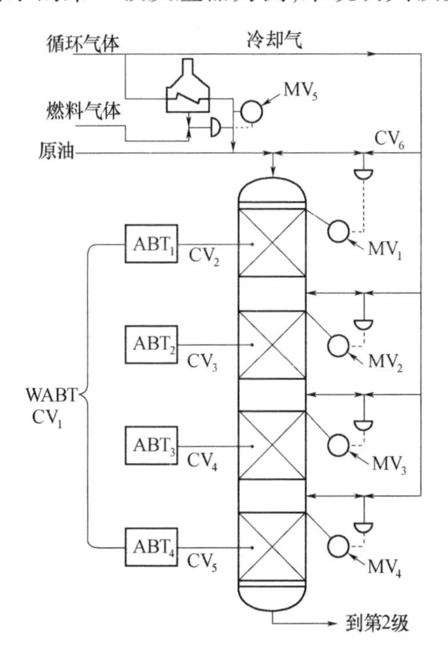

图10-4 第1级反应器的控制[80]

图10-4所示的反应器由4层反应床组成,虽然基础级的DCS系统已经对反应器入口温度及各反应床顶部温度进行了控制,但在复杂的生产环境下并不能保证反应在严格的工艺条件下进行。进一步实施DMC控制,就是为了获得更高质量的动态控制性能,使反应过程按工艺条件正常进行,进而提高生产效益。这一反应

过程的工艺要求由反应器的加权平均床温(WABT)为度量标准,它是反应器中4个反应床平均温度(ABT)的加权平均,具体权系数根据工艺要求给出。DMC控制的主要目标,就是要使反应器的WABT严格跟随其工艺设定值。控制的辅助目标有两种选择,一种是跟踪模式,即为了延长反应器中催化剂的寿命,由工艺可给出各反应床ABT的期望变化轨线,控制不但要使整个反应器的WABT跟踪设定值,而且要使每一个反应床的ABT跟踪相应的期望轨线;另一种是节能模式,这是为了节省对预热炉进行加热的燃料气体的能耗,由于裂化反应必须在高温下进行,送入反应器的氢气必须预先加热到一定温度,但裂化反应又是放热过程,同时又要用冷却氢气对其降温,如果能对反应过程实现有效的控制,就可以把预热氢气加热到恰到好处,从而减少不必要的过度加热,达到节能的目的。

在对该过程进行DMC控制时,选择反应器入口温度的DCS设定值和4个反应床入口温度的DCS设定值为操作变量(MV),而反应器的WABT和4个反应床的ABT则选作为被控变量(CV),其中,WABT的设定值由工艺要求给出,而各ABT的设定值可根据WABT的设定值和由用户输入的一组偏置系数算出。除此之外,由于反应器入口处冷却氢气的输入量间接反映了馈入反应器的高温氢气是否过度加热,从节能的要求来看,还需要把反应器入口处输入冷却氢气的阀门开度也作为CV。由于WABT是各ABT的线性组合,所以它实质上是一个5输入5输出的多变量优化控制问题。

除了有直接设定目标的被控量外,在控制方案中还要把可测量的4个反应床的出口温度作为辅助变量(AV)加以考虑,它们必须低于一定幅值以便在温度发生偏离时提供高度的安全保证,这一上界约束需要加入到优化问题中。同样,流入各反应床的冷却氢气的阀门开度因受到上下限的约束,也应作为附加的硬约束条件在设计中加以考虑。当某一阀门开度达到约束上界或下界时,相应的MV就只能单向改变,整个优化问题就需要重新定义和求解。

为了对这一过程实现DMC控制,首先需要离线确定全部CV对于MV的阶跃响应。通过监控计算机分别对每一MV加上M序列(PRBS的一种形式)测试信号,进行长达24小时的测试,然后再用监控计算机上的软件包对测试数据进行时间序列分析,可以得到图10-5所示的全部阶跃响应数据。由图可见,每一反应床入口温度的设定值变化(MV_1-MV_4)不仅直接影响该反应床的ABT(CV_2-CV_5),而且对下一层反应床的ABT(CV_3-CV_5)也会产生扰动,但这些扰动在底层DCS闭环控制的作用下将趋于零稳态。由图10-5还可看出,图中所示的动态响应是很难用低阶模型描述的,事实上DMC算法并不需要进一步辨识它们的最小化模型,从这些阶跃响应就可直接得到DMC控制所需要的模型数据。此外,为了保证反应安全进行,4个反应床的出口温度均有上界约束,需要预测它们的变化趋势,所以还需通过类似的测试过程得到全部辅助变量AV对于MV的阶跃响应,其响应曲线在此不再画出。

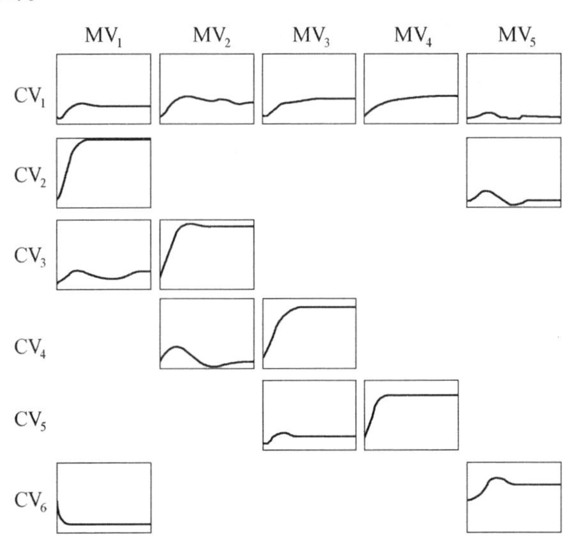

图10-5 过程的动态阶跃响应[80]

在上述阶跃响应模型的基础上,可在计算机上应用离线仿真软件包QDMC对系统进行仿真设计。这一有约束的多变量DMC控制需要滚动求解一个类似于式(6-18)的优化问题,通过适当转化可归结为如下标准QP问题:

$$\min_{\Delta U} J(k) = \frac{1}{2}\Delta \boldsymbol{U}^{\mathrm{T}}\boldsymbol{H}\Delta \boldsymbol{U} - \boldsymbol{g}^{\mathrm{T}}\Delta \boldsymbol{U}$$
$$\text{s.t.}\quad \boldsymbol{C}\Delta \boldsymbol{U} \geqslant \boldsymbol{c} \tag{10-1}$$

其中,$\boldsymbol{H}=\boldsymbol{A}^{\mathrm{T}}\boldsymbol{\Gamma}^{\mathrm{T}}\boldsymbol{\Gamma}\boldsymbol{A}+\boldsymbol{\Lambda}^{\mathrm{T}}\boldsymbol{\Lambda}$,$\boldsymbol{g}=\boldsymbol{A}^{\mathrm{T}}\boldsymbol{\Gamma}^{\mathrm{T}}\boldsymbol{\Gamma}\boldsymbol{e}$,$\boldsymbol{e}=\boldsymbol{w}(k)-\tilde{\boldsymbol{y}}_0(k)$,而$\boldsymbol{A}$即为动态矩阵,$\boldsymbol{\Gamma}^{\mathrm{T}}\boldsymbol{\Gamma}$和$\boldsymbol{\Lambda}^{\mathrm{T}}\boldsymbol{\Lambda}$分别是式(6-18)中的权矩阵$\boldsymbol{Q}$和$\boldsymbol{R}$,它们的元素有直观的物理意义,大的权值表示对性能指标中相应惩罚项的重视,可作为整定参数离线或在线加以改变。

上述性能指标包含了对所有CV偏离期望值的惩罚项和对所有MV增量的抑制项,而约束条件则考虑了MV增量及MV、CV、AV的允许变化范围。辅助变量(AV)一般并不列入控制目标,但必须保持在安全范围内,当有多余的控制自由度时,还可以把它们驱动到相应的期望值。

如前所述,除了以WABT作为控制的主要目标外,根据辅助目标的不同,可以采取两种不同的优化控制模式。跟踪模式对各反应床的 ABT 都有期望的目标轨线,可用于延长催化剂的寿命或使反应器以特定的温度变化(递减、平滑或递增)方式工作,在这种模式下,权矩阵 $\boldsymbol{\Gamma}$ 中对应于 WABT 误差项的权系数取得最大,对应于各 ABT 误差项的权系数通常要小一个数量级,但高于反应器入口冷却剂阀门开度项的权系数 5 ~ 10 倍。如果发现反应器出口温度有持续偏离的趋势时,防止辅助变量超越安全界域成为主要矛盾,必须加大对它们的权系数,甚至可达 WABT 项权系数的 10 ~ 100 倍。节能模式则要在保证对 WABT 主要目标控制的前提下,使氢气预热炉的燃料气体消耗最少。这种模式充分利用了过程放热反应的特点,降低了加热炉的出口温度并减少了进入各反应床的冷却氢气流量,这时将导致温度变化曲线大幅度下降。在这种模式下,对各反应床 ABT 项的权系数应设置为 0,反应器入口温度设定值作为 MV 将缓慢下降,但它始终受到各反应床底层 DCS 控制回路的约束,当某一回路中冷却剂阀门开度达到其约束界限时,该 MV 就不能再降低。

通过离线仿真进行控制系统设计后,就可实施在线控制。监控计算机在检测实时信息的基础上在线计算各反应床的 ABT 和反应器的 WABT,并根据 WABT 的工艺设定值和操作人员输入的偏置系数计算出各 ABT 的设定值。操作人员可通过显示屏幕和键盘在线整定 DMC 参数、修改约束的上下限或选择优化控制的模式。

DMC 控制策略在加氢裂化单元上的实现带来了明显的好处,跟踪期望值变化的响应在精确性和快速性方面都明显胜过手动控制。图 10 - 6 画出了第 1 级反应器在 30 小时内 WABT 设定值变化两次时采用 DMC 控制的实际效果。图 10 - 6(a)是反应器在跟踪模式下平滑的响应。各反应床 ABT 缓慢变化的曲线呈现出期望的状态,同时对 WABT 的严格控制未产生干扰,燃料气体的消耗在这种模式下是逐渐增加的。图 10 - 6(b)则表示由跟踪模式转换到节能模式后的控制结果。在此期间,WABT 在设定值发生两次变化时仍呈现出良好的跟踪性能,燃料气体的消耗在这种模式下可节约 25%。此外,输入反应器中的冷却氢气流量也相应减少,从而减少了生产过程对氢气供应量的需要,提高了生产能力。

文献[80]介绍的以上应用实例虽然只是预测控制技术的早期工业应用,且应用的还只是第二代预测控制软件产品 QDMC,但其却典型地反映了预测控制技术在应用于复杂工业过程时的基本考虑和实施过程。事实上,从 20 世纪 80 年代以来,动态矩阵控制技术在石油加工行业中已得到了广泛应用,并取得了显著的经济效益。例如,Sunoco 公司从 1986 年起在加拿大最大的精炼厂 Sarnia Refinery 的加

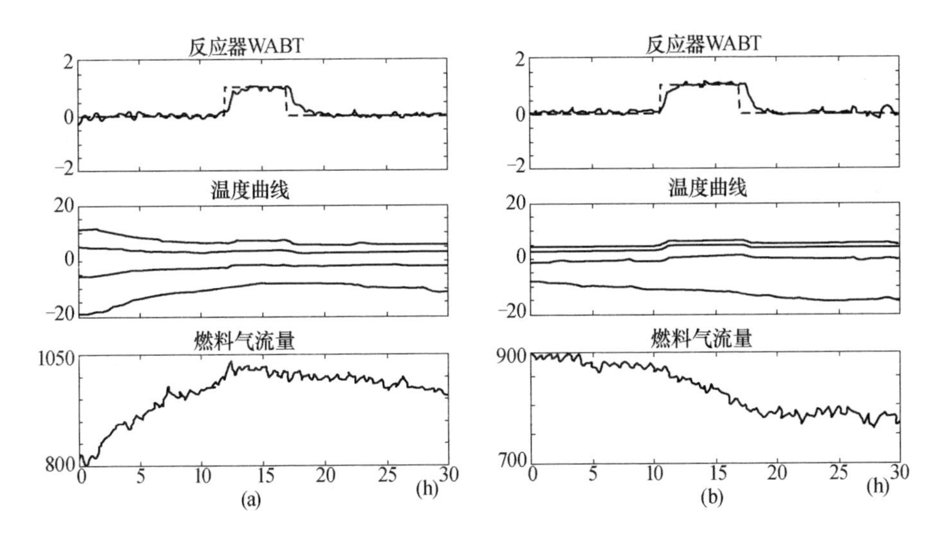

图 10-6 DMC 控制的效果[80]
(a) 跟踪模式；(b) 节能模式。

氢裂化装置上开始应用 DMC 技术，到 1995 年已配置了 14 个 DMC 控制器，由于节能和增加产值，每天可获得 5000 美元以上的经济效益，10 年来共获经济效益 1200 万美元。

10.2 预测控制在其它领域的应用

10.1 节主要介绍了预测控制在工业过程特别是大工业过程中的应用。自从预测控制问世以来，它在工业过程中的成功应用充分显现出其处理复杂约束优化控制问题的巨大潜力，这自然引起了各应用领域的关注，预测控制的应用也从传统的炼油、石化、化工行业延伸到电力、钢铁、船舶、航天航空、机电、城市基础设施、交通、农业、环境、医疗等广泛领域。预测控制应用向各领域的延伸主要有两种形式：一是从预测控制的约束优化控制算法出发，研究发展针对各类应用问题特点的新算法和新策略以解决实际问题，二是从预测控制的方法原理出发，提出解决动态环境下各类优化决策问题的新框架，并针对问题特点发展和实现具体算法。在本节中，我们首先介绍预测控制约束优化控制算法在非工业领域的几个应用案例，然后说明除了解决约束优化控制问题外，预测控制原理的普适性和灵活性还可使其在方法论意义上推广到各应用领域中，解决动态不确定环境下以优化为基础的规划、调度和决策问题。

10.2.1 天然气传输网络的在线优化

在过去几十年中,天然气已成为世界的主要能源之一。与传统的固体和液体燃料相比,天然气因其价廉和污染小而具有明显的优点,但因其体积大却难以储存,因而绝大多数天然气都是通过管道直接传输的。在大型天然气传输网络中,为了满足各终端用户的需要并易于传输,需要使天然气保持很高的压力。由于长距离传输过程中气体压力不断下降,往往需要在传输过程中设置一些压缩站对气体加压。因此,这种传输方式的成本很高,通常会占到天然气本身成本的10%左右。

在大型天然气网络中,需要根据网络运行的实际情况调整不同压缩站的设定点,控制的主要目标是使所传输的天然气保持合适的压力,以满足正常传送和用户的需要,但从提高经济效益的要求出发,还需考虑降低传输成本这一目标。过去在人工操作的情况下,这两者往往难以兼顾,操作人员通常只能在保证前者的前提下,根据经验尽可能使能耗保持在一定范围内。在这种情况下,迫切需要发展新的控制策略,以实现节能降耗,同时又使系统运行在可行、安全的范围内。这一问题的难点在于天然气传输网络是一个有大量物理约束的非线性高维大系统,计算求解十分困难,加之测量点少,缺乏关于网络内部状态和外部扰动的足够信息。对于这类系统的离线优化在实际上很难奏效,因此,研究其在线优化的策略已成为一个亟待解决的问题。

在过去很长时间里,人们已对天然气传输网络的建模、仿真和状态估计等进行了大量的研究,取得了很多成果。例如慕尼黑工业大学在20世纪80年代研制的仿真软件包GANESI和状态估计软件包已成功地应用于工业部门对天然气传输网络进行离线仿真和在线估计。本节介绍的文献[81]的在线优化策略,就是建立在这些研究工作的基础上的。

典型的天然气传输网络是由源点、用户和压缩站通过传输管道连接组成的,其中源点汇集不同供气源或网络其它部分传送来的气体,可为网络提供一定已知压力的天然气。用户包括民用和工业用户,可看作是网络的负荷。他们对天然气的压力和用量有不同的要求,对天然气的消耗有很大的随机性,虽然可以根据大量运行数据的统计平均,得到其对天然气消耗量的一定规律,并依此对未来的负荷变化作出预报,但这种预报往往是比较粗略的。压缩站的作用是提高气体的压力,使之能正常传输并满足用户的要求,它是一个耗能单元,把流量为 q 的气体从压力 P_s 压缩到具有压力 P_d 时所需要的能耗为

$$HP = C_1 q(t)\left\{\left[\frac{P_d(t)}{P_s(t)}\right]^{C_2} - 1\right\} \qquad (10-2)$$

其中 C_1、C_2 取决于压缩机和所加压的气体。

在整个网络中，刻画传输动态过程的最重要单元是传输管道，它们的长度通常为几十公里到100多公里，直径为300～1200mm。对于长传输管道中的高压气体流，如果以 z 表示沿管道延伸的坐标，以 t 表示时间，则管道中的气体状态可用与时空相关的压力 $p(z,t)$ 和流量 $q(z,t)$ 来描述，根据连续性方程、运动方程及气体的状态方程可写出描述其动态的偏微分方程

$$\frac{\partial p}{\partial t}+\frac{b^2}{A}\frac{\partial q}{\partial z}=0$$

$$\frac{\partial q}{\partial t}+A\frac{\partial p}{\partial z}+f\frac{b^2}{DA}\frac{|q|}{p}q=0 \tag{10-3}$$

其中，D 为管道直径，A 为管道截面积，b 和 f 为取决于气体类型和传输管道特性的参量。

对于这样的网络系统，其优化问题可归结如下：

① 源点的气压已知，对用户用气的需求量可在线预报；

② 网络中每根管道中高压气体流的压力和流量可由上述状态方程描述与计算；

③ 系统中存在着多种源于物理或需求的约束，物理约束包括压缩机的工作范围受到激振、饱和以及气体最大最小流速的限制，它可近似地表示为每一压缩站流量和压缩比的上下限约束。需求约束则是指用户对所用气体的压力有一定要求，通常可表示为输出到每一用户节点处气体压力的下限约束；

④ 在满足用户对气体要求的前提下，实现节能降耗的优化，性能指标为

$$\min J=\sum_{i=1}^{m}\int_{t_p}^{t_f}C_{1i}q_i(t)\left\{\left[\frac{u_i(t)}{P_{si}(t)}\right]^{C_{2i}}-1\right\}\mathrm{d}t \tag{10-4}$$

其中，m 为压缩站的数量，$[t_p,t_f]$ 为优化的时间段，通常在几小时到几十小时数量级，并可分为相等或不等长度的 N 个时间间隔，在每个时间间隔中，控制量 u_i（即每一压缩站的期望输出压力 P_{di}）都保持为常值。优化的目的，就是要在压缩站受到的物理约束下找出使上述性能指标最优的各压缩站加压的设定值 P_{di}，在它们的作用下网络中各管道的气体状态发生变化，但能满足用户对气体压力的需求约束。在优化过程中，优化时间段的长度、控制的分段数 N 及每一段的长度都可以作为可调参数。

对于计算机控制来说，上述用连续方程描述的模型、约束与优化性能指标都需通过时间（与地点）的离散化转化为离散形式。例如在动态仿真程序 GANESI 中，首先通过地点离散化把每一传输管道划分为有限区间，并以代表这些区间的有限点的状态刻画整个管道的状态，这样就把偏微分方程转化为常微分方程，然后再通过时间点的离散化即数值计算方法把常微分方程求解转化为非线性代数方程求解，进而再采用迭代算法把非线性代数方程求解转化为线性代数方程求解，通过这样的

模型转换，GANESI 软件包可以高效地计算网络中各管道内气体状态的演变过程。

上述优化问题可归结为求解各压缩站在预测区间各时间段内最优设定点的有限参数优化问题，但它与工业过程中单个装置或过程的预测控制所要解决的优化问题相比，有其特殊的复杂性。首先，其模型、约束和性能指标都是强非线性的，不可能解析求解，其次，GANESI 软件包给出的模型，在给定初始状态及边界条件时可以有效地计算和预报系统的未来状态，但如果要把这一模型嵌入到优化问题中，只能把离散化后的网络整体模型（包括各管道的非线性离散动态模型、管道之间的关联模型以及压缩站与气体状态的关系模型）加入到优化问题中作为等式约束处理，由于网络规模的巨大，使其在用基于变分原理的极值必要条件进行非线性优化时，会遇到极多数量的等式和不等式约束而使求解算法几乎不可行。

针对 GANESI 软件包作为模型在正向计算与预报时十分有效、而在嵌入优化问题反向求解时高度困难的特点，文献[81]提出一种采取“黑箱”技术的优化方法，即以动态仿真程序 GANESI 作为“黑箱”对性能指标及约束条件进行预报，然后采用梯度寻优方法迭代搜索最优控制作用。其具体过程为：从给定初始状态和一组假设的初始控制量 $u_i(1)$，$\cdots$，$u_i(N)$ 出发，根据已知边界条件（即源点气压及对用户需求的预报），用动态仿真程序 GANESI 计算网络中气体状态的演变过程，得到目标函数值及约束条件值，然后通过对每一控制量分别进行摄动，结合 GANESI 对摄动后的计算结果求出目标函数及每一约束条件对于各控制量的梯度值。根据这些函数值和梯度值，可用梯度优化算法迭代改进控制量，直至求得其最优解。这是一个有 $m \times N$ 个优化变量的梯度寻优算法，由于梯度的计算涉及到对各控制量的摄动，要用 GANESI 进行大量的仿真计算，但由于该软件包作为正向计算是高效的，其优化所需的时间仍远远少于直接用非线性规划方法求解。

利用上述优化方法可离线计算出最优控制作用，但由于模型及对用户需求预报的不精确性，实施离线优化的结果，不能保证性能指标的最优和约束条件始终满足。因此，对这类网络大系统不应采用开环优化，而要采用预测控制以滚动方式实施闭环优化。在每一采样时刻，首先通过实时信息进行反馈校正，一方面根据当前检测到的输出信息应用观测器技术修正网络状态的估计值，克服模型不精确性和扰动带来的影响，另一方面用检测到的当前用户实际需求和需求预报值之间的误差，修正对未来用户需求的预报。通过反馈校正后的优化问题可通过上述“黑箱”技术求解，所得的结果中只需把当前时段的最优控制作用付诸实施，到下一采样时刻再重复上述过程。虽然在每一时刻的优化问题是开环求解的，但由于在滚动过程中嵌入了反馈校正，从整个过程来看实现的是闭环优化。

可以看出，这一闭环优化方案是以预测控制的基本原理为基础的，只是在优化时不是利用模型的解析形式，而是用仿真器给出的结果结合梯度法来搜索最优控制作用。由于仿真软件包 GANESI 能直接高效地计算性能指标和约束条件，因此通过搜索能较快地使解进入可行域内并达到能耗指标最小。由于采用了闭环校正，即使在对用户需求预报不准确时，也能在线修正使优化具有更接近实际的边界条件。而对状态的在线修正则相当于把动态仿真器进一步发展为状态估计器或观测器，在对初始条件缺乏先验知识以及存在着大量不可测状态（如管道内部的压力和流量）的情况下，利用观测器的误差校正方法可使重构状态接近不可测的真实状态，并用来作为优化过程的初始条件。

文献[81]针对若干案例研究了上述在线优化策略的应用。图 10－7 所示的由 2 个压缩站、3 根管道组成的简单网络中，传输管道 P1、P2、P3 的长度分别为 80km、100km、100km，直径均为 800mm。源点 A 提供常压为 5×10^6Pa 的天然气，负荷点 B 的用户流量需求在 320km^3/h～470km^3/h 范围内变化，平均流量为 399km^3/h，并呈现出以 24h 为周期的统计变化规律（未画出）。压缩站 K1 和 K2 允许的最小流量均为 150km^3/h，最大流量均为 550km^3/h。要求系统为用户端 B 提供的天然气压力不低于 4×10^6Pa。

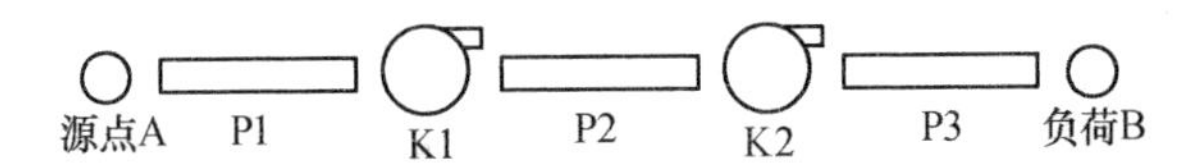

图 10－7 天然气传输网络实例[81]

对于上述系统采用预测控制滚动优化策略，每次滚动的优化时域分为 3 段，前 2 段均为 1h，后 1 段为 2h。为对比起见，应用了两种优化方案：

① 方案Ⅰ，只利用模型和需求预报的离线开环优化；

② 方案Ⅱ，利用误差校正和预报的在线闭环优化。

当实际需求低于其预报值时（实际需求比预报需求低 32km^3/h～47km^3/h，即 10% 的预报误差），可得到图 10－8(a) 所示的用户端 B 处的输出气压，其中细线和粗线分别表示采用方案Ⅰ和Ⅱ的结果。可以看到，无论方案Ⅰ或方案Ⅱ都能达到用户对气体压力的要求，但方案Ⅱ的气压比方案Ⅰ更接近临界值，因而在保证用户需求的前提下，可使两个压缩站的总能耗下降为方案Ⅰ的 87.6%。

而在用户实际用气量高于原预报值时（实际需求比预报需求高 32km^3/h～47km^3/h），由图 10－8(b) 可见，由于方案Ⅰ的离线优化对用户需求估计不足，又缺少实时反馈机制，故加压后的气体在输出端处不能满足用户对用气压力的要求。采用带有反馈校正的方案Ⅱ后，在线优化通过闭环校正对需求量预报作出了及时修正，故仍可向用户提供满足压力要求的天然气。

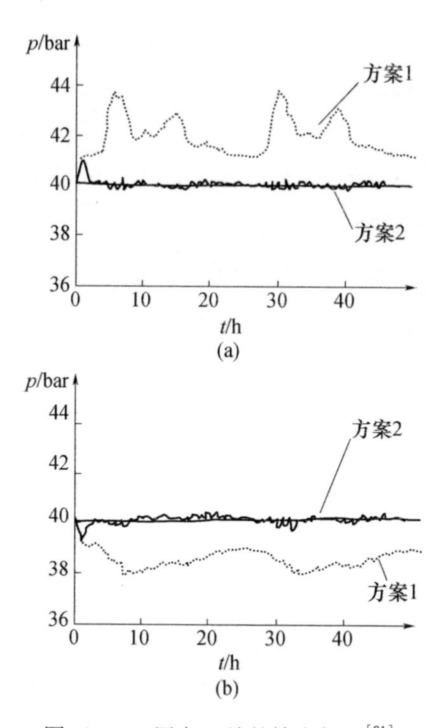

图 10-8 用户 B 处的输出气压[81]

(a) 实际需求低于预报值; (b) 实际需求高于预报值。

上述结果表明,滚动优化如果只建立在模型和先验信息的基础上,仍然是一种开环优化,只有把反馈校正嵌入到滚动优化的过程中,才能通过在线校正实现闭环优化,在把系统状态保持在可行工作范围的同时达到节能降耗的目的。

对于一个规模庞大的天然气传输网络,按上述方法进行优化涉及到很大的计算量,为了使在线优化成为可行,文献[81]提出了通过递阶分解降低计算复杂性的建议。在递阶结构的上层,可利用已知的源点气压和所有用户输出点的需求预报,计算出未来一段时间内网络中各压缩站只改变一次的最优工作设定点。这一优化计算的周期与需求预报的频率相当,一般为长周期(例如 24h)的,可由上层监控计算机实现。其问题规模虽大,但因周期长,故不影响实时性。而在递阶结构的下层,则对所有与用户端直接邻接的压缩站(指与用户端间只存在管道而没有其它压缩站),分别以较高的滚动频率(例如 1h)和较短的优化时域(例如 4h)在线进行优化控制,此时其它压缩站的输出气压可采用并保持为上层优化确定的设定值。由于时段短,优化变量少,这个小规模优化问题的在线计算时间可下降到几分钟数

1bar = 100kPa。

量级,与滚动周期1h相比仍可满足实时计算要求。如果发现需求预报出现了大的偏差,可把与这些压缩站相邻的压缩站也加入到在线优化控制的行列中,以改善节能效果。

本节介绍的天然气网络的在线优化,反映了预测控制技术在大规模网络系统中应用的基本思路。随着21世纪通信和网络技术的飞速发展,各类大型工程、社会网络系统不断出现,它们的运行都对优化控制提出了迫切要求,预测控制在交通网(如高速路网、城市交通网)、水网(如渠道网、城市供水网、排水网)、能源网(电网、传气网、传热网)、通信网中的应用研究已屡见报道,预测控制在大型网络系统中的实施结构(递阶式、分布式)和优化算法(QP、MILP等)也有了丰富的发展,但其在实际应用中仍面临着模型复杂、计算量大、信息不完全、不确定性强等难点,所以仍是当前预测控制研究中最具挑战性的方向之一。

10.2.2 预测控制在汽车自适应航迹控制中的应用

从20世纪90年代起,自适应航迹控制(Adaptive Cruise Control,ACC)开始应用于高档轿车和卡车,取代传统的航迹控制(Cruise Control,CC)。传统CC是通过调节油门来控制车辆的纵向速度,使其跟随给定的期望速度,而ACC除了CC的功能外,还能自动跟随其前方的车辆,它采用车上安装的雷达设施检测其与前方车辆间的距离和相对速度,通过同时调节油门和刹车使车辆自适应地跟随其前方的车辆。近年来,随着汽车行业的迅速发展,对ACC的研究十分活跃,各类文献中已有诸多报道,本节我们参考文献[82],简要介绍预测控制在ACC系统中的设计和实现。

ACC系统通常采用两层的递阶控制结构,见图10-9,其中上层(外回路)主要确定车辆纵向加速度的期望轨线,下层(内回路)则通过调节油门和刹车来控制车辆实际加速度跟踪这一轨线。这一控制结构与工业递阶控制结构中下面两层的结构十分相似。内回路控制的目的是确保车辆实际加速度能快速准确地跟踪由外回路控制器提供的期望值,为了补偿由于发动机、变速器、空气阻力等产生的非线性,通常采用非线性逆动力学方法和引入切换逻辑进行控制器设计,而外回路控制则

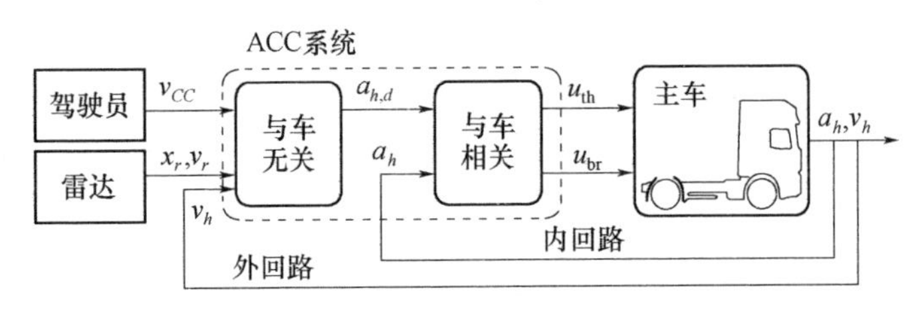

图10-9 ACC双层控制回路示意图[82]

是根据车辆实际行驶情况,从满足安全性、舒适性等出发,为内回路设定期望的加速度轨线,即对内回路进行动态的设定轨线控制,在这里常采用预测控制算法,其面临的广义对象是由车辆本身及内回路控制器组成的整个内回路控制系统,广义对象的输入为车辆加速度的期望值,输出为车辆实际加速度。以下,我们假设内回路控制器已通过合理设计达到快速准确跟踪期望加速度轨线的目的,重点讨论如何把预测控制用于 ACC 系统的外回路设计。

对于 ACC 系统有很多要求,其中最重要的是车辆行驶的安全性和舒适性。一般可把两车之间距离和两车的相对速度作为安全性的定量测度,而舒适性则常常与车辆纵向加速度产生振荡的幅值和频率有关,引起这些振荡的原因是多种多样的,例如外部扰动、发动机转矩峰值、车道特征等,特别是车辆最大减速值和加速度变化率(jerk)对舒适度有很大影响,所以这里把加速度峰值和加速度变化率峰值作为舒适性的定量测度。

以下标 h、t、r 分别标记本车(host)、前方目标车辆(target)和两车间相对(relative)的相关物理量,令 $x_r(t)$ 表示车辆与前方目标车辆间的相对距离,$v_r(t)=v_t(t)-v_h(t)$ 为两车间的相对速度,$a_r(t)=a_t(t)-a_h(t)$ 为两车间的相对加速度,车辆的运动模型可表示为

$$
\begin{aligned}
\dot{x}_r(t) &= v_r(t)\\
\dot{v}_r(t) &= a_r(t)\\
\dot{v}_h(t) &= a_h(t)
\end{aligned}
\tag{10-5}
$$

其中 $v_h(t)$、$a_h(t)$ 可由本车测量获得,$x_r(t)$、$v_r(t)$ 可由雷达测得,但目标车辆的加速度 $a_t(t)$ 未知,在预测控制中,可按标称情况下 $a_t(t)=0$ 来进行预测,而实际发生的变化将作为扰动处理,在这种情况下,$a_r(t)=-a_h(t)$。此外,在假设内回路控制能确保车辆实际加速度 $a_h(t)$ 快速准确跟踪期望加速度 $a_{h,d}(t)$ 的前提下,可认为上述模型中出现的加速度 $a_h(t)$ 就是我们所要确定的期望加速度 $a_{h,d}(t)$,它是模型的控制输入。

以采样时间 T_s 对上述连续模型进行离散化,可得到如下状态方程模型

$$
\begin{cases}
\boldsymbol{x}(k+1) = \boldsymbol{A}\boldsymbol{x}(k) + \boldsymbol{B}\boldsymbol{u}(k)\\
\boldsymbol{y}(k) = \boldsymbol{x}(k)
\end{cases}
\tag{10-6}
$$

其中 $\boldsymbol{x}(k)=[x_r(k)\quad v_r(k)\quad v_h(k)]^{\mathrm{T}}$ 取为状态量,$u(k)=a_h(k)$ 为控制量

$$
\boldsymbol{A}=\begin{bmatrix}1 & T_s & 0\\0 & 1 & 0\\0 & 0 & 1\end{bmatrix},\qquad
\boldsymbol{B}=\begin{bmatrix}-\dfrac{1}{2}T_s^2\\-T_s\\T_s\end{bmatrix}
$$

为了顾及对加速度变化率的约束及增强积分作用以防止稳态误差，可以用车辆加速度的变化率 $j_h(k)$ 取代加速度 $a_h(k)$ 作为系统输入，即以 $\Delta u(k)=u(k)-u(k-1)$ 取代 $u(k)$，将上式转化为下述增量模型

$$\begin{cases}\boldsymbol{x}_e(k+1)=\boldsymbol{A}_e\boldsymbol{x}_e(k)+\boldsymbol{B}_e\Delta u(k)\\ \boldsymbol{y}_e(k)=\boldsymbol{x}_e(k)\end{cases} \tag{10-7}$$

其中 $\boldsymbol{x}_e(k)=[\boldsymbol{x}^{\mathrm{T}}(k)\quad u(k-1)]^{\mathrm{T}}$

$$\boldsymbol{A}_e=\begin{bmatrix}1 & T_s & 0 & -\frac{1}{2}T_s^2\\ 0 & 1 & 0 & -T_s\\ 0 & 0 & 1 & T_s\\ 0 & 0 & 0 & 1\end{bmatrix},\ \boldsymbol{B}_e=\begin{bmatrix}-\frac{1}{2}T_s^2\\ -T_s\\ T_s\\ 1\end{bmatrix}$$

对于ACC系统外回路的预测控制设计来说，其优化问题涉及到的目标和约束包括以下方面。

(1) 主要目标：使车辆与前方目标车辆间保持一个期望的相对距离

该相对距离可表示为

$$x_{r,d}(k)=x_{r,0}+v_h(k)t_{hw,d} \tag{10-8}$$

其中常数 $x_{r,0}$ 表示停顿状态时所期望的相对距离，$t_{hw,d}$ 称为期望间隔时间(headway time)，表示车辆以当前速度 $v_h(k)$ 恒速行驶到目标车辆当前位置所需要的时间。控制的目标就是要极小化车辆对该期望相对距离的跟踪误差 $|e(k)|=|x_{r,d}(k)-x_r(k)|$。

(2) 辅助目标：安全性和舒适性

关于安全性，除了上述主要目标已考虑了两车的相对距离外，还应使车辆的相对速度 $|v_r(t)|$ 尽可能小。关于舒适性，则要求车辆加速度峰值 $|a_h(t)|$ 及其变化率的峰值 $|j_h(t)|$ 尽可能小。

(3) 约束

除了目标函数外，还需考虑一系列约束。从安全性出发，车辆间的距离必须保持为正值以避免碰撞。从舒适性出发，需要对本车加速度及其变化率的绝对值加以限制，其中加速度变化率的绝对值可用一个适当选择的正常数 $j_{h,\max}$ 限制为 $|j_h(k)|\leqslant j_{h,\max}$，而对加速度来说，其允许最大值 $a_{h,\max}$ 既要考虑在高速行驶时防止高加速度，又要考虑在停顿状态下能快速启动，故其取值随车辆速度 $v_h(k)$ 增加而递减，即取 $a_{h,\max}(k)=a_{h,0}-\alpha v_h(k)\triangleq a_{h,\max}(v_h(k))$，此处 $a_{h,0}$ 和 α 都是适当选定的正常数，加速度的允许最小值 $a_{h,\min}$ 则是根据在错误检测目标时保证安全操作的立法规定来考虑的，限制为 $a_{h,\min}=-3.0\mathrm{m/s^2}$。这些约束可

归结为

$$
\begin{aligned}
& x_r(k) \geqslant x_{r,\min} \\
& a_{h,\min} \leqslant u(k) \leqslant a_{h,\max}(v_h(k)) \\
& |\Delta u(k)| \leqslant j_{h,\max}
\end{aligned} \tag{10-9}
$$

此处 $u(k)=a_h(k)$,$\Delta u(k)=j_h(k)$,$x_{r,\min}\geqslant 0$ 为允许的最小车间距离。

根据以上分析,可定义 k 时刻的滚动优化问题如下:以当前系统状态 $\boldsymbol{x}_e(k)$ 为初始条件,确定从当前时刻起未来 N_u 个时刻的控制输入 $\boldsymbol{U}(k)=[\Delta u(k)\cdots\Delta u(k+N_u-1)]^{\mathrm{T}}$,使下述未来 N_y 个时刻的性能指标最优:

$$
\begin{aligned}
& \min_{\boldsymbol{U}(k)} J(k) = \sum_{i=1}^{N_y}[\boldsymbol{\xi}^{\mathrm{T}}(k+i\mid k)\boldsymbol{Q}\boldsymbol{\xi}(k+i\mid k)] + \sum_{i=0}^{N_u-1}[\Delta u^{\mathrm{T}}(k+i)R\Delta u(k+i)] \\
& \text{s.t.} \quad (10-7),(10-9)
\end{aligned} \tag{10-10}
$$

其中

$$
\boldsymbol{\xi}(k+i\mid k) = [e(k+i\mid k)\ v_r(k+i\mid k)\ a_h(k+i-1\mid k)]^{\mathrm{T}}
$$

$$
\boldsymbol{Q} = \mathrm{diag}(q_e,q_{v_r},q_{a_h}),\ R = r_{j_h}
$$

性能指标中的加权系数 q_e、q_{v_r}、q_{a_h} 和 r_{j_h} 分别反映了对控制主要目标(对期望相对距离的跟踪误差)、安全性目标(两车之间相对速度)和舒适性目标(车辆加速度及其变化率)的重视程度。通过调整这些权系数,可以在安全性和舒适性之间取得折中。

整个预测控制算法可按以下方式实现:在 k 时刻,根据当前状态 $\boldsymbol{x}_e(k)$,可由模型(10-7)把未来的 $x_r(k+i|k)$、$v_r(k+i|k)$、$v_h(k+i|k)$ 和 $a_h(k+i-1|k)$ 均表示为已知量与待求 $\boldsymbol{U}(k)$ 的关系,其中的 $v_h(k+i|k)$ 可通过式(10-8)用来表达 $x_{r,d}(k+i|k)$,进而与 $x_r(k+i|k)$ 一起构成 $e(k+i|k)$,这样,性能指标便可归结为待求 $\boldsymbol{U}(k)$ 的二次函数。而对整个优化时域内 $x_r(k+i|k)$、$a_h(k+i-1|k)$ 和整个控制时域内 $\Delta u(k+i)$ 要满足的约束关系(10-9),也类似地可表示为 $\boldsymbol{U}(k)$ 元素的线性不等式,从而把该优化问题归结为 QP 问题,可通过标准算法求解。在解出最优的 $\boldsymbol{U}^*(k)$ 后,虽然可以通过方程(10-7)计算出最优的期望加速度轨线 $\{a_h^*(k),\cdots,a_h^*(k+N_y-1)\}$,但在预测控制中只取 $\boldsymbol{U}^*(k)$ 的首元素 $\Delta u^*(k)$ 即 $j_h^*(k)$,并通过计算 $a_h^*(k)=a_h(k-1)+j_h^*(k)$ 作为当前内回路加速度的设定值 $a_{h,d}(k)$,由内回路控制快速跟踪。到下一时刻,重复上述过程,如此滚动进行。

在预测控制器的设计中,涉及到众多的可调参数,这些参数构成的集合可记为

$$
\boldsymbol{\Theta}_{\mathrm{MPC}} = \{t_{hw,d},a_{h,\min},a_{h,\max},j_{h,\max},\boldsymbol{Q},R,N_y,N_u\}
$$

为了减少调试的困难并提高控制的实时性，文献[82]提出了一种参数化设计方法，其要点为：

(1) 关键特征的参数化

即引入两个设计参数 P_s 和 P_c 来显式描述 ACC 系统的关键特征安全性和舒适性，它们可由驾驶者根据对安全性和舒适性的要求程度在[0,1]范围内自行选择。为了用 P_s 和 P_c 取代 $\boldsymbol{\Theta}_{\mathrm{MPC}}$ 作为便于驾驶者根据直觉进行调整的参数，该文详细分析了 $\boldsymbol{\Theta}_{\mathrm{MPC}}$ 中参数对安全性和舒适性的影响，并通过对 $\boldsymbol{\Theta}_{\mathrm{MPC}}$ 中的参数进行调试，得到对应 ACC 系统中反映安全性和舒适性的定量测度值，以此构成这些定量测度值的分布范围 $\boldsymbol{\Gamma}_s$ 和 $\boldsymbol{\Gamma}_c$，然后再建立集合 $\boldsymbol{\Gamma}_s$ 和 $\boldsymbol{\Gamma}_c$ 到 $P_s, P_c \in [0,1]$ 之间的变换关系。该文还指出，在只考虑安全性和舒适性两个特征时，鉴于参数变化对它们的影响一般是互补的，故可通过令 $P = P_c$ 以及 $P_s + P_c = 1$，使 P 成为定量调整安全性和舒适性程度的唯一参数，这时优化问题的解将只取决于 $\boldsymbol{x}_e(k)$ 和 P。

(2) 采用由多参数规划求出的显式控制律

优化问题(10-10)的最优解 $\Delta u^*(k)$ 取决于初始状态 $\boldsymbol{x}_e(k)$，因此预测控制的控制律可表示成状态反馈形式 $\Delta u^*(k) = K(\boldsymbol{x}_e(k))$，但由于 $K(\cdot)$ 的具体表达式未知，这一状态反馈律是隐式的，通常需要逐步在线求解。但近年来提出的显式预测控制方法，可通过把 $\boldsymbol{x}_e(k)$ 的可行空间划分为一系列子区域，在每一子区域内求出显式的反馈控制律。在这里，假设 $\boldsymbol{x}_e(k)$ 的可行空间被划分为 N 个小区域 $R_i(i=1,\cdots,N)$，用多参数规划方法可导出对应于每一区域的显式反馈控制律

$$\Delta u^*(k) = \boldsymbol{F}_i \boldsymbol{x}_e(k) + f_i, \quad 若\ \boldsymbol{x}_e(k) \in R_i,\ i = 1,\cdots,N$$

显式 ACC 控制律中分区的数目一般在 110～121 之间，由于其中的参数还与 P 有关，因此需要在区间[0,1]中对 P 取有限个值 $P_j = j/n,\ j = 0,\cdots,n$，针对每一个 P_j 计算对应的显式反馈控制律。这一设计过程可以离线进行，所得到的针对 $\boldsymbol{x}_e(k)$ 的不同区域 R_i 和调试参数 P 的不同值 P_j 的显式控制律以表格方式存储在计算机的内存中，在线计算时，只需根据 $\boldsymbol{x}_e(k)$ 及驾驶者对 P 的选择便可通过查表方式找出对应的控制律，并计算出期望加速度。

文献[82]应用上述预测控制方法进行了 Audi S8 车的路面实车试验，该试验相当于在城市交通中的行驶情况，文中设计了多种交通场景，除 ACC 控制模式外，在一些情况下也采用了期望速度固定的 CC 控制模式。图 10-10 给出了两车之间距离 $x_r(t)$、车辆速度 $v_h(t)$ 和加速度 $a_h(t)$ 的实验结果。由图可见，车辆先是稳定地跟踪一速度变化的目标车辆，在 37s 时出现了雷达瞬时失效（雷达输出为 $x_r = 0\mathrm{m}$），但对行驶几乎没有影响；在 55s 到 100s 间由于接近交通信号灯，车辆先是跟

随前面的减速车辆进入停顿状态，在交通信号转换后又启动并切换到CC模式跟踪前面的加速车辆；在107s以及此后的几秒钟目标车辆突然消失，车辆从ACC模式切换到CC模式，紧接着又有其它车辆插入其前方，在这两种情况下都由CC模式给出了低于本车速度的期望速度 v_{CC}；最后在112s，又是接近交通信号灯的情况。文中通过大量仿真和实验，表明了所设计的ACC系统在不同的工作条件下均能很好地发挥其功能。

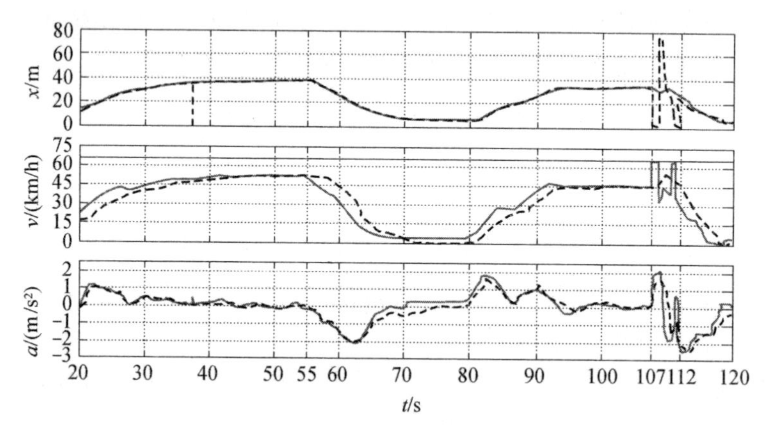

图 10－10　对应于城市交通情况的实验结果[82]

（虚线：$x_r(t)$、$v_h(t)$和$a_h(t)$；实线：$x_{r,d}(k)$、$v_t(t)$和$a_{h,d}(t)$）

除了文献[82]外，还有一些文献也研究了预测控制技术在CC或ACC系统中的应用，如ACC系统中综合考虑跟踪能力、经济用油及驾驶者期望响应等要求的多目标预测控制方法，约束预测控制用于联合收割机的CC系统等，对此可参考相关的文献。

10.2.3　预测控制原理在应用中的普适性和灵活性

预测控制的应用从最初仅局限于工业生产过程，发展到今天几乎遍及所有应用领域，除了从技术角度看它是唯一能有效地把约束显式嵌入到优化问题中一并求解的控制技术外，更重要的是其方法原理具有的普适性。Richalet早在文献[1]中就已指出，模型预测控制蕴含了一种强有力的方法论思想，它非常类似于人类在复杂的动态环境中进行决策的行为。这种方法论思想自然应该具有更广泛的适用性。

我们在1.2节已详细阐述了预测控制的基本方法原理，它可归结为预测模型、滚动优化和反馈校正，它们正是一般控制论中模型、优化、反馈概念的具体体现。由于强调的是模型的功能而不是结构，它可以根据对象的特点和控制的要求，以最合理的方式利用已知信息建立预测模型。由于采用了对模型以外信息的辅助预测和非经典的滚动优化模式，它可以把实际系统中的多种复杂因素考虑在优化过程中,形成动态的优化控制,并可处理多种形式的约束和优化目标。在预测控制的原理框架下,模型种类、优化方式和反馈策略的灵活性有力地推动了其在各领域优化控制中的应用,以上两节介绍的应用案例已体现了预测控制算法在解决优化控制问题时的多样性。

从控制论和信息论的角度来看,预测控制作为一种新型控制方法,是有其鲜明特征的,它是一种基于模型、滚动实施并结合反馈的优化控制算法,体现了控制论中优化与反馈两种基本机制的合理结合。在控制问题中,一种极端情况是拥有对象和环境的全部先验信息,这时可根据模型和性能指标事先求解出最优的控制输入,最优控制理论已为此提供了完美的理论和算法。这种开环解出的最优控制在对象与环境准确的情况下,可导致最优的性能。然而,对象和环境精确已知的假设毕竟是理想化的,在实际过程中,一旦模型失配或环境变化,实施原先算出的最优控制,就不能再保持最优,系统性能将下降甚至不稳定。另一种极端情况是对于对象、环境的信息一无所知,这时只能借助于反馈信息进行控制,一般的 PID 就是这样一类不需模型、根据反馈"后发制人"的控制器。反馈控制可及时克服实际过程中出现的各种未知因素的影响,但仅仅依靠反馈,是缺乏预见的,也谈不上性能的优化。复杂环境中的信息状况往往处在这两种极端之间。预测控制作为一种基于模型的控制,是以具有对象一定的先验知识为前提的,预测模型正是这种因果性信息的体现。但由于同时存在着对象、环境的不确定性,它虽然基于模型,立足优化,但不是仅仅依靠模型。通过以反复进行的局部开环优化加反馈校正来代替一次进行的全局开环优化,预测控制把优化与反馈合理地结合起来,使得整个控制既是基于模型与优化的,又是基于反馈的。从表 10-1 可以看出预测控制与最优控制和 PID 反馈控制在所需信息和控制机理方面的不同。可以说,预测控制是一种介于最优控制与无模型 PID 控制之间的既保持优化特点、又引进反馈机制的闭环优化控制方法,是在不确定环境下追求最优的合适途径[83]。

表 10-1 预测控制与最优控制和 PID 反馈控制的比较[83]

	最优控制	预测控制	PID 反馈控制
信息需求	模型、环境的精确的先验信息	模型、环境的先验信息 输出的实时信息	输出的实时信息
控制方式	离线全局优化 在线开环实施	在线有限时域优化 在线滚动实施	在线即时控制
总体性能	理想最优 但未考虑不确定性	持续保持局部最优 适应不确定环境	适应不确定环境 但无优化概念

预测控制中所蕴含的上述方法论思想,不仅如前所述为解决各类优化控制问题提供了广阔的发展空间,而且也为解决动态不确定环境下更广泛的优化决策问

题提供了很好的启示。在各应用领域中,存在着大量需要优化决策的动态过程,如机器人路径规划、生产作业计划和资源调度、离散事件动态系统监控等。这类问题过去往往归结为离线求解优化问题,但其本身的应用背景还需要考虑优化结果在实际动态环境中的实现,所以与纯粹的数学优化不同。我们把这类动态环境下以优化为基础的规划、调度、监控等问题统称为广义控制问题。与传统控制问题相比,这些广义控制问题有不同的结构特点,不能用已有的基于动态数学模型的控制理论直接对其求解,因而开始的注意点总是集中在针对问题的结构特点寻找有效的优化算法上。这些研究通常以所讨论问题完整、准确的描述为前提,着眼于根据先验信息找到合适的优化策略以求得问题的全局最优解。显然,这样得到的最优解一旦付诸实施,当模型准确、环境不变时尚能保持最优,而当实际情况偏离假设时,例如在环境地图不准确或障碍物发生移动,生产状况、需求发生改变或资源供给出现故障,离散事件过程有时变性等情况下,则不但不能保持最优,甚至会导致优化品质严重下降。这正如传统最优控制在实际应用时遇到的问题一样,因而很难在动态不确定环境中得到应用。

在实际环境中,信息的不完全、不准确、对象的不确定、环境的动态变化等都是不可避免的。对于广义控制问题的离线全局优化虽然顾及了优化的要求,但没有考虑到环境的动态不确定性。事实上,对象与环境的全部信息在大多数情况下是很难准确预知的,而且因对象、环境存在未知变化,在此基础上的全局优化是不可能或者没有意义的。此外,全局优化往往涉及到较大的计算规模,这也是在实用中必须考虑的。因此,以优化为基础的各类广义控制问题的求解必须把优化机制和反馈机制结合起来,并改变不必要的全局优化方式,才能真正实用有效。不难看出,动态不确定环境下的广义控制与复杂工业过程的控制所面临的问题是十分相似的,既然预测控制以其特有的方法原理,适应了复杂工业环境下控制的需要,其方法思想自然也可应用于动态不确定环境下广义控制问题的求解。为此,需要把原来仅适用于控制问题的预测控制基本原理进行推广,使其在同一方法论框架下具有更广泛的包容性。经推广后的预测控制原理可描述如下[83]。

(1) 场景预测

尽管广义控制问题的结构形式各不相同,但作为以模型和优化为基础的问题求解,必须首先建立一个描绘问题场景的预测模型,这一模型包含了对所要求解问题的所有已知信息,特别要反映出场景演变的原因、演变的规律、约束的条件和优化的目标。预测模型的输入是所要求的策略,输出是系统状态的演变、约束的满足情况及优化的性能。任意给定一种求解策略,便可根据这一模型预测出问题场景的动态演变过程,并进而求出相应的性能指标,因此,场景预测模型是以所要求解的策略为输入、所要优化的性能为输出的广义的预测模型。

(2) 滚动窗口优化

广义控制全局问题的求解被在线滚动进行的一系列局部问题的求解所取代。在滚动的每一步,确定某种以当前状态为基点的滚动窗口,仅对这一滚动窗口内的局部问题通过场景预测和优化技术求解出最优策略,并实施当前策略。随着动态过程的延续,以某种驱动机制推进窗口的移动,从而形成滚动优化。这里的滚动窗口可根据问题的结构性质在时间域、空间域、事件域等中定义,滚动机制可根据问题的特点定义为周期驱动、事件驱动等。

(3) 反馈初始化

在滚动的每一步,首先要根据所检测的实时信息对滚动窗口中的场景重新初始化(刷新),这意味着滚动窗口中的场景描述不只是全局场景模型演变结果的映射,而且还包含了场景模型的偏差信息和不确定意外事件所引起的场景变化。反馈初始化使每一步的优化都建立在反馈得到的最新实时信息基础上。

上述3条原理把预测控制从单纯地解决控制问题推广到动态不确定环境下广义控制问题的求解,其中场景预测是模型预测的推广,它以广义控制问题的动态因果关系取代了狭义控制中的输入输出关系,在更广的意义上展示了所要求解问题的动态演变过程,从而为根据优化性能指标搜索最优求解策略提供了基础。采用滚动窗口进行局部优化一方面是因为不可能也没有必要顾及到目前还不完全清楚的更大范围内的性能指标,另一方面因大大降低了优化问题的规模而便于实时求解。窗口滚动结合反馈初始化,可使优化始终建立在虽然是局部的、但是是实时的信息基础上,环境的不确定性和动态变化均可及时地反映并考虑在优化之中,从而在全局上构成了闭环的问题求解。这些原理体现了优化机制与反馈机制的结合,为动态不确定环境下基于优化的各类广义控制问题求解提供了理想的组合。

以下,我们通过两个例子来说明预测控制推广原理对动态不确定环境下广义控制问题的具体应用。

1. 移动机器人滚动路径规划

移动机器人的路径规划是要在障碍环境下,寻找一条从给定起点到终点的避障路径,同时又要使某一性能指标最优(如路径最短)。对于静态环境中的路径规划研究已有了丰硕的成果,近年来,人们开始更多地注意动态环境下和存在不确定障碍时的路径规划问题。

在路径规划问题中,一种极端情况是对环境中的障碍物及其运动信息完全已知,这时从原理上讲,最优路径可根据这些信息通过合适的优化方法离线求出,传统的静态或动态环境下的路径规划解决的正是这样一类问题。另一种极端情况则是对障碍物一无所知,这时,移动机器人只能依靠其传感系统所检测到的环境实时信息,避开就近的障碍,力争向目标靠拢,在这种情况下,路径的优化已失去意义,机器人甚至有可能陷入死区而达不到目标。这两种极端情况分别对应了依靠完整先验信息的开环全局规划和依靠局部反馈信息的闭环即时导航。而实际情况往往介于这两者之间:一方面我们对于环境总会有足够的先验知识,例如在生产车间中用自主小车运送物料时,机器、料库等固定障碍的信息是可以预先获取的,但另一方面环境信息不可能完全和准确,例如车间中人员走动形成的障碍或料堆的增加或减少都是无法事先预知的。这时,采用推广的预测控制原理进行滚动路径规划,无疑是一条有效的途径,其具体实现如下。

(1) 场景预测

描述机器人运动环境的预测模型包含了机器人运动学、环境地图中已知的静态障碍和运动障碍、出发点与目标点。给出任一从起点到目标的运动路径,就能根据这一模型展示出机器人在环境中的运动过程,并判断出其是否与静态或运动障碍相碰,以及计算出相应的性能指标。

(2) 滚动窗口优化

以周期方式驱动,在滚动的每一步,定义以机器人当前位置为中心的一区域为优化窗口,这一区域应包含在机器人传感系统的搜索范围内,该区域内的预测模型一方面是全局环境信息向该区域的映射,另一方面还补充了传感系统检测到的原来未知的静态障碍或运动障碍。以当前点为起点,根据全局先验信息采用某种启发式方法确定该窗口区域的局部目标,根据窗口内信息所提供的场景预测进行规划,可找出局部最优路径,机器人将沿此路径移动,直到下一周期。

(3) 反馈初始化

在滚动规划的每一步,机器人首先通过其传感系统获取周围的实时信息,对窗口区域内的障碍环境进行初始化,这一过程既是对区域内先验障碍信息的修正,也是对不确定动态障碍信息的认定,甚至还包含了对动态障碍运动趋势的预测,从而为局部规划提供了最新、最实际的信息基础。

图10-11给出了全局动态环境未知情况下移动机器人滚动路径规划的一个仿真示例。图中机器人Rob用质点表示,S为起点,G为已知目标点,灰色大圆为未知静态障碍物,带拖尾的小圆为无规则运动的未知动态障碍物,其运行速度及方向不可预测,4个动态障碍物的实际运行轨迹用一系列短线标出。在规划初始时刻,Rob不具备任何先验的静、动态障碍物的位置信息。Rob在未知的动态环境中利用实时探测到的局部窗口信息进行滚动路径规划,在滚动窗口内规划出合适的

局部避碰路径,并依此行进一步,如此反复进行。图中圆形滚动窗口中心黑点即为 Rob,黑色部分表示 Rob 在滚动规划过程中逐步探测到的局部环境障碍信息。可以看出,采用滚动规划算法,Rob 能依较优的规划路径从起点安全到达终点。

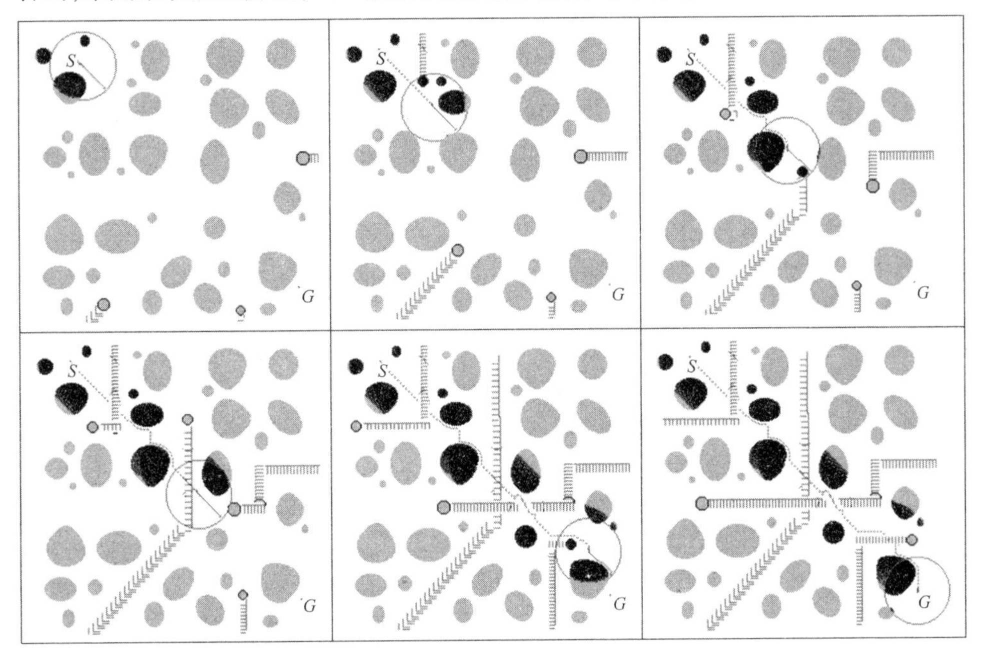

图 10-11 动态未知环境中机器人滚动路径规划

2. 柔性制造加工的滚动调度

在柔性制造系统(FMS)中,工件加工的调度问题可表述为:有一批工件有待加工,其中每一工件都要经过一系列有序的工序才能完成加工。有若干台机器分别具有加工不同工序的能力,不同工件所要完成的加工工序和不同机器所能承担的加工可以不同,同一工序在不同机器上的加工时间也可以不同。此外,对不同的工件还有不同的到期时间要求。应该如何安排每一工件的各工序在哪一台机器上加工,才能使总的加工时间为最短,并满足工件的到期时间约束。显然,这是一个复杂的组合优化问题。

以往对于 FMS 加工调度的研究大多集中在寻找高效的调度算法上,并已取得很多研究成果。尽管 FMS 的工件加工问题具有相对的精确性和可预见性,但在实际加工过程中,通过离线调度得到的最优结果安排生产,并不能保证得到期望的结果,这是因为在实际过程中不可避免地会发生机器故障、机器修复、到期时间改变等事先无法预见的事件,这些不确定因素的存在,会使原先最优的调度失效。一种直觉的处理方法是在事件出现后进行重调度,但对于一个多工件多机器的 FMS,每次进行大规模的调度是耗时的，特别当事件发生频度较高时更为严重。在这种情况下，可应用推广的预测控制原理给出求解动态不确定环境下 FMS 调度问题的新途径，其具体实现如下。

（1）场景预测

通过对工件加工工序、机器加工能力、加工时间等先验信息以及工件状态、机器状态、到期时间等实时信息的描述，建立加工过程的预测模型。这一模型实际上就是加工仿真模型，它能反映出加工过程的动态场景。只要给定一种调度方案，便可由此模型展示出加工场景，判断加工安排是否合理，工件到期约束是否满足，并计算总的加工时间。

（2）滚动窗口优化

在工件较多且可能发生不确定意外事件的情况下，没有必要对全部加工工件进行调度。为此，按一定原则选择有限工件构成工件窗口。在滚动的每一步，只对工件窗口内的工件借助场景预测进行调度，并按调度结果安排生产。在正常情况下，当某一工件加工完毕时，可将其移出工件窗口，并加入新的待加工工件，以此实现工件窗口的滚动。但当出现机器故障等意外事件时，则应结合反馈初始化立即重新调度。这是一种事件驱动的滚动机制。当然也可采取周期驱动与事件驱动相结合的方式进行滚动调度。

（3）反馈初始化

在每次重新调度时，根据加工工件和机器的实测状态以及工件到期时间有无改变，对场景预测模型初始化，使对工件窗口内工件（包括正在加工的工件）的调度能建立在最新加工能力和要求的基础上。

上述滚动调度策略对于动态不确定环境下的 FMS 加工问题具有明显的优点。首先是工件窗口的引入和滚动，虽然使调度要反复在线进行，但每次调度的规模都大大减小，可适应实时的需要；其次是反馈初始化对未能事先预知的事件具有快速的响应，使优化始终建立在实际的基础上。此外，这种滚动机制完全适用于工件数量不限、甚至连续到达的情况，而这是传统的调度方法无法处理的。关于滚动调度的具体描述和例子可见文献[84]。

除了上面所述的机器人动态路径规划、FMS 工件动态调度等问题外，网络实时优化管理、DEDS 实时监控、运输调度、投资决策等许多问题也可用类似的原理解决。虽然由于问题的不同和不确定性的差异，这些原理实现的形式和具体算法各不相同，但总的原则是要充分利用一切因果信息进行预测和优化，同时通过滚动和反馈不断更新信息，使每次优化决策都建立在当时所能获取的最新信息基础上。预测控制方法论原理对动态不确定环境下广义控制问题的推广，将为预测控制的应用开辟更广阔的领域和提供更丰富的模式。

10.3 预测控制面临的挑战问题及发展前景

预测控制从20世纪70年代问世以来,已经从最初在工业过程中应用的启发式控制算法发展成为一个具有丰富理论和实践内容的新的学科分支。预测控制针对的是有优化需求的控制问题,30多年来预测控制在复杂工业过程中所取得的成功,已充分显现出其处理复杂约束优化控制问题的巨大潜力。

进入21世纪以来,随着科学技术的进步和人类社会的发展,人们对控制提出了越来越高的要求,不再满足于传统的镇定设计,而希望控制系统能通过优化获得更好的性能。但与此同时,优化受到了更多因素的制约,除了传统要考虑执行机构等的物理约束外,还要考虑各种工艺性、安全性、经济性(质量、能耗等)和社会性(环保、城市治理等)指标的约束,这两方面的因素,对复杂系统的约束优化控制提出了新的问题。

近年来,在先进制造、航天、航空、能源、环境、医疗等许多领域中,都出现了不少用预测控制解决约束优化控制问题的报道,如半导体生产中的供应链管理、材料制造中的高压复合加工、建筑物节能控制、城市污水处理、飞行控制、卫星姿态控制、糖尿病人血糖控制等等,这与20世纪预测控制主要应用于工业过程领域形成了鲜明对照,反映了人们对预测控制这种先进控制技术的期望。然而,要解决当前经济社会发展中所面临的各种复杂约束优化问题,现有的预测控制理论和工业应用技术仍面临着新的挑战[85]。

10.3.1 预测控制面临的挑战问题

本章10.1节已介绍了工业预测控制技术的发展历程及在工业过程控制领域的应用状况,经过30多年的应用和发展,预测控制技术已得到过程工业界的广泛认同并在应用中获得了巨大成功。然而,这种看来已成熟的工业预测控制技术在解决各种复杂约束优化控制问题时,仍有以下不足之处。

(1) 现有算法主要还只适用于慢动态过程和具有高性能计算机的环境

现有的工业预测控制算法需要在线求解把模型和约束嵌入在内的优化问题,每一步都需采用标准规划算法进行迭代,涉及到很大的计算量和计算时间,使其只能用于可取较大采样周期的动态变化慢的过程,并且不能应用在计算设备配置较低的应用场合(如DCS的底层控制),从而大大限制了其在更广阔应用领域和应用场合的推广。目前,预测控制的规模应用仍主要局限在炼油、石化等过程工业领域，对于制造、机电、航空等领域内的大量快速动态系统，如果不采用性能较高的计算设备，这类标准优化算法就很难满足小采样周期下的实时计算要求，所以至今未能在这些领域内形成规模应用。

（2）应用对象主要限于线性或准线性过程

现有工业预测控制技术的主流是针对线性系统的，成熟的商用软件及成功案例的报道以线性系统为多，非线性预测控制产品甚少且投运远未形成规模。即使在过程工业中，预测控制技术的应用也只局限在精炼、石化等过程非线性不严重的领域，而在非线性较强的聚合、制气、制浆与造纸等领域应用不多。造成这一现象主要是由于非线性机理建模需要耗费很大代价，而且很难得到准确的模型，此外非线性约束优化问题的在线求解尚缺乏实时性高的有效数值算法。面对着经济社会发展各行各业对预测控制技术的需求，对象或问题的非线性将更为突出。控制界和工业界都认识到发展非线性预测控制的重要性，例如以非线性模型预测控制为主题的两次国际研讨会 NMPC05 和 NMPC08，就汇聚了国际知名学者和工业界专家认真评价和讨论非线性模型预测控制的现状、未来方向和未解决的问题。但到目前为止，虽然非线性模型预测控制已成为学术界研究的热点，但在工业实践中仍然处于起步阶段。

（3）算法实施主要依靠经验和专用技巧（ad-hoc）

现有的工业预测控制算法多数采用工业过程中易于获得的阶跃响应或脉冲响应这类非参数模型，并通过在线求解约束优化问题实现优化控制，对于约束系统无法得到解的解析表达式，这给用传统定量分析方法探求设计参数与系统性能的关系带来了本质的困难，使得这些算法中的大量设计参数仍需人为设定并通过大量仿真进行后验，因此除了需要花费较大的前期成本外，现场技术人员的经验对应用的成败也起着关键的作用，实施和维护预测控制技术所需要的高水平专门知识成为进一步应用预测控制的障碍。此外，工业预测控制技术在其 30 多年的发展中，基本保持着其原有的模式，并没有从预测控制丰富的理论成果中获取有效的支持。最近，应用界已认识到长期以来在过程工业中成功应用但其基本模式保持不变的工业预测控制算法的局限性，研发预测控制技术的著名软件公司 Aspen Technology 正在考虑摆脱传统的模式，通过吸取理论研究的成果研发预测控制的新产品[79]。

综上所述，预测控制技术的应用虽然取得了很大成功，但它的应用领域和对象仍因现有算法存在的瓶颈而受到局限，对于更广泛的应用领域和更复杂的应用对象，只能从原理推广的意义上去研究开发相应的预测控制技术，远没有形成系统的方法和技术。此外，现有的工业预测控制算法与近年来迅速发展的预测控制理论几乎没有什么联系,也没有从中汲取相关的成果来指导算法的改进。因此在解决由于科学技术和经济社会发展所带来的各类新问题时,还面临着一系列新的挑战。

与预测控制的实际应用相比较,其理论研究虽然一开始落后于实践,但从20世纪90年代发展起来的预测控制定性综合理论,以其学术的深刻性和方法的创新性,为预测控制的理论研究带来了新的亮点。经过10多年的发展后,预测控制的定性综合理论已形成了较为完善的体系,出现了数以百计的具有很高理论价值的论文,但就目前的研究成果来看,还未能被应用领域所接受。除了这些理论所综合出的算法具有工业界不常采用的模型外,其从综合出发的研究思路导致在解决各种实际问题时存在着本质的不足。

(1) 物理意义不明确,难以与应用实践相联系

预测控制的定性综合理论与定量分析理论不同,在每一时刻的滚动优化中,不是面对一个已有的、根据实际优化要求和约束条件确定的在线优化问题,而需要把在线优化的内容结合控制律一并综合设计。为了得到系统性能的理论保证,往往需要在具有物理意义的原始优化问题中修改性能指标(如加入终端惩罚项),加入诸如终端状态约束、终端集约束等的人为约束,这不但增加了设计的保守性,而且因为这些人为约束与系统受到的实际物理约束一并表达为同一优化问题中的约束条件,使得优化问题中具有物理意义的原始约束湮没在一系列复杂数学公式所表达的整体条件中,这些条件需要通过计算后验,缺乏对实际应用中关注的带有物理意义的分析结论。最典型的如在实际应用中的可行解指的是系统满足所有硬约束的解,而在预测控制定性综合理论中,可行性是指除了满足对系统状态和输入的硬约束外,还要满足包括不变集、李雅普诺夫函数递减、性能指标上限等在内的由系统设计所引起的一系列附加约束,甚至后者还成为约束的主体,因此很难与应用实践紧密联系。此外,约束下系统状态的可行域有多大,线性矩阵不等式是否有解,如果无解,约束放松到何种程度可以求解等等,都无法从现有的研究结果中得到。

(2) 在线计算量大,无法为应用领域所接受

预测控制定性综合理论研究的出发点是如何在理论上保证闭环系统在算法滚动实施时的稳定性、最优性、鲁棒性,通常要把原优化问题转化为由新的性能指标和一系列LMI约束描述的优化算法,所以几乎每一篇论文都会根据所研究的问题提出一个甚至多个预测控制综合算法。但是这些研究的重点几乎都放在算法条件如何保证性能的理论证明上,至于算法的具体实施,则认为已有相应的求解软件包即可,并不关注其在线实现的代价。大量人为约束的加入对系统性能保证是必要

的,但同时也极大地增加了优化求解的计算量。特别对鲁棒预测控制问题,由于所附加的LMI条件不但与优化时域相关,而且与系统不确定性随时域延伸的各种可能性有关,LMI的数目将会急剧增长,对在线计算量的影响更为突出。虽然近年来这一问题已开始得到重视,但仍很难受到应用领域的关注,也很少有在实际中成功应用的案例报道。

在预测控制形成的初期,人们曾多次指出其理论研究落后于实际应用,两者之间存在着较大的Gap。经过近10多年来学术界的努力,虽然形成了成果丰富的预测控制定性综合理论,但由于两者出发点的不同,其理论意义明显高于实用价值,实际上没有缩小预测控制理论和应用间的Gap,离成为可支持实际应用的约束优化控制的系统理论尚有很大距离。对比第9章介绍的预测控制定性综合理论和10.1节介绍的预测控制工业应用技术,就可看出两者思路的巨大差别。

综合以上对预测控制应用状况和理论发展的分析可以看出,虽然预测控制的工业应用十分成功,预测控制的理论研究体系也相当完善,但现有的预测控制理论和应用之间存在着严重的脱节,不能满足当前经济社会发展对约束优化控制的要求。我们可以把现有预测控制的理论和应用技术存在的问题主要归结为:

① 有效性问题,无论是工业预测控制算法还是预测控制定性综合理论所设计的算法,均面临着在线求解约束优化问题计算量大这一瓶颈,极大地限制了其应用范围和应用场合;

② 科学性问题,预测控制理论研究和实际应用仍有较大距离,商品化应用软件很少吸收理论研究的新成果,理论研究的进展也不注意为实际应用提供指导,缺少既有性能保证、又兼顾计算量和物理直观性的综合设计理论和算法;

③ 易用性问题,目前的预测控制算法都建立在约束优化控制问题一般描述和求解的基础上,对计算环境的要求和培训维护成本都比较高,缺少像PID控制器那样的形式简洁、可应用于低配置计算环境、易于理解和掌握的“低成本”约束预测控制器;

④ 非线性问题,目前预测控制理论和算法的主要成果是针对线性系统的,由于实际应用领域中存在大量非线性控制问题,这方面的研究特别是应用还很不成熟。

10.3.2 预测控制的发展前景

随着21世纪科技、经济和社会的发展,各应用领域对约束优化控制的需求日益增长，人们对上面提到的工业预测控制算法和现有预测控制理论的不足有了越来越清晰的认识，促使预测控制理论和应用的研究向着更深的层次发展。当前，模型预测控制已成为控制界高度关注的热点，通过对近年来国内外预测控制研究工作的分析，可以清楚地看到，一方面，人们对预测控制解决在线约束优化控制寄予很高的期望，试图用它解决各自领域中更多更复杂的问题，另一方面，工业预测控制算法的不足和现有预测控制理论的局限，又使人们在解决这些问题时不能简单地应用已有的理论或算法，必须研究克服其不足的新思路和新方法。这种需求和现状的矛盾，构成了近年来预测控制理论和算法发展的强大动力，也是预测控制理论和算法虽然看上去已很成熟，但为什么人们还在不断研究的原因。

针对上述预测控制理论和算法的不足，预测控制的进一步发展应紧密结合经济社会发展对解决复杂约束优化问题的要求，重点解决现有工业预测控制算法在线计算量大、实施要求高、应用范围局限的不足，缩小现有预测控制理论与实际应用的差距。为此，可重点针对几类现有预测控制技术面临较大难点的典型系统开展研究，通过解决难点和应用试点，提高预测控制算法的实时性、科学性和易用性，增强预测控制理论在实际应用中的针对性和可用性。

（1）大规模系统

对于城市交通网、排水网、大型生产过程、多运动体协作系统等一些信息和控制具有分布式特征的大系统，因维数高和信息不完全，现有的针对对象或装置的集中式工业预测控制算法无法直接应用，实时约束优化控制的全局目标需要通过递阶结构或分布式结构实现。除了需要研究不同控制结构下预测控制算法在线信息交互迭代的收敛性、控制的全局稳定性及鲁棒性、性能的次优性等理论问题外，面向这类大系统应用需求，发展实用有效的预测控制策略和算法也存在着不少难点问题。

① 城市交通、排水等网络大系统的模型具有高度复杂性（分布参数或混杂、非线性等），已有的具有黑箱性质的商品软件包可有效地用于预测，但不能用于需要解析知识的优化，还需要研究基于系统仿真的高效寻优算法。

② 在这类网络大系统的分层递阶控制结构中，不同层次应采用不同的模型，需要研究全局、区域和实施层面分别基于复杂网络理论、解析集结方法和数据驱动技术的建模、预测和优化方法，以及各层次优化控制的关系及层次间的信息协调。

③ 大型生产过程的优化面临着数学模型混杂、产品质量只能在最终检测的困难，预测控制的应用必须考虑系统的混杂特性及反馈的非实时性，其分布式实

现需要研究全局目标与子系统目标的关系以及协调各子系统提高全局性能的机制。

④ 在多运动体协作中,运动体间信息交换受到严格限制,系统拓扑结构随状态时变,现有的未考虑优化的分布式反馈控制律和面对固定信息结构的分布式约束预测控制算法都不能简单搬用。需要针对物理约束、拓扑约束及拓扑时变发展有效的分布式预测控制算法,并评估算法在受到约束时的性能退化。

(2) 快速动态系统

具有快速动态的机电系统广泛存在于制造、航空、航天等领域,这类系统的约束控制正在从原来的反馈镇定向优化控制发展,但目前的工业预测控制算法在求解实时约束优化问题时需进行反复迭代,已被公认为不适于快速动态系统的控制,需要发展既能保持约束优化特征、又具有良好实时性的预测控制高效算法。对此可考虑从以下两方面开展研究。

① 在近年来约束预测控制研究中提出的一系列减少预测控制在线计算量的理论和策略基础上,加强算法的实用化研究,如研究在线优化计算复杂度可适应快速系统实时控制要求的离线设计在线综合方法,在优化变量广义集结策略中通过优化算法的改进提高实时性,解决显式预测控制方法控制性能与内存要求的矛盾等。

② 约束反馈控制的理论成果具有物理意义明晰、在线计算量小、问题描述和求解具有解析形式的优点,很适合于快速动态系统,但不能处理具有优化要求的问题,因此需要在现有约束反馈控制理论基础上做进一步的扩展,把优化嵌入到现有反馈控制律的设计过程中,研究具有简单处理约束优化能力的显式约束反馈控制律,并在理论上研究其性能保证问题。

(3) 低成本系统

现有的工业预测控制算法通常定位在工业过程递阶结构中的动态优化层,其昂贵的价格、复杂的实施和调试过程以及专业化的维护要求阻碍了其在大量简单对象和底层装置中的应用。随着分布式控制装置、现场总线系统和嵌入式系统在各领域的广泛应用,迫切需要研究适合于底层约束优化控制和易于芯片化实现的约束预测控制器,它在成本、调试和实施方面应具有 PID 控制的优点,但在处理约束和实现优化方面应能超越 PID 控制,因而有望为广大用户接受,成为一种与 PID 控制器同样普及的新型通用控制器。这一工作的难点在于底层控制装置的运算速度和内存容量都受到制约,对此可以从下面几方面做进一步研究。

① 从算法角度考虑,研究具有简单结构的约束预测控制算法,特别当底层控制主要是回路控制时,可在已有的预测 PID 控制器、基于定量分析理论的内模控制

器等无约束预测控制器的基础上,研究约束处理机制的加入,形成适用于低配置装置的约束预测控制算法。

② 针对预测控制在线优化问题,在现有的用神经网络实现二次规划等研究工作的基础上,进一步研究预测控制通过电路或算法的简单、快速实现。

③ 针对不同的嵌入式控制平台,通过对在线约束优化算法进行细致分析,合理地组织和分配任务,以软硬件联合的方式高效实现约束优化算法。在这里特别要注意计算时间不仅与分配的计算任务有关,而且与数据通信的频度有关,如何合理地平衡这两者的关系,必须在设计嵌入式高效约束预测控制算法时加以考虑。

(4) 非线性系统

非线性约束预测控制无论是理论还是应用都远未成熟,这主要是因为非线性系统及其约束优化问题都不能用参数化的形式统一表达。目前,工业应用非线性预测控制算法仍保持着采用标准非线性规划方法求解在线约束优化问题的传统模式,近年来预测控制定性综合理论的发展虽然为非线性约束预测控制带来了不少新的思路,但离开实际应用尚有距离。非线性系统约束预测控制的关键问题在于如何处理非线性和降低在线计算量,无论是理论研究还是应用都有着很大的空间。从目前应用领域对其的需要来看,应该加强以下方面的研究。

① 非线性预测控制的理论研究已得到了相当多的具有性能保证的算法,但这些算法的实用性与应用领域可接受的程度尚有较大差距,需要进一步加强这些成果的实用化研究,特别是提高算法的实时性和降低设计的复杂性。

② 非线性预测控制的应用实践表明,多模型方法和多参数规划方法是比较成功的两种实用方法,但它们还需要进一步的理论支持。目前线性多模型预测控制的很多理论结果都是针对无约束情况得出的,在加入约束后,无论是算法实施或稳定性保证方面都需要做进一步的研究。而多参数规划方法对于线性系统来说其离线计算已经是 NP-Hard,如果系统成为非线性,其离线分区计算更为复杂,而且显式控制律也是近似的,如何得到理论严密的显式控制律并实现离线设计及如何保证近似后控制系统的性能等,都需要进一步研究。

面对新的挑战,预测控制的研究应该努力克服理论与应用的脱节,针对各应用领域的需求,发展既有理论保证、又能满足应用环境和实时性要求的高效算法,为各行各业解决约束优化问题提供理论依据充分、实用性强、兼顾优化与稳定等性能要求的系统理论和算法,并以此推动预测控制理论的进一步发展,这是预测控制研究始终追求的目标,也是预测控制未来发展的方向。

10.4 小结

本章介绍了预测控制在实际中的应用,重点是说明预测控制在实际应用中的思考方式和技术实现,即如何把实际系统的约束优化要求转化为预测控制问题以及在实施预测控制时要解决哪些技术问题。

对于预测控制应用最成功、技术最成熟的工业过程控制领域,参考文献[4]详细介绍了工业预测控制技术的发展历程及商品化软件特征,分析了预测控制在工业递阶控制结构中的功能定位,介绍了其在实施过程中涉及到的技术问题。所介绍的加氢裂化应用案例较典型地反映了工业预测控制技术在大工业过程中的应用。

随着预测控制技术的普及,其应用已迅速扩展到工业以外的众多领域,各种应用案例的报道也数不胜数,本章所选的两个案例只是为了说明预测控制在非工业领域的可用性及有效性,同时也反映出预测控制技术在结合不同实际问题时的多样性。

除了把预测控制用于解决控制问题外,其方法原理的普适性还蕴含着更大的应用潜力。本章用控制论和信息论的观点分析了预测控制在解决控制问题时的方法论原理,并通过将这些原理广义化来解决动态不确定环境下的广义控制问题。滚动路径规划和滚动调度的例子说明了这些推广原理可使预测控制的应用进一步扩展到解决各类动态优化决策问题。

预测控制理论和应用技术的发展虽然已相当成熟,但面对经济社会发展中各应用领域对约束优化控制提出的要求仍存在不足。本章在最后分析了现有预测控制理论和工业预测控制技术存在的局限性,并对此提出了预测控制未来发展中一些可能的研究方向。

参考文献

[1] Richalet J, Rault A, Testud J L, et al. Model predictive heuristic control: applications to industrial processes. Automatica, 1978, 14(5):413 -428.

[2] Rouhani R, Mehra R K. Model algorithmic control (MAC); basic theoretical properties. Automatica, 1982, 18(4):401 -414.

[3] Cutler C R, Ramaker B L. Dynamic matrix control - a computer control algorithm: Proceedings of the 1980 Joint Automatic Control Conference, San Francisco, Aug. 13 -15, 1980, WP5 - B.

[4] Qin S J, Badgwell T A. A survey of industrial model predictive control technology. Control Engineering Practice, 2003, 11(7): 733 -764.

[5] De Keyser R M C, Van Cauwenberghe A R. Extended prediction self-adaptive control. // Barkar H A, Young P C. Identification and System Parameter Estimation. Oxford: Pergamon Press, 1985, 2:1255 -1260.

[6] Clarke D W, Mohtadi C, Tuffs P S. Generalized predictive control-part 1 and 2. Automatica, 1987, 23(2): 137 -162.

[7] Garcia C E, Morari M. Internal model control, 1. A unifying review and some new results. I&EC Process Des. Dev., 1982, 21(2):308 -323.

[8] Kwon W H, Pearson A E. On feedback stabilization of time-varging discrete linear systems. IEEE Trans. on Automatic Control, 1978, 23(3): 479 -481.

[9] Mayne D Q, Rawlings J B, Rao C V, et al. Constrained model predictive control: stability and optimality. Automatica, 2000, 36(6): 789 -814.

[10] 席裕庚, 李德伟. 预测控制定性综合理论的基本思路和研究现状. 自动化学报, 2008, 34(10): 1225 -1234.

[11] 席裕庚, 许晓鸣, 张钟俊. 预测控制的研究现状和多层智能预测控制. 控制理论与应用, 1989, 6(2): 1 -7.

[12] Schmidt G, Xi Y G. A new design method for digital controllers based on nonparametric plant models. // Tzafestas S G. Applied Digital Control. Amsterdam: North-Holland, 1985:93 -109.

[13] Kwon W H, Lee Y Ⅱ, Noh S. Partition of GPC into a state observer and a state feedback controller: Proceedings of 1992 American Control Conference, Chicago, June 24 -26, 1992, 2032 -2036.

[14] 阿克曼 J. 采样控制系统的分析与综合. 赵世范, 席裕庚, 译. 北京:科学出版社, 1991.

[15] Clarke D W, Mohtadi C. Properties of generalized predictive control. Automatica, 1989, 25(6):859 -875.

[16] Kleinman D L. Stabilizing a discrete, constant, linear system with application to iterative methods for solving the Riccatti equation. IEEE Trans. on Automatic Control, 1974, 19(3): 252 -254.

[17] Ding B C, Xi Y G. Stability analysis of generalized predictive control based on Kleinman's controllers. Science in China, Series F, 2004, 47(4):458 -474.

[18] 席裕庚, 厉隽怿. 广义预测控制系统的闭环分析. 控制理论与应用, 1991, 8(4):419 -424.

[19] Xi Y G, Zhang J. Study on the closed-loop properties of GPC. Science in China, Series E, 1997, 40(1):54 -63.

[20] Xi Y G. Minimal form of a predictive controller based on the step response model. International Journal of Control, 1989, 49(1):57 - 64.

[21] 张峻. 预测控制若干理论问题研究. 上海:上海交通大学博士论文, 1997.

[22] 袁璞, 左信, 郑海涛. 状态反馈预估控制. 自动化学报, 1993, 19(5):569 -577.

[23] Reid J G, Mehra R K, Kirkwood W. Robustness properties of output predictive deadbeat control: SISO case: Proceedings of 1979 IEEE Conference on Decision and Control, Fort Lauderdale, Florida, Dec. 12 - 14, 1979, 307 -314.

[24] 席裕庚. 典型振荡过程动态矩阵控制的性能分析. 自动化学报, 1997, 23(2):232 -237.

[25] Xi Y G. New design method for discrete time multi-variable predictive controllers. International Journal of Control, 1989, 49(1):45 - 56.

[26] Prett D M, Gillete R D. Optimization and constrained multivariable control of a catalytic cracking unit: Proceedings of the 1980 Joint American Control Conference, San Francisco, Aug. 13 -15, 1980, WP5 - C.

[27] Nocedal J, Wright S J. Numerical optimization, 2nd edition. Springer, 2006.

[28] Zhang Z J, Xi Y G, Xu X M. Hierarchical predictive control of large scale industrial systems. // Isermann R. Automatic Control Tenth Triennial World Congress of IFAC. Oxford: Pergamon Press, 1988, 7:91 -96.

[29] 杜晓宁, 席裕庚, 李少远. 分布式预测控制优化算法. 控制理论与应用, 2002, 19(5):793 -796.

[30] Xu X M, Xi Y G, Zhang Z J. Decentralized Predictive Control (DPC) of large scale systems. Information and Decision Technologies, 1988, 14:307 -322.

[31] Chartfield C. The analysis of time series: An introduction, 3rd. Edition. London: Chapman and Hill, 1984.

[32] 孙浩. 一类非线性系统预测控制的分层策略. 上海:上海交通大学博士论文, 1990.

[33] 李柠. 多模型建模与控制的若干问题研究. 上海:上海交通大学博士论文, 2002.

[34] Li N, Li S Y, Xi Y G. Multi-model predictive control based on the Takagi-Sugeno fuzzy models: a case study. Information Sciences, 2004, 165(3 -4):247 -263.

[35] Gustafson D E, Kessel W C. Fuzzy clustering with a fuzzy covariance matrix: Proceedings of 1978 IEEE Conference on Decision and Control, San Diego, Jan. 10 -12, 1979, 761 -766.

[36] Takagi T, Sugeno M. Fuzzy identification of systems and its applications to modeling and control. IEEE Trans. SMC, 1985, 15(1):116 -132.

[37] Hunt K J, Sbarbaro D, Zbikowski R, et al. Neural networks for control systems - A survey. Automatica, 1992, 28(6):1083 -1112.

[38] Li J Y, Xu X M, Xi Y G. Artificial neural network-based predictive control: Proceedings of IECON'91, Kobe, Japan, Oct. 28 - Nov. 1, 1991, 2:1405 -1410.

[39] Harris K, Bell R D. Model algorithm adaptive control for nonlinear systems: Proceedings of the 23rd IEEE Conference on Decision and Control, Las Vegas, Dec. 12 -14, 1984, 681 -682.

[40] Genceli H, Nikolaou M. Design of robust constrained model-predictive controllers with Volterra series. AIChE Journal, 1995, 41(9): 2098 -2107.

[41] 丁宝苍. 预测控制稳定性分析与综合的若干方法研究. 上海:上海交通大学博士论文, 2003.

[42] 谢晓芳, 谢剑英, 席裕庚. 工业串联系统的多反馈预测控制. 控制理论与应用, 1992, 9(5): 500 -505.

[43] Campo P J, Morari M. Robust model predictive control. Proceedings of the 1987 American Control Conference, Minneapoils, June 10 -12, 1987, 2:1021 -1026.

[44] 席裕庚. 复杂工业过程的满意控制. 信息与控制, 1995, 24(1):14 -20.

[45] 李少远, 席裕庚. 基于模糊目标和模糊约束的满意控制. 控制与决策, 2000, 15(6):674 - 677.

[46] Li S Y, Hu C F. Two-step interactive satisfactory method for fuzzy multiple objective optimization with preemptive priorities. IEEE Trans. on Fuzzy Systems, 2007, 15(3): 417 -425.

[47] Ricker N L. Use of quadratic programming for constrained internal model control. I&EC Process Des. Dev., 1985, 24(4):925 -936.

[48] Yang J, Xi Y G, Zhang Z J. Segmentized optimization strategy for predictive control: Proceedings of the 1st Asian Control Conference, Tokyo, July 27 -30, 1994, 2:205 -208.

[49] Richalet J, Abu El Ata-Doss S, Arber C, et al. Predictive functional control: Application to fast and accurate robots. // Isermann R. Automatic Control Tenth Triennial World Congress of IFAC, Oxford: Pergamon Press, 1988, 4:251 -258.

[50] 杜晓宁. 预测控制新型优化策略的研究及分析. 上海:上海交通大学博士论文, 2001.

[51] 杜晓宁, 席裕庚. 预测控制优化变量的集结策略. 控制与决策, 2002, 17(5):563 -566.

[52] Li D W, Xi Y G. The general framework of aggregation strategy in model predictive control and stability analysis: Proceedings of the 11th IFAC Symposium on Large Scale Complex Systems: Theory and Applications, Gdansk, Poland, July 23 -25, 2007.

[53] 李德伟, 席裕庚, 秦辉. 预测控制等效集结优化策略的研究. 自动化学报, 2007, 33(3):302 -308.

[54] 李德伟. 预测控制在线优化策略的研究. 上海:上海交通大学博士论文, 2009.

[55] 姜舒, 席裕庚, 李德伟. 预测控制拟等效集结的仿真研究. 系统仿真学报, 2009, 21(20):6547 -6551.

[56] Zhang Q L, Xi Y G. An efficient model predictive controller with pole placement. Information Sciences, 2008, 178(3):920 -930.

[57] Keerthi S S, Gilbert E G. Optimal infinite-horizon feedback laws for a general class of constrained discrete-time systems: stability and moving-horizon approximations. Journal of Optimization Theory and Applications, 1988, 57(2): 265 -293.

[58] Scokaert P O M, Clarke D W. Stabilising properties of constrained predictive control. IEE Proceedings D-Control Theory and Applications, 1994, 141(5): 295 -304.

[59] Blanchini F. Set invariance in control. Automatica, 1999, 35(11):1747 -1767.

[60] Boyd S, Ghaoui L E, Feron E, et al. Linear matrix inequalities in system and control theory. Philadelphia: Society for Industrial and Applied Mathematics, 1994.

[61] Zheng A. Stability of model predictive control with time-varying weights. Comp. & Chem. Eng, 1997, 21

(12):1389 - 1393.

[62] Lee J W, Kwon W H, Choi J H. On stability of constrained receding horizon control with finite terminal weighting matrix. Automatica, 1998, 34(12):1607 - 1612.

[63] De Nicolao G, Magni L, Scattolini R. Stabilizing receding horizon control of nonlinear time-varying systems. IEEE Trans. on Automatic Control, 1998, 43(7):1030 - 1036.

[64] Michalska H, Mayne D Q. Robust receding horizon control of constrained nonlinear systems. IEEE Trans. on Automatic Control, 1993, 38(11):1623 - 1633.

[65] 席裕庚，耿晓军. 非线性系统滚动时域控制的性质研究. 控制理论与应用，1999, 16(S):118 - 123.

[66] 耿晓军，席裕庚. 终端约束滚动时域控制的次优性分析. 信息与控制，2000, 29(2): 139 - 144.

[67] Kothare M V, Balakrishnan V, Morari M. Robust constrained model predictive control using linear matrix inequalities. Automatica, 1996, 32(10):1361 - 1379.

[68] Wan Z Y, Kothare M V. An efficient off-line formulation of robust model predictive control using linear matrix inequalities. Automatica, 2003, 39(5): 837 - 846.

[69] Cuzzola F A, Geromel J C, Morari M. An improved approach for constrained robust model predictive control. Automatica, 2002, 38(7): 1183 - 1189.

[70] Mao W J. Robust stabilization of uncertain time-varying discrete systems and comments on "an improved approach for constrained robust model predictive control". Automatica, 2003, 39(6): 1109 - 1112.

[71] Bloemen H H J, van den Boom T J J, Verbruggen H B. Optimizing the end-point state-weighting matrix in model based predictive control. Automatica, 2002, 38(6): 1061 - 1068.

[72] Ding B C, Xi Y G, Li S Y. A synthesis approach of on-line constrained robust model predictive control. Automatica, 2004, 40(1):163 - 167.

[73] Daafouz J, Bernussou J. Parameter dependent Lyapunov functions for discrete time systems with time varying parametric uncertainties. Systems and Control Letters, 2001, 43(5):355 - 359.

[74] Pluymers B, Suykens J A K, De Moor B. Min-max feedback MPC using a time-varying terminal constraint set and comments on "efficient robust constrained model predictive control with a time-varying terminal constraint set". Systems and Control Letters, 2005, 54(12): 1143 - 1148.

[75] Kouvaritakis B, Rossiter J A, Schuurmans J. Efficient robust predictive control. IEEE Trans. on Automatic Control, 2000, 45(8): 1545 - 1549.

[76] Li D W, Xi Y G. Design of robust model predictive control based on multi-step control set. ACTA Automatica Sinica, 2009, 35(4):433 - 437.

[77] Richalet J. Industrial applications of model based predictive control. Automatica, 1993, 29(5):1251 - 1274.

[78] Rawlings J B. Tutorial overview of model predictive control. IEEE Control System Magazine, 2000, 20(3):38 - 52.

[79] Froisy J B. Model predictive control-Building a bridge between theory and practice. Computers & Chemical Engineering, 2006, 30(10 - 12):1426 - 1435.

[80] Kelly S J, Rogers M D, Hoffman D W. Quadratic dynamic matrix control of hydrocracking reactors: Proceedings of the 1988 American Control Conference, Atlanta, June 15 - 17, 1988, 1:295 - 300.

[81] Marques D, Morari M. On-line optimization of gas pipeline networks. Automatica, 1988, 24(4):455 - 469.

[82] Naus G J L, Ploeg J, Van de Molengraft M J G, et al. Design and implementation of parameterized adaptive cruise control: An explicit model predictive control approach. Control Engineering Practice, 2010, 18(8):882 - 892.

[83] 席裕庚. 动态不确定环境下广义控制问题的预测控制. 控制理论与应用, 2000, 17(5): 665 - 670.

[84] Fang J, Xi Y G. A rolling horizon Job Shop rescheduling strategy in the dynamic environment. Int. J. of Advanced Manufacturing Technology, 1997, 13(3):227 - 232.

[85] 席裕庚, 李德伟, 林姝. 模型预测控制——现状与挑战. 自动化学报, 2013, 39(3): 222 - 236.

附录

作者承担的与预测控制相关的国家自然科学基金项目

1. 面上项目

预测控制机理及大系统预测控制研究(编号:6864018),1987—1988
复杂系统的智能预测控制(编号:6884030),1989—1991
非线性系统的预测控制(编号:69174008),1992—1994
复杂工业过程满意控制的理论,方法及技术(编号:69574017),1996—1997
动态不确定环境下广义控制问题的预测控制(编号:69774004),1998—2000
Job Shop 调度问题的滚动时域方法研究及性能分析(编号:60274013),2003—2005
集结优化预测控制的策略研究和性能分析(编号:60674041),2007—2009
预测控制嵌入式高效算法及实现策略的研究(编号:61074060,),2011—2013

2. 重点项目

复杂工业过程的建模,控制与优化(编号:69334010),1994—1996
生产全过程的自适应预测控制的理论,方法及应用(编号:69934020),2000—2003
约束模型预测控制的理论和高效算法(编号:60934007),2010—2013

3. 国际合作项目

大规模城市路网的多层预测控制研究(编号:71361130012),2013—2016

编 后 语

初识席老师是因20多年前的一本《动态大系统方法导论》,那时的席老师从德国慕尼黑工业大学博士学成归来,青年才俊,意气风发,印象中的他儒雅、谦逊、亲切。印象最深的还是席老师的书稿,作为教材,它丝丝入扣、层层深入、引经据典,授人以渔;作为导论,它内容广泛、结构完整、思想新颖、方法具有启发性。整部书稿洋洋洒洒40万字,"三审"下来只有极少几处修改,这在当时是很少见的。后来这本书获得了第二届机械电子工业部电子类专业优秀教材特等奖、国家教委全国优秀教材奖。这次的编辑经历使我感受到原来科技书也可以畅快淋漓地抒发,原来那些枯燥的公式图表流淌于纸上也是有感情的。它让我重新审视我的工作,开始感受到"为人作嫁"的愉悦。直到多年以后我一直念念不忘,希望有机会再次为席老师专著担任责任编辑。

再次见到席老师,恰逢席老师准备修订《预测控制》,这让我兴奋不已。《预测控制》是国内首部预测控制方面的专著,1993年出版以来,在高校师生和科技工作者中产生了很大影响,不少人就是通过这本书了解了预测控制,并开始了预测控制的研究和实践。它被奉为经典之作,被学术刊物和会议以及博士和硕士论文广泛引用。这本《预测控制》(第2版)是席老师在长期认真思考并充分准备的基础上成就的,通过对内容全面的增补与调整,更准确地反映了预测控制最基本的内容和最新的研究水平及其应用的多样性,分析了预测控制技术的特点和应用思路,注重算法和策略的取舍,既体现了学术思想的新颖性和理论水平的先进性,又突出了应用技术的实用性和应用案例的典型性,是一部学术起点高、应用价值强的专著。

席老师是深受学生爱戴的师长,是淡泊名利、潜心钻研的学者。他学风严谨,造诣深厚,成绩斐然,在学界享有很高的声望。他在国内率先开展预测控制的研究,20多年来,在国家自然科学基金的持续支持下,提出了一系列创新的学术思想,取得了丰硕的研究成果。相信本书的问世定会将我国预测控制的研究和应用推向更高水平。

祝愿席老师身体健康、事业兴旺,祝愿预测控制硕果累累,取得更大的发展。

内 容 简 介

本书全面介绍了预测控制的基本原理和算法、系统分析与设计、策略发展和实际应用。全书共分10章。第1章概述了预测控制的发展轨迹和基本原理。第2章介绍了基于不同模型的几种典型预测控制算法。第3、第4章分析了经典预测控制算法闭环系统的性能,构成了预测控制定量分析理论的主要内容。第5章以此为基础给出了预测控制参数设计和整定的方法。第6章介绍了针对约束多变量系统的实用预测控制算法和在线优化的分解算法。第7章给出了非线性系统预测控制的一般描述及若干典型算法。第8章介绍了预测控制在控制结构、优化命题、优化策略等方面的多样化发展。第9章阐述了预测控制定性综合理论的基本理念和稳定/鲁棒预测控制器综合的代表性方法。第10章介绍了预测控制的应用概况和典型案例,指出了预测控制原理的推广潜力,并展望了预测控制发展的方向。

本书保持了1993年初版的整体结构,但对内容作了较全面的补充和调整,重点是加强预测控制实际应用环境、算法与实例的介绍,增加预测控制理论研究的主要分支与基本思路的介绍,从代表性、新颖性、实用性角度出发调整预测控制算法和策略的介绍,从而使其更准确地反映预测控制最基本的内容和最新的研究水平。

全书分别从总体概念、基础算法及理论分析、实用算法及应用技术诸侧面描绘了预测控制的全貌,各部分相互渗透,有机结合,有助于读者正确认识预测控制的核心理念和方法,在较高的视野上拓宽研究和应用预测控制的思路。书中内容取材遵循了普及与提高相结合的原则,适合于不同读者的需要,既有助于从事各领域优化控制的广大工程技术人员熟悉和应用这一有效的先进控制技术,也为高校师生和科研工作者研究预测控制的理论、方法和策略提供了参考。

This book is a comprehensive introduction to predictive control, including its basic principles and algorithms, system analysis and design, strategies development and practical applications. It consists of 10 chapters. The first chapter makes an overview of the development trajectory and the basic principles of predictive control. The second chapter describes some typical predictive control algorithms based on different models. Chapter

3 and 4 analyze the performance of the closed-loop systems of classical predictive control algorithms, which constitutes the main content of the quantitative analysis theory of predictive control. On the basis of previous chapters, Chapter 5 proposes design and tuning methods for predictive control parameters. Chapter 6 presents the practical predictive control algorithms and online optimization decomposition algorithms for constrained multivariable systems. Chapter 7 gives a general description of the predictive control for nonlinear systems and some related typical algorithms. Chapter 8 illustrates the diversification development of predictive control with respect to control structures, optimization propositions and strategies etc. Chapter 9 addresses the fundamental philosophies of qualitative synthesis theory of predictive control and presents some representative methods for synthesizing stable / robust predictive controllers. Chapter 10 describes the application status of predictive control and some typical application examples. In addition, it points out the potential for promotion of the predictive control principles and gives a perspective for future development of predictive control.

Compared with the original version published in 1993, the overall structure is maintained while the content has been comprehensively supplemented and adjusted. Particularly, the contents on the application environment of predictive control, the practical application algorithms and examples are strengthened, the main branches and fundamental thoughts of predictive control theory are added, and the contents on predictive control algorithms and strategies are adjusted to achieve typicalness, novelty and practicality. Thus, the most essential content and the latest research status of predictive control could be reflected more accurately.

This book makes a full view of predictive control from general concepts, basic algorithms, theoretical analysis, practical algorithms to application techniques. The chapters are interdependent and combined organically, which helps the audience understand the core concepts and methods of predictive control correctly, broadens their thoughts in studying and promotes their vision in applying predictive control to higher level. The materials in this book were selected according to the principle of combining popularization with enhancement so that it can meet the needs of audience of various levels. The book will contribute to helping engineers and technicians in the area of optimization control to get familiarized with, and utilize this advanced control technology. Furthermore, it can also provide reference for college teachers, students and scientists to study the theories, methods and strategies of predictive control.